Biswa N. Datta

Luis M. Hernández-Ramos

Marcos Raydan

ANÁLISIS NUMÉRICO
TEORÍA Y PRÁCTICA

edi UNS

Serie **Extensión**
Colección **Ciencias y Tecnología**

Datta, Biswa N.

Análisis numérico: teoría y práctica / Biswa N. Datta; Luis M. Hernández-Ramos; Marcos Raydan. -1ª ed.- Bahía Blanca: Editorial de la Universidad Nacional del Sur. Ediuns, 2017.
444 p.; 24 x 18 cm.

ISBN 978-987-655-158-8

1. Matemática. 2. Análisis Numérico. I. Hernández-Ramos, Luis M. II. Raydan, Marcos III. Título
 CDD 518

EDITORIAL DE LA UNIVERSIDAD NACIONAL DEL SUR
Santiago del Estero 639 – B8000HZK – Bahía Blanca – Argentina
Tel.: 54–0291–4595173 / Fax: 54–0291–4562499
www.ediuns.uns.edu.ar | ediuns@uns.edu.ar

Red de Editoriales de
REUN Universidades Nacionales

Libro
Universitario
Argentino

Diagramación interior: Biswa N. Datta, Luis M. Hernández-Ramos , Marcos Raydan.
Diseño de tapa: Fabián Luzi

To my grandchildren Jayen, Shaan, Lily, and Milan.

A la memoria de mi padre profesor Juan Manuel Hernández Díaz.

A la memoria de tres personas maravillosas que aún me inspiran: mi abuela Marianne, mi tío Jeannot, y mi padre Marcos.

Prólogo

El análisis numérico es la disciplina científica que se encarga de proponer y analizar algoritmos o métodos para resolver problemas de las matemáticas continuas, especialmente aquellos problemas que no se pueden resolver con fórmulas analíticas o cerradas. En este contexto, por problemas de las matemáticas continuas nos referimos a problemas en donde las variables son reales o complejas y por tanto pueden tomar un infinito no numerable de valores posibles. Los problemas donde las variables tienen un conjunto numerable de opciones son estudiadas por otra disciplina diferente que se conoce como matemáticas discretas. Resaltamos que no sólo se trata de proponer algoritmos sino de analizarlos, y este análisis consiste principalmente en establecer con formalidad matemática que en efecto resuelven el problema de interés, u obtienen una aproximación suficientemente buena de la solución, y la cuantificación del uso de recursos computacionales, principalmente memoria y tiempo, necesarios para llevar a cabo esta tarea. Más aún, si el método propuesto es de tipo iterativo, es decir, si produce una secuencia de aproximaciones a la solución, entonces la velocidad de convergencia es otro aspecto de gran interés.

El análisis numérico es una disciplina antigua que hasta mediados del siglo XX se desarrollaba con los instrumentos manuales propios de cada época, y que no dependía de la presencia de computadores (ordenadores) modernos, sin embargo, actualmente su campo de acción ha aumentado significativamente al poder usar computadores digitales con capacidad para resolver problemas con un gran número de variables. Al tratar con números reales y complejos, en un computador, claramente el inconveniente de no poder representarlos de forma exacta agrega un nuevo aspecto al análisis numérico: debe considerar en sus algoritmos, y en el análisis de los mismos, la dificultad de tener que aproximar los números que usa. Una de las consecuencias de esta dificultad es que un algoritmo puede tener buenas propiedades teóricas, bajo la hipótesis de representar los números de forma exacta, y sin embargo, al ser ejecutados en una máquina, puede presentar problemas de estabilidad, es decir, que a pequeños cambios en los datos puede producir grandes cambios en la solución obtenida. Asi que un segundo objetivo del análisis numérico es analizar el efecto de los errores de redondeo y la estabilidad de los algoritmos.

En este libro estudiaremos una amplia variedad de algoritmos numéricos para resolver diferentes problemas de matemática continua, enfatizando en aquellos que surgen con frecuencia en las aplicaciones. En especial consideraremos la solución de sistemas lineales, por métodos directos o iterativos, la solución de ecuaciones no lineales en una o en muchas variables, el problema de interpolar un conjunto dado de datos, el ajuste de datos mediante la técnica de cuadrados mínimos lineales y no lineales, estimación de autovalores y autovectores, la solución de ecuaciones diferenciales, entre otros. Para todos estos problemas y para cada algoritmo propuesto discutiremos en el capítulo asociado sus propiedades teóricas y prácticas y en especial su estabilidad, y como se ven afectados por la presencia de errores, y por la representación de los números en el computador. Por cada método estudiado ilustraremos su comportamiento con ejemplos básicos. De igual forma, cada capítulo cierra con ejercícios adicionales y aplicaciones reales relativas a los métodos mencionados.

Este libro surge de nuestras notas personales en cursos de análisis numérico dictados en diferentes universidades: De Kalb University (Chicago, USA), Universidad Central de Venezuela (Caracas, Venezuela), y Universidad Simón Bolívar (Caracas, Venezuela). Está dirigido a estudiantes avanzados de pregrado, pero se ajusta bien a cursos iniciales de postgrado. Más aún, al cubrir una amplia variedad de temas, también puede ser usado como referencia por investigadores de diferentes disciplinas de las ciencias aplicadas que tengan la necesidad de resolver problemas prácticos que requieran el uso de métodos numéricos.

Agradecimiento. Nos complace mucho expresar un reconocimento a todas aquellas personas que de diferentes maneras nos han ayudado en la elaboración de este libro. Queremos agradecer a Miguél Luis Rodríguez (UGR, España) por compartir sus conocimientos para producir y editar un libro de estas características en Latex. Queremos también agradecer a los siguientes colegas por haber leido las versiones previas aportando ideas y críticas constructivas: Olga Domínguez (UCV, Caracas), Cristina Maciel (UNS, Argentina), Lenys Bello (UC, Venezuela), Ernesto Birgin (USP, Brasil), y muy especialmente Flavia Buffo (UNS, Argentina) por realizar una excelente y cuidadosa revisión de cada una de sus páginas.

Biswa N. Datta (Northern Illinois University, DeKalb)

Luis M. Hernández-Ramos (Universidad Central de Venezuela, Caracas)

Marcos Raydan (Universidad Simón Bolívar, Caracas)

Noviembre de 2016

ÍNDICE

CAPÍTULO

1

INTRODUCCIÓN

En este primer capítulo discutiremos los conceptos básicos generales de errores, representación de números, precisión, estabilidad y condicionamiento, que son comunes a todos los algoritmos a estudiar en el resto del libro.

1.1 Representación punto flotante y errores

La inmensa mayoría de los cálculos científicos, realizados con computadoras, usan lo que se conoce como **aritmética punto flotante**, la cual requiere una base β para la representación de los números reales. Los computadores pueden usar diferentes bases, aunque las más comunes son $\beta = 2$ y $\beta = 10$. En nuestros ejemplos usaremos, a menos que se indique lo contrario, $\beta = 10$.

Todo número real, en forma punto flotante, se escribe de la siguiente manera:

$$x = \pm .d_1 \cdots d_t d_{t+1} \cdots \times \beta^e,$$

donde $d_i \in \{0, 1, \ldots \beta - 1\}$, para $i \in \mathbb{N}$, y $e \in \mathbb{Z}$ es el **exponente**. Por ejemplo, el numero -503 se escribe como $-.503 \times 10^3$. Si el primer dígito es distinto de cero, $d_1 \neq 0$, entonces se dice que el número punto flotante está

normalizado. Por ejemplo, 0.3457×10^5 es un número decimal punto flotante normalizado, mientras que 0.03475×10^6 es un número decimal punto flotante no normalizado.

Ahora bien, asociado a cada computador, tenemos un número finito t de dígitos, y por tanto la representación punto flotante normalizada de x en la máquina es

$$\pm.d_1 \cdots \hat{d}_t \times \beta^e,$$

donde $d_1 \neq 0$, $m = \{d_1 \cdots \hat{d}_t\}$ es la fracción de t-dígitos, llamada **mantisa**, y donde en algunos casos $\hat{d}_t = d_t$ y en otros $\hat{d}_t = d_t + 1$ dependiendo de dos tipos posibles de aproximación que describiremos más abajo. Nótese que el número cero no se puede representar de esta manera, y por ende en toda máquina se reserva el símbolo especial 0 para él.

El número de dígitos en la mantisa está relacionado con la **precisión** de la representación punto flotante. En muchas máquinas, y con algunos compiladores, se puede alterar la representación punto flotante para que los números se representen con el doble de la precisión usual. Esto se conoce como **doble precisión**. La mayoría de los computadores se contruyen siguiendo las pautas estandar de IEEE (ANSI/IEEE standard 754-1985). En simple precisión, estas pautas recomiendan usar 24 dígitos binarios, y en doble precisión recomiendan usar 53 dígitos binarios. Por tanto, las pautas estandar de IEEE en simple precisión garantizan aproximadamente 7 decimales de precisión, ya que $2^{-23} \approx 1.2 \times 10^{-7}$, y en doble precisión garantizan aproximadamente 16 decimales de precisión, ya que $2^{-52} \approx 2.2 \times 10^{-16}$. Vale destacar que usar doble precision también requiere mayor trabajo computacional y mayor espacio para el almacenamiento de los números.

Claramente, todos los números irracionales tienen un número infinito de dígitos en su representación punto flotante normalizada. De igual manera muchos números racionales, como $1/3$, tienen un número infinito de dígitos. En consecuencia, sólo un subconjunto finito limitado de racionales se puede representar en la máquina. Mas aun, en cada computador existe un rango permitido para el exponente e: L un número entero negativo, el mínimo; U un número entero positivo, el máximo. Los valores de L y U varian dependiendo del computador. Si, durante algún cálculo, se produce un número cuyo exponente es muy grande (muy pequeño), es decir, cae fuera del rango permitido, se produce un **overflow** (**underflow**). El overflow es un problema grave que debe evitarse en todo momento; ya que en ese caso se pierde el cálculo y el computador detiene todo el proceso. El underflow, por otro lado, se considera de menor gravedad. Cuando ocurre un underflow, el computador usualmente asigna el valor cero a ese cálculo que no se pudo realizar y continua sus operaciones.

Ejemplo 1.1 (Overflow y Underflow).

1. *Sea* $\beta = 10$, $t = 3$, $L = -3$, $U = 3$.

$$a = 0.111 \times 10^3,$$
$$b = 0.120 \times 10^3$$
$$c = a \times b = .133 \times 10^5.$$

El cálculo de c termina en **overflow**, *ya que el exponente 5 es muy grande.*

2. *Sea* $\beta = 10$, $t = 3$, $L = -2$, $U = 3$

$$a = 0.1 \times 10^{-1},$$
$$b = 0.2 \times 10^{-2}$$
$$c = ab = .2 \times 10^{-4}$$

El cálculo de c termina en **underflow**.

Aún cálculos muy simples, como una raíz cuadrada, pueden ocasionar overflow. Por ejemplo, consideremos calcular $c = \sqrt{a^2 + b^2}$. Si alguno de los dos números, a o b, es muy grande, podemos obtener overflow al calcular $a^2 + b^2$. En este caso el overflow se puede evitar, calculando primero $m = \max\{|a|, |b|\}$, asignando $y_a = a/m$ y $y_b = b/m$, y finalmente calculando

$$c = m\sqrt{y_a^2 + y_b^2}.$$

Definamos ahora el conjunto $\mathcal{F}$, subconjunto finito de los reales, que contiene los números punto flotante normalizados que se pueden representar en una máquina con base β, mantinsa de t dígitos, y exponente entre L y U:

$$\mathcal{F} = \{\pm.d_1 \cdots d_t \times \beta^e : d_1 \neq 0, L \leq e \leq U\} \cup \{0\}.$$

Para el primer dígito, d_1, existen $\beta - 1$ opciones a escoger, mientras que para el resto de los dígitos existen β opciones. Por tanto, la cardinalidad de $\mathcal{F}$, $|\mathcal{F}|$, se puede calcular y se obtiene

$$|\mathcal{F}| = 2(\beta - 1)\beta^{t-1}(U - L + 1) + 1.$$

Si un número real no se puede representar en el computador, existen dos formas de aproximarlo por un número que si se se pueda representar, es decir, por un elemento del conjunto $\mathcal{F}$. Consideremos el siguiente número real para el cual e está en el rango permitido

$$\pm \cdot d_1 \cdots d_t d_{t+1} \cdots \cdot \beta^e$$

La primera forma, conocida como **truncamiento**, consiste en truncar los dígitos del d_{t+1} en adelante. La segunda forma se conoce como **redondeo**, y consiste no sólo en truncar los dígitos del d_{t+1} en adelante, sino también en redondear el dígito d_t sumandole uno o dejandolo igual dependiendo de si $d_{t+1} \geq \beta/2$ o $d_{t+1} < \beta/2$. Denotaremos la representación punto flotante de un número real x con $\mathrm{fl}(x)$, la cual se puede ver como una función que toma valores en los reales.

Ejemplo 1.2 (Redondeo). *Sea* $x = 3.141596$

$$t = 2 : fl(x) = 3.1$$
$$t = 3 : fl(x) = 3.14$$
$$t = 4 : fl(x) = 3.142$$

Ahora bien, si el número a representar es el cero, entonces se asigna $\mathrm{fl}(0) = 0$, y si el exponente e no está en el rango permitido, se asigna el valor funcional underflow (overflow) si $e < L$ ($e > U$). Claramente, la función $\mathrm{fl}(x)$ no es inyectiva. Nuestro próximo paso es estudiar como acotar el error que se comete al aproximar un número real x por $\mathrm{fl}(x)$. Antes, necesitamos resaltar que para todo número real $x = \pm.d_1 \cdots d_t d_{t+1} \cdots \times \beta^e$ punto flotante normalizado, claramente se cumple

$$\beta^{e-1} \leq |x| \leq \beta^e. \tag{1.1}$$

Dos medidas útiles de cualquier error que se comete al aproximar un número son el **error absoluto** y el **error relativo**.

> **Definición 1.1.** *Sea $\hat{x}$ una aproximación del número x. Entonces el error absoluto es $|\hat{x} - x|$, y el error relativo es $\dfrac{|\hat{x} - x|}{|x|}$, $x \neq 0$.*

Nuestro próximo resultado establece una cota del error relativo de un número x mediante su representación $\mathrm{fl}(x)$ punto flotante normalizada con redondeo y con truncamiento.

> **Teorema 1.1.**
> $$\frac{|fl(x) - x|}{|x|} \leq \mu = \begin{cases} \frac{1}{2}\beta^{1-t} & \textit{con redondeo} \\ \beta^{1-t} & \textit{con truncamiento} \end{cases} \tag{1.2}$$

Demostración. Establecemos el resultado con truncamiento, y el resultado con redondeo queda como ejercicio. Si

$$x = \pm .d_1 \cdots d_t d_{t+1} \cdots \times \beta^e,$$

donde $x \neq 0$ y $e \in [L, U]$, entonces

$$\lfloor x\beta^{t-e} \rfloor = \pm d_1 \cdots d_t.,$$

y así

$$\mathsf{fl}(x) = \pm \lfloor x\beta^{t-e} \rfloor \beta^{e-t}.$$

Usando que para todo número real z, se cumple que $|\lfloor z \rfloor - z| \leq 1$, obtenemos la siguiente cota del error absoluto

$$|\mathsf{fl}(x) - x| = |\lfloor x\beta^{t-e} \rfloor \beta^{e-t} - x\beta^{t-e}\beta^{e-t}| = |\lfloor x\beta^{t-e} \rfloor - x\beta^{t-e}|\beta^{e-t} \leq \beta^{e-t}.$$

Usando ahora (1.1) tenemos que $1/|x| \leq \beta^{1-e}$, y por tanto

$$\frac{|\mathsf{fl}(x) - x|}{|x|} \leq \beta^{e-t}\beta^{1-e} = \beta^{1-t}.$$

$\square$

Definición 1.2. *El número $\mu > 0$ que aparece en el Teorema 1.1 se conoce como la* **precisión de la máquina, épsilon de la máquina,** *o* **unidad del error de redondeo.** *En efecto, μ es el número punto flotante positivo más pequeño tal que*

$$\mathsf{fl}(1 + \mu) > 1.$$

El número μ es usualmente de orden 10^{-16} y 10^{-7} (en la mayoría de las máquinas) para doble y simple precisión respectivamente.

La desigualdad (1.2) se puede escribir como

$$\mathsf{fl}(x) = x(1 + \delta) \text{ donde } |\delta| \leq \mu.$$

Bajo las pautas estandar de IEEE, podemos establecer las siguientes **leyes de la aritmética punto flotante**; ver por ejemplo [73, 91].

Teorema 1.2 (Leyes de la aritmética punto flotante). *Sean x y y dos números punto flotante en $\mathcal{F}$, y sean $fl(x+y)$, $fl(x-y)$, $fl(xy)$, y $fl(x/y)$ la suma, resta, producto y división, respectivamente. Entonces*

> *(i) $fl(x \pm y) = (x \pm y)(1 + \delta)$, donde $|\delta| \leq \mu$.*
>
> *(ii) $fl(xy) = (xy)(1 + \delta)$, donde $|\delta| \leq \mu$.*
>
> *(iii) si $y \neq 0$, entonces $fl(x/y) = (x/y)(1 + \delta)$, donde $|\delta| \leq \mu$.*

Si x y y son dos números punto flotante que no están en $\mathcal{F}$, se cumple la siguiente ley de la suma:

> *(iv) $fl(x + y) = (x(1 + \delta_1) + y(1 + \delta_2))(1 + \delta_3)$ donde $|\delta_1| \leq \mu$, $|\delta_2| \leq \mu$, y $|\delta_3| \leq \mu$.*

Esta última propiedad se cumple de forma similar para la resta, el producto y la división.

Ejemplo 1.3. *Sean $\beta = 10$, $t = 4$*

$$x = 0.1112, \quad y = 0.2245 \times 10^5$$

$$xy = 0.24964 \times 10^4,$$
$$fl(xy) = 0.2496 \times 10^4$$

Por tanto, $|fl(xy) - xy| = 0.4000$ y $|\delta| = 1.7625 \times 10^{-4} < \dfrac{1}{2} \times 10^{-3}$.

Definición 1.3. *Los **dígitos significativos** de un número son los dígitos hacia la derecha empezando con el primer dígito distinto de cero.*

Por ejemplo, el número 1.5211 tiene 5 dígitos significativos; mientras que el número 0.0231 solo tiene 3. A partir de ahora supondremos, a menos que se indique lo contrario, que los números se representan en punto flotante normalizado con redondeo.

Definición 1.4. *El número $\bar{x}$ posee, como aproximación al número x, p **dígitos correctos o exactos** si p es el número entero no negativo más grande tal que*

$$|\bar{x} - x| \leq \frac{1}{2} \times \beta^{-p}.$$

Por ejemplo, el número 0.823 aproxima a 0.827 con 2 dígitos correctos; mientras que el número 0.11 no tiene dígitos correctos al aproximar a 0.17.

Discutiremos ahora un caso especial, conocido como **cancelación catastrófica**. De manera intuitiva es claro que si uno realiza muchas operaciones punto flotante de forma consecutiva, entonces el error acumulado puede ser grande. *Sin embargo, aún cuando sea una sola operación punto flotante el error de redondeo puede ser muy grande.* Por ejemplo, consideremos la resta de dos números:

$$x = 0.54617 \text{ y } y = 0.54601$$

El valor exacto es

$$d = x - y = 0.00016.$$

Supongamos ahora que usamos aritmética punto flotante de 4 dígitos con redondeo. Entonces tenemos

$$\hat{x} = 0.5462 \text{ (Correcto hasta 4 dígitos significativos)}$$
$$\hat{y} = 0.5460 \text{ (Correcto hasta 4 dígitos significativos)}$$
$$\hat{d} = \hat{x} - \hat{y} = 0.0002.$$

¿Qué tan buena es la aproximación de $\hat{d}$ a d? El error relativo es

$$\frac{|d - \hat{d}|}{|d|} = 0.25 \text{ (muy grande!)}$$

Esta es la explicación de lo que sucedió con este ejemplo: en aritmética punto flotante de 4 dígitos, los números 0.5462 y 0.5460 son casi del mismo tamaño. Por tanto, cuando los restamos los dígitos más significativos se cancelaron (desaparecieron), y los menos significativos permanecieron en la respuesta. Este fenómeno, conocido como cancelación catastrófica, ocurre siempre que se restan dos números de tamaño muy similar.

1.2 Condicionamiento, eficiencia, y estabilidad

En esta sección introducimos el concepto de **algoritmo**[1], y dos de sus propiedades más importantes: **eficiencia** y **estabilidad**; así como una característica clave asociada a los problemas que se conoce como **condicionamiento**.

---

[1]La palabra algoritmo se deriva del nombre del matemático Persa Abu Ja'far Muhammed ibn Musa, mejor conocido como Al-Khwarizmi, quien vivió de finales del siglo VIII a mediados del siglo IX, esencialmente durante la edad de oro de la ciencia en Bagdag, Irak.

> **Definición 1.5.** *Un* **algoritmo** *es un conjunto finito y ordenado de operaciones, lógicas y aritméticas, las cuales al aplicarse a un problema computacional asociado a un conjunto de datos, llamado* **entrada**, *produce una solución al problema. Esta solución comprende un conjunto de datos que se conocen como* **salida**.

En este libro, por conveniencia, frecuentemente describiremos los algoritmos mediante **pseudo-códigos**, los cuales se pueden codificar usando diversos lenguajes de programación.

Dos de las propiedades más deseadas para cualquier algoritmo son **eficiencia y estabilidad**. La **eficiencia de un algoritmo** se mide por la cantidad de trabajo computacional requerido durante su ejecución. Una forma de medir la eficiencia es mediante el número de operaciones punto flotante, también llamadas **flops**, requeridas por el algoritmo.

> **Definición 1.6.** *Una operación punto flotante o* **flop** *es toda operación de* $+, -, *, o /$.

Se dice que un algoritmo es $O(n^p)$ si el término dominante en la cantidad de flops requeridas es un múltiplo de n^p. Por ejemplo, al calcular el producto interno entre dos vectores de dimensión n se requiere realizar n productos y $n-1$ sumas, es decir se requieren $O(n)$ flops.

La precisión, por otro lado, de la solución de un problema obtenida mediante algún algoritmo, depende de dos aspectos importantes:

- La estabilidad o inestabilidad del algoritmo,

- La condición del problema considerado, es decir, que tan sensible es el problema a pequeñas perturbaciones en el planteamiento del mismo.

Ahora discutiremos la estabilidad de los algoritmos, y dejamos para las próximas secciones la discusión sobre la condición de los problemas.

De manera informal, se dice que un algoritmo es inestable si pequeños errores, cometidos en algún paso del algoritmo, se magnifican en los siguientes pasos y destruyen la precisión de la solución obtenida. De manera formal, la estabilidad de un algoritmo se estudia por medio del **análisis del error**, y existen dos tipos: **análisis del error en retroceso**[2] y **análisis del error hacia adelante**. En el

---

[2]El análisis del error en retroceso se desarrolla y populariza a raíz del trabajo del científico Británico J. H. Wilkinson en 1960 [94].

análisis del error hacia adelante se compara la solución obtenida por el algoritmo con la solución exacta que se obtiene con las mismas entradas. Mientras que en el análisis del error en retroceso se comparan los datos de entrada con los datos de entrada que deberían usarse para que la salida del algoritmo sea la solución exacta del problema.

> **Definición 1.7.** *Un algoritmo es* **estable en retroceso** *si produce la solución exacta de un problema cuyos datos de entrada son* **cercanos** *a los datos originales.*

En este libro, a menos que se indique lo contrario, al hablar de estabilidad estaremos en realidad hablando de estabilidad en retroceso. Un ejemplo simple de estabilidad en retroceso es la suma de dos números punto flotante normalizados en $\mathcal{F}$. Como vimos antes

$$\mathrm{fl}(x+y) = (x+y)(1+\delta) = x(1+\delta) + y(1+\delta) = x' + y'.$$

Por tanto, recordando que $|\delta| \leq \mu$, la suma de x e y obtenida como $\mathrm{fl}(x+y)$ es la suma exacta de los números x' e y', los cuales están cerca de los originales x e y. En conclusión, la operación de sumar dos números en $\mathcal{F}$ es estable. Similarmente, la operación producto y división de dos números en $\mathcal{F}$ es estable.

El siguiente ejemplo ilustra que pueden existir algoritmos inestables que envuelven muy pocas operaciones punto flotante, y que no tienen la presencia de cancelaciones catastróficas.

Ejemplo 1.4 (Algoritmo inestable). *En el Capítulo 3 estudiaremos con detalles la factorización LU de matrices cuadradas en general. En este momento sólo nos interesa comprender que para la matriz $A \in \mathbb{R}^{2\times 2}$, definida a continuación, se pueden encontrar u_{11}, u_{12}, u_{22}, y l_{21} tales que*

$$A = \begin{bmatrix} \delta & -1 \\ 1 & 1 \end{bmatrix} = \begin{bmatrix} 1 & 0 \\ l_{21} & 1 \end{bmatrix} \begin{bmatrix} u_{11} & u_{12} \\ 0 & u_{22} \end{bmatrix},$$

donde $0 < \delta \ll 1$. Claramente, $l_{21} = \delta^{-1}$, $u_{11} = \delta$, $u_{12} = -1$, y $u_{22} = 1+\delta^{-1}$. Cuando δ es suficientemente pequeño, $fl(u_{22}) = \delta^{-1}$. Aun suponiendo que el resto de las cuentas se obtienen de forma exacta, al multiplicar las dos matrices triangulares punto flotante, se obtiene la matriz

$$\begin{bmatrix} \delta & -1 \\ 1 & 0 \end{bmatrix}$$

que difiere notablemente en el elemento $(2,2)$ de la matriz A original. Es decir, el proceso de factorización realizado de esa manera reproduce una matriz que *dista mucho de la original, y por ende es un proceso inestable. Esta inestabilidad se resolverá en el Capítulo 3 introduciendo diferentes estrategias de pivoteo para factorizar matrices.*

En el siguiente ejemplo ilustramos que los autovalores de una matriz jamás se deben obtener como las raíces del polinomio característico, práctica común en los cursos básicos de cálculo.

Ejemplo 1.5 (Algoritmo inestable para calcular autovalores). *Calcular los autovalores de una matriz A como las raíces de su polinomio característico es un proceso inestable, debido a dos razones fundamentales. Primero, obtener el polinomio característico de una matriz es de naturaleza inestable, y segundo, en general calcular las raíces de un polinomio es muy sensible a pequeñas perturbaciones en los coeficientes del mismo. Un buen ejemplo de esta sensibilidad es el conocido polinomio de Wilkinson $P_n(x) = (x-1)(x-2)\cdots(x-20)$. Una ínfima perturbación del orden de 2^{-23} en el coeficiente de x^{19} produce cambios drásticos en las raíces del polinomio, y algunos de ellos incluso se transforman en números complejos; Ver [50].*

1.2.1   Condicionamiento y análisis de perturbación

Una vez entendido el valor de trabajar con algoritmos estables, se puede producir la falsa impresión de que eso basta para garantizar la buena calidad de las soluciones obtenidas. ¡Nada más alejado de la realidad! Como mencionamos arriba, una propiedad del problema conocida como **condicionamiento** también contribuye en la precisión de las soluciones esperadas.

La condición de un problema es una propiedad del problema mismo, y se refiere a como cambia la solución cuando los datos contienen algún tipo de ruido o perturbación, independientemente del algoritmo usado. El estudio teórico efectuado por analistas numéricos para investigar el efecto que estas perturbaciones producen se conoce como **análisis de perturbación**. Este tipo de análisis permitirá discernir si un problema dado es "**bueno**" o "**malo**", es decir, si pequeñas perturbaciones en los datos produce pequeños o grandes cambios en la solución del problema.

Definición 1.8. *Un problema (con respecto a un conjunto de datos) se llama* **mal-condicionado** *si un error relativo pequeño en los datos produce un error relativo grande en la solución, independientemente del algoritmo usado. En caso contrario se llama* **bien-condicionado***.*

Supongamos que un cierto problema P se resuelve para un conjunto de datos c, y designemos a $P(c)$ como el valor de la solución obtenida. Sea δ_c una perturbación en los datos c. Se dice que P está mal-condicionado para c si el error relativo

$$\frac{|P(c + \delta_c) - P(c)|}{|P(c)|}$$

es mucho mayor que el error relativo en los datos $|\delta_c|/|c|$. Vale destacar que, en general, un problema puede estar mal-condicionado para un conjunto de datos, y bien-condicionado para otro conjunto de datos. A continuación listamos las únicas dos grandes verdades que podemos obtener de esta discusión.

- Si el problema está mal-condicionado para un conjunto de datos, no importa que tan estable sea el algoritmo usado, la precisión de la solución obtenida no está garantizada.

- Si un algoritmo estable se aplica a un problema bien-condicionado para los datos dados, entonces está garantizada la precisión en la solución obtenida.

Veamos un ejemplo simple de problema mal-condicionado.

Ejemplo 1.6. *Consideremos el siguiente sistema lineal:*

$$x_1 + 2x_2 = 3$$
$$2x_1 + 3.999x_2 = 5.999$$

La solución exacta es $\boxed{x_1 = x_2 = 1.}$ *Ahora introducimos una pequeña perturbación en el vector del lado derecho, cambiando el número 5.999 por el número 6, y obtenemos el sistema:*

$$x_1 + 2x_2 = 3$$
$$2x_1 + 3.999x_2 = 6$$

La solución exacta de este sistema perturbado es $\boxed{x_1 = 3, \; x_2 = 0.}$ *Es decir, un pequeño cambio en el vector del lado derecho produce un cambio muy grande en la solución obtenida, y por tanto el problema está mal-condicionado.*

1.2.2 Condicionamiento de sistemas lineales

En el ejemplo anterior estudiamos el efecto de una pequeña perturbación en el vector de la derecha al resolver un sistema lineal de dos ecuaciones y dos incognitas. En esta sección vamos a estudiar, usando análisis de perturbación, el efecto de pequeñas perturbaciones en el caso general de sistemas lineales de la forma $Ax = b$. En este problema general, los datos de entrada son la matriz A y el vector b, y pueden existir perturbaciones en alguno de ellos o en ambos. Veremos que en todos esos casos un mismo número especial, conocido como el **número de condición** de la matriz A jugará un papel fundamental.

Definamos entonces las perturbaciones de A, b, y de la solución x como sigue:

> **Perturbaciones posibles al resolver $Ax = b$**
>
> $A \rightarrow A + \Delta A$ (ΔA = perturbación en la matriz A)
>
> $b \rightarrow b + \delta b$ (δb = perturbación en el vector b)
>
> $x \rightarrow x + \delta x$ (δx = cambio en la solución)

El siguiente teorema establece que si las perturbaciones relativas en A y b son pequeñas, en alguna norma matricial inducida $\| \ \|$, entonces el error relativo en la solución x está dominada por el número $\|A\|\|A^{-1}\|$. Para la demostración de este resultado general ver, por ejemplo, [21, pp. 65-67].

> **Teorema 1.3** (Teorema general de perturbación para sistemas lineales). *Sean ΔA y δb las perturbaciones, respectivamente, de A y $b \neq 0$, y sea δx el error abosluto en x al resolver $Ax = b$. Sea $\| \ \|$ una norma matricial inducida. Si A es no singular y $\|\Delta A\| < \dfrac{1}{\|A^{-1}\|}$, entonces*
>
> $$\frac{\|\delta x\|}{\|x\|} \leq \frac{\|A\|\|A^{-1}\|}{(1 - \|\Delta A\|\|A^{-1}\|)} \left(\frac{\|\Delta A\|}{\|A\|} + \frac{\|\delta b\|}{\|b\|} \right).$$

> **Definición 1.9.** *El número $\|A\|\|A^{-1}\|$ se conoce como el **número de condición** del sistema lineal $Ax = b$, o simplemente el **número de condición** de A, y se denota por $Cond(A)$. Si se especifica la norma matricial inducida, digamos $\| \ \|_*$, entonces se denota por $Cond_*(A)$.*

Del Teorema 1.3 se puede concluir que

- Si $Cond(A)$ es grande, entonces el sistema $Ax = b$ está mal-condicionado.

- Si $Cond(A)$ es pequeño, el sistema $Ax = b$ está bien-condicionado.

El número de condición de una matriz depende de la norma utilizada, sin embargo, recordando que en espacios de dimensión finita todas las normas son equivalentes, podemos afirmar que si una matriz es mal-condicionada en una norma, lo es en cualquier otra norma. En la lista de ejercicios propuestos al final de este capítulo se incluye demostrar varias propiedades de $Cond(A)$, entre las que ahora destacamos que en cualquier norma, $Cond(A) \geq 1$, y que el número $Cond(A)$ es libre de escalamiento, es decir, que para cualquier escalar $c \neq 0$, $Cond(cA) = Cond(A)$.

Claramente, el número $Cond(A)$ sólo esta definido para matrices no singulares. Una propiedad adicional, que agrega entendimiento geométrico, relaciona $Cond(A)$ con la distancia de A al conjunto S de las matrices singulares de las mismas dimensiones de A. Vale destacar que en la métrica definida por la norma inducida usada para $Cond(A)$, el conjunto de las matrices no singulares es abierto, y por tanto su complemento, el conjunto S, es cerrado. Nuestro próximo resultado establece la relación entre $Cond(A)$ y la distancia a S; para una demostración diferente ver [26, pp.34].

Teorema 1.4. *Para cualquier norma inducida*

$$\min_{B \in S} \frac{\|A - B\|}{\|A\|} = \frac{1}{Cond(A)}.$$

Demostración. Sea $B \in S$ una matriz singular, y sea $\bar{x} \neq 0$ tal que $B\bar{x} = 0$. Se cumple que

$$\|\bar{x}\| = \|(I - A^{-1}B)\bar{x}\| = \|A^{-1}(A - B)\bar{x}\| \leq \|A^{-1}\|\|A - B\|\|\bar{x}\|.$$

Dividiendo por $\|\bar{x}\|$ obtenemos $1 \leq \|A^{-1}\|\|A - B\|$ y por tanto

$$\frac{1}{\|A^{-1}\|} \leq \|A - B\|.$$

En particular, $\inf_{B \in S} \|A - B\| \geq 1/\|A^{-1}\|$. Ahora bien, toda norma es una función continua, y entonces sobre el conjunto cerrado S ese número se alcanza y por ende

$$\frac{1}{\|A^{-1}\|} = \min_{B \in S} \|A - B\|,$$

es decir, $1/\|A^{-1}\|$ es la distancia de A al conjunto S. Finalmente dividiendo por $\|A\|$ concluimos que

$$\min_{B \in S} \frac{\|A - B\|}{\|A\|} = \frac{1}{\|A\|\|A^{-1}\|} = \frac{1}{Cond(A)}.$$

$\square$

En palabras, el Teorema 1.4 establece que $\text{Cond}(A)$ es el inverso de la distancia relativa a la singularidad. Es decir, si $\text{Cond}(A)$ es grande entonces A es muy cercana a una matriz singular.

Ahora estableceremos una versión simple del Teorema 1.3 para el caso en que $\Delta A = 0$. Este caso es de interés ya que en muchas aplicaciones la matriz A representa el modelo matemático fijo, y el ruido o perturbación aparece en el vector b de mediciones experimentales.

> **Teorema 1.5** (Teorema de perturbación en el vector de la derecha). *Sea $\|\ \|$ una norma matricial inducida. Si δb y δx son, respectivamente, la perturbación de b y x al resolver el sistema $Ax = b$; y si suponemos que A es no singular y $b \neq 0$, entonces*
>
> $$\frac{\|\delta x\|}{\|x\|} \leq Cond(A)\, \frac{\|\delta b\|}{\|b\|}.$$

Demostración. Se cumple que

$$Ax = b, \ \text{y } A(x + \delta x) = b + \delta b.$$

La segunda ecuación se puede escribir como $Ax + A\delta x = b + \delta b$, de donde sigue que

$$A\delta x = \delta b, \ \text{(ya que } Ax = b\text{), es decir, } \delta x = A^{-1}\delta b.$$

Aplicando normas tenemos

$$\|\delta x\| \leq \|A^{-1}\|\,\|\delta b\|, \tag{1.3}$$

y también $\|Ax\| = \|b\|$, de donde obtenemos

$$\|b\| = \|Ax\| \leq \|A\|\,\|x\| \tag{1.4}$$

Combinando (1.3) y (1.4) se obtiene

$$\frac{\|\delta x\|}{\|x\|} \leq \|A\|\,\|A^{-1}\|\frac{\|\delta b\|}{\|b\|} = \text{Cond}(A)\frac{\|\delta b\|}{\|b\|}. \tag{1.5}$$

$\square$

El Teorema 1.5 dice que la perturbación relativa en la solución puede llegar a ser tan grande como la $\text{Cond}(A)$ multiplicada por el error relativo en el vector b. Por tanto, si el número de condición de A no es muy grande, entonces una pequeña perturbación en b tendrá poco efecto en la solución obtenida. Mientras que si $\text{Cond}(A)$ es grande entonces aún una pequeña perturbación en b puede ocasionar un cambio muy grande en la solución. Esto es exactamente lo que sucedió en el ejemplo 1.6: el número de condición de la matriz A es del orden de 1.0×10^4; mientras que el error relativo en b es del orden 1.0×10^{-3} y por tanto no existe ningún dígito correcto en la solución.

Ejemplo 1.7 (Un sistema lineal mal-condicionado).

$$A = \begin{pmatrix} 1 & 2 & 1 \\ 2 & 4.0001 & 2.002 \\ 1 & 2.002 & 2.004 \end{pmatrix}, \qquad b = \begin{pmatrix} 4 \\ 8.0021 \\ 5.006 \end{pmatrix}$$

La solución exacta es $x = \begin{pmatrix} 1 \\ 1 \\ 1 \end{pmatrix}$. *Si cambiamos* b *por* $b' = \begin{pmatrix} 4 \\ 8.0020 \\ 5.0061 \end{pmatrix}$, *entonces la perturbación relativa en* b:

$$\frac{\|b' - b\|}{\|b\|} = \frac{\|\delta b\|}{\|b\|} = 1.379 \times 10^{-5} \text{ (pequeña)}.$$

Si ahora resolvemos el sistema $Ax' = b'$, *obtenemos*

$$x' = x + \delta x = \begin{pmatrix} 3.0850 \\ -0.0436 \\ 1.0022 \end{pmatrix},$$

el cual es completamente diferente al vector x. *Vale destacar que en este caso* $\text{Cond}_2(A) = 3.221 \times 10^5$ *(grande).*

EJERCICIOS del Capítulo 1

1.1 (a) Establezca el Teorema 1.1 en el caso de usar redondeo.

   (b) Demuestre que (1.2), obtenido en (a), se puede escribir de la forma

$$\text{fl}(x) = x(1 + \delta), \quad |\delta| \leq \mu.$$

1.2 Muestre como organizar los cálculos de forma equivalente, en cada uno de los siguientes casos, para evitar la pérdida de precisión. Muestre un ejemplo numérico en cada caso para ilustrar la fórmula propuesta.

(a) $e^x - x - 1$, para valores negativos de x.

(b) $\sqrt{x^4 + 1} - x^2$, para valores grandes de x.

(c) $\dfrac{1}{x} - \dfrac{1}{x+1}$, para valores grandes de x.

(d) $x - sen\, x$, para valores de x cercanos a cero.

(e) $1 - \cos x$, para valores de x cercanos a cero.

(f) $\sqrt{x+1} - 1$, para valores de x cercanos a cero.

(g) $\dfrac{e^x - 1}{x}$ para $|x| << 1$.

(h) $\dfrac{(1 - \cos x)}{x^2}$ para valores pequeños de x

1.3 ¿Cuáles son los errores absoluto y relativo, y el número de dígitos correctos, al aproximar

(a) 0.00001 con 0?

(b) $\dfrac{1}{3}$ con .333?

(c) $\dfrac{1}{6}$ con .166?

(d) 0.3000001 con 0.2999999?

¿Cuántos dígitos significativos existen en cada caso?

1.4 Sean $\beta = 10$ y $t = 4$. Considere el siguiente cálculo

$$a = \left(\frac{1}{6} - .1666 \right) / .1666.$$

¿Cuántos dígitos correctos se obtienen en la solución?

1.5 ¿Cuántos dígitos exactos se obtienen al aproximar 367.99 con 368.0? ¿Y al aproximar 0.9949 con 0.9951?

1.6 Arquímedes, en el siglo III AC, obtuvo las siguientes acotaciones del número π: $223/71 < \pi < 22/7$. Calcule los errores absolutos y relativos cometidos en estas aproximaciones.

1.7 Considere la evaluación de

$$e = \sqrt{\sum_{j=1}^{n} a_j^2}.$$

¿Cómo se puede organizar el cálculo de e para evitar el overflow al calcular $\sum_{j=1}^{n} a_j^2$ para valores grandes de los números a_j?

1.8 ¿Qué respuesta conseguirá usted si calcula las siguientes expresiones en un computador con simple precisión?

(a) $\sqrt{10^8 - 1}$

(b) $\sqrt{10^{-20} - 1}$

(c) $10^{16} - 50$

Calcule el error absoluto y relativo en cada caso.

1.9 ¿Qué problemas se pueden preveer al resolver las siguientes ecuaciones cuadráticas?

(a) $x^2 - 10^6 x + 1 = 0$,

(b) $10^{-10} x^2 - 10^{10} x + 10^{10} = 0$

usando la conocida fórmula:

$$x = \frac{-b \pm \sqrt{b^2 - 4ac}}{2a}.$$

¿Qué remedio puede usted sugerir? Ahora resuelva las mismas ecuaciones usando su sugerencia, con $t = 4$.

1.10 Establezca que la integral

$$y_i = \int_0^1 \frac{x^i}{x + 5} \, dx$$

puede ser calculada usando la fórmula recursiva:

$$y_i = \frac{1}{i} - 5y_{i-1}.$$

Calcule $y_1, y_2, \ldots, y_{10}$ mediante esta fórmula, desde

$$y_0 = \ln(x + 5)|_0^1 = \ln 6 - \ln 5 = \ln(1.2).$$

¿Qué anomalías observa en estos cálculos? Explique lo sucedido. Ahora arregle la recursión para que los y_i se obtengan con más precisión.

1.11 Conteste **"Verdadero"** o **"Falso"**. Justifique sus respuestas.

(a) Si un algoritmo estable (en retroceso) se aplica a un problema computacional, la solución obtenida será precisa.

(b) Un algoritmo estable produce una buena aproximación a la solución exacta.

(c) Estar bien-condicionado es una buena propiedad de un algoritmo.

(d) La cancelación siempre produce efectos negativos.

(e) Si los ceros de un polinomio son todos distintos, entonces el cálculo de ellos está bien-condicionado.

(f) Un algoritmo eficiente es necesariamente un algoritmo estable.

(g) Los errores en retroceso relacionan los errores cometidos a los datos del problema.

(h) Un algoritmo estable aplicado a un problema bien-condicionado produce una solución precisa.

(i) El análisis de estabilidad de un algoritmo se hace mediante el análisis de perturbación.

(j) Toda matriz simétrica está bien-condicionada.

(k) Si el determinante de una matriz es muy cercano a cero, entonces la matriz es muy cercana a una matriz singular.

(l) Se deben realizar una gran cantidad de cálculos consecutivos para poder observar un error de redondeo grande.

1.12 (a) Demuestre que el producto y la división punto flotante de dos números es estable.

(b) Demuestre que el cálculo punto flotante del producto interno de dos vectores es estable; mientras que el producto externo no lo es.

1.13 ¿Son los siguientes cálculos punto flotante estables? Justifique su respuesta en cada caso.

(a) $\mathrm{fl}(x + 1)$

(b) $\mathrm{fl}(x(y + z))$

(c) $\mathrm{fl}(x_1 + x_2 + \cdots + x_n)$

(d) $\mathrm{fl}(x_1 x_2 \cdots x_n)$

(e) $\mathrm{fl}(x^T y / c)$, donde x y y son vectores y c es un escalar

(f) $\mathrm{fl}\left(\sqrt{x_1^2 + x_2^2 + \cdots + x_n^2}\right)$

1.14 Demuestre que los ceros de los siguientes polinomios están mal-condicionados, y justifique sus respuestas.

(a) $x^3 - 3x^2 + 3x + 1$

(b) $(x-1)^3(x-2)$

(c) $(x-1)(x-0.99)(x-2)$

1.15 Muestre con detalles el conteo de operaciones punto flotante necesario para las siguientes operaciones matriciales:

(i) El producto de dos matrices A y B de orden $n \times m$ y $m \times p$, respectivamente.

(ii) El producto de una matriz A de orden $m \times n$ por un vector b de orden n.

(iii) El producto de un vector (columna) u por un vector fila v^T.

(iv) El cálculo de $\|u\|_2$.

(v) El producto de un un vector fila v^T por un vector (columna) u.

(vi) El cálculo de la matriz $A = \dfrac{uv^T}{u^T v}$, donde u y v son vectores de orden m.

(vii) El cálculo de la matriz $B = A - uv^T$, donde A es una matriz $n \times n$, y u y v son vectores de orden n.

1.16 Desarrolle algoritmos para calcular el producto AB en los siguientes casos. Estos algoritmos deben sacar ventaja de la estructura matricial especial en cada caso. Calcule el número de operaciones punto flotante (costo) y el almacén requerido en cada caso.

(a) A y B, donde ambas son triangulares inferiores.

(b) A es arbitraria y B es triangular inferior.

(c) A y B son ambas tridiagonales.

(d) A es arbitraria y B es Hessenberg superior (si $i > j + 1$ entonces $b_{ij} = 0$).

(e) $A(I + xy^T)$, donde x y y son vectores.

(f) A es Hessenberg superior y B es triangular superior.

1.17 Demuestre que

(i) $\mathrm{Cond}(A) = \mathrm{Cond}(A^{-1})$.

(ii) $\text{Cond}(A) \geq 1$ para cualquier norma inducida.

(iii) $\text{Cond}_2(A^T A) = (\text{Cond}_2(A))^2$.

(iv) $\text{Cond}(cA) = \text{Cond}(A)$, para cualquier escalar $c \neq 0$.

(v) $\text{Cond}(AB) \leq \text{Cond}(A)\,\text{Cond}(B)$ para cualquier norma inducida.

1.18 Bajo las mismas hipótesis del Teorema 1.5, establezca que además se cumple

$$\frac{\|\delta x\|}{\|x\|} \geq \frac{\|\delta b\|}{\text{Cond}(A)\|b\|}.$$

1.19 (a) Sea A una matriz ortogonal. establezca que $\text{Cond}_2(A) = 1$.

(b) Demuestre que $\text{Cond}_2(A) = 1$ si y sólo si A es un múltiplo escalar de una matriz ortogonal.

1.20 Sea $U = (u_{ij})$ una matriz triangular superior no singular. Demuestre que

$$\text{Cond}_\infty(U) \geq \frac{\max |u_{ii}|}{\min |u_{ii}|}.$$

1.21 Construya un ejemplo sencillo de una matriz mal-condicionada, no-diagonal, no singular, y simétrica definida positiva.

1.22 Sea $A = LDL^T$ una matriz simétrica definida positiva. Sea $D = \text{diag}(D_{ii})$. Establezca que

$$\text{Cond}_2(A) \geq \frac{\max(d_{ii})}{\min(d_{ii})}.$$

Construya un ejemplo de una matriz mal-condicionada, no-diagonal, y simétrica definida positiva.

1.23 (a) Encuentre los valores de a para que $A = \begin{pmatrix} 1 & a \\ a & 1 \end{pmatrix}$ sea mal-condicionada.

(b) ¿Cuál es el número de condición de A?

1.24 Muestre un ejemplo de un algoritmo estable que aplicado a un problema mal-condicionado produzca una solución sin precisión.

Programas en Octave, y prácticas del Capítulo 1

Octave es un programa libre para realizar cálculos numéricos, que resulta ser muy conveniente para ilustrar los algoritmos que se analizan en este libro.

M.1.1 Usando la función '**rand**' de Octave, construya una matriz aleatoria 5×5, y luego imprima las siguientes salidas:
A(2,:), A(:,1), A (:,5),
A(1, 1: 2 : 5), A([1, 5]), A(4: -1: 1, 5: -1: 1).

M.1.2 Usando la función '**for**', escriba un programa en Octave para calcular el **producto interno** y el **producto externo** de dos vectores u y v de dimensión n,

$$[s] = \textbf{inpro}(u,v)$$
$$[A] = \textbf{outpro}(u,v)$$

Pruebe su programa creando dos vectores diferentes u y v mediante el comando rand(4,1).

M.1.3 Aprenda como usar los siguientes comandos de Octave que permiten crear matrices especiales:

diag	Matriz diagonal o la diagonal de una matriz
ones	Matriz con unos en todas las entradas
zeros	Matriz cero
rand	Matriz aleatoria
triu	Extrae el triangulo superior de una matriz
tril	Extrae el triangulo inferior de una matriz
randn	Matriz aleatoria con entradas de distribución normal, media cero y desviación estandar igual a 1.

M.1.4 Aprenda como usar las siguientes funciones básicas de Octave:

$A \backslash b$	Solución de $Ax = b$.
inv	Inversa de una matriz
det	Determinante
cond	Número de condición
eig	Autovalores y autovectores
norm	Diversas normas de vectores y matrices
poly	Polinomio característico
polyval	Evaluación de un polinomio en un valor dado
plot	Graficación de funciones
rank	Rango de una matriz

M.1.5 Usando las funciones de Octave '**for**', '**size**', '**zero**', escriba un programa para calcular el producto de dos matrices triangulares superiores A y B de orden $m \times n$ y $n \times p$, respectivamente. Pruebe su programa con

$$A = \mathbf{triu}(\text{rand } (4,3)),$$
$$B = \mathbf{triu}(\text{rand } (3,3)).$$

M.1.6 (a) Escriba un programa en Octave para construir la matriz $n \times n$ triangular inferior $A = (a_{ij})$:

$$\begin{aligned} a_{ij} &= 1 && \text{si} && i = j \\ a_{ij} &= -1 && \text{si} && i > j \\ a_{ij} &= 0 && \text{si} && i < j \end{aligned}$$

(b) Realice un experimento para mostrar que la solución de $Ax = b$ con A como en (a) y b tal que $b = Ax$, donde $x = (1, 1, \ldots, 1)^T$, es cada vez memos preciso cuando n aumenta, a causa del mal-condicionamiento de A. Sea $\hat{x}$ la solución obtenida.

Presente sus resultados de la siguiente forma:

n	$\text{Cond}(A)$	$\hat{x} = A \backslash b$	$\dfrac{\|x - \hat{x}\|_2}{\|x\|_2}$	$\dfrac{\|b - A\hat{x}\|_2}{\|b\|_2}$
10				
20				
30				
40				
50				

M.1.7 *(Calculando la varianza (Higham [50, p. 12]).*

Calcule la **varianza** de n números $x_1, \ldots, x_n$ dada por

$$S_n^2 = \frac{1}{n-1} \sum_{i=1}^{n} (x_i - \bar{x})^2 \,,$$

$$\text{donde } \bar{x} = \frac{1}{n} \sum_{i=1}^{n} x_i \,.$$

Describa varias formas matemáticamente equivalentes de calcular esta cantidad, y discuta sus propiedades de estabilidad.

2

MÉTODOS NUMÉRICOS PARA ENCONTRAR RAÍCES DE FUNCIONES

El problema de encontrar raíces de funciones en de gran importancia en computación científica. En el caso de una sola variable aparece en diversas aplicaciones, pero más aún, un buen entendimiento de las ideas en una variable permitirá desarrollar más adelante los algoritmos para el caso multivariable. Comenzaremos por describir un problema clásico, relacionado con el movimiento planetario, que involucra la búsqueda de raíces en una variable.

Una de las leyes clásicas del movimiento planetario, propuesta originalmente por Kepler[1] dice que *un planeta gira alrededor del sol siguiendo una órbita elíptica* como se muestra en la Figura 2.1.

Supongamos que necesitamos conocer la posición (x, y) del planeta en el tiempo t. Esto se puede obtener de la siguiente fórmula:

$$
\begin{aligned}
x &= a\cos(E - e) \\
y &= a\sqrt{1 - e^2}\,sen\,E
\end{aligned}
$$

---

[1] Johannes Kepler (1571-1630), astrónomo y matemático alemán.

Figura 2.1: Un planeta siguiendo una órbita elíptica alrededor del sol.

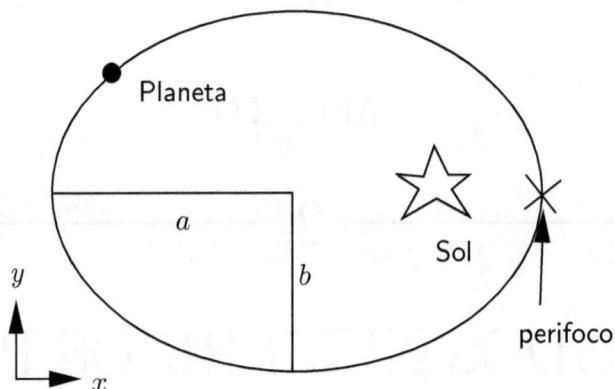

donde

$$e \;\; = \text{excentricidad de la elipse}$$
$$E \;\; = \text{anomalía de la excentricidad.}$$

Para determinar la posición (x, y), debemos conocer E, la cual se puede calcular usando la ecuación de movimiento de Kepler:

$$M = E - e \, sen\,(E), \quad 0 < e < 1,$$

donde M es la anomalía promedio. En consecuencia, esta ecuación relaciona la anomalía de la excentricidad E, con la anomalía promedio, M. Por tanto para encontrar E debemos resolver la ecuación no lineal:

$$f(E) = M - E + e \, sen\,(E) = 0.$$

Resolver este tipo de ecuaciones es el objetivo principal de este capítulo.

El problema general consiste en encontrar una raíz de la ecuación $f(x) = 0$, donde $f(x)$ es una función de una sola variable x. En forma precisa el problema se escribe así: dada una función $f(x)$, encontrar un número ξ tal que $f(\xi) = 0$.

Definición 2.1. *Si* $f(\xi) = 0$, *se dice que* ξ *es una* **raíz** *de la ecuación* $f(x) = 0$ *o un* **cero** *de la función* $f(x)$.

Con la excepción de muy pocas funciones, no es posible encontrar la expresión analítica (fórmula cerrada) para obtener las raíces, es decir, para resolver la ecuación no lineal $f(x) = 0$. Esto es cierto aún para las conocidas funciones polinomiales de grado mayor o igual a 5. Un polinomio $P_n(x)$ de grado n se puede escribir como:

$$P_n(x) = a_0 + a_1(x) + a_2 x^2 + \cdots + a_n x^n \quad (a_n \neq 0).$$

El **Teorema fundamental del algebra** afirma que un polinomio $P_n(x)$ de grado $n(n \geq 1)$ tiene al menos una raíz. Para el caso de grado 2, $P_2(x) = ax^2 + bx + c$, se conoce muy bien la fórmula analítica de sus dos raíces:

$$x = \frac{-b \pm \sqrt{b^2 - 4ac}}{2a}.$$

Para polinomios de grado 3 y 4 también se conocen las fórmulas cerradas de sus raíces. Gracias a los trabajos de **Abel** y **Galois**[2], durante el siglo XIX, se concluye que fórmulas cerradas de este tipo no existen para polinomios de grado mayor o igual a 5. Como consecuencia, salvo muy pocas excepciones, los métodos numéricos para encontrar raíces de funciones deben ser de naturaleza iterativa. La idea detrás de un proceso iterativo es la siguiente: Empezando desde una aproximación inicial x_0, se construye una sucesión $\{x_k\}$, usando una fórmula iterativa con la esperanza de que esta sucesión converja a una raíz de $f(x) = 0$.

Tres aspectos importantes de todo método iterativo son: **convergencia**, **velocidad de convergencia**, y **criterio de parada**. Por cada método propuesto en este capítulo discutiremos cada uno de estos aspectos. En la próxima sección, presentamos una taxonomía de velocidades de convergencia.

2.1 Velocidad de convergencia

Por conveniencia para futuros capítulos presentamos este tema en el espacio de vectores $\mathbb{R}^n$. Si la sucesión de vectores $\{x_k\}$ converge a un punto $\xi \in \mathbb{R}^n$, es decir si

$$\lim_{k \to \infty} x_k = \xi,$$

---

[2]Niels Henrik Abel (1802-1829) matemático noruego, y Evariste Galois (1811-1832) matemático francés. Ambos murieron jóvenes, y ambos contribuyeron a despejar uno de los enigmas más tenazmente perseguidos por los matemáticos desde la edad media: la resolución de ecuaciones polinomiales.

nos interesa introducir la siguiente taxonomía de velocidades de convergencia que involucra los vectores errores, $e_k = x_k - \xi$, que convergen a cero.

Definición 2.2. *Se dice que* $\{e_k\}$ *converge a cero con velocidad q-orden p si existen* $c > 0$ *y* $k_0 \in \mathbb{N}$, *tal que en alguna norma*

$$\|e_{k+1}\| \leq c\|e_k\|^p, \quad \text{para todo } k \geq k_0.$$

Claramente, si $n = 1$ nos referimos al modulo $|e_k|$ en lugar de $\|e_k\|$.

En la Definición 2.2, si $p = 1$, se conoce como convergencia q-lineal ($0 < c < 1$), y depende de la norma, es decir, una sucesión puede converge q-linealmente en una norma y diverger en otra norma. Si $p = 2$, se conoce como convergencia q-cuadrática, y no depende de la norma. Si $1 < p < 2$ se llama convergencia q-superlineal, y se puede definir de forma equivalente como sigue: se dice que $\{e_k\}$ converge a 0 q-superlinealmente si

$$\|e_{k+1}\| \leq c_k\|e_k\|, \quad \text{para todo } k \geq k_0, \text{ y } \{c_k\} \text{ converge a cero.}$$

Algunos métodos que discutiremos en este libro no convergen de forma monótona, y por ende su velocidad de convergencia no puede ser clasificada usando la definición 2.2. Se requiere entonces otra definición para clasificar este tipo de convergencia.

Definición 2.3. *Se dice que* $\{e_k\}$ *converge a 0 r-orden p si existen* $\{b_k\}$ *y* $k_0 \in \mathbb{N}$, *tal que*

$$\|e_k\| \leq \|b_k\|, \quad \text{para todo } k \geq k_0, \text{ y } \{b_k\} \text{ converge a cero q-orden p.}$$

Nótese que, en efecto, en este caso la sucesión $\{e_k\}$ puede aumentar o disminuir su valor en iteraciones consecutivas siempre y cuando la sucesión dominante $\{b_k\}$ tienda a cero monótonamente con velocidad q-orden p.

Finalmente, es importante presentar la forma más lenta de converger: la convergencia sublineal. Se dice que $\{e_k\}$ converge a cero sublinealmente si

$$\|e_{k+1}\| \leq c_k\|e_k\|, \quad \text{para todo } k \geq k_0, \text{ y } \{c_k\} \text{ converge a 1.}$$

A modo de ejemplo, la sucesión $\{1/k\}$, con $k \in \mathbb{N}$, converge a cero sublinealmente. Para más información y detalles sobre las distintas velocidades de convergencia se recomiendan los clásico libros de Ortega y Rheinboldt [70], y Dennis y Schnabel [30].

2.2 Método de Bisección

Este método consiste en reducir a la mitad, de forma sistemática, el intervalo de incertidumbre que contiene a la raíz. Supongamos que $f(x) = 0$ posee una raíz real ξ en el intervalo $[a, b]$, y procedamos de la siguiente manera: reducimos a la mitad el intervalo $[a, b]$. Sea $c = (a + b)/2$ el punto medio de $[a, b]$. Si c es la raíz, terminamos el proceso de forma exitosa. De lo contrario, uno de los intervalos $[a, c]$ o $[c, b]$ contiene la raíz. Determinamos cual de los dos intervalos contiene la raíz y de nuevo reducimos ese intervalo a la mitad. Continuamos este proceso hasta que la raíz quede atrapada en un intervalo de incertidumbre tan pequeño como la precisión requerida. Para determinar cual de los dos intervalos entre $[a, c]$ o $[c, b]$ contiene la raíz, el **Teorema de Bolzano**[3] es de gran ayuda; ver por ejemplo el libro de Apostol [2].

Teorema de Bolzano

Supongamos que $f(x)$ es continua en $[a, b]$ y que $f(a)f(b) < 0$. Entonces existe una raíz de $f(x) = 0$ en (a, b).

Algoritmo 2.1 (Método de bisección para ceros de funciones).
Entradas: $f(x)$, a_0 y b_0 tal que $f(a_0)f(b_0) < 0$.
Salida: *Una aproximación de la raíz de $f(x) = 0$ en $[a_0, b_0]$.*

Desde $k = 0, 1, 2, \ldots$, hacer:

> **Paso 1.** *Calcular el punto medio c_k del intervalo $[a_k, b_k]$:*
>
> $$c_k = \frac{a_k + b_k}{2}.$$
>
> **Paso 2.** *Verificar si el intervalo $[a_k, b_k]$ es suficientemente pequeño. En ese caso, c_k se declara como la raíz deseada, y detener el proceso.*
>
> **Paso 3.** *Sino, si $f(c_k)f(a_k) < 0$ entonces $b_{k+1} = c_k$ y $a_{k+1} = a_k$. Caso contrario, asignar $a_{k+1} = c_k$, y $b_{k+1} = b_k$.*

Fin.

Puede suceder que en alguna iteración k, el cálculo de $c_k = (a_k + b_k)/2$ produzca

---

[3]Bernard Bolzano (1781-1848), matemático, filósofo y teólogo nacido en Praga, Bohemia, actual República Checa.

overflow. Para evitar ese problema, es mejor calcular c_k como:

$$c_k = a_k + \frac{b_k - a_k}{2}.$$

Ejemplo 2.1. *Encontrar la raíz positiva de $f(x) = x^3 - 6x^2 + 11x - 6 = 0$ usando el método de bisección. Primero debemos encontrar un intervalo inicial $[a_0, b_0]$ de incertidumbre. Esto se logra usando el Teorema de Bolzano. Escogemos $a_0 = 2.5$ y $b_0 = 4$. En efecto, por ser un polinomio, $f(x)$ es continua en todo la recta real, y además, $f(2.5)f(4) < 0$. Por tanto, por el Teorema de Bolzano, existe una raíz en $[2.5, 4]$.*

Entradas:

$$\begin{cases} (i) \ f(x) = x^3 - 6x^2 + 11x - 6 \\ (ii) \ a_0 = 2.5, \quad b_0 = 4 \end{cases}$$

Solución.

Iteración 1. ($k = 0$): *Encontrar el punto medio del intervalo $[a_0, b_0]$, e identificar el subintervalo que contiene la raíz.*

$$c_0 = \frac{a_0 + b_0}{2} = \frac{4 + 2.5}{2} = \frac{6.5}{2} = 3.25.$$

Ya que $f(c_0)f(a_0) = f(3.25)f(2.5) < 0$, el intervalo $[a_0, c_0]$ contiene la raíz. Asignar $b_1 = c_0$, $a_1 = a_0$. El intervalo $[a_1, b_1]$ contiene la raíz.

Iteración 2. ($k = 1$): *Encontrar el punto medio c_1 del intervalo $[a_1, b_1]$, e identificar el subintervalo que contiene la raíz.*

$$c_1 = \frac{3.25 + 2.5}{2} = 2.8750.$$

*Ya que $f(c_1)f(a_1) > 0$, el intervalo $[a_1, c_1]$ **no contiene** la raíz. Asignar $a_2 = 2.875$, $b_2 = b_1$. El intervalo $[a_2, b_2]$ contiene ahora la raíz.*

Iteración 3. ($k = 2$): *Encontrar el punto medio del intervalo $[a_2, b_2]$, e identificar el subintervalo que contiene la raíz.*

$$c_2 = \frac{a_2 + b_2}{2} = \frac{2.875 + 3.250}{2} = 3.0625.$$

Ya que $f(c_2)f(a_2) = f(3.0625)f(2.875) < 0$, el intervalo $[a_2, c_2]$ contiene la raíz. Asignar $b_3 = c_2$, $a_3 = a_2$. El intervalo $[a_3, b_3]$ contiene ahora la raíz.

Iteración 4. $(k = 3)$:

$$c_3 = \frac{a_3 + b_3}{2} = \frac{2.875 + 3.0625}{2} = 2.9688.$$

Claramente, las iteraciones convergen a la raíz $x = 3$.

El siguiente teorema establece la convergencia global del método de bisección bajo las hipótesis ya discutidas.

Teorema 2.2. *Sea $f(x)$ una función continua en el intervalo $[a_0, b_0]$ tal que $f(a_0)f(b_0) < 0$, y sean $\{a_k\}$, $\{b_k\}$, y $\{c_k\}$ las sucesiones generadas por el método 2.1 de bisección. Entonces*

$$\lim_{k\to\infty} a_k = \lim_{k\to\infty} b_k = \lim_{k\to\infty} c_k = \xi,$$

donde $f(\xi) = 0$. Además,

$$|\xi - c_k| \leq \frac{b_0 - a_0}{2^{k+1}}.$$

Demostración. Por construcción en los pasos del método, $a_0 \leq a_1 \leq \cdots \leq b_0$, y por ende la sucesión $\{a_k\}$ es monótona no decreciente y acotada superiormente por b_0. Similarmente, $b_0 \geq b_1 \geq \cdots \geq a_0$, y por ende la sucesión $\{b_k\}$ es monótona no creciente y acotada inferiormente por a_0. Por tanto, ambas sucesiones son convergentes. Por otro lado, por construcción

$$b_k - a_k = \frac{1}{2}(b_{k-1} - a_{k-1}) = \cdots = \frac{1}{2^{k+1}}(b_0 - a_0),$$

y se cumple que $\lim_{k\to\infty}(b_k - a_k) = 0$. Es decir, las sucesiones $\{a_k\}$ y $\{b_k\}$ convergen al mismo límite ξ:

$$\lim_{k\to\infty} a_k = \lim_{k\to\infty} b_k = \xi.$$

Además, como $c_k = (a_k + b_k)/2$, obtenemos que $\lim_{k\to\infty} c_k = \xi$, y

$$|\xi - c_k| \leq \frac{b_0 - a_0}{2^{k+1}}.$$

Sólo falta establecer que $f(\xi) = 0$. En cada paso del algoritmo se garantiza que $f(a_k)\, f(b_k) < 0$. Por tanto, $\lim_{k\to\infty} f(a_k)\, f(b_k) \leq 0$. Como la función f es continua en el intervalo $[a_0, b_0]$ se cumple que

$$0 \geq \lim_{k\to\infty} f(a_k)\, f(b_k) = f(\lim_{k\to\infty} a_k)\, f(\lim_{k\to\infty} b_k) = f(\xi)\, f(\xi) = f(\xi)^2.$$

Ahora bien, $f(\xi)^2$ sólo puede ser positiva o cero, y en conclusión $f(\xi) = 0$. $\square$

Vale destacar que el algoritmo de bisección es un ejemplo de método cuya convergencia es r-lineal. En efecto, el intervalo de incertidumbre se reduce a la mitad en cada iteración, es decir converge a cero q-linealmente con factor $c = 1/2$, mientras que la aproximación de los iterados c_k a la solución, dentro del intervalo, puede mejorar o empeorar de una iteración a la siguiente.

La segunda conclusión en el Teorema 2.2 permite conocer, antes de iniciar el algoritmo de bisección, el número mínimo de iteraciones que se requieren para obtener una cierta precisión. Nótese que el intervalo de incertidumbre, luego de k iteraciones es $(b_0 - a_0)/2^k$. Por tanto, si queremos una precisión en la aproximación c_k tal que $|\xi - c_k| \leq \epsilon$, usando el Teorema 2.2 basta con exigir, como criterio de parada, que

$$\frac{b_0 - a_0}{2^{k+1}} \leq \epsilon.$$

Es decir,

$$2^{-k-1}(b_0 - a_0) \leq \epsilon,$$
$$2^{k+1} \geq \frac{b_0 - a_0}{\epsilon},$$
$$(k + 1) \log_{10} 2 \geq \log_{10}(b_0 - a_0) - \log_{10} \epsilon,$$
$$k + 1 \geq \frac{\log_{10}(b_0 - a_0) - \log_{10} \epsilon}{\log_{10} 2}.$$

Teorema 2.3. *El número de iteraciones $k + 1$ requeridos en el método de bisección para obtener una precisión de ϵ viene dado por*

$$k + 1 \geq \frac{\log_{10}(b_0 - a_0) - \log_{10}(\epsilon)}{\log_{10} 2}. \tag{2.1}$$

Nota: *El número $k+1$ sólo depende del intervalo inicial $[a_0, b_0]$ que contiene la raíz, y de ϵ.*

Ejemplo 2.2. *Encuentre el número mínimo de iteraciones que se requieren en el método de bisección para aproximar la raíz $x = 3$ de $x^3 - 6x^2 + 11x - 6 = 0$ con una precisión de $\epsilon = 10^{-3}$.*

Entradas:
$$\begin{cases} \text{Extremos del intervalo: } a = 2.5, \quad b = 4 \\ \text{Tolerancia del error: } \epsilon = 10^{-3} \end{cases}$$

Sustituyendo los valores de a_0 y b_0 en la desigualdad del Teorema 2.3, obtenemos

$$k + 1 \geq \frac{\log_{10}(1.5) - \log_{10}(10^{-3})}{\log_{10} 2} = \frac{\log_{10}(1.5) + 3}{\log_{10}(2)} = 10.5507.$$

Por tanto, un mínimo de 11 iteraciones se necesitan para obtener la precisión deseada.

2.3 Iteraciones de punto fijo

Definición 2.4. *Se dice que ξ es un **punto fijo** de la función $g(x)$ si $g(\xi) = \xi$.*

Supongamos que la ecuación $f(x) = 0$ se escribe como $x = g(x)$; es decir,

$$f(x) = x - g(x) = 0,$$

entonces todo punto fijo ξ de $g(x)$ es una raíz de $f(x) = 0$, ya que

$$f(\xi) = \xi - g(\xi) = \xi - \xi = 0.$$

En otras palabras, las raíces de $f(x) = 0$ se pueden obtener al encontrar los puntos fijos de $x = g(x)$, para una función conveniente $g(x)$. Esto sugiere inmediatamente un proceso iterativo, conocido como **iteraciones de punto fijo**, que consiste en generar, desde un iterado inicial x_0, la sucesión $\{x_k\}$ definida por

$$x_{k+1} = g(x_k), \quad k = 0, 1, 2, \ldots$$

Si la sucesión $\{x_k\}$ converge, entonces $\lim_{k \to \infty} x_k = \xi$ será una raíz de $f(x) = 0$.

El aspecto clave en este enfoque es conseguir una función conveniente $g(x)$ para que la sucesión $\{x_k\}$, definida como $x_{k+1} = g(x_k)$ converja a la raíz $\xi \in [a, b]$ de $f(x) = 0$, desde cualquier iterado inicial en el intervalo $[a, b]$. Siempre existe una opción por defecto que consiste en sumar la variable x en ambos lados, es decir, $x = f(x) + x = g(x)$, pero esto funciona bien sólo en contadas ocasiones. Para convencernos, veamos de nuevo el ejemplo 2.1. En ese caso, la función $f(x)$ viene dada por $f(x) = x^3 - 6x^2 + 11x - 6 = 0$. Definamos

$$g(x) = x + f(x) = x^3 - 6x^2 + 12x - 6.$$

Figura 2.2: Convergencia de las iteraciones de punto fijo

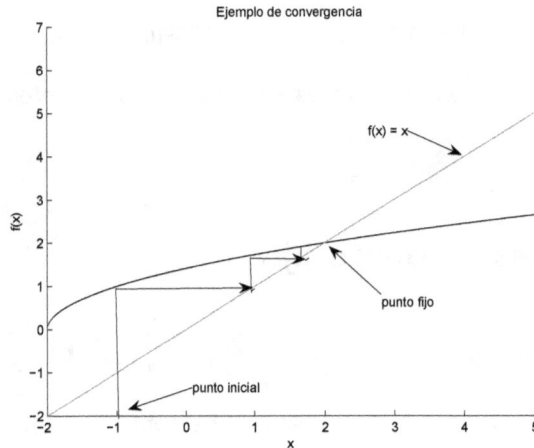

Sabemos que existe una raíz de $f(x) = 0$ en $[2.5, \ 4]$. En efecto, $\xi = 3$. Si empezamos las iteraciones de punto fijo desde $x_0 = 3.5$, obtenemos:

$$x_1 = g(x_0) = g(3.5) = 5.3750,$$
$$x_2 = g(x_1) = g(5.3750) = 40.4434,$$
$$x_3 = g(x_2) = g(40.4434) = 5.6817 \times 10^4,$$
$$x_4 = g(x_3) = g(5.6817 \times 10^4) = 1.8340 \times 10^{14},$$

que es claramente una sucesión divergente. La convergencia o divergencia de las iteraciones de punto fijo se ilustran en las Figuras 2.2 y 2.3.

Para establacer los resultados de convergencia del método de iteraciones de punto fijo necesitamos el Teorema de Bolzano, que enunciamos al inicio de este capítulo, y el **Teorema del valor medio**; para los detalles ver por ejemplo el libro de Apostol [2].

Teorema del Valor Medio (TVM)

Sea $f(x)$ una función continua en $[a, \ b]$, y diferenciable en (a, b). Entonces existe un numero $c \in (a, b)$ tal que

$$\frac{f(b) - f(a)}{b - a} = f'(c)$$

Figura 2.3: Divergencia de las iteraciones de punto fijo

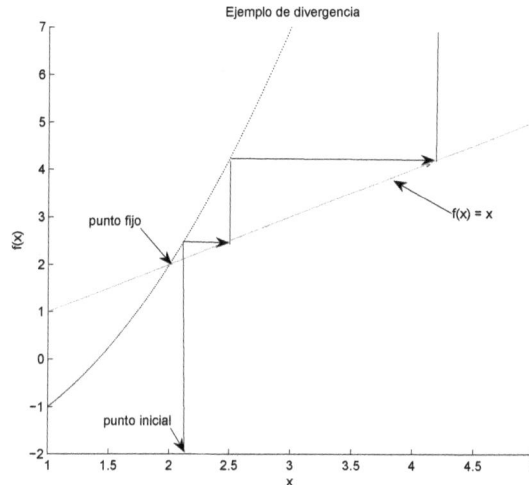

El siguiente teorema establece una condición suficiente sobre la función $g(x)$ que garantiza la convergencia de $\{x_k\}$ para cualquier iterado inicial x_0 en $[a, b]$.

Teorema 2.4 (Convergencia de las iteraciones de punto fijo). *Consideremos la ecuación $f(x) = 0$ donde $f(x) = g(x) - x$, y supongamos que $g(x)$ satisface las siguientes hipótesis:*

(i) *Para todo x en $[a, b]$, $g(x) \in [a, b]$,*

(ii) *$g'(x)$ existe en (a, b), y existe una constante $0 < r < 1$ tal que para todo x en (a, b)*

$$|g'(x)| \leq r.$$

Entonces existe un único punto fijo ξ de $g(x)$ en $[a, b]$, y para todo x_0 en $[a, b]$, la sucesión $\{x_k\}$ definida por

$$x_{k+1} = g(x_k), \ k = 0, 1, \cdots$$

converge a ξ; es decir, a la raíz de $f(x) = 0$.

Demostración. La demostración tiene tres partes: **existencia, unicidad, y convergencia**.

Existencia. Primero consideramos el caso en que $g(a) = a$ o $g(b) = b$. Si $g(a) = a$, entonces $x = a$ es un punto fijo de $g(x)$. Por tanto, $x = a$ es una raíz de $f(x) = 0$. Si $g(b) = b$, entonces $x = b$ es un punto fijo de $g(x)$, y se cumple que $x = b$ es una raíz de $f(x) = 0$. Consideremos ahora el caso en que $g(a) \neq a$ y $g(b) \neq b$. En este caso, como por hipótesis sabemos que ambos $g(a)$ y $g(b)$ están en $[a, b]$, entonces $g(a) > a$ y $g(b) < b$. Ahora, consideremos la función $f(x) = g(x) - x$. Estableceremos a continuación que $f(x)$ satisface las hipótesis del Teorema de Bolzano.

En efecto, como $g(x)$ es continua en $[a, b]$, $f(x)$ también es continua en $[a, b]$. Más aún, $f(a) = g(a) - a > 0$ y $f(b) = g(b) - b < 0$. En conclusión, por el Teorema de Bolzano, existe un número c en (a, b) tal que $f(c) = 0$, y esto implica que $g(c) = c$. Por tanto, $x = c$ es un punto fijo de $g(x)$, y queda establecida la existencia.

Unicidad (por contradicción). Supondremos que existen dos puntos fijos de $g(x)$ en $[a, b]$, y mostraremos que esto lleva a una contradicción. Supongamos que ξ_1 y ξ_2 son ambos puntos fijos en $[a, b]$, con $\xi_1 \neq \xi_2$. Nótese que $g(x)$ es diferenciable y por ende continua en $[\xi_1, \xi_2]$. Por el TVM existe un número c en (ξ_1, ξ_2) tal que

$$\frac{g(\xi_2) - g(\xi_1)}{(\xi_2 - \xi_1)} = g'(c).$$

Como $g(\xi_1) = \xi_1$, y $g(\xi_2) = \xi_2$, se tiene que

$$\frac{\xi_2 - \xi_1}{\xi_2 - \xi_1} = g'(c).$$

Es decir, $g'(c) = 1$, lo cual contradice las hipótesis del teorema. Por tanto, ξ_1 no puede ser distinto a ξ_2, y se establece la unicidad.

Convergencia. Sea ξ la raíz de $f(x)$. El error absoluto en el paso k está dado por

$$|e_k| = |\xi - x_k|.$$

Para la convergencia basta probar que $\lim_{k \to \infty} |e_k| = 0$. Aplicamos una vez más el TVM a $g(x)$ en $[x_k, \xi]$, y obtenemos que existe $x_k < c < \xi$ tal que

$$\frac{g(\xi) - g(x_k)}{\xi - x_k} = g'(c) \tag{2.2}$$

Por otro lado, $x = \xi$ es un punto fijo de $g(x)$, y se tiene (por definición) que $g(\xi) = \xi$. Ademas, de la iteración del método, obtenemos que $g(x_k) = x_{k+1}$. Sustituyendo estos dos resultados en (2.2), se verifica que

$$\frac{\xi - x_{k+1}}{\xi - x_k} = g'(c).$$

Tomando valores absolutos en ambos lados se obtiene

$$\frac{|\xi - x_{k+1}|}{|\xi - x_k|} = |g'(c)|,$$

o equivalentemente

$$\frac{|e_{k+1}|}{|e_k|} = |g'(c)|.$$

Como $|g'(c)| \leq r$, se tiene que $|e_{k+1}| \leq r|e_k|$, pero esta desigualdad es cierta para todo k, y por ende $|e_k| \leq r|e_{k-1}|$; de donde se obtiene que $|e_{k+1}| \leq r^2|e_{k-1}|$. Continuando este argumento recursivo, tenemos que

$$|e_{k+1}| \leq r^{k+1}|e_0| ,$$

donde $e_0 = (x_0 - \xi)$ es el error inicial. Ahora bien, como $r < 1$, se cumple que $r^{k+1} \to 0$ as $k \to \infty$. En conclusión,

$$\lim_{k \to \infty} |e_{k+1}| = \lim_{k \to \infty} |x_{k+1} - \xi|$$
$$\leq \lim_{k \to \infty} r^{k+1}|e_0| = 0,$$

y esto establece que la sucesión $\{x_k\}$ converge a ξ, y que ξ es el único punto fijo de $g(x)$ en $[a, b]$. $\square$

En la práctica, no es fácil verificar la hipótesis (i) del Teorema 2.4. El próximo corolario es más útil ya que la condición que exige es mucho más fácil de verificar. La demostración de este corolario se deja como ejercicio.

Corolario 2.5. *Supongamos que la función $g(x)$ cumple las siguientes hipótesis:*

(i) es continuamente diferenciable en un intervalo abierto que contiene el punto fijo ξ,

(ii) $|g'(\xi)| < 1$.

Entonces existe un $\epsilon > 0$ tal que la iteración: $x_{k+1} = g(x_k)$ converge para todo x_0 que cumple con $|x_0 - \xi| \leq \epsilon$.

Ejemplo 2.3. *Encuentre una raíz de $x^3 - 6x^2 + 11x - 6$ en $[2.6, 4]$ usando iteraciones de punto fijo.*

Entradas: $\begin{cases} (i) \ f(x) = x^3 - 6x^2 + 11x - 6, \\ (ii) \ a = 2.6, b = 4. \end{cases}$

Solución. *Escribamos $f(x) = 0$ en la forma $x = g(x)$ tal que se cumplan las hipótesis del Teorema 2.4. Ya vimos que $g(x) = x + f(x) = x^3 - 6x^2 + 12x - 6$ no funciona.*

Escribamos $g(x) = \frac{1}{11}(-x^3 + 6x^2 + 6)$. En este caso se cumple que para todo $x \in [2.6, 4], g(x) \in [2.6, 4]$ (note que $g(2.6) = 2.634$ y $g(4) = 3.4545$); y además que $g'(x) = \frac{1}{11}(-3x^2 + 12x)$ decrece monótonamente en $[2.6, 4]$ y permanece menor que 1 en módulo para todo x en $(2.6, 4)$ (note que $g'(2.6) = 0.9927$ y $g'(4) = 0$). Entonces, por el Teorema 2.4 para cualquier x_0 en $[2.6, 4]$, $\{x_k\}$ debe converger al punto fijo. Presentamos ahora algunas iteraciones del método de punto fijo para verificar esta afirmación, desde $x_0 = 3.5$:

$$x_0 = 3.5$$
$$x_1 = g(x_0) = 3.3295$$
$$x_2 = g(x_1) = 3.2367$$
$$x_3 = g(x_2) = 3.1772$$
$$x_4 = g(x_x) = 3.1359$$
$$x_5 = g(x_4) = 3.1059$$
$$x_6 = g(x_5) = 3.0835$$
$$x_7 = g(x_6) = 3.0664$$
$$x_8 = g(x_7) = 3.0531$$
$$x_9 = g(x_8) = 3.0427$$
$$x_{10} = g(x_9) = 3.0344$$
$$x_{11} = g(x_{10}) = 3.0278$$

Se observa que la sucesión converge al punto fijo $x = 3$.

Ejemplo 2.4. *Encuentre una raíz de $x - \cos x = 0$ en $(0, \frac{\pi}{2})$.*

Entradas: $\begin{cases} (i) \ f(x) = x - \cos x \\ (ii) \ a = 0, \ b = \frac{\pi}{2}. \end{cases}$

Solución. *Escribamos $f(x) = 0$ en la forma $x = g(x)$ tal que $x_{k+1} = g(x_k)$ converge para todo x_0 en $[0, \frac{\pi}{2}]$. Una opcion directa es definir $g(x) = \cos x$,* *para la cual se cumple que para todo x en $[0, \frac{\pi}{2}]$, $g(x) \in [0, \frac{\pi}{2}]$. En particular $g(0) = \cos(0) = 1$ y $g(\frac{\pi}{2}) = \cos(\frac{\pi}{2}) = 0$. Además, $g'(x) = -sen\,x$ y por tanto, $|g'(x)| < 1$ en $[0, \frac{\pi}{2}]$. De acuerdo con el Teorema 2.4 las iteracions de punto fijo deben converger desde cualquier x_0 en $[0, \frac{\pi}{2})$. Los siguientes iterados muestran la convergencia desde $x_0 = 0$.*

$$x_0 = 0$$
$$x_1 = \cos x_0 = 1$$
$$x_2 = \cos x_1 = 0.5403$$
$$x_3 = \cos x_2 = 0.8576$$
$$\vdots$$
$$x_{17} = \cos x_{16} = 0.73956$$
$$x_{18} = \cos x_{17} = 0.73955$$

Velocidad de convergencia

Cerramos esta sección estudiando la velocidad de convergencia de método de iteraciones de punto fijo, y para eso necesitamos el **Teorema de Taylor**; para los detalles ver por ejemplo el libro de Apostol [2].

Teorema de Taylor de orden n

Supongamos que $f(x)$ es $n+1$ veces continuamente diferenciable en $[a, b]$, y sea $p \in [a, b]$. Entonces para todo $x \in [a, b]$, existe c (que depende de x) entre p y x tal que

$$f(x) = f(p) + f'(p)(x-p) + \frac{f'(p)}{2!}(x-p)^2 + \cdots + \frac{f^{(n)}(p)}{n!}(x-p)^n + R_n(x),$$

donde $R_n(x)$, conocido como el residuo de n términos, viene dado por:

$$R_n(x) = \frac{f^{(n+1)}(c)}{(n+1)!}(x-p)^{n+1}.$$

En la demostración del Teorema 2.4 queda claro que para todo k, las iteraciones de punto fijo satisfacen que $|e_{k+1}| \leq r|e_k|$, donde $r < 1$, y por tanto en general la convergencia del método es q-lineal. Sin embargo, bajo ciertas hipótesis, las iteraciones de punto fijo, $x_{k+1} = g(x_k)$, pueden poseer una velocidad de convergencia mucho mayor. Supongamos que $g(x)$ es n veces continuamente diferenciable en un vecindario abierto alrededor del punto fijo ξ, y que

$$g^{(k)}(\xi) = 0 \ \text{ para } 1 \leq k \leq (n-1) \ \text{ pero que } g^{(n)}(\xi) \neq 0.$$

Usando la expansión de Taylor de $g(x_k)$ alrededor de ξ se cumple que existe c entre x_k y ξ tal que

$$
\begin{aligned}
e_{k+1} &= x_{k+1} - \xi = g(x_k) - g(\xi) = g(\xi + (x_k - \xi)) - g(\xi) \\
&= \left[g(\xi) + g'(\xi)e_k + \frac{1}{2}g''(\xi)e_k^2 + \cdots \right] - g(\xi) \\
&= g'(\xi)e_k + \frac{1}{2}g''(\xi)e_k^2 + \cdots + \frac{g^{(n-1)}(\xi)}{(n-1)!}e_k^{n-1} + \frac{g^{(n)}(c)}{n!}e_k^n,
\end{aligned}
$$

y obtenemos que $e_{k+1} = \frac{g^{(n)}(c)}{n!}e_k^n$. Si sabemos que ξ es el límite de la sucesión $\{x_k\}$ se verifica que asintóticamente

$$\lim_{k \to \infty} \frac{|e_{k+1}|}{|e_k|^n} = \frac{|g^{(n)}(\xi)|}{n!},$$

y por tanto la convergencia es q-orden n.

Teorema 2.6 (Velocidad de convergencia). *Supongamos que la función $g(x)$ es n veces continuamente diferenciable en un vecindario abierto alrededor del punto fijo ξ, y además que $g^{(k)}(\xi) = 0$ para $1 \leq k \leq (n-1)$ pero $g^{(n)}(\xi) \neq 0$. Entonces existe un $\delta > 0$ tal que la iteración $x_{k+1} = g(x_k)$ converge para todo x_0 que cumple con $|x_0 - \xi| \leq \delta$, con velocidad de convergencia q-orden n.*

2.4   Método de Newton

En esta sección presentaremos y estudiaremos con detalles una de las ideas más antiguas y sin embargo una de las más importantes del análisis numérico moderno: el **método de Newton**. El método de Newton[4] nace a finales del siglo XVII como técnica iterativa para encontrar raíces de funciones en una variable [98]. La característica más atractiva del método de Newton es

---

[4]En honor a Isaac Newton (1643-1727), físico y matemático inglés, uno de los más grandes y más conocidos científicos de todos los tiempos.

su velocidad local rápida (q-cuadrática); y las dos críticas principales son que el método requiere información explícita de la derivada de la función, y que sólo posee convergencia local. En otras palabras, el iterado inicial debe poseer propiedades muy especiales, como por ejemplo estar muy cerca de la solución, para poder observar la convergencia del método.

Comenzando desde un iterado inicial x_0, en la iteración k, el método de Newton construye la recta tangente que pasa por el punto $(x_k, f(x_k))$,

$$M_k(x) = f(x_k) + f'(x_k)(x - x_k),$$

y define el próximo iterado, x_{k+1}, como la raíz de la ecuación $M_k(x) = 0$; ver la Figura 2.4. Así pues, desde x_0 el método de Newton genera la sucesión $\{x_k\}$, de aproximaciones a una raíz ξ, definidas como

$$x_{k+1} = x_k - f(x_k)/f'(x_k).$$

Conviene observar que la recta tangente o modelo lineal $M_k(x)$ coincide con los primeros dos términos de la serie de Taylor de f alrededor de x_k.

Figura 2.4: Representación gráfica del método de Newton.

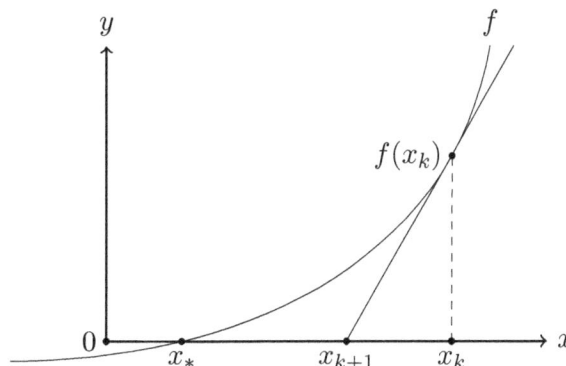

Esta idea geométrica produce el clásico algoritmo iterativo que presentamos a continuación.

Algoritmo 2.7 (Método de Newton).

Entradas: $f(x)$, *el iterado inicial* x_0, *la tolerancia* $\epsilon > 0$, *y el máximo número de iteraciones* N.

Salida: *Una aproximación a la raíz* ξ *o un mensaje de falla.*

Desde $k = 0, 1, \cdots$, *hacer hasta la convergencia o* N *iteraciones*

- *Calcular* $f(x_k), f'(x_k)$.

- *Calcular* $x_{k+1} = x_k - \dfrac{f(x_k)}{f'(x_k)}$.

- *Detener el proceso:*
  $$\left.\begin{array}{l} Si \quad |f(x_k)| < \epsilon, \\[2mm] o \quad \dfrac{|x_{k+1} - x_k|}{|x_k|} < \epsilon, \\[2mm] o \quad k > N, \ detener. \end{array}\right] \quad Criterios\ de\ parada.$$

Fin

Con el deseo de estudiar la convergencia del método de Newton en el caso de una raíz simple ξ, es decir cuando $f'(\xi) \neq 0$, consideremos un intervalo pequeño cerrado y acotado alrededor de ξ, $N_\delta(\xi) = \{x : |x - \xi| \leq \delta\}$ y supongamos que $f(x)$ es dos veces continuamente diferenciable en ese intervalo. En particular, por continuidad, existen $\hat{m}$ y $\hat{M}$ tal que para todo $x \in N_\delta(\xi)$ se cumple

$$0 < \hat{m} \leq |f'(x)| \quad y \quad 0 \leq |f''(x)| \leq \hat{M}. \tag{2.3}$$

Entonces, iterando desde cualquier $x_0 \in N_\delta(\xi)$, se cumple

$$e_{k+1} = x_{k+1} - \xi = e_k - \frac{f(x_k)}{f'(x_k)} = \frac{e_k f'(x_k) - f(x_k)}{f'(x_k)}. \tag{2.4}$$

Usando el Teorema de Taylor, se verifica que

$$0 = f(\xi) = f(x_k + (\xi - x_k)) = f(x_k) - e_k f'(x_k) + \frac{1}{2} e_k^2 f''(c_k),$$

donde c_k está entre ξ y x_k. De esta ecuación se obtiene que

$$e_k f'(x_k) - f(x_k) = \frac{1}{2} e_k^2 f''(c_k),$$

que combinada con (2.4) implica que en $N_\delta(\xi)$

$$|e_{k+1}| = \frac{|f''(c_k)|}{2|f'(x_k)|}|e_k|^2 \leq \frac{\hat{M}}{2\hat{m}}|e_k|^2,$$

de donde se establece que localmente el método de Newton tiene convergencia q-cuadrática.

Otra manera de establecer la velocidad de convergencia del método de Newton es viéndolo como un método de iteración de punto fijo: $x_{k+1} = g(x_k)$. En este caso

$$g(x) = x - \frac{f(x)}{f'(x)}.$$

Nótese que

$$g'(x) = 1 - \frac{(f'(x))^2 - f(x)f''(x)}{(f'(x))^2} = \frac{f(x)f''(x)}{(f'(x))^2}.$$

Por tanto, como $f(\xi) = 0$, and $f'(\xi) \neq 0$ se tiene que

$$g'(\xi) = \frac{f(\xi)f''(\xi)}{(f'(\xi))^2} = 0,$$

y por el Teorema 2.6 se desprende la convergencia q-cuadrática del método de Newton para aproximar raíces simples.

Teorema 2.8 (Convergencia del método de Newton). *Sea $f : D \to \mathbb{R}$, dos veces continuamente diferenciable en el intervalo cerrado D y supongamos que para todo $x \in D$ se cumple (2.3). Si $\xi \in D$ y $f(\xi) = 0$, existe $\delta > 0$ tal que: si $|x_0 - \xi| < \delta$ entonces la sucesión $\{x_k\}$ generada por el método de Newton desde x_0 está bien definida y converge q-cuadráticamente a ξ. Más aún, para todo k*

$$|e_{k+1}| \leq \frac{\hat{M}}{2\hat{m}}|e_k|^2.$$

Ejemplo 2.5. *Encontrar una raíz positiva de $f(x) = \cos x - x^3 = 0$. Se cumple que $f(0) = 1$, y como $\cos x < 1$ para todo $0 < x < 1$ y para $x = 1$, $x^3 = 1$, entonces hay una raíz positiva en $(0, 1)$. Tomemos $x_0 = 0.5$. La fórmula a usar es $x_{k+1} = x_k - \frac{f(x_k)}{f'(x_k)}$, donde $f'(x) = -sen\ x - 3x^2$. Se obtiene*

Iteración 1. *k=0: $x_1 = x_0 - \frac{f(x_0)}{f'(x_0)} = 0.5 - \frac{\cos(0.5)-(0.5)^3}{-sen\ (0.5)-3(0.5)^2} = 1.1121$.*

Iteración 2. *k=1:* $x_2 = x_1 - \frac{f(x_1)}{f'(x_1)} = 0.9097.$

Iteración 3. *k=2:* $x_3 = x_2 - \frac{f(x_2)}{f'(x_2)} = 0.8672.$

Iteración 4. *k=3:* $x_4 = x_3 - \frac{f(x_3)}{f'(x_3)} = 0.8654.$

Iteración 5. *k=4:* $x_5 = x_4 - \frac{f(x_4)}{f'(x_4)} = 0.8654.$

Nota: Si x_0 no está suficientemente cerca de la solución ξ, el método de Newton puede aún converger, pero también puede diverger o incluso oscilar infinitamente sin converger a la solución. Estos tres posibles escenarios se observan en diversos ejercicios propuestos al final de este capítulo.

Algunos cálculos especializados usando el método de Newton

Presentaremos a continuación la versión especializada del método de Newton para resolver ciertos problemas particulares.

Cálculo de la raíz cuadrada de un número positivo A:

Calcular $\sqrt{A}$ es equivalente a resolver $x^2 - A = 0$. Podemos usar el método de Newton aplicado a la función $f(x) = x^2 - A$. Como $f'(x) = 2x$, tenemos entonces el siguiente algoritmo iterativo[5] para calcular $\sqrt{A}$, desde algún x_0 dado

$$x_{k+1} = x_k - \frac{x_k^2 - A}{2x_k} = \frac{x_k^2 + A}{2x_k} = \frac{1}{2}\left(x_k + \frac{A}{x_k}\right). \tag{2.5}$$

Ejemplo 2.6. *Obtener una aproximación a $\sqrt{2}$; luego de tres iteraciones de la versión especializada del método de Newton, desde $x_0 = 1.5$.*

Fórmula a usar: $x_{k+1} = \dfrac{x_k^2 + A}{2x_k}$:

Iteración 1. $x_1 = \frac{x_0^2 + 2}{2x_0} = \frac{(1.5)^2 + 2}{3} = 1.4167,$

Iteración 2. $x_2 = \frac{x_1^2 + 2}{2x_1} = 1.4142,$

Iteración 3. $x_3 = \frac{x_2^2 + 2}{2x_2} = 1.4142.$

---

[5]El esquema (2.5) se conoce como el método de Heron, en honor al ingeniero y matemático helenístico que destacó en Alejandría, Egipto, durante el primer siglo de la era cristiana.

Cálculo del inverso de un número distinto de cero $\frac{1}{A}, A \neq 0$

Calcular $\frac{1}{A}$ es equivalente a resolver $\frac{1}{x} - A = 0$. Podemos usar el método de Newton aplicado a la función $f(x) = \frac{1}{x} - A$. Como $f'(x) = -\frac{1}{x^2}$, tenemos entonces el siguiente algoritmo iterativo para calcular $\frac{1}{A}$, desde algún x_0 dado

$$x_{k+1} = x_k - \frac{f(x_k)}{f'(x_k)} = x_k - \frac{\frac{1}{x_k} - A}{-\frac{1}{x_k^2}} = x_k(2 - Ax_k).$$

Ejemplo 2.7. *Obtener una aproximación a $\frac{1}{3}$; luego de tres iteraciones de la versión especializada del método de Newton, desde $x_0 = 0.25$.*

Fórmula a usar: $x_{k+1} = x_k(2 - 3x_k)$.

    Iteración 1. $x_1 = x_0(2 - Ax_0) = 0.25(2 - 3 \times 0.025) = 0.3125$

    Iteración 2. $x_2 = x_1(2 - Ax_1) = 0.3125(2 - 3 \times 0.3125) = 0.3320$

    Iteración 3. $x_3 = x_2(2 - Ax_2) = 0.3320(2 - 3 \times 0.3320) = 0.3333$

Nótese que en efecto 0.3333 es la aproximación punto flotante normalizado con 4 dígitos de $\frac{1}{3}$.

2.5 Método de la secante

Una de las mayores desventajas del método de Newton es que requiere evaluar la derivada exacta de $f(x)$ en cada iteración. En muchos casos, esta tarea es muy difícil (sino imposible) o requiere un costo computacional muy alto. Una forma de evitar esta evaluación es aproximando la derivada en cada iteración mediante diferencias divididas, y entre las diversas opciones que existen se destaca el así llamado **método de la secante**.

El método de la secante en una variable es mucho más antiguo que el método de Newton en una variable [65, 74], y también se usa para encontrar ξ tal que $f(\xi) = 0$. En este caso, comenzando desde dos iterados iniciales x_0 y x_1 dados, en la iteración k el método construye la recta secante que pasa por los puntos $(x_{k-1}, f(x_{k-1}))$ y $(x_k, f(x_k))$, y define el próximo iterado, x_{k+1}, como la raíz de la ecuación lineal de dicha recta; ver la Figura 2.5. Así, el método de la secante genera la sucesión $\{x_k\}$ de aproximaciones a ξ definidas como

$$x_{k+1} = x_k - \frac{f(x_k)}{a_k},$$

Figura 2.5: Representación gráfica del método de la secante.

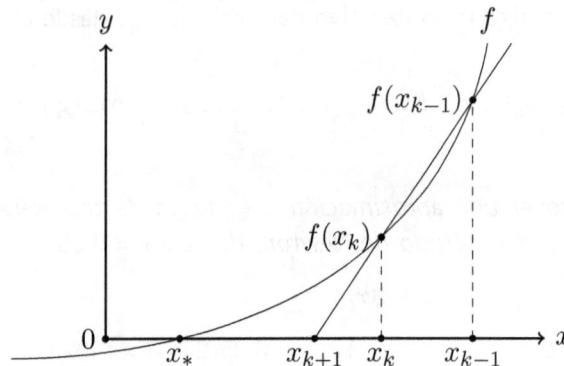

donde a_k se define como

$$a_k = \frac{f(x_k) - f(x_{k-1})}{x_k - x_{k-1}},$$

para todo $k \geq 1$. Nótese que $a_k \approx f'(x_k)$ mediante una diferencia dividida que converge a $f'(\xi)$ cuando x_k converge a ξ. El método de la secante también se puede escribir de forma equivalente como:

$$x_{k+1} = x_k - \frac{f(x_k)(x_k - x_{k-1})}{f(x_k) - f(x_{k-1})}.$$

Vale destacar que el método de la secante requiere dos iterados iniciales, y una evaluación de la función $f(x)$ por iteración, mientras que el método de Newton requiere sólo un iterado inicial, una evaluación de $f(x)$ y una de su derivada por iteración. La otra diferencia importante entre ambos métodos es la velocidad local de convergencia. El próximo ejemplo ilustra esta diferencia.

Algoritmo 2.9 (Método de la secante).
Entradas: $f(x)$, los iterado inicial x_0 y x_1, la evaluación $f(x_0)$, la tolerancia
$\epsilon > 0$, y el máximo número de iteraciones N.
Salida: Una aproximación a la raíz ξ o un mensaje de falla.

Desde $k = 1, 2, \cdots$, hacer hasta la convergencia o N iteraciones

- Calcular $f(x_k)$.

- Calcular $x_{k+1} = x_k - \frac{f(x_k)(x_k - x_{k-1})}{f(x_k) - f(x_{k-1})}$.

- Detener el proceso:
$$\left.\begin{array}{l} \text{Si} \quad |f(x_k)| < \epsilon, \\[6pt] o \quad \dfrac{|x_{k+1} - x_k|}{|x_k|} < \epsilon, \\[6pt] o \quad k > N, \text{ detener.} \end{array}\right] \text{ Criterios de parada.}$$

Fin

Ejemplo 2.8. *Obtener una aproximación a $\sqrt{2}$ luego de cuatro iteraciones del metodo de la secante calculando la raíz positiva de $f(x) = x^2 - 2$, empezando con $x_0 = 1.5$ y $x_1 = 1$.*

Iteración 1. *($k = 1$).*

$$x_2 = x_1 - \frac{f(x_1)(x_1 - x_0)}{f(x_1) - f(x_0)} = 1 - \frac{(-1)(-.5)}{-1 - .25} = 1 + \frac{.5}{1.25} = 1.4$$

Iteración 2. *($k = 2$).*

$$x_3 = x_2 - \frac{f(x_2)(x_2 - x_1)}{f(x_2) - f(x_1)} = 1.4 - \frac{(-0.04)(0.4)}{(-0.04) - (-1)} = 1.4 + 0.0167 = 1.4167$$

Iteración 3. *($k = 3$).*

$$x_4 = x_3 - \frac{f(x_3)(x_3 - x_2)}{f(x_3) - f(x_2)} = 1.4142$$

Iteración 4. *($k = 4$).*

$$x_5 = x_4 - \frac{f(x_4)(x_4 - x_3)}{f(x_4) - f(x_3)} = 1.4142$$

Nota: Al comparar estos resultados con los obtenidos con el método de Newton, en el ejemplo (2.6), observamos que el método de la secante necesitó 4 iteraciones para obtener la misma precisión obtenida por el método de Newton en 2 iteraciones.

Para estudiar la convergencia del método de la secante en el caso de una raíz simple ξ, es decir cuando $f'(\xi) \neq 0$, consideremos de nuevo un intervalo pequeño cerrado y acotado alrededor de ξ, $N_\delta(\xi) = \{x : |x - \xi| \leq \delta\}$ y supongamos que $f(x)$ es dos veces continuamente diferenciable en ese intervalo. En particular, supongamos que se cumple (2.3), entonces empezando con $x_0 \in N_\delta(\xi)$, en cada iteración se cumple

$$
\begin{aligned}
e_{k+1} &= x_{k+1} - \xi = x_k - \xi - f(x_k)\frac{x_k - x_{k-1}}{f(x_k) - f(x_{k-1})} \\
&= \frac{f(x_k)x_{k-1} - f(x_{k-1})x_k}{f(x_k) - f(x_{k-1})} - \xi = \frac{f(x_k)e_{k-1} - f(x_{k-1})e_k}{f(x_k) - f(x_{k-1})}.
\end{aligned}
$$

Multiplicando y dividiendo en esta igualdad por $(x_k - x_{k-1})$, y sacando como factor comun a $e_k e_{k-1}$, obtenemos

$$
e_{k+1} = \left(\frac{x_k - x_{k-1}}{f(x_k) - f(x_{k-1})}\right)\left(\frac{f(x_k)/e_k - f(x_{k-1})/e_{k-1}}{x_k - x_{k-1}}\right)e_k e_{k-1}. \qquad (2.6)
$$

Usando apropiadamente expansiones de Taylor, de $f(x_k)$ y de $f(x_{k-1})$, ambas alrededor de ξ, se verifica que

$$
\frac{f(x_k)}{e_k} - \frac{f(x_{k-1})}{e_{k-1}} = \frac{1}{2}(e_k - e_{k-1})f''(c_k),
$$

para algún c_k entre x_{k-1} y x_k. Como $e_k - e_{k-1} = x_k - x_{k-1}$, se tiene que

$$
\frac{f(x_k)/e_k - f(x_{k-1})/e_{k-1}}{x_k - x_{k-1}} = \frac{1}{2}f''(c_k). \qquad (2.7)
$$

Por otro lado, por el Teorema de Taylor existe $\hat{c}_k$ entre x_{k-1} y x_k tal que

$$
\frac{x_k - x_{k-1}}{f(x_k) - f(x_{k-1})} = \frac{1}{f'(\hat{c}_k)}. \qquad (2.8)
$$

Combinando (2.6), (2.7), (2.8) y (2.3), se verifica que

$$
|e_{k+1}| = \frac{|f''(c_k)|}{2|f'(\hat{c}_k)|}|e_k||e_{k-1}| \leq \frac{\hat{M}}{2\hat{m}}|e_k||e_{k-1}|, \qquad (2.9)
$$

de donde se sigue que

$$\lim_{k \to \infty} \frac{|e_{k+1}|}{|e_k|} = 0,$$

y por tanto el método de la secante, para aproximar raíces simples, tiene localmente convergencia q-superlineal.

> **Teorema 2.10** (Convergencia del método de la secante). *Bajo las mismas hipótesis del Teorema 2.8. Si $\xi \in D$ y $f(\xi) = 0$, existe $\delta > 0$ tal que: si $|x_0 - \xi| < \delta$ y $|x_1 - \xi| < \delta$ entonces la sucesión $\{x_k\}$ generada por el método de la secante, desde x_0 y x_1, está bien definida y converge q-superlinealmente a ξ. Más aún, para todo k*
>
> $$|e_{k+1}| \leq \frac{\hat{M}}{2\hat{m}}|e_k||e_{k-1}|.$$

A partir del resultado establecido en el Teorema 2.10 se puede conseguir una velocidad de convergencia del tipo q-orden-p, acorde con la definición 2.2, para el método de la secante en el caso de raíces simples. En efecto, se puede probar que existe una constante $C > 0$ tal que (para los detalles de este resultado, y sus extensiones, ver [70, 72, 76, 78, 90])

$$\lim_{k \to \infty} \frac{|e_{k+1}|}{|e_k|^p} = C,$$

donde

$$p = \frac{1 + \sqrt{5}}{2} \approx 1.61803$$

2.6   Método de Regula Falsi

En el método de bisección, cada uno de los intervalos de incertidumbre contiene la raíz ξ. Por otro lado el método de la secante, a pesar de tener una velocidad de convergencia mucho mayor, no posee la propiedad de que cada uno de los intervalos cuyos extremos son dos iterados consecutivos contienen la raíz. Veamos un ejemplo.

Ejemplo 2.9. *Calcular un cero de $f(x) = \tan(\pi x) - 6$, iterando desde $x_0 = 0$ y $x_1 = 0.48$, usando el método de la secante. Nótese que $\xi = 0.44743154$ es una raíz de $f(x) = 0$ en el intervalo [0, 0.48].*

Iteración 1. *(k = 1)*; $x_2 = x_1 - f(x_1)\frac{(x_1 - x_0)}{f(x_1) - f(x_0)} = 0.181194$

Iteración 2. *(k = 2)*; $x_1 = 0.48$, $x_2 = 0.181194$,

$$x_3 = x_2 - f(x_2)\frac{(x_2 - x_1)}{f(x_2) - f(x_1)} = 0.286187$$

Iteración 3. *(k = 3)*; $x_2 = 0.181194$, $x_3 = 0.286187$.

$$x_4 = x_3 - f(x_3)\frac{(x_3 - x_2)}{f(x_3) - f(x_2)} = 1.091987$$

Claramente las iteraciones divergen, a pesar de que el intervalo inicial $[0, 0.48]$ *contiene la raíz.*

El método de la secante se puede modificar fácilmente para que posea la propiedad de que cada dos iterados consecutivos encierren a la raíz ξ. Esta variante o modificación, conocida como **el método de Regula Falsi**, también se puede ver como una mejora del método de bisección, donde se le saca provecho al valor de la función f en cada iterado y no sólo a su signo. En palabras, los primeros pasos del método de Regula Falsi consisten en

- Escoger los iterados iniciales x_0 y x_1 tal que $f(x_0)f(x_1) < 0$, garantizando así que la raíz está contenida en $[x_0,\ x_1]$.

- Calcular x_2 como en el método de la secante; es decir, x_2 es la raíz de la recta que pasa por $(x_0,\ f(x_0))$ y $(x_1,\ f(x_1))$.

- Si $f(x_1)f(x_2) < 0$ entonces $[x_1,\ x_2]$ contiene la raíz, y x_3 es la raíz de la recta que pasa por $(x_1,\ f(x_1))$ y $(x_2,\ f(x_2))$. Caso contrario, x_3 es la raíz de la recta que pasa por $(x_0,\ f(x_0))$ y $(x_2,\ f(x_2))$.

Repetir este proceso de forma iterativa produce el conocido algoritmo de Regula Falsi[6].

---

[6]El método de Regula Falsi es mucho mas antiguo que el método de la secante, y sus inicios se remontan al Imperio Babilónico y al Imperio Egipcio, en el siglo XVIII A.C., ver [74]

Algoritmo 2.11 (Regula Falsi).

Entradas: $f(x)$, *los iterado inicial* x_0 *y* x_1 *tal que* $f(x_0)f(x_1) < 0$, *la tolerancia* $\epsilon > 0$, *y el máximo número de iteraciones* N.

Salida: *Una aproximación a la raíz* ξ

Desde $k = 1, 2, \cdots$, *hacer hasta la convergencia*

- *Calcular* $x_{i+1} = x_i - f(x_i)\frac{(x_i - x_{i-1})}{f(x_i) - f(x_{i-1})}$.

  Si $\left|\frac{x_{i+1} - x_i}{x_i}\right| < \epsilon$, *detener.*

- *Si* $f(x_i)f(x_{i+1}) < 0$, *asignar* $x_i = x_{i+1}$, *y* $x_{i-1} = x_i$.

  Caso contrario, asignar $x_i = x_{i+1}$ *y* $x_{i-1} = x_{i-1}$.

Fin

Ejemplo 2.10. *Consideremos de nuevo el Ejemplo 2.9: Calcular un cero de* $f(x) = \tan(\pi x) - 6$, *iterando desde* $x_0 = 0$ *y* $x_1 = 0.48$, *usando el método de Regula Falsi.*

Iteración 1. *(*$k = 1$*);* $x_2 = x_1 - f(x_1)\frac{(x_1 - x_0)}{f(x_1) - f(x_0)} = 0.181194$

Iteración 2. *(*$k = 2$*); como* $f(0.181194)f(0.48) < 0$, *usar el intervalo de incertidumbre* $[0.181192, \ 0.48]$, *y se obtiene* $x_2 = 0.286186$

Iteración 3. *(*$k = 3$*); como* $f(0.286186)f(0.48) < 0$, *usar el intervalo de incertidumbre* $[0.286186, \ 0.48]$, *y se obtiene* $x_3 = 0.348981$

Iteración 4. *(*$k = 4$*); como* $f(0.348981)f(0.48) < 0$, *usar el intervalo de incertidumbre* $[0.348981, \ 0.48]$, *y se obtiene* $x_4 = 0.387053$

Iteración 5. *(*$k = 5$*); como* $f(0.387053)f(0.48) < 0$, *usar el intervalo de incertidumbre* $[0.387053, \ 0.48]$, *y se obtiene* $x_4 = 0.410305$

Se observa que las iteraciones convergen a la raíz $\xi = 0.44743154$.

2.7 Método de Newton para raíces múltiples

Una de las hipótesis claves para establecer que el método de Newton posee convergencia q-cuadrática es que en la raíz ξ se cumpla que $f'(\xi) \neq 0$; lo que caracteriza que ξ es una raíz simple de $f(x) = 0$. Si ξ es una raíz múltiple de

$f(x) = 0$, entonces $f'(\xi) = 0$ y el método de Newton aún posee convergencia local pero sólo q-lineal a ξ (ver ejercicio propuesto al final de este capítulo).

Para proponer y estudiar modificaciones apropiadas del método de Newton para conservar la velocidad q-cuadrática en el caso de raíces múltiples, recordemos que si $f(x)$ tiene una raíz ξ de multiplicidad m, entonces

$$f(\xi) = f'(\xi) = f''(\xi) = \cdots = f^{(m-1)}(\xi) = 0,$$

donde $f^{(m-1)}(\xi)$ denota la $(m-1)$-ésima derivada de $f(x)$ en ξ. Por tanto, $f(x)$ se puede escribir como

$$f(x) = (x - \xi)^m h(x),$$

donde $h(\xi) \neq 0$ y es continua en un entorno de ξ.

Si $f(x)$ tiene una raíz ξ de multiplicidad m, la siguiente modificación del método de Newton garantiza la convergencia q-cuadrática, bajo hipótesis apropiadas (ver ejercicio propuesto).

Newton modificado, versión I:

$$x_{i+1} = x_i - \frac{m f(x_i)}{f'(x_i)}, \quad i = 0, 1, 2, \ldots$$

Ahora bien, en la práctica, la multiplicidad m no se conoce a priori, y conviene tomar en cuenta otra posible modificación, que consiste en aplicar el método de Newton a la función

$$u(x) = \frac{f(x)}{f'(x)}$$

En este caso, las iteraciones sobre $u(x)$ se escriben como

$$x_{i+1} = x_i - \frac{u(x_i)}{u'(x_i)}.$$

Usando que

$$u'(x) = \frac{[f'(x)]^2 - f(x) f''(x)}{[f'(x)]^2},$$

obtenemos otra versión modificada de Newton.

Newton modificado, versión II:

$$x_{i+1} = x_i - \frac{f(x_i) f'(x_i)}{[f'(x_i)]^2 - f(x_i) f''(x_i)}$$

Conviene resaltar que si bien es cierto que la versión II no requiere conocer la multiplicidad m, requiere evaluar por iteración no solo $f(x_k)$ y $f'(x_k)$, sino además $f''(x_k)$.

Ejemplo 2.11. *Aproximar, con dos iteraciones de las modificaciones del método de Newton, la raíz doble $\xi = 0$ de $e^x - x - 1 = 0$, desde $x_0 = 0.5$.*

Versión I

Entradas: $\begin{cases} (i) & f(x) = e^x - x - 1 \\ (ii) & \textit{Multiplicidad: } m = 2 \\ (iii) & \textit{Iterado inicial: } x_0 = 0.5 \end{cases}$

Fórmula a usar: $x_{i+1} = x_i - \dfrac{2f(x_i)}{f'(x_i)}$

Iteración 1. $(i = 0)$. *Calcular* x_1: $x_1 = x_0 - \dfrac{2f(x_0)}{f'(x_0)}$

$$x_1 = 0.5 - \frac{2(e^{0.5} - 0.5 - 1)}{(e^{0.5} - 1)} = 0.041494 = 4.1494 \times 10^{-2}$$

Iteración 2. $(i = 1)$. *Calcular* x_2: $x_2 = x_1 - \dfrac{2f(x_1)}{f'(x_1)}$

$$x_2 = 0.041494 - \frac{2(e^{0.041494} - 0.041494 - 1)}{e^{0.041494} - 1} = 2.8695 \times 10^{-4}.$$

Versión II

Entradas: $\begin{cases} (i) & f(x) = e^x - x - 1, \\ (ii) & \textit{Iterado inicial: } x_0 = 0.5 \end{cases}$

Fórmula a usar: $x_{i+1} = x_i - \dfrac{f(x_i)f'(x_i)}{(f'(x_i)^2 - f(x_i)f''(x_i))}$

Primera y segunda derivada de $f(x)$: $f'(x) = e^x - 1$, $f''(x) = e^x$.

Iteración 1. $(i = 0)$. *Calcular* x_1:

$$x_1 = x_0 \quad - \frac{f(x_0)f'(x_0)}{(f'(x_0))^2 - f(x_0)f''(x_0)}$$

$$= 0.5 - \frac{(e^{0.5} - 0.5 - 1) \times (e^{0.5} - 1)}{(e^{0.5} - 1)^2 - (e^{0.5} - 0.5 - 1) \times e^{0.5}} = -0.049299 = -4.9299 \times 10^{-2}$$

Iteración 2. $(i = 1)$. *Calcular* x_2:

$$x_2 = x_1 \quad - \frac{f(x_1)f'(x_1)}{(f'(x_1))^2 - f(x_1)f''(x_1)} = -3.9847 \times 10^{-4}$$

2.8   Método de Newton para polinomios

El Método de Newton requiere en cada iteración la evaluación de $f(x)$ y de $f'(x)$. Si $f(x)$ es un polinomio de grado n, $P_n(x)$, lo cual sucede en una gran variedad de aplicaciones, entonces se puede lograr su evaluación de una forma muy simple y eficiente con sólo $O(n)$ flops, mediante el **método de Horner**. Ahora bien, la derivada $P'_n(x)$ es a su vez un polinomio de grado $n-1$, y por tanto combinando el método de Newton con el método de Horner, se logra un esquema cuyo costo por iteración es sólo de $O(n)$ flops. Antes de presentar esta combinación, vamos a describir el método de Horner.

Método de Horner

Sea $P_n(x) = a_0 + a_1 x + a_2 x^2 + \cdots + a_n x^n$ y sea z un valor dado. Nos interesa evaluar $P_n(z)$ y $P'_n(z)$. Escribamos $P_n(x)$ como:

$$P_n(x) = (x - z)\, Q_{n-1}\,(x) + b_0,$$

donde $Q_{n-1}(x) = b_n x^{n-1} + b_{n-1}\, x^{n-2} + \cdots + b_2 x + b_1$. Se obtiene que $P_n(z) = b_0$. Veamos como calcular b_0 recursivamente usando los coeficientes de $P_n(x)$. De la ecuación anterior sabemos que

$$a_0 + a_1 x + a_2 x^2 + \cdots + a_n x^n = (x - z)(b_n x^{n-1} + b_{n-1}\, x^{n-2} + \cdots + b_1) + b_0,$$

y comparando los coeficientes de una misma potencia en ambos lados, se obtiene

$$b_n = a_n$$
$$b_{n-1} - b_n z = a_{n-1}$$
$$\Rightarrow b_{n-1} = a_{n-1} + b_n z$$
$$\vdots$$

y así sucesivamente. En general, $b_k - b_{k+1} z = a_k$, lo cual implica que

$$b_k = a_k + b_{k+1} z, \quad k = n-1, n-2, \ldots, 1, 0.$$

Por tanto, si conocemos los coeficientes $a_n, a_{n-1}, \ldots, a_1, a_0$ de $P_n(x)$, los coeficientes de $b_n, b_{n-1}, \ldots, b_1$ de $Q_{n-1}(x)$ se calculan de forma recursiva como se indica arriba. De nuevo, note que $P_n(z) = b_0$, y entonces $P_n(z) = b_0 = a_0 + b_1\, z$.

Algoritmo 2.12 (Método de Horner).
Entradas: *Los coeficientes de* $P_n(x)$*:* $a_0, a_1, ..., a_n$*, donde*
$P_n(x) = a_0 + a_1 x + a_2 x^2 + \cdots + a_n x^n$*, y el valor* z*.*
Salida: $b_0 = P_n(z)$*.*

Paso 1: *Asignar* $b_n = a_n$*.*
Paso 2: *Para* $k = n-1, n-2, \ldots, 1, 0$ *hacer:*
        Calcular $b_k = a_k + b_{k+1} z$*.*
    Fin
Paso 3. *Asignar* $P_n(z) = b_0$*.*
Fin

Para obtener de forma similar $P_n'(z)$, recordemos que

$$P_n(x) = (x-z)Q_{n-1}(x) + b_0,$$

y por ende, $P_n'(x) = Q_{n-1}(x) + (x-z)Q_{n-1}'(x)$. Por tanto, $P_n'(z) = Q_{n-1}(z)$.
Si escribimos ahora

$$Q_{n-1}(x) = (x-z)R_{n-2}(x) + c_1,$$

y sustituimos $x = z$, obtenemos $\boxed{Q_{n-1}(z) = c_1.}$

Para obtener c_1 de los coeficientes de $Q_{n-1}(x)$ procedemos como antes:

$$R_{n-2}(x) = c_n x^{n-2} + c_{n-1} x^{n-3} + \cdots + c_3 x + c_2.$$

De lo anterior se sigue que

$$b_n x^{n-1} + b_{n-1} x^{n-2} + \cdots + b_2 x + b_1 = (x-z)(c_n x^{n-2} + c_{n-1} x^{n-3} + \cdots + c_3 x + c_2) + c_1.$$

Igualando coeficientes de la misma potencia en ambos lados, obtenemos

$$b_n = c_n$$
$$\Rightarrow c_n = b_n$$
$$b_{n-1} = c_{n-1} - z c_n$$
$$\Rightarrow c_{n-1} = b_{n-1} + z c_n$$
$$\vdots$$
$$b_1 = c_1 - z c_2$$
$$\Rightarrow c_1 = b_1 + z c_2$$

Como los b_i's ya han sido calculados mediante el Algoritmo 2.12, podemos obtener los c_i's a partir de ellos, y obtenemos el siguiente esquema:

Entradas: Los coeficientes de $Q_{n-1}(x)$, $b_1, ..., b_n$, y el valor z.

Salida: $c_1 = Q_{n-1}(z)$.

Paso 1: Asignar $c_n = b_n$,

Paso 2: Para $k = n - 1, n - 2, ...2, 1$ hacer

         Calcular $c_k = b_k + c_{k+1} z$

     Fin

Paso 3: Asignar $P'_n(z) = c_1$.

Ejemplo 2.12. *Dado $P_3(x) = x^3 - 7x^2 + 6x + 5$, calcular $P_3(2)$ y $P'_3(2)$ usando el método de Horner.*

Entradas:

$$
\begin{cases}
\textit{(i) coeficientes del polinomio:} & a_0 = 5, a_1 = 6, a_2 = -7, a_3 = 1 \\
\textit{(ii) punto donde se evaluan el polinomio} & \\
\textit{y su derivada:} & z = 2 \\
\textit{(iii) grado del polinomio:} & \textit{n=3}
\end{cases}
$$

Fórmula a usar:

$$
\begin{cases}
\textit{(i) Calcular los } b_k\textit{: } b_k = a_k + b_{k+1}z, k = n-1, n-2, \ldots, 0; P_3(z) = b_0. \\
\textit{(ii) Calcular los } c_k\textit{: } c_k = b_k + c_{k+1}z, k = n-1, n-2, \ldots, 1; P'_3(z) = c_1
\end{cases}
$$

- *Calcular $P_3(2)$.*

$$
\begin{aligned}
b_3 &= a_3 = 1 \\
b_2 &= a_2 + b_3 z = -7 + 2 = -5 \\
b_1 &= a_1 + b_2 z = 6 - 10 = -4 \\
b_0 &= a_0 + b_1 z = 5 - 8 = -3.
\end{aligned}
$$

$\boxed{\textit{Finalmente, } P_3(2) = b_0 = -3}$

- *Calcular $P'_3(2)$.*

$$
\begin{aligned}
c_3 &= b_3 = 1 \\
c_2 &= b_2 + c_3 z = -5 + 2 = -3 \\
c_1 &= b_1 + c_2 z = -4 - 6 = -10.
\end{aligned}
$$

$\boxed{\textit{Finalmente, } P'_3(2) = c_1 = -10.}$

Método de Newton-Horner

Recordemos que las iteraciones del método de Newton para encontrar ceros de $f(x)$ vienen dadas por:

$$x_{k+1} = x_k - \frac{f(x_k)}{f'(x_k)}$$

Si $f(x)$ es un polinomio $P_n(x)$ de grado n: $f(x) = P_n(x) = a_0 + a_1 x + a_2 x^2 + \cdots + a_n x^n$, las iteraciones se reducen a:

$$x_{k+1} = x_k - \frac{P_n(x_k)}{P_n'(x_k)}$$

Si las sucesiones $\{b_k\}$ y $\{c_k\}$ se generan usando el método de Horner, se cumple que $P_n(x_k) = b_0$ y $P_n'(x_k) = c_1$, y en cada iteración tenemos

$$\boxed{x_{k+1} = x_k - \frac{b_0}{c_1}}$$

Algoritmo 2.13 (Método de Newton-Horner).
Entradas: *Los coeficientes de* $P_n(x)$, $a_0, a_1, ..., a_n$, *el iterado inicial* x_0, *la tolerancia* ϵ, *y el máximo número de iteraciones* N.
Salida: *Una aproximación a la raíz* ξ *o un mensaje de falla.*

Para $k = 0, 1, 2, \cdots$, *hacer hasta la convergencia*
Paso 1: *Asignar* $z = x_k$, $b_n = a_n$, $c_n = b_n$
Paso 2: *Calcular* $c_1 = P_n'(x_k)$.
    Para $j = n-1, n-2, \cdots, 1$ *hacer*
$b_j = a_j + z\, b_{j+1}$
$c_j = b_j + z\, c_{j+1}$
    Fin.
Paso 3: *Calcular* $b_0 = P_n(x_k)$: $b_0 = a_0 + z\, b_1$
Paso 4: *Calcular* x_{k+1} *desde* x_k: $x_{k+1} = x_k - b_0/c_1$
Paso 5: *Si* $|x_{k+1} - x_k| < \epsilon$ *o* $k > N$, *detener.*
Fin

Ejemplo 2.13. *Encontrar una raíz de* $P_3(x) = x^3 - 7x^2 + 6x + 5 = 0$, *usando el método de Newton-Horner desde* $x_0 = 2$ *(Notar que* $P_3(x) = 0$ *tiene una raíz entre 1.5 y 2).*

Entradas: $\begin{cases} \text{(i) Los coeficientes de } P_3(x)\text{: } a_0 = 5, a_1 = 6, a_2 = -7, \text{ y } a_3 = 1. \\ \text{(ii) El grado del polinomio: } n = 3. \\ \text{(iii) Iterado inicial: } x_0 = 2. \end{cases}$

Iteración 1. *($k = 0$). Calcular x_1 desde x_0:*
Recordemos del ejemplo anterior que

$$\begin{cases} b_0 &=& P_3(x_0) = -3 \\ c_1 &=& P_3'(x_0) = -10. \end{cases}$$

Por tanto, $x_1 = 2 - \dfrac{3}{10} = \dfrac{17}{10} = 1.7$

Iteración 2. *($k = 1$). Calcular x_2 desde x_1:*

  Paso 1: *Asignar $z = x_1 = 1.7$, $b_3 \equiv 1$, $c_3 \equiv b_3 = 1$*

  Paso 2: *Calcular $c_1 = P_3'(x_1)$:*

$$\begin{cases} b_2 &= a_2 + z\,b_3 = -7 + 1.7 = -5.3 \\ c_2 &= b_2 + z\,c_3 = -5.3 + 1.7 = -3.6 \\ b_1 &= a_1 + z\,b_2 = 6 + 1.7(-5.3) = -3.0100 \\ c_1 &= b_1 + z\,c_2 = -3.01 + 1.7(-3.6) = -9.130 \textbf{ (Valor de } P_3'(x_1)\textbf{).} \end{cases}$$

  Paso 3: *Calcular $b_0 = P_3(x_1)$:*

$$b_0 = a_0 + z\,b_1 = 5 + 1.7(-3.0100) = -0.1170 \textbf{ (Valor de } P_3(x_1)\textbf{).}$$

  Paso 4: *Calcular x_2: $x_2 = x_1 - \dfrac{b_0}{c_1} = 1.7 - \dfrac{0.1170}{9.130} = 1.6872$*

La raíz exacta con 4 decimales exactos es 1.6872.

2.9   Método de Müller

El Método de Müller es una extensión del método de la secante, que usa interpolación cuadrática sobre los últimos tres iterados en lugar de lineal sobre los últimos dos, para aproximar raíces reales o complejas, y que permite usar iterados iniciales reales [66]. Vale destacar que ninguno de los métodos vistos hasta ahora puede aproximar raíces complejas empezando con iterados reales.

Dadas dos aproximaciones iniciales, x_0 y x_1, las siguientes aproximaciones del método se calculan como sigue:

- **Obtención de x_2 desde x_0 y x_1:** El iterado x_2 se calcula como la raíz de la recta secante que pasa por los puntos $(x_0, f(x_0))$ y $(x_1, f(x_1))$.

- **Obtención de x_3 desde $x_0, x_1,$ y x_2:** El iterado x_3 se calcula como la raíz más cercana a x_2 de la parábola que pasa por $(x_0, f(x_0))$, $(x_1, f(x_1))$, y $(x_2, f(x_2))$. Nótese que aún cuando x_0, x_1, y x_2 sean reales, x_3 es raíz de una cuadrática y por tanto puede ser un número complejo.

- **Obtención de x_4, y de las siguientes iteraciones:** El iterado x_4 se calcula como la raíz más cercana a x_3 de la parábola que pasa por $(x_1, f(x_1))$, $(x_2, f(x_2))$, y $(x_3, f(x_3))$. Las siguientes iteraciones se obtienen de forma similar, usando las últimas 3 iteraciones generadas por el método.

Figura 2.6: Representación gráfica del método de Müller

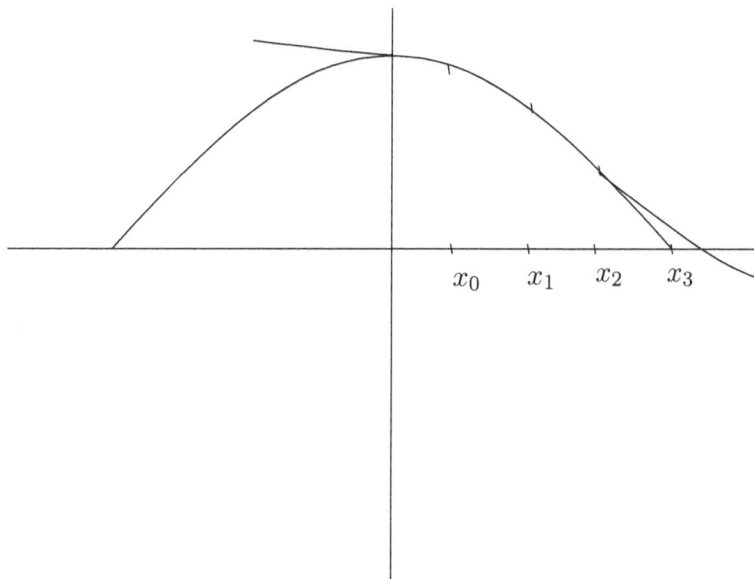

A modo de ejemplo, mostramos ahora los detalles de como obtener x_3 a partir de x_0, x_1, y x_2. Sea

$$P(x) = a(x - x_2)^2 + b(x - x_2) + c$$

la parábola que interpola los puntos $(x_0, f(x_0))$, $(x_1, f(x_1))$, y $(x_2, f(x_2))$. Claramente, $P(x_2) = c$, y tanto a como b se calculan como sigue. Como $P(x)$

pasa por $(x_0,\ f(x_0))$, $(x_1,\ f(x_1))$, y $(x_2,\ (f(x_2))$, tenemos

$$P(x_0) = f(x_0) = a(x_0 - x_2)^2 + b(x_0 - x_2) + c$$
$$P(x_1) = f(x_1) = a(x_1 - x_2)^2 + b(x_1 - x_2) + c$$
$$P(x_2) = f(x_2) = c.$$

Usando que $c = f(x_2)$, podemos obtener a y b resolviendo las primeras dos ecuaciones:

$$a(x_0 - x_2)^2 + b(x_0 - x_2) = f(x_0) - c \Big]$$
$$a(x_1 - x_2)^2 + b(x_1 - x_2) = f(x_1) - c \Big]$$

que en forma matricial queda como

$$\begin{pmatrix} (x_0 - x_2)^2 & (x_0 - x_2) \\ (x_1 - x_2)^2 & (x_1 - x_2) \end{pmatrix} \begin{pmatrix} a \\ b \end{pmatrix} = \begin{pmatrix} f(x_0) - c \\ f(x_1) - c \end{pmatrix}.$$

Una vez resuelto este sistema de dos ecuaciones y dos incógnitas, y obtenidas a y b, podemos calcular x_3 resolviendo la ecuación $P(x_3) = 0$:

$$P(x_3) = a(x_3 - x_2)^2 + b(x_3 - x_2) + c = 0.$$

Para evitar cancelación innecesaria en los cálculos, usamos la siguiente fórmula para resolver la cuadrática $ax^2 + bx + c = 0$:

$$x = \frac{-2c}{b \pm \sqrt{b^2 - 4ac}}.$$

Al resolver $P(x_3) = 0$ con la fórmula de arriba, se obtiene

$$x_3 = x_2 + \frac{-2c}{b \pm \sqrt{b^2 - 4ac}}.$$

El signo en el denominador se escoge para que sea lo más grande posible en magnitud, y así garantizar que x_3 es la raíz más cercana a x_2.

Algoritmo 2.14 (Método de Müller).

Entradas: *La función $f(x)$, los iterados iniciales x_0, x_1, x_2, la tolerancia ϵ, y el máximo número de iteraciones N.*

Salida: *Una aproximación a la raíz ξ.*

Paso 1: *Evaluar $f(x_0)$, $f(x_1)$, y $f(x_2)$.*

Paso 2: *Calcular x_3:*

Paso 2.1: *Asignar $c = f(x_2)$.*

Paso 2.2: *Resolver el sistema 2×2 para obtener a y b:*

$$\begin{pmatrix} (x_0 - x_2)^2 & (x_0 - x_2) \\ (x_1 - x_2)^2 & (x_1 - x_2) \end{pmatrix} \begin{pmatrix} a \\ b \end{pmatrix} = \begin{pmatrix} f(x_0) - c \\ f(x_1) - c \end{pmatrix}.$$

Paso 2.3: *Calcular $x_3 = x_2 + \dfrac{-2c}{b \pm \sqrt{b^2 - 4ac}}$ escogiendo el signo $+$ o $-$ para que el denominador sea lo más grande posible en magnitud.*

Paso 3: *Si $|x_3 - x_2| < \epsilon$ o si el número de iteraciones es mayor a N, detener. Sino, ir al **Paso 4**.*

Paso 4: *Asignar los nuevos 3 últimos iterados:* $\begin{cases} x_0 = x_1 \\ x_1 = x_2 \\ x_2 = x_3 \end{cases}$

*Regresar al **Paso 1**.*

Fin

En relación a la velocidad local de convergencia del método de Müller, se puede probar que existe una constante $\tilde{M} > 0$ tal que la sucesión de errores $\{e_k\}$ satisface

$$|e_{k+1}| \leq \tilde{M}|e_k||e_{k-1}||e_{k-2}|,$$

y repitiendo un análisis similar al del método de la secante, se obtiene una velocidad de convergencia del tipo q-orden-p, acorde con la definición 2.2, para el método de Müller en el caso de raíces simples. En efecto, existe una constante $\tilde{C} > 0$ tal que (para los detalles de este resultado ver [53, 72, 90])

$$\lim_{k \to \infty} \frac{|e_{k+1}|}{|e_k|^p} = \tilde{C},$$

donde p es la raíz más grande de la ecuación $x^3 - x^2 - x - 1 = 0$, es decir,

$$p \approx 1.839$$

Ejemplo 2.14. *Aproximar dos raíces complejas de* $f(x) = x^3 - 2x^2 - 5$ *con el método de Müller, desde los iterados iniciales* $x_0 = -1, x_1 = 0,$ *y* $x_2 = 1$. *Nótese que las raíces de* $f(x)$ *son* $\{2.6906, -0.3453 \pm 1.31876i\}$.

Iteración 1.

Paso 1: *Evaluar:* $f(x_0) = -8$, $f(x_1) = -5$, $f(x_2) = -6$.

Paso 2: *Calcular* x_3:

2.1 *Asignar* c: $c = f(x_2) = -6$

2.2 *Obtener* a *y* b *resolviendo el sistema lineal* 2×2:

$$\begin{pmatrix} (x_0-x_2)^2 & (x_0-x_2) \\ (x_1-x_2)^2 & (x_1-x_2) \end{pmatrix} \begin{pmatrix} a \\ b \end{pmatrix} = \begin{pmatrix} f(x_0)-c \\ f(x_1)-c \end{pmatrix} = \begin{pmatrix} 4 & -2 \\ 1 & 1 \end{pmatrix} \begin{pmatrix} a \\ b \end{pmatrix} = \begin{pmatrix} -2 \\ 1 \end{pmatrix}$$

$$\Rightarrow \quad a = -2, \ b = -3$$

2.3 *Obtener* x_3:

$$x_3 = x_2 - \frac{2c}{b - \sqrt{b^2 - 4ac}} = x_2 + \frac{12}{-3 - \sqrt{9-48}} = 0.25 + 1.5612i.$$

Iteración 2. *Asignar los nuevos iterados anteriores:* $\begin{cases} x_0 = x_1 = 0 \\ x_1 = x_2 = 1 \\ x_2 = x_3 = 0.25 + 1.5612i \end{cases}$

Paso 1: *Evaluar:* $f(x_0) = -5$, $f(x_1) = -6$, *y* $f(x_2) = -2.0625 - 5.0741i$

Paso 2: *Calcular* x_3:

2.1 *Asignar* $c = f(x_2)$.

2.2 *Obtener* a *y* b *resolviendo el sistema lineal* 2×2:

$$\begin{pmatrix} x_2^2 & -x_2 \\ (x_1-x_2)^2 & (x_1-x_2) \end{pmatrix} \begin{pmatrix} a \\ b \end{pmatrix} = \begin{pmatrix} f(x_0)-c \\ f(x_1)-c \end{pmatrix},$$

y obtenemos $a = -0.75 + 1.5612i$, $b = -5.4997 - 3.1224i$.

2.3 $x_3 = x_2 - \dfrac{2c}{b - \sqrt{b^2 - 4ac}} = x_2 - (0.8388 + 0.3702i) = -0.5888 + 1.1910i$

Iteración 3. *Asignar los nuevos iterados a usar:* $\begin{cases} x_0 = x_1 = 1 \\ x_1 = x_2 = 0.25 + 1.5612i \\ x_2 = x_3 = -0.5888 + 1.1910i \end{cases}$

Paso 1: *Evaluar:* $f(x_0) = -6$, $f(x_1) = -2.0627 - 5.073i$, $f(x_2) = -0.5549 + 2.3542i$

Paso 2: *Calcular x_3:*

2.1 *Asignar $c = f(x_2)$.*

2.2 *Obtener a y b resolviendo el sistema lineal 2×2:*

$$\begin{pmatrix} (x_0 - x_2)^2 & (x_0 - x_2) \\ (x_1 - x_2)^2 & (x_1 - x_2) \end{pmatrix} \begin{pmatrix} a \\ b \end{pmatrix} = \begin{pmatrix} f(x_0) - c \\ f(x_1) - c \end{pmatrix},$$

y obtenemos $a = -1.3388 + 2.7522i$ y $b = -2.6339 - 8.5606i$.

2.3 $x_3 = x_2 - \dfrac{2c}{b - \sqrt{b^2 - 4ac}} = -0.3664 + 1.3508i$

Iteración 4. *(A partir de esta iteración no mostramos los detalles)*
$x_3 = -0.3451 + 1.3180i$

Iteración 5. $x_3 = -0.3453 + 1.3187i$

Iteración 6. $x_3 = -0.3453 + 1.3187i$

Test de convergencia: $|x_3 - x_2|$ *es suficientemente pequeño, paramos y aceptamos el último valor de x_3 como aproximación a una raíz. Por tanto, la aproximación al par de raíces conjugads es:*

$$-0.3455 + 1.3187i, \ \ y \ \ -0.3455 - 1.3187i.$$

Ejemplo 2.15. *Aproximar una raíz real de $f(x) = x^3 - 7x^2 + 6x + 5$ con el método de Müller desde $x_0 = 0, x_1 = 1,$ y $x_2 = 2$. Las tres raíces de $f(x)$ son reales: 5.8210, 1.6872, -0.5090.*

Iteración 1.

Paso 1: *Evaluar:* $f(x_0) = 5, f(x_1) = 5, f(x_2) = -3$.

Paso 2:

2.1 *Asignar $c = f(x_2) = -3$.*

2.2 *Obtener a y b resolviendo el sistema lineal 2×2:*

$$\begin{pmatrix} (x_0 - x_2)^2 & (x_0 - x_2) \\ (x_1 - x_2)^2 & (x_1 - x_2) \end{pmatrix} \begin{pmatrix} a \\ b \end{pmatrix} = \begin{pmatrix} 5 - c \\ 5 - c \end{pmatrix}$$

es decir,

$$\begin{pmatrix} 4 & -2 \\ 1 & -1 \end{pmatrix} \begin{pmatrix} a \\ b \end{pmatrix} = \begin{pmatrix} 8 \\ 8 \end{pmatrix} \Rightarrow \begin{cases} a = -4 \\ b = -12 \end{cases}$$

2.3 $x_3 = x_2 - 0.2753 = 1.7247$

Iteración 2. $\begin{cases} x_0 = x_1 = 1 \\ x_1 = x_2 = 2, \\ x_2 = x_3 = 1.7247 \end{cases}$

Paso 1: *Evaluar:* $f(x_0) = 5$, $f(x_1) = -3$, $f(x_2) = -0.3441$

Paso 2: *Calcular* x_3:

2.1 *Asignar* $c = f(x_2) = -0.3441$.

2.2 *Obtener* a *y* b *resolviendo el sistema lineal* 2×2:

$$\begin{pmatrix} 0.5253 & -0.7247 \\ 0.0758 & 0.2753 \end{pmatrix} \begin{pmatrix} a \\ b \end{pmatrix} = \begin{pmatrix} 5 - c \\ 3 - c \end{pmatrix}, \Rightarrow \begin{cases} a = -2.2752 \\ b = -9.0227 \end{cases}$$

2.3 $x_3 = x_2 - \dfrac{2c}{b - \sqrt{b^2 - 4ac}} = 1.7247 - 0.0385 = 1.6862$

Si se continua el proceso se observa que las iteraciones convergen a 1.6872.

Comparación de los diferentes métodos para raíces de funciones

Una vez estudiadas una variedad de métodos diferentes para aproximar raíces de funciones $f(x)$ en una variable, mostramos una tabla comparativa para resumir las principales características de cada uno de ellos.

Método	Costo por iteración	Convergencia	Comentarios
Bisección	Una evaluación de $f(x)$	Global r-lineal (muy lenta)	Se debe conocer un intervalo inicial que contenga la raíz
Punto fijo $x_{k+1} = g(x_k)$	Una evaluación de $g(x)$	q-lineal si $|g'(\xi)| < 1$	Encontrar $g(x)$ es un reto
Newton	Una evaluación de $f(x)$ y una de $f'(x)$	Local q-cuadrática para raíces simples. Local q-lineal para raíces multiples.	Escoger x_0 es un reto. $f'(x)$ debe estar disponible.
Secante	Una evaluación de $f(x)$	Local q-superlineal para raíces simples con $p \approx 1.618$. Local q-lineal para raíces multiples.	Requiere dos iterados iniciales. No requiere derivadas.
Müller	Una evaluación de $f(x)$ y resolver un sistema lineal 2×2.	Local q-superlineal con $p \approx 1.839$	Requiere tres iterados iniciales. Converge a raíces complejas desde iterados reales.

2.10 Técnica de deflación de polinomios

La **deflación** es una técnica para calcular otras raíces de $P_n(x) = 0$, donde $P_n(x)$ es un polinomio de grado n, una vez que conocemos una de sus raíces reales o un par de sus raíces complejas conjugadas. En efecto, si ξ es una raíz real de $P_n(x) = 0$, se cumple que

$$P_n(x) = (x - \xi)Q_{n-1}(x),$$

donde $Q_{n-1}(x)$ es un polinomio de grado $n - 1$. De forma similar, si $\alpha \pm i\beta$ es un par de raíces complejas conjugadas de $P_n(x) = 0$, se verifica que

$$P_n(x) = (x - \alpha - i\beta)(x - \alpha + i\beta)Q_{n-2}(x),$$

donde $Q_{n-2}(x)$ es un polinomio de grado $n - 2$.

Vale destacar que las raíces de $Q_{n-1}(x)$ en el primer caso y las de $Q_{n-2}(x)$ en el segundo caso, también son raíces de $P_n(x)$. Más aún, aplicar un método iterativo a los polinomios $Q_{n-1}(x)$ o $Q_{n-2}(x)$ garantiza que las iteraciones no se desviarán hacia las raíces ya encontradas.

Los coeficientes de $Q_{n-1}(x)$ o de $Q_{n-2}(x)$ se pueden generar usando divisiones sintéticas como en el método de Horner, y luego se puede aplicar, sobre estos nuevos polinomios de grado menor, cualquiera de los métodos ya estudiados para conseguir otras raíces diferentes. Este proceso de deflación se puede aplicar de manera recursiva hasta conseguir todas las raíces del polinomio. Sin embargo, para evitar la propagación excesiva de errores, este proceso se puede combinar con el proceso de **depuración de raíces** que describimos en el próximo párrafo en el caso de una raíz real simple.

Si sólo conocemos, como sucede en la práctica, una aproximación $\hat{\xi}$ de la raíz ξ de $P_n(x)$, entonces lo que en realidad se cumple es que

$$P_n(x) \approx (x - \hat{\xi})\hat{Q}_{n-1}(x),$$

donde los coeficientes de $\hat{Q}_{n-1}(x)$ son una aproximación de los del polinomio $Q_{n-1}(x)$. Por tanto, al aplicar un método iterativo a $\hat{Q}_{n-1}(x) = 0$ obtendremos una aproximación $\tilde{\rho}$ de una raíz $\hat{\rho}$ de $\hat{Q}_{n-1}(x) = 0$ que, a su vez, será una aproximación de una raíz ρ de $Q_{n-1}(x) = 0$, que también es raíz de $P_n(x) = 0$. Entonces, antes de producir una excesiva propagación de errores, lo conveniente es depurar la raíz obtenida, es decir, tomar $\tilde{\rho}$ como valor inicial de algún método iterativo y realizar unas pocas iteraciones directamente sobre el polinomio $P_n(x) = 0$ para conseguir una mejor aproximación a la raíz; y luego es con esta mejor aproximación que debe efectuarse el proceso de deflación.

Ejemplo 2.16. *Encontrar las raíces de $f(x) = x^4 + 2x^3 + 3x^2 + 2x + 2 = 0$, usando la técnica de deflación. Podemos observar que $x = \pm i$ son dos raíces complejas conjugadas de $f(x) = 0$. Por tanto,*

$$f(x) = (x + i)(x - i)(b_3 x^2 + b_2 x + b_1) = (x^2 + 1)(b_3 x^2 + b_2 x + b_1).$$

Igualando los coeficientes de x^4 , x^3, y x^2 en ambos lados, obtenemos

$$b_3 = 1, \quad b_2 = 2, \quad b_1 + b_3 = 3,$$

y se tiene que $b_3 = 1$, $b_2 = 2$, $b_1 = 2$. Se cumple entonces que

$$(x^4 + 2x^3 + 3x^2 + 2x + 2) = (x^2 + 1)(x^2 + 2x + 2),$$

y en conclusión, las restantes raíces de $f(x) = 0$, son las raíces de $x^2 + 2x + 2$, que se pueden obtener aplicando cualquier método iterativo.

2.11   Funciones de Octave para encontrar raíces

El lenguaje de programación Octave posee funciones convenientes para encontrar raíces de funciones. Por ejemplo, Las funciones **fzero**, **poly**, **polyval**, y

roots de Octave pueden ser usadas para tal fín. Vamos a listar algunos comentarios básicos sobre el uso de estas funciones:

• La función **fzero** encuentra el cero, más cercano a x_0, de una función dada, sin requerir derivadas. Se usa de esta forma: $y =$ fzero (función, x_0); donde

función   − función dada (especificada como un archivo de Octave
            o como una función anónima.

x_0 − En el caso escalar, un valor cercano al cero de la función.

x_0 − Si es un vector de dos entradas, $\begin{bmatrix} a \\ b \end{bmatrix}$, entonces indica que la

            funcion tiene un cero en el intervalo $[a, b]$.

• La función **fzero** también se puede usar con opciones que permiten mostrar información adicional como los valores de x y $f(x)$ en cada iteración. Por ejemplo, el siguiente uso:

$z =$ fzero $(f(x)$, x, optimset ('Display', 'iter'),

muestra el valor de x y de $f(x)$ en cada iteración realizada. Existen más opciones disponibles que pueden ser analizadas al escribir *help fzero*.

Ejemplo 2.17.   *(i) Encontrar el cero de $f(x) = e^x - 1$ cercano a $x = 0.1$.*

   (ii) Encontrar el cero de $f(x) = e^x - 1$ en $[-1, 2]$, y mostrar los valores de x
      y $f(x)$ en cada iteración.

Solución (i).

$$\Rightarrow z = \textbf{fzero } (@(x)\exp(x) - 1, 0.1)$$

Solución (ii)

$$\Rightarrow z = \textbf{fzero } (@(x)\exp(x) - 1, [-1, 2]')$$

$z = $**fzero** $(@(x)\exp(x) - 1, [-1, 2]'$, *optimset ('display', 'iter')) crea la siguiente tabla (en inglés):*

Funct Count	x	$f(x)$	Procedure
2	-1	0.632121	*initial*
3	-0.729908	-0.518047	*interpolation*
4	0.404072	0.48811	*interpolation*
5	-0.151887	-0.140914	*interpolation*
6	-0.0292917	-0.0288669	*interpolation*
7	0.000564678	0.000546857	*interpolation*
8	$-8.30977e^{-06}$	$-8.30974e^{-06}$	*interpolation*
9	$-2.34595e^{-09}$	$-2.345959e^{-09}$	*interpolation*
10	$2.15787e^{-17}$	0	*interpolation*

Nota: *como se observa en la tabla, fzero usa métodos híbridos para encontrar cero de $f(x)$. Al inicio usa un método tipo la secante, que no requiere derivadas, y luego cambia a métodos tipo interpolación inversa que serán estudiados en el Capítulo de interpolación polinomial.*

Ejemplo 2.18 (Encontrar el radio de un cono). *Es conocido que el area de la superficie lateral de un cono viene dada por: $s(r) = \pi r l$, donde $r = $ radius, $l = $ length, y $h = $ height. Como $l = \sqrt{h^2 + r^2}$, $s(r)$ es una función de f si h es conocida, es decir, $s(r) = \pi r \sqrt{h^2 + r^2}$.*

Encontrar el radio del cono cuya area lateral es 750m^2 y cuya altura es 9m, usando fzero de Octave.

Solución. *Queremos encontrar un cero r de*

$$f(r) = 750 - \pi r \sqrt{r^2 + 9},$$

y escogemos como iterado inicial $r_0 = 5$.

$$\Rightarrow r = \ \textit{fzero}\,(@(r)750 - \pi * r * \sqrt{(r^2 + 9)}, 5)$$
$$r = 15.3060.$$

Por tanto, el radio del cono es 15.3060m.

Las funciones **poly**, **polyval**, y **roots** están relacionadas con la búsqueda de raíces de polinomios.

poly - obtiene los coeficientes del polinomio a partir de las raíces.

- poly(A), cuando A es una matriz $n \times n$, regresa un vector con los $(n+1)$ coeficientes del polinomio característico de A.

$$P(\lambda) = det(\lambda I - A)$$

- poly(v), cuando v es un vector, regresa un vector cuyos elementos son los coeficientes del polinomio cuyas raíces son los elementos de v.

roots - Encuentra raíces de polinomio.

• roots(c) calcula las raíces del polinomio cuyos coeficientes son los elementos del vector c:

$$P(x) = c_1 x^n + c_2 x^{n-1} + \cdots + c_n x + c_{x+1}$$

polyval - Evalua el polinomio en un valor dado.

• $y = $ polyval (p, z) regresa en y el valor del polinomio $P(x)$ evaluado en $x = z$, donde p es el vector que contiene los coeficientes del polinomio $(c_1, c_2, \ldots, c_{n+1})$, y z es un escalar, un vector o una matriz.

Si z es un vector o una matriz, $P(x)$ es evaluada en todos los puntos en z.

Ejemplo 2.19. *Usar las funciones poly, roots, y polyval.*

  (i) *Encontrar los coeficientes de $P_4(x)$ cuyas raíces son: $1, 1, 2$, y 3.*

 (ii) *Calcular numéricamente las raíces de $P_4(x)$ usando la función roots.*

(iii) *Perturbar el coeficiente de x^2 en $P_4(x)$, por un factor 10^{-4}, y calcular las raíces de nuevo usando roots. Por úlimo, evaluar el polinomio perturbado en las raíces recalculadas.*

Solución (i).

$$\Rightarrow v = [1, 1, 2, 3]^T$$
$$\Rightarrow c = \mathbf{poly}\ (v)$$

El vector c contiene los coeficientes de $P_4(x)$ cuyas raíces son: 1, 1, 2, y 3.

$$c = [1, -7, 17, -17, 6]^T$$
$$P_4(x) = x^4 - 7x^3 + 17x^2 - 17x + 6$$

Solución (ii).

$\Rightarrow z = $ *roots* (c)

$$z = \begin{pmatrix} 3.0000 \\ 2.0000 \\ 1.0000 \\ 1.0000 \end{pmatrix}$$

Solución (iii).

El polinomio perturbado $\tilde{P}_4(x)$ es

$$\tilde{P}_4(x) = x^4 - (7 + 10^{-4})x^3 + 17x^2 - 17x + 6$$

El vector c que contiene los coeficientes de $\tilde{P}_4(x)$:

$$\Rightarrow cc = [1, -(7 + 10^{-4}), 17, -17, 6]$$

$$\Rightarrow zz = \textbf{roots} \, (cc)$$

regresa los ceros de $\tilde{P}_4(x)$

$$zz = [3.0007, 1.9992, 1.0072, 0.9930]^T$$

$$\Rightarrow vv = \textbf{polyval} \, (cc, zz)$$

regresa las evaluaciones de $\tilde{P}_4(x)$ en las raíces recalculadas.

$$vv = 10^{-13}[0.7905, 0.2309, 0, 0]^T.$$

EJERCICIOS del Capítulo 2

2.1 Conteste **"Verdadero"** o **"Falso"**. Justifique sus respuestas.

(i) El método de bisección garantiza converger a la raíz en el intervalo inicial que contiene esa raíz.

(ii) El método de bisección posee convergencia q-lineal.

(iii) Es posible predecir teóricamente el mínimo número de iteraciones requeridas por el método de bisección antes de empezar las iteraciones.

(iv) El método de bisección encierra al menos una raíz en cada intervalo de incertidumbre que genera.

(v) El método de Newton siempre converge.

(vi) Convergencia q-cuadrática implica convergencia q-superlineal.

(vii) Si $F : [a, b] \rightarrow [a, b]$ es diferenciable y $|F'(x)| \leq \sqrt{2}/2$ para todo $x \in [a, b]$, entonces la ecuación $x - F(x) = 0$ posee una única solución en $[a, b]$.

(viii) En presencia de raíces múltiples, el método de Newton no puede converger.

(ix) Si $f(r) = f'(r) = f''(r) = 0$ y $f'''(r) \neq 0$, entonces la sucesión $\{x_k\}$ generada por el método de la secante converge local y q-cuadráticamente a r.

(x) El método de la secante y Regula-Falsi son ambos métodos que encierran la raíz en todas las iteraciones.

(xi) El método de Horner permite evaluar, en un punto dado, el polinomio y su derivada en $O(n)$ flops.

(xii) El método de Müller puede aproximar un par de raíces complejas conjugadas usando iterados reales.

(xiii) El teorema clave del método de iteraciones de punto fijo ofrece condiciones necesarias y suficientes para su convergencia.

(xiv) En el método de la secante no se requieren las derivadas de la función $f(x)$.

(xv) El método de Newton es un caso especial del método de iteraciones de punto fijo.

2.2 La sucesión $x_0 = 1$ y $x_{k+1} = 2x_k^3/(1 + 3x_k^2)$, para todo $k \geq 0$, converge a cero. ¿A qué velocidad converge?

2.3 La sucesión $a_k = 1/(k!)$ converge a cero. ¿A qué velocidad converge?

2.4 Use el método de bisección para aproximar $\sqrt{3}$ con una precisión de 3 dígitos exactos en los intervalos: $[1, 2]$, $[1, 3]$, y $[0, 2]$.

2.5 Para cada una de las funciones que se listan abajo, haga lo que se indica a continuación:

(a) Verifique si existe un cero de $f(x)$ en el intervalo indicado.

(b) Encuentre el mínimo número de iteraciones, N, requeridas para lograr una precisión de $\epsilon = 10^{-3}$ usando el método de bisección.

(c) Usando el método de bisección, ejecute N iteraciones y presente los resultados en forma tabular y gráfica.

(i) $f(x) = x \operatorname{sen} x - 1$ en $[0, 2]$

(ii) $f(x) = x^3 - 1$ en $[0, 2]$

(iii) $f(x) = x^2 - 4 \operatorname{sen} x$ en $[1, 3]$

(iv) $f(x) = x^3 - 7x + 6$ en $[0, 1.5]$

(v) $f(x) = \cos x - \sqrt{x}$ en $[0, 1]$

(vi) $f(x) = x - \tan x$ en $[4, 4.5]$

(vii) $f(x) = e^{-x} - x$ en $[0, 1]$

(viii) $f(x) = e^x - 1 - x - \frac{x^2}{2}$ en $[-1, 1]$

2.6 Construya un ejemplo simple para ilustrar que un valor pequeño de $f(x_k)$ no necesariamente significa que x_k está cerca de una raíz de $f(x)$.

2.7 (a) Establezca que si $g(x)$ es continuamente diferenciable en algún intervalo abierto que contiene el punto fijo ξ, y si $|g'(\xi)| < 1$, entonces existe $\epsilon > 0$ tal que las iteraciones

$$x_{k+1} = g(x_k)$$

convergen siempre que $|x_0 - \xi| \leq \epsilon$.

  (b) Usando lo anterior, encuentre una función de iteración $g(x)$ y un intervalo $[a, b]$ con

$$f(x) = x - \tan x$$

tal que las iteraciones siempre convergen. Encuentre la solución con una precisión de 10^{-4}.

  (c) Encuentre el cero de la función $f(x) = e^{-x} - \operatorname{sen} x$ en $[0.5, 0.7]$, escogiendo $g(x) = x + f(x)$ y usando (a).

2.8 Establezca una variante del Teorema 2.4 donde se sustituye la hipótesis (ii) por una más suave: existe $L < 1$ tal que para todo $x, y \in [a, b]$ se cumple que

$$|g(x) - g(y)| \leq L|x - y|.$$

2.9 Para cada una de las siguientes funciones encuentre el intervalo y la función $g(x)$ de forma tal que las iteraciones:

$$x_{k+1} = g(x_k)$$

convergen para todo x_0 en el intervalo.

  (a) $f(x) = x - \cos x$

  (b) $f(x) = \frac{3}{x^2} - x - 2$

  (c) $f(x) = x - e^{-x}$

(d) $f(x) = x^2 - 4\,sen\,(x)$

(e) $f(x) = \frac{1}{1+e^{-x^2}} + \cos x$

(f) $f(x) = \frac{x^2}{4} - 1$

(g) $f(x) = x - 2\,sen\,x$

(h) $f(x) = x^3 - 7x + 6$

(i) $f(x) = 1 - \tan\frac{x}{4}$

2.10 Use iteraciones de punto fijo para calcular $\sqrt{2}$ con una precisión de 10^{-4}.

2.11 Estudie la convergencia de las iteraciones de punto fijo para encontrar el cero $x = 2$ de $f(x) = x^3 - 7x + 6$, con diversas funciones $g(x)$. Represente las iteraciones de punto fijo gráficamente en cada caso.

2.12 (a) Grafique $f(x) = x + \ln x$ y muestre que $f(x)$ tiene sólo un cero ξ en $0 < x < \infty$, pero que la iteracion relacionada de punto fijo $x_{i+1} = g(x_i)$, desde $x_0 \neq \xi$, con $g(x) = -\ln x$, no converge a ξ aún cuando x_0 está muy cercano a ξ.

(b) ¿Cómo se puede reescribir esa iteración para garantizar convergencia?

2.13 La iteración $x_{n+1} = 2 - (1 + c)x_n + cx_n^3$ converge a $\xi = 1$ para algunos valores de c (suponiendo que x_0 se escoge suficientemente cercano a ξ). Encuentre los valores de c para que se cumpla esta propiedad. ¿Para qué valores de c la convergencia es q-cuadrática?

2.14 Aplique el método de Newton, la secante y Regula-Falsi para encontrar un cero con una precisión de 10^{-4} a cada una de las funciones del **Ejercicio 2.5**.

2.15 Escriba las iteracions del método de Newton para cada una de las funciones:

(a) $x^3 - \cos(x^2 + 1) = 0$

(b) $2\,sen\,\pi x - \sqrt{x^2 - x + 1} = 0$

2.16 Use apropiadamente el método de Newton para calcular lo siguiente:

(a) $\ln(a)$ (**log natural de** a) $(a > 0)$

(b) $arc\cos a$ y $arcsen\,a$

(c) e^a

Ejecute 3 iteraciones en cada caso escogiendo una funcion apropiada y un iterado inicial x_0 conveniente. Compare sus resultados con los obtenidos al usar fzero de Octave.

2.17 ¿Qué velocidad de convergencia posee el método de Newton en una variable cuando resuelve $x + x^p = 0$, si $p \geq 2$ es un entero?

2.18 ¿Qué velocidad de convergencia posee el método de Newton en una variable cuando resuelve $x^2 = 0$, desde $x_0 = 1$? Y ¿qué velocidad posee el método de la secante en una variable en ese mismo caso, con $x_1 = 0.8$?

2.19 Explique lo que sucede al aplicar el método de Newton para encontrar un cero de $x^3 - 3x + 6 = 0$, desde $x_0 = 1$.

2.20 Construya su propio ejemplo para ilustrar que el método de Newton puede diverger si x_0 no es escogido apropiadamente.

2.21 Muestre que el método de Newton aplicado a $f(x) = x^3 - 2x + 2$ desde $x_0 = 0$ oscilará entre 0 y 1. Muestre una representación gráfica de este evento. Cambie el iterado inicial para que el método posea convergencia a una raíz positiva.

2.22 Escriba las iteraciones del método de Newton para encontrar un mínimo o un máximo de la función $f(x)$. Aplique esa versión del método para encontrar un mínimo de $f(x) = x^2 + sen\, x$.

2.23 Desarrolle un algoritmo basado en el método de Newton para calcular $\sqrt[n]{A}$ y apliquelo a $\sqrt[5]{30}$, escogiendo un iterado inicial apropiado.

2.24 Repita el ejercicio anterior con el método de la secante y compare la forma de converger.

2.25 Demuestre que la convergencia del método de Newton para ceros multiples, con multiplicidad m, es q-lineal con factor $c = (m-1)/m$. Construya un ejemplo simple para ilustrar esta afirmación.

2.26 Demuestre que la modificación (Versión I) de Newton para el caso de raíces múltiples posee convergencia q-cuadrática.

2.27 Estudie la velocidad de convergencia de la siguiente modificación del método de la secante para el caso de raíces múltiples con multiplicidad

m:

$$x_{k+1} = x_k - \frac{mf(x_k)(x_k - x_{k-1})}{f(x_k) - f(x_{k-1})}.$$

Construya un ejemplo para ilustrar el comportamiento de esta variante.

2.28 Establezca que el método de Newton modificado (Versión II) para el caso de raíces múltiples posee convergencia q-cuadrática.

2.29 Aplique el método de la secante a $f(x) = x^3 - 3x + 2$ para aproximar la raíz $x = 1$ con $x_0 = 0$ y $x_1 = 2$. Ilustre que el factor de convergencia es aproximadamente 1.62.

2.30 El polinomio $P_3(x) = x^3 - 2x^2 + x - 2$ tiene dos ceros complejos conjugados $x = \pm i$. Aproxímelos usando el método de Müller.

2.31 El polinomio $P_8(x) = x^8 + 2x^7 + x^6 + 2x^5 + 5x^3 + 7x^2 + 5x + 7$ tiene dos ceros complejos conjugados $x = \pm i$. Aproxímelos mediante tres iteraciones del método de Müller. Inicie el proceso con $x_0 = 0$, $x_1 = 0.1$, y $x_2 = 0.5$.

2.32 El polinomio $P_6(x) = x^6 - 2x^5 + x^4 - 7x^3 + 19x^2 - 17x + 5$ tiene una raíz doble en $x = 1$. Aproxime esa raíz usando primero el método de Newton, y luego usando las dos modificaciones del método de Newton, desde $x_0 = 0.5$. Use el método de Horner para evaluar el polinomio y su derivada en cada iteración. En cada caso realice tres iteraciones.

2.33 Considere la Ley de Kepler para el movimiento planetario

$$M = E - e \, sen \, E$$

que relaciona la anomalía promedio M con la anomalía de la excentricidad E de una orbita elíptica con excentricidad e. Para encontrar E, necesitamos resolver la ecuación no lineal:

$$f(E) = M + e \, sen \, E - E = 0.$$

(a) Demuestre que las iteraciones de punto fijo

$$E_{k+1} = g(E_k) = M + e \, sen \, E_k$$

convergen.

(b) Si $e = 0.0167$ (excentricidad de la Tierra) y $M = 1$ (en radianes) calcule E usando

    i. Método de bisección,

ii. Iteraciones de punto fijo $E = g(E)$ como arriba,

iii. Método de Newton,   y

iv. Método de la secante.

Para escoger iterados iniciales apropiados o un intervalo apropiado para el método de bisección, grafique la función $f(E)$.

2.34 Planta eléctrica de molinos de viento

Cada día es más popular usar turbinas de viento para generar energía eléctrica. Esta energía depende del diámetro de la hojilla y de la velocidad del viento. Un buen estimado de la energía lograda se obtiene con la siguiente fórmula:

$$EO = 0.01328D^2V^3,$$

donde EO = es la energía conseguida, D = Diámetro de la hojilla del molino de viento (m), V = Velocidad del viento en m/s.

Use el método de Newton para determinar cuál debería ser el diámetro de la hojilla si se desea generar 500 vatios de electricidad cuando la velocidad del viento es de 10mph.

2.35 Un tanque esférico de radio $r = \lambda$ metros contiene un líquido cuyo volumen es $V = 0.5m^3$. ¿Cuál es la profundidad, h, del líquido?

Use la siguiente fórmula: $V = \frac{\pi h^2}{3}(3r - h)$.

2.36 Si el desplazamiento de un objeto en el tiempo t está dado por

$$x(t) = \cos 10t - \frac{1}{2}sen\, 10t,$$

¿en que momento $t(s)$ el desplazamiento será de 20 metros?

2.37 Suponga que el desplazamiento de un objeto en el tiempo t con oscilaciones amortiguadas viene dado por

$$x(t) = e^{-t}\left(A\cos\frac{\sqrt{12}}{2}t + Bsen\,\frac{\sqrt{12}}{2}t\right).$$

Determine el tiempo requerido para que el objeto quede en reposo ($x(t) = 0$), usando las condiciones iniciales: $x(0) = 1, x'(0) = 5$.

(**Ayuda:** Primero, encuentre A y B usando las condiciones iniciales. Luego resuelva la ecuación en t, fijando $x(t) = 0$.)

2.38 (Método de Haley) Las siguientes iteraciones para encontrar ceros de $f(x)$:

$$x_{i+1} = x_i - \frac{2f(x_i)f'(x_i)}{2f'(x_i) - f(x_i)f''(x_i)}$$

se conocen como las iteraciones de Haley.

(i) Demuestre que si $f(x)$ es tres veces continuamente diferenciable y ξ es un cero de $f(x)$; pero no de sus derivadas, entonces las iteraciones de Haley convergen a ξ si el iterado inicial x_0 esta suficientemente cerca de ξ, y que la convergencia es q-cúbica

(ii) Aplique el método de Haley a las funciones del **Ejercicio 2.15**, y compare los resultados con los del método de Newton, realizando tres iteraciones con cada método.

2.39 (Método de Steffensen) Las siguientes iteraciones para encontrar ceros de $f(x)$:

$$x_{i+1} = x_i - \frac{f(x_i)}{d(x_i)} \quad , i = 0, 1, \ldots$$

donde $f'(x_i) \approx d(x_i) = (f(x_i + f(x_i)) - f(x_i))/f(x_i)$, se conocen como el método de Steffensen.

(a) Estudie la velocidad de convergencia del método de Steffensen.

(b) Usando el método de Steffensen, calcule la raíz positiva de $f(x) = x^3 - 3x + 1$ empezando con $x_0 = 0.5$, hasta lograr una precisión de $\epsilon = 10^{-4}$. Compare los resultados con los obtenidos al usar el método de la secante.

CAPÍTULO

3

SOLUCIÓN NUMÉRICA DE SISTEMAS DE ECUACIONES LINEALES

La mayoría de los problemas de interés involucran más de una variable, y en ese caso nos interesa resolver sistemas de ecuaciones, bien sean lineales o no lineales. Los sistemas de ecuaciones lineales, y la necesidad de resolverlos numéricamente, surgen en casi todas las aplicaciones prácticas. El propósito principal de este capítulo es el de describir los métodos numéricos que se utilizan para resolver estos problemas lineales. Dichos métodos se clasifican en: métodos directos, que son métodos que en aritmética exacta obtendrían una solución exacta del sistema en un número finito de operaciones; y métodos iterativos, que generan una sucesión de aproximaciones que, bajo ciertas condiciones, converge a una solución del sistema. Los métodos iterativos a su vez se clasifican en métodos estacionarios y no estacionarios. Comenzaremos con un breve resultado de existencia y unicidad de las soluciones de los sistemas de ecuaciones lineales.

3.1   Existencia y unicidad

Consideremos el sistema lineal de m ecuaciones y n incógnitas:

$$a_{11}x_1 + a_{12}x_2 + \cdots + a_{1n}x_n = b_1$$
$$a_{12}x_1 + a_{22}x_2 + \cdots + a_{2n}x_n = b_2$$
$$\vdots$$
$$a_{m1}x_1 + a_{m2}x_2 + \cdots + a_{mn}x_n = b_m.$$

En forma matricial, este sistema puede escribirse como

$$Ax = b,$$

donde

$$A = \begin{pmatrix} a_{11} & a_{12} & \cdots & a_{1n} \\ a_{21} & a_{22} & \cdots & a_{2n} \\ \vdots & & & \\ a_{m1} & a_{m2} & \cdots & a_{mn} \end{pmatrix}, \quad x = \begin{pmatrix} x_1 \\ x_2 \\ \vdots \\ x_n \end{pmatrix}, \quad b = \begin{pmatrix} b_1 \\ b_2 \\ \vdots \\ b_m \end{pmatrix}.$$

Dada una matriz A de dimensión $m \times n$ y un vector b de dimensión m, si existe un vector x que satisface la ecuación $Ax = b$, entonces diremos que el sistema es **consistente**. De lo contrario, diremos que el sistema es **inconsistente**. Es natural preguntarnos cuando un sistema $Ax = b$ dado es consistente, y si lo es, cuántas soluciones tiene, y si tiene solución única. La respuesta a lo anterior viene dada en el siguiente teorema, cuya prueba puede ser encontrada en cualquier texto básico de Álgebra Lineal; ver por ejemplo [67, 88].

Teorema 3.1 (Existencia y unicidad de solución de $Ax = b$).

(i) *El sistema $Ax = b$ es consistente si y solo si $b \in R(A)$; es decir, $rango(A) = rango(A, b)$.*

(ii) *Si el sistema $Ax = b$ es consistente y las columnas de A son linealmente independientes, entonces tiene solución única.*

(iii) *Si el sistema $Ax = b$ es consistente y las columnas de A son linealmente dependientes, entonces el sistema tiene infinito número de soluciones.*

En el caso $m = n$, es decir, si A es una matriz cuadrada, se desprende del Teorema 3.1 que si A es no singular (n columnas linealmente independientes), entonces el sistema $Ax = b$ tiene una única solución para cualquier vector b. Vale destacar que para cualquiera otra matriz C no singular, el sistema $CAx = Cb$ tiene como solución única el mismo vector x que resuelve de forma única el sistema $Ax = b$. En efecto, en ese caso

$$x = (CA)^{-1}Cb = A^{-1}C^{-1}Cb = A^{-1}b.$$

Esta observación simple jugará un papel clave a la hora de diseñar algoritmos para resolver sistemas lineales por métodos directos.

3.2 Sistemas fáciles de resolver

En algunos casos, la matriz A presenta características que facilitan la resolución del sistema lineal. Supongamos que la matriz A es cuadrada con n filas y n columnas. Algunos de los sistemas fáciles de resolver se presentan cuando la matriz A es una matriz diagonal, triangular, u ortogonal.

Sistemas diagonales

Los sistemas más fáciles de resolver son aquellos $Dx = b$, en donde la matriz D es diagonal. A continuación definiremos **matriz diagonal** y mostraremos como se resuelven estos sistemas.

> **Definición 3.1** (Matriz diagonal). *Sea D una matriz de $n \times n$. Se dice que D es una **matriz diagonal** si todos sus elementos fuera de la diagonal principal son iguales a cero, es decir, para $i, j = 1, \ldots n$*
>
> $$d_{ij} = 0, \quad \text{para } i \neq j.$$

Una matriz D diagonal es no singular si y solo si todos los elementos de su diagonal principal son distintos de cero, es decir, $d_{ii} \neq 0$, para $i = 1, \ldots, n$. En este caso el sistema de ecuaciones lineales $Dx = b$ se escribe como:

$$d_{11}x_1 = b_1$$
$$d_{22}x_2 = b_2$$
$$\vdots$$
$$d_{nn}x_n = b_n.$$

La solución de este sistema lineal es evidente:

$$x_i = \frac{b_i}{d_{ii}}, \quad \text{para } i = 1, \ldots, n.$$

La solución de los sistemas de ecuaciones lineales $Dx = b$ diagonales se obtiene en exactamente n operaciones de punto flotante (flops). Este proceso es estable. La solución de los sistemas diagonales puede verse como un caso particular de la solución de los sistemas triangulares que veremos a continuación.

Sistemas triangulares

Son fáciles de resolver los sistemas $Tx = b$ cuya matriz T es una **matriz triangular superior** o una **matriz triangular inferior**.

Definición 3.2 (Matriz triangular superior). *Una matriz T de $n \times n$ se dice* **triangular superior** *si cumple que $t_{ij} = 0$ para $i > j$, con $i, j = 1, \ldots n$.*

Definición 3.3 (Matriz triangular inferior). *Una matriz T de $n \times n$ se dice* **triangular inferior** *si cumple que $t_{ij} = 0$ para $i < j$, con $i, j = 1, \ldots n$.*

En ambos casos, al igual que en los sistemas diagonales, la matriz T es no singular si y solo si todos los elementos de la diagonal principal son distintos de cero, es decir, $t_{ii} \neq 0$, para $i = 1, \ldots, n$. Los sistemas de ecuaciones lineales $Tx = b$, donde la matriz T es una matriz triangular, pueden resolverse mediante procedimientos llamados de sustitución. Si la matriz T es triangular superior, se utiliza un proceso llamado **sustitución regresiva o sustitución hacia atrás o en retroceso**, y si la matriz T es triangular inferior, se utiliza el proceso de **sustitución progresiva o hacia adelante**. Ambos algoritmos se dan a continuación:

Algoritmo 3.2 (Sustitución hacia atrás).
Entrada: *Una matriz T, $n \times n$ no singular y triangular superior, y un vector b de dimensión n.*
Salida: *El vector $x = (x_1, \cdots, x_n)^T$ tal que $Tx = b$.*
Paso 1: *Calcular $x_n = b_n / t_{nn}$*
Paso 2: *Desde $i = n - 1, n - 2, \ldots, 2, 1$ hacer*

$$x_i = \frac{1}{t_{ii}} \left(b_i - \sum_{j=i+1}^{n} t_{ij} x_j \right)$$

Fin

Nota: Cuando $i = n$, la suma $\left(\sum \right)$ en el Paso 2 no se realiza.

Algoritmo 3.3 (Sustitución hacia adelante).
Entrada: *Una matriz T, $n \times n$ no singular y triangular inferior, y un vector b de dimensión n.*
Salida: *El vector $x = (y_1, \cdots, y_n)^T$ tal que $Tx = b$.*
Paso 1: *Calcular $x_1 = b_1/t_{11}$*
Paso 2: *Desde $i = 2, 3, \ldots, n$ hacer*

$$y_i = \frac{1}{t_{ii}}(b_i - \sum_{j=1}^{i-1} t_{ij} x_j)$$

Fin

Nota: Cuando $i = 1$, la suma ($\sum$) en el Paso 2 no se realiza.

Los algoritmos 3.2 y 3.3 permiten la resolución de los sistemas triangulares en $O(n^2)$ operaciones de punto flotante (flops). Un ejemplo importante de proceso estable es el Algoritmo 3.2 para resolver sistemas triangulares superiores. En efecto, el proceso de sustitución en retroceso produce una solución $\hat{x}$ que satisface

$$(T + E)\hat{x} = b,$$

donde E tiene entradas e_{ij},

$$|e_{ij}| \leq c\mu|t_{ij}|, \quad i, j = 1, ..., n,$$

$c > 0$ es una constante cercana a la unidad y μ es el épsilon de la máquina. Es decir, $\hat{x}$ es la solución exacta de un sistema muy cercano al original. El Algoritmo 3.3 para resolver sistemas triangulares inferiores posee una propiedad muy similar y por ende también es estable; ver los detalles en [50].

Sistemas ortogonales

También los sistemas $Qx = b$, en donde la matriz Q es una matriz ortogonal son sistemas fáciles de resolver. Las matrices ortogonales son aquellas que poseen columnas q_j ortogonales entre ellas, es decir $q_j^T q_i = 0$ si $i \neq j$, y tal que $q_j^T q_j = 1$ para todo j. Esto motiva la definición formal de matriz ortogonal.

Definición 3.4 (Matriz ortogonal). *Una matriz Q de $n \times n$ se dice* **ortogonal** *si*

$$Q^T Q = QQ^T = I.$$

Las matrices ortogonales juegan un rol importante en cálculos matriciales y tienen numerosas propiedades. De la definición de **matriz ortogonal** se sigue una propiedad muy importante para la resolución de sistemas $Qx = b$, y es que la inversa de una matriz ortogonal Q es su traspuesta, esto es: $Q^{-1} = Q^T$.

Gracias a esta propiedad, la resolución de un sistema $Qx = b$ puede hacerse sin problemas multiplicando en ambos lados del sistema por Q^T. Es decir, la solución al sistema $Qx = b$ viene dada por:

$$x = Q^T b.$$

De aquí se desprende que la cantidad de operaciones para la resolución de un sistema de ecuaciones ortogonal es del orden de un producto matriz-vector, es decir, $O(n^2)$ flops. Dicha resolución es numéricamente estable [50].

Un caso particular de matrices ortogonales son las **matrices de permutación**.

> **Definición 3.5** (Matriz de permutación). *Una matriz de permutación P es una matriz con ceros en todas las entradas menos una única entrada igual a 1 por cada fila y columna. Es decir, P se obtiene de la matriz identidad I permutando sus filas o columnas. Se cumple que $P^T P = I$.*

Los métodos directos para sistemas lineales se fundamentan en un primer paso, que usualmente requiere el mayor costo computacional, y que consiste en escribir o factorizar A como el producto de 2 o 3 matrices diagonales, triangulares u ortogonales. Luego, el segundo paso consiste en resolver de forma secuencial 2 o 3 sistemas fáciles, como los descritos en esta sección. Por ejemplo, digamos que $A = F_1 F_2 F_3$, donde cada F_i es una matriz no singular fácil para resolver sistemas, y se desea resolver $Ax = b$. De forma equivalente debemos resolver

$$F_1(F_2(F_3 x)) = b,$$

donde los paréntesis se han escrito para indicar el orden en que se deben resolver secuencialmente los 3 sistemas fáciles. Primero se resuelve el sistema

$$F_1 z = b,$$

luego que ya tenemos z, se resuelve

$$F_2 w = z.$$

Una vez obtenido w, finalmente se resuelve

$$F_3 x = w$$

para obtener el vector x deseado. Las diversas formas de factorizar matrices ocupará la mayor parte del resto de este capítulo.

3.3 Factorización LU

Una de las técnicas mas conocidas para factorizar A, como producto de matrices triangulares, consiste en multiplicar por la izquierda a la matriz A por una secuencia de matrices elementales que van logrando ceros de forma sistemática debajo de la diagonal, hasta que la matriz A se transforme en una matriz triangular superior. Estas matrices elementales logran este objetivo mediante el uso de lo que se conoce como operaciones Gaussianas o eliminación Gaussiana[1], que consisten en operaciones elementales entre filas: multiplicación de una fila por una constante, y suma de una fila con un múltiplo de otra fila. El producto de estas matrices elementales, así como su inversa, es una matriz triangular inferior. Al final se logra factorizar

$$A = LU,$$

donde L es una matriz triangular inferior con unos en cada entrada diagonal, y U es triagular superior.

Para presentar y analizar con cuidado los detalles de la factorización LU, es importante primero considerar el siguiente sub-problema y su solución, los cuales serán aplicados de forma sistemática a las columnas de A.

Sub-problema clave de la factorización LU (Sub-problema LU): Dado un índice $1 \leq k < n$, y un vector $\tilde{a}$ de dimension n, con el k-ésimo elemento $\tilde{a}_k \neq 0$, construir una matriz M_k tal que el vector $M_k\tilde{a}$ posea entradas igual a cero desde la posición $k+1$ hasta la posición n, dejando igual las primeras k entradas de $\tilde{a}$.

La solución a este sub-problema viene dada por la matriz elemental

$$M_k = I - \hat{m}_k e_k^T,$$

donde e_k es la k-ésima columna de la matriz identidad, $\hat{m}_{j,k} = \tilde{a}_j/\tilde{a}_k$ para $k+1 \leq j \leq n$, y $\hat{m}_k = [0, \ldots, 0, \hat{m}_{k+1,k}, \ldots, \hat{m}_{n,k}]^T$. La matriz elemental M_k

---

[1]En honor a Johann Carl Friedrich Gauss (1777-1855), matemático, astrónomo, geodesta, y físico alemán, llamado: "El príncipe de las Matemáticas".

es claramente no singular y tiene la forma:

$$
M_k = \begin{pmatrix}
1 & 0 & \cdots & \cdots & & \cdots & 0 & 0 & 0 \\
0 & 1 & 0 & \cdots & & \cdots & & 0 & 0 \\
0 & 0 & 1 & 0 & & & & & 0 \\
\vdots & \vdots & \ddots & \ddots & & \ddots & & & \vdots \\
\vdots & \vdots & & 0 & 1 & & \ddots & & \vdots \\
0 & \vdots & & & -m_{k+1,k} & & \ddots & 0 & \vdots \\
0 & 0 & & & \vdots & & \ddots & \ddots & 0 \\
0 & 0 & 0 & \cdots & -m_{n,k} & & \cdots & 0 & 1
\end{pmatrix}
\tag{3.1}
$$

Se puede verificar que, en efecto, el vector $M_k \tilde{a}$ posee las propiedades exigidas en el sub-problema:

$$
\begin{aligned}
M_k \tilde{a} &= (I - \hat{m}_k e_k^T)\tilde{a} = \tilde{a} - (e_k^T \tilde{a})\hat{m}_k = \tilde{a} - (\tilde{a}_k)\hat{m}_k \\
&= \tilde{a} - [0, \ldots, 0, \tilde{a}_{k+1}, \ldots, \tilde{a}_n]^T = [\tilde{a}_1, \ldots, \tilde{a}_k, 0, \ldots, 0]^T.
\end{aligned}
$$

La idea esquemática de la factorización LU consiste en multiplicar por la izquierda la matriz A por la matriz M_1 definida en (3.1) solución del sub-problema LU, con $k = 1$, donde el vector $\tilde{a} = a_1$ es la primera columna de A. Una vez terminado este producto $M_1 A$, se repite el proceso con la matriz M_2 solución del sub-problema LU con $k = 2$ y donde ahora $\tilde{a} = (M_1 A)_2$ es la segunda columna de la matriz $A^{(1)} = M_1 A$. Vale destacar que la primera columna de $M_1 A$ no se ve afectada al multiplicar por la izquierda con la matriz M_2, ya que la primera fila de M_2 coincide con la primera fila de la identidad. Este proceso se repite hasta que $k = n - 1$, con $\tilde{a}$ igual a la penúltima columna de $A^{(n-2)} = (M_{n-2} \cdots M_2 M_1 A)$. En cada k, el trabajo realizado en el proceso de triangularización sobre las columnas anteriores no se ve afectado al multiplicar por la nueva matriz elemental M_k. Al finalizar, obtenemos que $A^{(n-1)} = (M_{n-1} M_{n-2} \cdots M_2 M_1 A)$ es triangular superior, y entonces definimos $U = A^{(n-1)}$. Por tanto tenemos que

$$
U = M_{n-1} M_{n-2} \cdots M_2 M_1 A,
$$

y si definimos

$$
L = M_1^{-1} M_2^{-1} \cdots M_{n-2}^{-1} M_{n-1}^{-1},
$$

obtenemos la factorización deseada $A = LU$. La matriz L, así definida, es triangular inferior con unos en la diagonal y se construye de forma trivial a partir de las matrices M_k definidas en (3.1). El elemento $\tilde{a}_k \neq 0$ se conoce como el el k-ésimo **pivote** de la eliminación Gaussiana.

La siguiente lista de propiedades de las matrices elementales, definidas en (3.1), con sus respectivos argumentos justifican las diversas afirmaciones del párrafo anterior:

- Para todo k, M_k es triangular inferior con unos en la diagonal, es decir sus autovalores son todos igual a 1, y por tanto es una matriz no singular.

- El patrón de ceros y no-ceros (patrón sparse) del vector $\hat{m}_k$ implica que $e_k^T \hat{m}_k = 0$, y por tanto

$$M_k(I + \hat{m}_k e_k^T) = (I - \hat{m}_k e_k^T)(I + \hat{m}_k e_k^T) = I - \hat{m}_k(e_k^T \hat{m}_k)e_k^T = I.$$

En conclusión, $M_k^{-1} = I + \hat{m}_k e_k^T$. En otras palabras, M_k^{-1} también es una matriz elemental que se construye de forma trivial simplemente cambiando los signos en (3.1) a las entradas debajo de la diagonal en la columna k. Es decir,

$$M_k^{-1} = \begin{pmatrix} 1 & 0 & \cdots & \cdots & & \cdots & 0 & 0 & 0 \\ 0 & 1 & 0 & \cdots & & \cdots & & 0 & 0 \\ 0 & 0 & 1 & 0 & & & & & 0 \\ \vdots & \vdots & \ddots & \ddots & & \ddots & & & \vdots \\ \vdots & \vdots & & 0 & 1 & & \ddots & & \vdots \\ 0 & \vdots & & & m_{k+1,k} & & \ddots & 0 & \vdots \\ 0 & 0 & & & \vdots & & \ddots & \ddots & 0 \\ 0 & 0 & 0 & \cdots & m_{n,k} & & \cdots & 0 & 1 \end{pmatrix}$$

- El patrón sparse del vector $\hat{m}_l$, para todo $l > k$, ímplica que $e_k^T \hat{m}_l = 0$, y obtenemos

$$\begin{aligned} M_k^{-1} M_l^{-1} &= (I + \hat{m}_k e_k^T)(I + \hat{m}_l e_l^T) \\ &= I + \hat{m}_k e_k^T + \hat{l}_k e_l^T + \hat{m}_k(e_k^T \hat{m}_l)e_l^T = I + \hat{m}_k e_k^T + \hat{l}_k e_l^T. \end{aligned}$$

Por tanto, el producto $M_k^{-1} M_l^{-1}$ es de nuevo una matriz triangular inferior con unos en la diagonal del tipo (3.1), pero con ambas columnas $-\hat{m}_k$ y $-\hat{m}_l$ simultaneamente en las posiciones k y l. En otras palabras,

$$M_k^{-1} M_l^{-1} = M_k^{-1} + M_l^{-1} - I.$$

Esta forma sistemática de obtener la factorización LU, se puede observar fácilmente en el siguiente ejemplo.

Ejemplo 3.1.

$$A = \begin{pmatrix} 1 & 2 & 3 & 4 \\ 5 & 6 & 7 & 8 \\ 1 & 1 & 3 & 3 \\ 2 & 1 & 1 & 1 \end{pmatrix}$$

Paso 1. *Resolvemos el sub-problema LU con $k = 1$ y $\tilde{a}$ igual a la primera columna de A. El primer pivote es $\tilde{a}_1 = a_{1,1} = 1$. La matriz $A^{(1)}$ puede escribirse en términos de multiplicación de matrices como:*

$$A^{(1)} = \begin{pmatrix} 1 & 2 & 3 & 4 \\ 0 & -4 & -8 & -12 \\ 0 & -1 & 0 & -1 \\ 0 & -3 & -5 & -7 \end{pmatrix} = \begin{pmatrix} 1 & 0 & 0 & 0 \\ -5 & 1 & 0 & 0 \\ -1 & 0 & 1 & 0 \\ -2 & 0 & 0 & 1 \end{pmatrix} \begin{pmatrix} 1 & 2 & 3 & 4 \\ 5 & 6 & 7 & 8 \\ 1 & 1 & 3 & 3 \\ 2 & 1 & 1 & 1 \end{pmatrix} = M_1 A$$

Paso 2. *Resolvemos el sub-problema LU con $k = 2$ y $\tilde{a}$ igual a la segunda columna de $A^{(1)}$. El segundo pivote es $\tilde{a}_2 = a_{2,2}^{(1)} = -4$. La matriz $A^{(2)}$ puede escribirse en términos de multiplicación de matrices como:*

$$A^{(2)} = \begin{pmatrix} 1 & 2 & 3 & 4 \\ 0 & -4 & -8 & -12 \\ 0 & 0 & 2 & 2 \\ 0 & 0 & 1 & 2 \end{pmatrix} = \begin{pmatrix} 1 & 0 & 0 & 0 \\ 0 & 1 & 0 & 0 \\ 0 & -\frac{1}{4} & 1 & 0 \\ 0 & -\frac{3}{4} & 0 & 1 \end{pmatrix} \begin{pmatrix} 1 & 2 & 3 & 4 \\ 0 & -4 & -8 & -12 \\ 0 & -1 & 0 & -1 \\ 0 & -3 & -5 & -7 \end{pmatrix} = M_2 A^{(1)}$$

Paso 3. *Resolvemos el sub-problema LU con $k = 3$ y $\tilde{a}$ igual a la tercera columna de $A^{(2)}$. El tercer pivote es $\tilde{a}_3 = a_{3,3}^{(2)} = 2$. La matriz $A^{(3)}$ puede escribirse como:*

$$A^{(3)} = \begin{pmatrix} 1 & 2 & 3 & 4 \\ 0 & -4 & -8 & -12 \\ 0 & 0 & 2 & 2 \\ 0 & 0 & 0 & 1 \end{pmatrix} = \begin{pmatrix} 1 & 0 & 0 & 0 \\ 0 & 1 & 0 & 0 \\ 0 & 0 & 1 & 0 \\ 0 & 0 & -\frac{1}{2} & 1 \end{pmatrix} \begin{pmatrix} 1 & 2 & 3 & 4 \\ 0 & -4 & -8 & -12 \\ 0 & 0 & 2 & 2 \\ 0 & 0 & 1 & 2 \end{pmatrix} = M_3 A^{(2)}.$$

Finalmente, la matriz $A^{(3)}$ es triangular superior. Ahora llamamos $U = A^{(3)}$.

Tenemos,

$$U = A^{(3)} = M_3 A^{(2)} = M_3 M_2 A^{(1)}$$
$$= M_3 M_2 M_1 A = L^{-1} A.$$

Nótese que cada matriz M_i, $i = 1, 2, \ldots, 3$ es una matriz triangular inferior con unos en la diagonal. En consecuencia, también L es una matriz triangular inferior con unos en la diagonal (*el producto de matrices triangulares inferiores con unos en la diagonal es una matriz triangular inferior con unos en la diagonal*) [**ver Ejercicio 3.2**]. Entonces, de $U = L^{-1}A$, tenemos

$$A = LU.$$

Observe que L es también una matriz triangular inferior con unos en la diagonal (*la inversa de una matriz triangular inferior con unos en la diagonal es una matriz triangular inferior con unos en la diagonal*) [**ver Ejercicio 3.2**].

Cálculo de la matriz L

No es necesario calcular la matriz L de manera explícita como discutimos en las páginas antriores. Tomando partido de la estructura especial de las matrices elementales M_1, M_2, and M_3, en el ejemplo 3.1, se puede mostrar que es posible calcular L simplemente a partir de los multiplicadores de la siguiente manera:

$$L = \begin{pmatrix} 1 & 0 & 0 & 0 \\ m_{21} & 1 & 0 & 0 \\ m_{31} & m_{32} & 1 & 0 \\ m_{41} & m_{42} & m_{43} & 1 \end{pmatrix}.$$

Factorización LU del ejemplo 3.1

$$U = A^{(3)} = \begin{pmatrix} 1 & 2 & 3 & 4 \\ 0 & -4 & -8 & -12 \\ 0 & 0 & 2 & 2 \\ 0 & 0 & 0 & 1 \end{pmatrix} \quad \text{(triangular superior)}$$

$$L = \begin{pmatrix} 1 & 0 & 0 & 0 \\ 5 & 1 & 0 & 0 \\ 1 & \frac{1}{4} & 1 & 0 \\ 2 & \frac{3}{4} & \frac{1}{2} & 1 \end{pmatrix} \quad \text{(triangular inferior con unos en la diagonal)}$$

Existencia y unicidad de la factorización LU

Claramente, para la existencia de la factorización LU, los pivotes deben ser diferentes de cero. Incluso, la factorización LU podría no existir para matrices no singulares muy simples. Por ejemplo, $A = \begin{pmatrix} 0 & 1 \\ 1 & 0 \end{pmatrix}$ no tiene factorización LU. Aquí, el primer pivote $a_{11}^{(0)}$ es cero. Por tanto, el esquema de eliminación Gaussiana no puede llevarse a cabo.

El teorema a continuación nos da las condiciones de existencia y unicidad de la factorización LU. Antes necesitamos recordar la definición de **menores principales**.

Definición 3.6 (Menores principales). *Se define como el k-ésimo menor principal de una matriz A al determinante de la submatriz principal $k \times k$, denotada por A_k, que consiste de las primeras k filas y de las primeras k columnas de A.*

Teorema 3.4 (Existencia y unicidad de la factorización LU).

(i) *Una matriz A de $n \times n$ tiene una factorización LU si y sólo si las submatrices principales $A_k, k = 1, \ldots, n - 1$, son no singulares.*

(ii) *Si A es no singular y la factorización LU existe, entonces es única.*

Demostración. **Existencia:**   De la derivación de la factorización LU, se puede deducir que el proceso puede fallar si y sólo si alguno de los pivotes: a_{11}, o $a_{jj}^{(j-1)}$, $j = 2, \ldots, n$, es cero. Igualmente, puede probarse [**ver Ejercicio 3.4**] que

$$\det(A_k) = a_{11} a_{22}^{(1)} \ldots a_k^{(k-1)}, k = 1, \ldots, n - 1.$$

Esto significa que si los $(n - 1)$ menores principales son no singulares, entonces el proceso no falla, y siempre tendremos alguna factorización LU de A, en este caso, la factorización que mostramos anteriormente.

Unicidad: Probaremos la unicidad por reducción al absurdo. Supongamos que hay dos factorizaciones LU diferentes de A: $A = L_1 U_1 = L_2 U_2$. Entonces, mostraremos que $L_1 = L_2$ y $U_1 = U_2$ para llegar a una contradicción.

Dado que A es no singular, las matrices L_1, L_2, U_1 y U_2 son todas no singulares. Si en la igualdad $L_1 U_1 = L_2 U_2$ multiplicamos cada término a la izquierda por L_2^{-1} y a la derecha por U_1^{-1} obtenemos que $L_2^{-1} L_1 = U_2 U_1^{-1}$. Ahora $L_2 L_1^{-1}$ es una matriz triangular inferior con unos en la diagonal y $U_2 U_1^{-1}$ es una matriz triangular superior y ellas pueden ser iguales solamente si ambas son la matriz identidad. Por lo tanto, finalmente $L_1 = L_2$ y $U_1 = U_2$ lo que contradice la suposición de que las factorizaciones son diferentes.

$\square$

3.4 Factorización LU con pivoteo parcial

La factorización LU descrita anteriormente supone que todos los pivotes son distintos a cero. Si esto no se cumple el proceso falla, tal y como se desprende del Teorema 3.4. Además, no solo hay problemas cuando hay algún pivote de valor igual a cero, sino que en presencia de redondeo numérico también puede haber problemas si existen pivotes con valores cercanos a cero en magnitud. En este caso, el algoritmo puede llegar hasta el final del proceso, pero los resultados pudieran estar completamente errados.

Una solución es simplemente cambiar el orden de las filas del sistema sobre la marcha, para garantizar un pivote no cero en cada paso k del algoritmo. Sin embargo, para evitar problemas de redondeo durante el proceso una estrategia apropiada sería utilizar un pivote de magnitud tan grande como sea posible en cada paso antes de aplicar el proceso de eliminación. Este buen pivote puede ser localizado entre las entradas de una columna o entre todas las entradas de una submatriz de la matriz actual. El primer caso se denomina **pivoteo parcial**, mientras que el segundo caso es denominado **pivoteo total**. En la práctica, el pivoteo parcial ha demostrado ser suficientemente efectivo y es la opción que describiremos con detalles. Es importante notar que el propósito del pivoteo es garantizar la culminación exitosa de la factorización LU, y prevenir el crecimiento desmedido de las entradas de las submatrices reducidas por el proceso de eliminación, crecimiento que puede dañar los datos originales. Una manera de hacer esto es manteniendo multiplicadores de tamaño menores o iguales a uno en magnitud y esto es exactamente lo que logra el pivoteo.

Por lo anterior, la factorización LU con pivoteo parcial puede ser expresada en términos de multiplicaciones de matrices. Observe que el intercambio de filas es equivalente a premultiplicar la matriz por una matriz de permutación adecuada. Ilustraremos esto en el caso $n = 4$, donde denotaremos por P_i a la matriz de permutación asociada al pivoteo parcial, en el paso i de la factorización LU:

$$A^{(1)} = M_1 P_1 A$$
$$A^{(2)} = M_2 P_2 A^{(1)}$$
$$A^{(3)} = M_3 P_3 A^{(2)}.$$

Nótese que en cada paso i de la factorización, primero se aplica la permutación P_i para ubicar el elemento más grande en módulo de la columna i como pivote, y luego se aplica la matriz M_i para colocar ceros en las entradas debajo del pivote.

Dado que $A^{(3)}$ es triangular superior, llamamos $U = A^{(3)}$ y del paso 3 tenemos,

$$U = A^{(3)} = M_3 P_3 M_2 P_2 M_1 P_1 A.$$

En consecuencia,

$$\begin{aligned}
U &= M_3 P_3 M_2 P_2 M_1 P_1 A \\
&= M_3 (P_3 M_2 P_3)(P_3 P_2 M_1 P_2 P_3)(P_3 P_2 P_1) A \text{ (Note que } P_3^2 = P_2^2 = I) \\
&= M_3' M_2' M_1' P A,
\end{aligned}$$

donde

$$M_3' = M_3, \quad M_2' = P_3 M_2 P_3, \quad M_1' = P_3 P_2 M_1 P_2 P_3,$$

y

$$P = P_3 P_2 P_1.$$

Luego, llamando $L = (M_1')^{-1}(M_2')^{-1}(M_3')^{-1}$, obtenemos $LU = PA$.

En general, para una matriz de $n \times n$, las matrices P y L vienen dadas por:

$$\begin{aligned}
P &= P_{n-1} P_{n-2} \cdots P_2 P_1, \\
L &= (M_1')^{-1}(M_2')^{-1} \ldots (M_{n-1}')^{-1}.
\end{aligned}$$

La ventaja de visualizar este proceso con las matrices M_j', en lugar de las matrices M_j, $j = 1, \ldots, n-1$, es que cada M_j' es igual en estructura a M_j salvo que tiene las entradas subdiagonales permutadas de acuerdo a las permutaciones que luego continúan durante el proceso desde $j+1$ hasta $n-1$; y es gracias a esto que se logra la igualdad conveniente y compacta $LU = PA$.

En particular, vale destacar que:

- Cada M_i' es una matriz triangular inferior con unos en la diagonal, por ende L es una matriz triangular inferior con unos en la diagonal.

- P es el producto de $(n-1)$ matrices de permutación, por lo que es, igualmente, una matriz de permutación.

Factorización LU de A con pivoteo parcial

Supongamos que la aplicación de la factorización LU con pivoteo parcial a una matriz A, $n \times n$, nos da matrices de permutación de P_1 hasta P_{n-1} y las matrices elementales de M_1 hasta M_{n-1}. Entonces, la siguiente factorización de A tiene lugar:

$$PA = LU$$

donde
P es una matriz de permutación dada por $P = P_{n-1}P_{n-2}\cdots P_2 P_1$.

L es una matriz triangular inferior dada por

$$L = (M_1')^{-1}(M_2')^{-1}\ldots(M_{n-1}')^{-1},$$

donde las M_i' fueron definidas anteriormente.

U es una matriz triangular superior dada por $U = A^{(n-1)}$.

Ejemplo 3.2. *Sea* $A = \begin{pmatrix} 2 & 2 & 3 \\ 4 & 5 & 6 \\ 1 & 2 & 4 \end{pmatrix}$.

Paso 1.

Paso 1.1: Permutación.

$$\begin{pmatrix} 4 & 5 & 6 \\ 2 & 2 & 3 \\ 1 & 2 & 4 \end{pmatrix} = \begin{pmatrix} 0 & 1 & 0 \\ 1 & 0 & 0 \\ 0 & 0 & 1 \end{pmatrix} \begin{pmatrix} 2 & 2 & 3 \\ 4 & 5 & 6 \\ 1 & 2 & 4 \end{pmatrix} = P_1 A$$

Paso 1.2: Se multiplica la primera fila de la permutación de A por $-\dfrac{1}{2}$ y $-\dfrac{1}{4}$ y sumamos esta a las filas segunda y tercera, respectivamente, para obtener $A^{(1)}$.

$$A^{(1)} = \begin{pmatrix} 4 & 5 & 6 \\ 0 & -\frac{1}{2} & 0 \\ 0 & \boxed{\frac{3}{4}} & \frac{5}{2} \end{pmatrix} = \begin{pmatrix} 1 & 0 & 0 \\ -\frac{1}{2} & 1 & 0 \\ -\frac{1}{4} & 0 & 1 \end{pmatrix} \begin{pmatrix} 4 & 5 & 6 \\ 2 & 2 & 3 \\ 1 & 2 & 4 \end{pmatrix} = M_1 P_1 A$$

Paso 2.

Paso 2.1: Permutación

$$\begin{pmatrix} 4 & 5 & 6 \\ 0 & \frac{3}{4} & \frac{5}{2} \\ 0 & -\frac{1}{2} & 0 \end{pmatrix} = \begin{pmatrix} 1 & 0 & 0 \\ 0 & 0 & 1 \\ 0 & 1 & 0 \end{pmatrix} \begin{pmatrix} 4 & 5 & 6 \\ 0 & -\frac{1}{2} & 0 \\ 0 & \frac{3}{4} & \frac{5}{2} \end{pmatrix} = P_2 A^{(1)}$$

Paso 2.2 Multiplique la segunda fila de la permutación $A^{(1)}$ por $\dfrac{2}{3}$ y súmela a la tercera fila para obtener $A^{(2)}$.

$$A^{(2)} = \begin{pmatrix} 4 & 5 & 6 \\ 0 & \frac{3}{4} & \frac{5}{2} \\ 0 & 0 & \frac{5}{3} \end{pmatrix} = \begin{pmatrix} 1 & 0 & 0 \\ 0 & 1 & 0 \\ 0 & \frac{2}{3} & 1 \end{pmatrix} \begin{pmatrix} 4 & 5 & 6 \\ 0 & \frac{3}{4} & \frac{5}{2} \\ 0 & -\frac{1}{2} & 0 \end{pmatrix}$$
$$= M_2 P_2 A^{(1)} = M_2 P_2 M_1 P_1 A.$$

Factorización $PA = LU$

$$P = P_2 P_1 = \begin{pmatrix} 0 & 1 & 0 \\ 0 & 0 & 1 \\ 1 & 0 & 0 \end{pmatrix}.$$

$$L = (M_1')^{-1} (M_2')^{-1} = \begin{pmatrix} 1 & 0 & 0 \\ \frac{1}{4} & 1 & 0 \\ \frac{1}{2} & -\frac{2}{3} & 1 \end{pmatrix}, \quad U = A^{(2)} = \begin{pmatrix} 4 & 5 & 6 \\ 0 & \frac{3}{4} & \frac{5}{2} \\ 0 & 0 & \frac{5}{3} \end{pmatrix}.$$

Algoritmo 3.5 (Factorización LU con pivoteo parcial).

Entradas: *Una matriz A de $n \times n$.*

Salidas: *Una matriz triangular superior U almacenada en la parte triangular de A, un arreglo r_k con los índices de la permutación y los multiplicadores m_{ik}.*

Para $k = 1, 2, \ldots, n - 1$ hacer

- **Búsqueda de la fila pivote**.

  Buscar r_k tal que $|a_{r_k,k}| = \max_{k \leq i \leq n} |a_{ik}|$. Almacenar r_k. Si $a_{r_k,k} = 0$, entonces detener.

- **Intercambio de las filas r_k y k.**

  $a_{kj} \leftrightarrow a_{r_k j}$ $(j = k, \ k+1, \ldots, n)$.

- **Cálculo de los multiplicadores y su almacenamiento**.

  $$a_{ik} \equiv m_{ik} = -\frac{a_{ik}}{a_{kk}} \ (i = k+1, \ldots, n)$$

- **Actualización de las entradas de A.**

  $$a_{ij} \equiv a_{ij} + m_{ik} a_{kj} = a_{ij} + a_{ik} a_{kj} \quad (i = k+1, \ldots, n; \ j = k+1, \ldots, n).$$

Fin

Observación computacional: No es necesario ni es eficiente realizar físicamente, en la memoria del computador, el intercambio de filas exigidos por el proceso de pivoteo. Para ser más eficientes, basta con definir un arreglo de índices que represente el intercambio de filas de la permutación. Al ocurrir un intercambio de una fila por otra, los valores de los índices correspondientes a la permutación se intercambian en el arreglo. De esa manera, en la k-ésima entrada del arreglo estará siempre almacenado el valor de r_k. Vale destacar que el Algoritmo 3.5 regresa de forma explícita la matiz U en las entradas del triangulo superior de A, pero no regresa las matrices L y P de manera explícita. Sin embargo, esas matrices pueden ser construidas fácilmente, si es necesario, a partir de los multiplicadores o de los arreglo de los índices de la permutación respectivamente.

Conteo de operaciones del algoritmo (Eficiencia)

El algoritmo 3.5 requiere aproximadamente $\frac{2n^3}{3}$ flops y $O(n^2)$ comparaciones. Observe que la búsqueda del pivote en el paso k requiere $(n - k)$ comparaciones, y el trabajo en los pasos siguientes se describe a continuación:

Paso 1: $(k = 1)$ Se calculan $(n - 1)$ multiplicadores y se actualizan $(n - 1)^2$ entradas de A. Cada multiplicador requiere un flop y actualizar cada entrada requiere 2 flops. Por lo tanto, el paso 1 requiere $2(n - 1)^2 + (n - 1)$ flops.

Paso 2: $(k = 2)$ Se calculan $(n - 2)$ multiplicadores y se actualizan $(n - 2)^2$ entradas, lo cual requiere $2(n - 2)^2 + (n - 2)$ flops.

En general, **El paso k** requiere $2(n - k)^2 + (n - k)$ flops. Por lo tanto, para los $(n - 1)$ pasos, se tienen

$$\text{Operaciones totales} = \sum_{k=1}^{n-1} 2(n - k)^2 + \sum_{k=1}^{n-1}(n - k)$$

$$= 2\frac{n(n - 1)(2n - 1)}{6} + \frac{n(n - 1)}{2} \simeq \left[\frac{2n^3}{3} + O(n^2)\right].$$

En este conteo de operaciones se usan dos resultados clásicos que se establecen por inducción:

- $1^2 + 2^2 + \cdots + r^2 = \frac{r(r+1)(2r+1)}{6}$

- $1 + 2 + \cdots + r = \frac{r(r+1)}{2}$

Presentamos ahora un ejemplo para ilustrar los detalles del Algoritmo 3.5.

Ejemplo 3.3. *Sea*

$$A = \begin{pmatrix} 1 & 2 & 4 \\ 4 & 5 & 6 \\ 7 & 8 & 9 \end{pmatrix}.$$

$k = 1.$

1. **La entrada pivote es** 7: $r_1 = 3$.

2. **Intercambiar filas 3 y 1**:

$$A \equiv \begin{pmatrix} 7 & 8 & 9 \\ 4 & 5 & 6 \\ 1 & 2 & 4 \end{pmatrix}.$$

3. **Formación de los multiplicadores:**

$$a_{21} \equiv m_{21} = \frac{4}{7}, \quad a_{31} \equiv m_{31} = \frac{1}{7}.$$

4. **Actualización:**

$$A = \begin{pmatrix} 7 & 8 & 9 \\ 0 & \frac{3}{7} & \frac{6}{7} \\ 0 & \boxed{\frac{6}{7}} & \frac{19}{7} \end{pmatrix}.$$

k = 2.

1. **La entrada pivote es** $\frac{6}{7}$: $r_2 = 3$.

2. **Intercambiar filas 2 y 3:**

$$A \equiv \begin{pmatrix} 7 & 8 & 9 \\ 0 & \frac{6}{7} & \frac{19}{7} \\ 0 & \frac{3}{7} & \frac{6}{7} \end{pmatrix}.$$

3. **Formar el multiplicador:**

$$m_{32} = \frac{1}{2}.$$

4. **Actualización:**

$$A \equiv U = \begin{pmatrix} 7 & 8 & 9 \\ 0 & \frac{6}{7} & \frac{19}{7} \\ 0 & 0 & -\frac{1}{2} \end{pmatrix}.$$

Construir L y P:

$$P = \begin{pmatrix} 0 & 0 & 1 \\ 1 & 0 & 0 \\ 0 & 1 & 0 \end{pmatrix}, \quad L = \begin{pmatrix} 1 & 0 & 0 \\ m_{31} & 1 & 0 \\ m_{21} & m_{32} & 1 \end{pmatrix} = \begin{pmatrix} 1 & 0 & 0 \\ \frac{1}{7} & 1 & 0 \\ \frac{4}{7} & \frac{1}{2} & 1 \end{pmatrix}.$$

La función de Octave $[L, U, P] = \mathsf{lu}(A)$ calcula la factorización LU de A con pivoteo parcial.

Estabilidad de la factorización LU

La estabilidad de la factorización LU está relacionada con el crecimiento de los elementos de las matrices intermedias $A^{(k)}$; ver [21, 50, 95]. Observe que aunque el pivoteo mantiene a los multiplicadores acotados por la unidad, los elementos en las matrices $A^{(k)}$ pueden seguir creciendo.

Definición 3.7 (Factor de crecimiento). *El* **factor de crecimiento** ρ *es el radio entre el mayor elemento (en magnitud) de* $A, A^{(1)}, \ldots, A^{(n-1)}$ *y el mayor elemento (en magnitud) de* A: $\rho = \dfrac{\max(\alpha, \alpha_1, \alpha_2, \ldots, \alpha_{n-1})}{\alpha}$, *donde* $\alpha = \max_{i,j} |a_{ij}|$, *y* $\alpha_k = \max_{i,j} |a_{ij}^{(k)}|$.

Ejemplo 3.4. *Ilustremos el factor de crecimento con el Ejemplo 3.3*

$$\alpha \qquad = \max_j |a_{ij}| \qquad = 9$$

$$\alpha_1 \qquad = \max_j |a_{ij}^{(1)}| \qquad = 9$$

$$\alpha_2 \qquad = \max_j |a_{ij}^{(2)}| \qquad = 9$$

$$\rho = \frac{\max(\alpha,\ \alpha_1,\ \alpha_2)}{\alpha} \quad = \frac{\max(9,\ 9,\ 9)}{9} = \frac{9}{9} = 1$$

El factor de crecimiento ρ puede ser arbitrariamente grande para la factorización LU sin pivoteo. Observe que ρ para la matriz $A = \begin{pmatrix} 0.0001 & 1 \\ 1 & 1 \end{pmatrix}$ sin pivoteo es 10^4.

Por ende, la factorización LU sin pivoteo es, en general, inestable. Sin embargo, existen algunos tipos de matrices para los cuales la factorización LU sin pivoteo es estable. Por ejemplo, como veremos más adelante, el factor de crecimiento para las **Matrices diagonal dominantes** se puede acotar por 2, y el factor de crecimiento para las **Matrices simétricas y definidas positivas** se puede acotar por 1.

La pregunta que sigue es: ¿Qué tan grande puede ser el factor de crecimiento en la factorización LU con pivoteo parcial para matrices en general?. Para responder esta pregunta consideremos un elemento genérico (i, j) en el paso k de actualización de las entradas de $A^{(k)}$ del Algoritmo 3.5, y recordemos que los multiplicadores son todos menores o iguales a 1:

$$|a_{ij}^{(k)}| = |a_{ij}^{(k-1)} + m_{ik}^{(k-1)} a_{kj}^{(k-1)}| \leq |a_{ij}^{(k-1)}| + |a_{kj}^{(k-1)}| \leq 2 \max_{i,j} |a_{ij}^{(k-1)}|.$$

Es decir, en el peor de los casos, el factor de crecimiento se duplica en cada paso del algoritmo. Por ejemplo, es fácil verificar que si se aplica la factorización LU con pivoteo parcial a la matriz A, donde $a_{i,i} = 1$, y $a_{i,n} = 1$ para todo $i = 1 \ldots, n$, y además $a_{i,j} = -1$ para todo $j < i$ (triángulo inferior), se alcanza el factor de crecimiento $\rho = 2^{n-1}$ [**ver Ejercicio 3.7**].

Factor de crecimiento de la factorización LU con pivoteo parcial

El factor de crecimiento ρ para la factorización LU con pivoteo parcial puede ser tan grande como 2^{n-1}.

Aunque es posible construir matrices con este factor de crecimiento, tales matrices son raras en la práctica; ver [91, pp. 166-170]. En lugar de eso, en muchos ejemplos prácticos, los elementos de las matrices $A^{(k)}$ frecuentemente disminuyen en tamaño. Por tanto, la factorización LU con pivoteo parcial, no es incondicionalmente estable en teoría, pero, sin embargo, en la práctica, se considera un algoritmo estable.

Solución de $Ax = b$ usando la factorización LU

Una vez que se tiene la factorización LU a la mano, tal y como se discutió al inicio de este capítulo, es posible usar inmediatamente esta factorización para resolver el sistema lineal: $Ax = b$. Si $PA = LU$, entonces la solucion del sistema $Ax = b$ se obtiene resolviendo,

$$\begin{cases} Ly = Pb = b' & \text{(triangular inferior)} \\ Ux = y & \text{(triangular superior)} \end{cases} \tag{3.2}$$

Conteo de flops para resolver $Ax = b$ usando la factorización LU con pivoteo parcial

- Proceso de triangularización: $\dfrac{2}{3}n^3$.

- Solución de los dos sistemas triangulares: $2n^2$ (Cada sistema requiere n^2 flops).

Total de operaciones de punto flotante: $\dfrac{2}{3}n^3 + 2n^2$. Además, $O(n^2)$ **comparaciones** son requeridas para identificar el pivote.

Ejemplo 3.5. *Resolver $Ax = b$ usando pivoteo parcial:*

$$A = \begin{pmatrix} 1 & 2 & 4 \\ 4 & 5 & 6 \\ 7 & 8 & 9 \end{pmatrix} \qquad b = \begin{pmatrix} 7 \\ 15 \\ 24 \end{pmatrix}.$$

Paso 1. *Factorización $PA = LU$:*

Usando los resultados de 3.3, tenemos

$$L = \begin{pmatrix} 1 & 0 & 0 \\ \frac{1}{7} & 1 & 0 \\ \frac{4}{7} & \frac{1}{2} & 1 \end{pmatrix}, \quad U = \begin{pmatrix} 7 & 8 & 9 \\ 0 & \frac{6}{7} & \frac{19}{7} \\ 0 & 0 & -\frac{1}{2} \end{pmatrix}, \quad P = \begin{pmatrix} 0 & 0 & 1 \\ 1 & 0 & 0 \\ 0 & 1 & 0 \end{pmatrix}$$

Paso 2.

2.1 Resolución de $Ly = Pb = b' \Rightarrow y = \begin{pmatrix} 24 \\ 3.5 \\ -0.5 \end{pmatrix}$.

2.2 Resolución de $Ux = y \Rightarrow x = \begin{pmatrix} 1 \\ 1 \\ 1 \end{pmatrix}$.

Estabilidad de la factorización LU en la resolución de $Ax = b$:

Teorema 3.6 (Teorema de estabilidad; ver [91]). *Si $\hat{x}$ es la solución calculada de $Ax = b$ por medio de la factorización LU con pivoteo parcial, entonces $\hat{x}$ satisface exactamente el sistema perturbado:*

$$(A + E)\hat{x} = b$$

donde la matriz error E es tal que

$$\|E\|_\infty \le 3\rho n^3 \mu \|A\|_\infty,$$

donde

$$\rho:\ \textit{Factor de Crecimiento,}$$
$$\mu:\ \textit{Precisión o épsilon de la máquina.}$$

La cantidad $3n^3$ frecuentemente sobreestima grandemente el verdadero error $\|E\|_\infty$. Los experimentos han mostrado (Puede hacer sus propios experimentos usando Octave) que $\|E\|_\infty$ es usualmente del orden $O(\mu)\|A\|_\infty$.

Más aún, el factor de crecimiento ρ no es muy grande en la mayoría de los casos prácticos, por lo que concluimos que la factorización LU con pivoteo parcial es estable en retroceso en la mayoría de los problemas prácticos; ver [91, pp. 166-170].

3.5 Factorización LU para sistemas especiales

Existen sistemas de ecuaciones lineales que ameritan un tratamiento especial por sus características. Dichas características pueden ser aprovechadas para crear algoritmos mucho más eficientes para su resolución. Estos tipos de sistemas lineales aparecen en muchas de las aplicaciones prácticas. Algunos de estos problemas son los siguientes:

- **Sistemas simétricos y definidos positivos**.

- **Sistemas diagonal dominantes**.

- **Sistemas tridiagonales**.

Sistemas simétricos y definidos positivos

Definición 3.8 (Matriz definida positiva). *Una matriz simétrica A se dice definida positiva si para todo vector distinto de cero x, $x^T A x > 0$.*

La función $x^T A x = \displaystyle\sum_{i,j=1}^{n} a_{ij} x_i x_j$ es llamada la **forma cuadrática** asociada con A. Las matrices semidefinidas positivas se definen de manera similar,

Definición 3.9 (Matriz semidefinida positiva). *Una matriz simétrica A se dice semidefinida positiva si para todo vector x, $x^T A x \geq 0$.*

Una notación que se utiliza frecuentemente para las matrices definidas positivas (semidefinidas positivas) es $A > 0$ (≥ 0).

Algunas propiedades de las matrices definidas positivas

(i) Una matriz simétrica A es definida positiva si y solo si todos sus autovalores son reales y positivos.

(ii) Si $A = (a_{ij})$ es simétrica definida positiva, $a_{ii} > 0$ para todo i.

(iii) Una matriz simétrica A es definida positiva si y solo si todos sus menores principales son positivos.

(iv) Si $A = (a_{ij})$ es simétrica y definida positiva, entonces el elemento más grande en módulo en toda la matriz se encuentra en la diagonal.

(v) La suma de dos matrices simétricas y definidas positivas es una matriz simétrica y definida positiva.

(vi) La suma de todas las entradas (sin módulos) de una matriz simétrica y definida positiva es un número positivo.

Observación: Las propiedades (ii), (iv) y (vi) ofrecen sólo condiciones necesarias para que una matriz sea simétrica definida positiva. Ellas pueden servir como prueba inicial para descartar matrices que no son definidas positivas. Por ejemplo, las matrices

$$A = \begin{pmatrix} 4 & 1 & 1 & 1 \\ 1 & -1 & 1 & 2 \\ 1 & 1 & 2 & 3 \\ 1 & 2 & 3 & 4 \end{pmatrix}, \qquad B = \begin{pmatrix} 20 & 12 & 25 \\ 12 & 15 & 2 \\ 25 & 2 & 5 \end{pmatrix}, \qquad C = \begin{pmatrix} 2 & -1 & -1 \\ -1 & 2 & -1 \\ -1 & -1 & 1 \end{pmatrix}$$

no pueden ser definidas positivas, dado que en la matriz A hay una entrada negativa en la diagonal, en B el elemento de mayor magnitud 25 no está en la diagonal, y en C la suma de las entradas es un número negativo.

La factorización de Cholesky

Las matrices simétricas y definidas positivas pueden ser factorizadas de la forma

$$A = LL^T,$$

en donde L es una matriz triangular inferior llamada el factor de Cholesky [2].

La existencia de la factorización de Cholesky para una matriz simétrica definida positiva A puede ser obtenida a partir de la factorización LU de A, [**ver Ejercicio 3.11**] o calculando la matriz L directamente de la relación $A = LL^T$.

No discutiremos aquí la técnica de encontrar la factorización de Cholesky a través de la descomposición LU porque es mucho más sencillo hacerla a través de la relación $A = LL^T$, sin embargo queremos hacer la observación de que la factorización LU es estable para matrices definidas positivas [50].

---

[2]En honor al ingeniero y militar francés André-Louis Cholesky (1875–1918) quién descubrió esta importante factorización aproximadamente en 1905; ver [11]

El Algoritmo de la factorización de Cholesky

Mostraremos ahora como se puede calcular la factorización de Cholesky directamente a partir de la relación $A = LL^T$, con $n = 3$. El caso general, para cualquier n, es análogo:

$$A = \begin{pmatrix} a_{11} & a_{12} & a_{13} \\ a_{21} & a_{22} & a_{23} \\ a_{31} & a_{32} & a_{33} \end{pmatrix} = \begin{pmatrix} l_{11} & 0 & 0 \\ l_{21} & l_{22} & 0 \\ l_{31} & l_{32} & l_{33} \end{pmatrix} \begin{pmatrix} l_{11} & l_{21} & l_{31} \\ 0 & l_{22} & l_{32} \\ 0 & 0 & l_{33} \end{pmatrix} = LL^T.$$

El cálculo de los valores de los elementos de L puede hacerse por columnas, por filas, e incluso por bloques de manera recursiva. Como ejemplo, vamos a ir deduciendo esos valores por cada columna.

1. **Cálculo de la primera columna de L:** Comparemos las entradas de la primera fila de A a ambos lados de la igualdad.

$$a_{11} = l_{11}^2 \quad \Rightarrow \quad l_{11} = \sqrt{a_{11}}$$

$$a_{12} = l_{11}l_{21} \quad \Rightarrow \quad l_{21} = \frac{a_{12}}{l_{11}}$$

$$a_{13} = l_{11}l_{31} \quad \Rightarrow \quad l_{31} = \frac{a_{13}}{l_{11}}.$$

2. **Cálculo de la segunda columna de L:** Comparemos las segunda y tercera entradas de la segunda fila de A a ambos lados de la igualdad.

$$a_{22} = l_{21}^2 + l_{22}^2 \quad \Rightarrow \quad l_{22} = \sqrt{a_{22} - l_{21}^2}$$

$$a_{23} = l_{21}l_{31} + l_{22}l_{32} \quad \Rightarrow \quad l_{32} = \frac{a_{23} - l_{21}l_{31}}{l_{22}}$$

3. **Cálculo de la tercera columna de L:** Comparemos la tercera entrada de la tercera fila de A a ambos lados de la igualdad.

$$a_{33} = l_{31}^2 + l_{32}^2 + l_{33}^2 \Rightarrow l_{33} = \sqrt{a_{33} - l_{31}^2 - l_{32}^2}.$$

En general, se van calculando de manera recursiva los elementos desde la primera hasta la última columna de L, comparando las entradas de las filas respectivas a ambos lados de la igualdad $A = LL^T$.

Esto dá lugar al siguiente algoritmo, conocido como **Factorización de Cholesky**

Algoritmo 3.7 (Factorización de Cholesky).
Entrada: *Una matriz A de $n \times n$ simétrica y definida positiva.*
Salida: *El* **Factor de Cholesky** L, *almacenado en la parte triangular de A,*
(incluida la diagonal)

Para $k = 1, 2, \ldots, n$ *hacer*
$$a_{kk} \equiv l_{kk} = \sqrt{a_{kk} - \sum_{j=1}^{k-1} l_{kj}^2}$$
Para $i = k+1, \ldots, n$
$$a_{ik} \equiv l_{ik} = \tfrac{1}{l_{kk}} \left(a_{ki} - \sum_{j=1}^{k-1} l_{ij} l_{kj} \right)$$
  Fin
 Fin

---

1. La matriz L es calculada columna por columna en este algoritmo. Como dijimos anteriormente, es posible desarrollar versiones por filas o por bloques del algoritmo de Cholesky.

2. En el algoritmo anterior, $\displaystyle\sum_{j=1}^{0}(\ ) \equiv 0$.

3. Se puede establecer por inducción que si A es una matriz simétrica definida positiva, todas las raíces cuadradas que se calculan en el algoritmo 3.7 son de números positivos [**ver Ejercicio 3.12**].

4. Una de las formas mas efectivas computacionalmente de verificar si una matriz dada es definida positiva es usar la factorización de Cholesky y ver si el algoritmo termina satisfactoriamente.

Estabilidad. El algoritmo de Factorización de Cholesky (3.7) es estable, en el sentido de que calcula la factorización de Cholesky de una matriz muy cercana a A; ver [21, 50, 91].

El comando de Octave $R = chol(A)$ calcula el factor de Cholesky R tal que $A = R^T R$, en donde R es triangular superior.

Una vez que se dispone de la factorización de Cholesky $A = LL^T$, el sistema lineal definido positivo $Ax = b$ puede ahora ser resuelto haciendo resolución de dos sistemas triangulares: $Ly = b$, primero, y luego $L^T x = y$, para obtener la solución. Esto es similar a lo que se hace con la factorización LU para resolver los sistemas lineales.

Ejemplo 3.6. *Vamos a resolver el sistema de ecuaciones lineales $Ax = b$, con*

$$A = \begin{pmatrix} 1 & 1 & 1 \\ 1 & 5 & 5 \\ 1 & 5 & 14 \end{pmatrix}, \qquad b = \begin{pmatrix} 3 \\ 11 \\ 20 \end{pmatrix}.$$

A es simétrica y definida positiva.

A. Factorización de Cholesky:

Primera columna: (k = 1)

$$l_{11} = 1.$$

$$l_{21} = \frac{a_{12}}{l_{11}} = 1, \quad l_{31} = \frac{a_{13}}{l_{11}} = \frac{1}{1} = 1.$$

(Dado que las entradas diagonales de L tienen que ser positivas, elegimos como $+$ el signo para l_{11}).

Segunda columna: (k=2)

$$l_{22} = \sqrt{a_{22} - l_{21}^2} = 2, \quad l_{32} = \frac{a_{23} - l_{21}l_{31}}{l_{22}} = 2.$$

Tercera columna: (k=3)

$$l_{33} = \sqrt{a_{33} - l_{31}^2 - l_{32}^2} = 3.$$

Por lo tanto, $L = \begin{pmatrix} 1 & 0 & 0 \\ 1 & 2 & 0 \\ 1 & 2 & 3 \end{pmatrix}$

B. Solución del sistema lineal $Ax = b$

- *Solución de $Ly = b \Rightarrow y = (3, 4, 3)^T$.*

- *Solución de $L^T x = y \Rightarrow x = (1, 1, 1)^T$.*

Conteo de operaciones.

1. El algoritmo de Cholesky requiere $\frac{n^3}{3} + O(n^2)$ flops para calcular L, lo cual representa aproximadamente la mitad de las operaciones punto flotantes requeridas para calcular la factorización $A = LU$ de la misma matriz. Además se requiere el cálculo de n raíces cuadradas.

2. La resolución de cada sistema triangular $Ly = b$ y $L^T x = y$ requiere $O(n^2)$ flops. Por lo tanto, la solución de un sistema lineal simétrico y definido positivo $Ax = b$ mediante el algoritmo de Cholesky requiere $\left(\frac{n^3}{3} + 2n^2 \right)$ flops y n raíces cuadradas, por lo que este algoritmo es bastante eficiente.

Estabilidad. Si $\hat{x}$ es la solución de $Ax = b$ calculada mediante el algoritmo de Cholesky, entonces, puede mostrarse que $\hat{x}$ satisface

$$(A + E)\hat{x} = b$$

donde $\|E\|_2 \leq c\mu\|A\|_2$, y c es una pequeña constante que depende de n. Esto hace que el algoritmo de Cholesky sea estable; ver [21, 50, 91].

Sistemas diagonal dominantes

Definición 3.10 (Matriz diagonal dominante). *Una matriz $A = (a_{ij})$ es* **diagonal dominante o diagonal dominante por filas** *si para $i = 1, \ldots, n$ se cumple*

$$|a_{ii}| \geq \sum_{j=1, j \neq i}^{n} |a_{ij}|.$$

De manera análoga, podemos decir que una matriz $A = (a_{ij})$ es **diagonal dominante por columnas** *si para $j = 1, \ldots, n$ se cumple*

$$|a_{ii}| \geq \sum_{i=1, i \neq j}^{n} |a_{ij}|.$$

Si la desigualdad es estricta $(>)$ podemos decir que la matriz es **estrictamente diagonal dominante** *o* **estrictamente diagonal dominante por columnas** *respectivamente.*

Las matrices diagonal dominantes, por filas y por columnas poseen propiedades atractivas tanto para los métodos directos, como para los métodos iterativos como veremos posteriormente. Por ejemplo, una matriz diagonal dominante por columnas posee la propiedad de no requerir intercambios de filas durante el proceso de factorización LU. El elemento de mayor módulo (pivote) siempre estará en la diagonal [**ver Ejercicio 3.13**]. Ilustraremos esto en un ejercicio pequeño con una matriz A de 3×3 matrix.

Sea

$$A = \begin{pmatrix} a_{11} & a_{12} & a_{13} \\ a_{21} & a_{22} & a_{23} \\ a_{31} & a_{32} & a_{33} \end{pmatrix}.$$

una matriz diagonal dominante por columnas. Entonces a_{11} puede ser tomada como el pivote en el primer paso, no hace falta hacer intercambio de filas porque es el elemento de mayor magnitud. Al final del primer paso tenemos

$$A^{(1)} = \begin{pmatrix} a_{11} & a_{12} & a_{13} \\ 0 & a_{22}^{(1)} & a_{23}^{(1)} \\ 0 & a_{32}^{(1)} & a_{33}^{(1)} \end{pmatrix}.$$

Mostraremos a continuación que

$$|a_{22}^{(1)}| \geq |a_{32}^{(1)}|$$

de tal manera que $a_{22}^{(1)}$ será el pivote en el próximo paso. Observe que

$$a_{32}^{(1)} = a_{32} - a_{12}\frac{a_{31}}{a_{11}} \tag{3.3}$$

Por la diagonal dominancia por columnas, tenemos

$$|a_{11}| \geq |a_{21}| + |a_{31}| \tag{3.4}$$

Usando(3.4) en (3.3), tenemos

$$|a_{32}^{(1)}| \leq |a_{32}| + \left|\frac{a_{12}}{a_{11}}\right|(|a_{11}| - |a_{21}|)$$

$$= |a_{32}| + |a_{12}| - \left|\frac{a_{12}}{a_{11}}\right||a_{21}|$$

$$\leq |a_{22}| - \left|\frac{a_{12}}{a_{11}}\right||a_{21}|,$$

donde por la dominancia por columnas de la segunda columna de A, se deduce que $|a_{22}| \geq |a_{12}| + |a_{32}|$. Luego,

$$\left| a_{32}^{(1)} \right| \leq \left| a_{22} - \frac{a_{12}}{a_{11}} \cdot a_{21} \right| = \left| a_{22}^{(1)} \right|.$$

Factor de crecimiento de la factorización LU para sistemas diagonal dominantes

- Para una matriz diagonal dominante por columnas, la factorización LU con pivoteo parcial es idéntica que la factorización LU sin pivoteo.

- De la definición de factor de crecimiento ρ, se deduce fácilmente que en el caso de una matriz diagonal dominante por columnas está acotado por 2; esto es $\rho \leq 2$.

  Esto significa que para una matriz diagonal dominante por columnas, la factorización LU es estable.

Ejemplo 3.7. *Sea* $A = \begin{pmatrix} 5 & -8 \\ 1 & 10 \end{pmatrix}$. *Entonces* $A^{(1)} = \begin{pmatrix} 5 & -8 \\ 0 & \frac{58}{5} \end{pmatrix}$.

El factor de crecimiento $\rho = \dfrac{\max(10, \frac{58}{5})}{10} = \dfrac{\frac{58}{5}}{10} = 1.16$.

Sistemas tridiagonales

La factorización LU de una matriz triadiagonal A, cuando existe, da lugar a matrices L y U con una estructura muy especial y simple que permite reducir el trabajo computacional; cuando la matriz A es tridiagonal, las matrices L y U son matrices bidiagonales, L continúa teniendo su diagonal principal con elementos iguales a 1, y las entradas por encima de la diagonal principal de U son las mismas de las de A. Esto podemos escribirlo como,

$$A = \begin{pmatrix} a_1 & b_1 & \cdots & 0 \\ c_2 & \ddots & \ddots & \vdots \\ \vdots & \ddots & \ddots & b_{n-1} \\ 0 & \cdots & c_n & a_n \end{pmatrix} = \begin{pmatrix} 1 & & & 0 \\ \ell_2 & \ddots & & \\ & \ddots & \ddots & \\ 0 & & \ell_n & 1 \end{pmatrix} \begin{pmatrix} u_1 & b_1 & & 0 \\ & \ddots & \ddots & \\ & & \ddots & b_{n-1} \\ 0 & & & u_n \end{pmatrix} = LU.$$

Escribiendo las relaciones que surgen de la multiplicación de L y U y comparando con A elemento a elemento tenemos las siguientes ecEl vectruaciones que nos permitirán deducir las entradas de los factores L y U, en efecto, $\{\ell_i\}$ y $\{u_i\}$ pueden ser calculadas a partir de,

$$a_1 = u_1; \quad c_i = \ell_i u_{i-1}, \quad i = 2, \ldots, n; \quad a_i = u_i + \ell_i b_{i-1}, \quad i = 2, \ldots, n,$$

Algoritmo 3.8 (Factorización LU de una matriz tridiagonal).
Entrada: *Un vector a de dimensión n, y vectores b y c de dimensión $n - 1$.*
Salida: *Un vector u de dimensión n, y un vector ℓ de dimensión $n - 1$.*
Hacer $u_1 = a_1$
Para $i = 2, \ldots, n$ hacer
$\ell_i = c_i / u_{i-1}$
$u_i = a_i - \ell_i b_{i-1}$
Fin

Los términos $a_i, b_i, c_i, \ell_i, u_i$ forman a las matrices A, L, U respectivamente como se muestra arriba.

Conteo de operaciones. El procedimiento anterior sólo necesita $3(n-1)$ flops. Para la resolución de un sistema tridiagonal $Ax = b$ hace falta:

- **Paso 1:** Encontrar la factorización de $A = LU$

- **Paso 2:** Resolver dos sistemas bidiagonales:

$$Ly = b \quad \text{(Bidiagonal inferior)}$$
$$Ux = y \quad \text{(Bidiagonal superior)}$$

El costo de la resolución de los sistemas bidiagonales es de $4(n-1)$ **flops**, por lo tanto un sistema tridiagonal puede ser resuelto con solamente $7(n-1)$ **flops**, lo cual indica que es un procedimiento bastante barato en términos de operaciones de punto flotante.

Estabilidad. Para sistemas tridiagonales en general, la factorización LU con pivoteo parcial debería ser usada para mantener la estabilidad. El factor de crecimiento de la factorización LU con pivoteo parcial para sistemas tridiagonales está acotado por 2, es decir $\rho \leq 2$, por lo tanto, este proceso en matrices tridiagonales es estable. Sin embargo, al recurrir al pivoteo parcial se pierden las relaciones que establecimos antes que nos permitían calcular fácilmente los factores L y U, y en consecuencia el conteo de operaciones es ligeramente mayor, aunque sigue siendo de orden n.

Ejemplo 3.8.   (a) Triangularización

$$A = \begin{pmatrix} 0.9 & 0.1 & 0 \\ 0.8 & 0.5 & 0.1 \\ 0 & 0.1 & 0.5 \end{pmatrix},$$

usando (i) la fórmula $A = LU$ sin pivoteo y (ii) LU con pivoteo parcial.
(i) De $A = LU$

$$u_1 = 0.9$$

i=2:

$$\ell_2 = \frac{c_2}{u_1} = \frac{0.8}{0.9} = \frac{8}{9} = 0.8889; \quad u_2 = a_2 - \ell_2 b_1 = 0.5 - \frac{8}{9} \times 0.1 = 0.4111$$

i=3:

$$\ell_3 = \frac{c_3}{u_2} = \frac{0.1}{0.41} = 0.2432; \quad u_3 = a_3 - \ell_3 b_2 = 0.5 - 0.24 \times 0.1 = 0.4757$$

$$\text{Entonces, } L = \begin{pmatrix} 1 & 0 & 0 \\ 0.8889 & 1 & 0 \\ 0 & 0.2432 & 1 \end{pmatrix}, \quad U = \begin{pmatrix} 0.9 & 0.1 & 0 \\ 0 & 0.4111 & 0.1 \\ 0 & 0 & 0.4757 \end{pmatrix}$$

(ii) Usando factorización LU con pivoteo parcial

Paso 1. Multiplicador $m_{21} = \dfrac{0.8}{0.9} = 0.89$; $A^{(1)} = \begin{pmatrix} 0.9 & 0.1 & 0 \\ 0 & 0.4111 & 0.1 \\ 0 & 0.1 & 0.5 \end{pmatrix}$.

Paso 2. Multiplicador $m_{32} = \dfrac{0.1}{0.41} = 0.243$,

$$A^{(2)} = \begin{pmatrix} 0.9 & 0.1 & 0 \\ 0 & 0.4111 & 0.1 \\ 0 & 0 & 0.4757 \end{pmatrix} = U$$

$$L = \begin{pmatrix} 1 & 0 & 0 \\ m_{21} & 1 & 0 \\ 0 & m_{32} & 1 \end{pmatrix} = \begin{pmatrix} 1 & 0 & 0 \\ 0.8889 & 1 & 0 \\ 0 & 0.2432 & 1 \end{pmatrix}.$$

(b) Resolución del sistema tridiagonal $Ax = b$ donde A es dado en la parte
(a) y $b = (1 \quad 1.4 \quad 0.6)^T$.
Paso 1. L y U son calculados según la parte (a).
Paso 2.

(a) Resolver $Ly = b$:

$$y = (1 \quad 0.5111 \quad 0.4757)^T.$$

(b) Resolver $Ux = y$:

$$x = (1 \quad 1 \quad 1)^T.$$

3.6 Factorización QR para matrices cuadradas

Una de las técnicas mas conocidas para factorizar A, como producto de matrices cuyos sistemas son fáciles de resolver, consiste en multiplicar por la izquierda a la matriz A por una secuencia de matrices ortogonales que van logrando ceros de forma sistemática debajo de la diagonal, hasta que la matriz A se transforme en una matriz triangular superior. Existen diversas formas o algoritmos para producir esas matrices ortogonales, y por cualquiera de ellos, el producto de estas matrices ortogonales, es a su vez una matriz ortogonal. Al final se logra factorizar

$$A = QR,$$

donde Q es una matriz ortogonal, y R es triagular superior. Una ventaja importante de esta factorización es que, a diferencia de la factorización LU, la factorización QR siempre existe. Otra ventaja de la factorización QR es que las matrices ortogonales no alteran el tamaño de los vectores en norma Euclidea, es decir que para todo vector x, $\|Qx\|_2 = \|x\|_2$, y esto trae como consecuencia la estabilidad de los algoritmos a estudiar.

Las formas mas conocidas para calcular la factorización QR son:

- Los reflectores de Householder

- Las rotaciones de Givens

- El proceso de ortogonalización de Gram-Schmidt (clásico y modificado).

Describiremos con detalle el método basado en los reflectores de Householder[3], sin duda el más popular, y el más efectivo para resolver sistemas generales de ecuaciones lineales mediante la factorización QR. Para una descripción de los otros métodos se recomienda la siguiente lista de libros [21, 26, 40, 44, 88, 91, 93].

Reflectores de Householder

Consideremos primero el plano $\mathbb{R}^2$, donde se ilustra bien la idea de los reflectores de Householder. Sea γv, $\gamma \in \mathbb{R}$, $v \in \mathbb{R}^2$ y $v \neq 0$, una recta que pasa por el $(0,0)^T$. Y sea $u \in \mathbb{R}^2$, $\|u\|_2 = 1$, un vector ortogonal a v, es decir tal que

---

[3]En honor a Alston Householder, influyente analista numérico (1904-1993), nacido en Illinois, Estados Unidos, quien desarrolló la idea de los reflectores ortogonales.

$u^T v = 0$. Como u y v forman una base en $\mathbb{R}^2$, para todo $x \in \mathbb{R}^2$, existen α y β tal que

$$x = \alpha u + \beta v.$$

Figura 3.1: Reflector de Householder en el plano

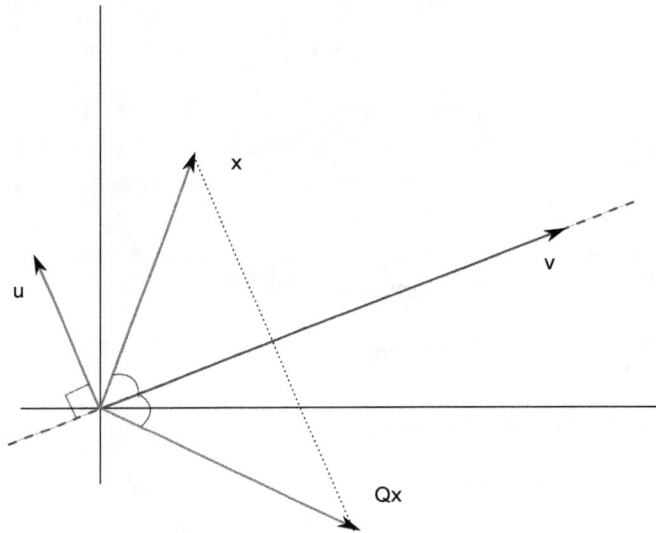

El problema consiste en encontrar una matriz Q tal que Qx sea "el reflejo" de x con respecto a la recta ("el espejo") γv, de donde surge el término reflector; ver Figura 3.1. Claramente $Qx = -\alpha u + \beta v$, y por tanto basta con lograr que $Qu = -u$ y $Qv = v$. Esto se logra definiendo

$$Q = I - 2uu^T.$$

En efecto, usando que $u^T u = 1$, tenemos que $Qu = u - 2u = -u$; y como $u^T v = 0$ se obtiene que $Qv = v - 0 = v$. Ahora bien, si el vector u no es de norma unitaria, basta con normalizarlo y usar, $u/\|u\|_2$. Finalmente, vale destacar que la matriz Q así definida se generaliza de forma directa si en lugar de $n = 2$, trabajamos en el espacio vectorial general $\mathbb{R}^n$.

Definición 3.11. *Toda matriz de la forma*

$$H = I - \frac{2uu^T}{u^T u}, \tag{3.5}$$

donde $u \neq 0$ es un vector en $\mathbb{R}^n$, se llama **Reflector de Householder**.

Vale mencionar que en la mayoría de las aplicaciones H no se necesita de forma explícita, y basta con guardar el vector u.

Ejemplo 3.9. *Si consideramos el vector $u = [1, 2, 3]^T$, obtenemos el siguiente reflector de Householder $H = I - \frac{2uu^T}{u^T u}$:*

$$H = \begin{pmatrix} 1 & 0 & 0 \\ 0 & 1 & 0 \\ 0 & 0 & 1 \end{pmatrix} - \frac{2}{14} \begin{pmatrix} 1 & 2 & 3 \\ 2 & 4 & 6 \\ 3 & 6 & 9 \end{pmatrix}$$

$$= \begin{pmatrix} \frac{6}{7} & -\frac{2}{7} & -\frac{3}{7} \\ -\frac{2}{7} & \frac{3}{7} & -\frac{6}{7} \\ -\frac{3}{7} & -\frac{6}{7} & -\frac{2}{7} \end{pmatrix}.$$

Todo reflector de Householder H es **simétrico** y **ortogonal**. En otras palabras, todo reflector de Householder es su propia inversa: $H^{-1} = H^T = H$. Para establecer esto, denotemos $\beta = \frac{2}{u^T u}$. Por tanto, $H = I - \frac{2uu^T}{u^T u} = I - \beta uu^T$.

- **Simetría:** $H^T = (I - \beta uu^T)^T = I^T - \beta(uu^T)^T = I - \beta uu^T = H$.

- **Ortogonalidad:** $H^T H = H^2 = (I - \beta uu^T)^2 = I - 2\beta uu^T + \beta^2 u(u^T u)u^T = I - 2\beta uu^T + \beta^2 \cdot \frac{2}{\beta} uu^T = I - 2\beta uu^T + 2\beta uu^T = I$. (Nótese que $u^T u = \frac{2}{\beta}$).

Una propiedad clave de los reflectores de Householder, que justifica su uso para factorizar matrices, viene dada por el siguiente teorema.

Teorema 3.9. *Sean $x, y \in \mathbb{R}^n$, $x \neq y$, y $\|x\|_2 = \|y\|_2$, entonces existe un único reflector de Householder H tal que $Hx = y$.*

Demostración. Tomemos $u = (x - y)$, y consideremos el reflector de Householder

$$H = I - \frac{2(x - y)(x - y)^T}{(x - y)^T(x - y)}.$$

El vector Hx se escribe

$$Hx = x - \frac{2(x-y)^T x}{(x-y)^T(x-y)}(x-y) = w_1 x + w_2 y,$$

donde,

$$w_1 = 1 - \frac{2(x^T x - y^T x)}{(x-y)^T(x-y)} = \frac{(x-y)^T(x-y) + 2y^T x - 2x^T x}{(x-y)^T(x-y)},$$

y

$$w_2 = \frac{2x^T x - 2y^T x}{(x-y)^T(x-y)}.$$

Ahora bien, recordando que por hipótesis $x^T x = y^T y$, obtenemos que $w_1 = 0$, y $w_2 = 1$, y se cumple que $Hx = y$.

Para la unicidad basta observar que para cualquier reflector de Householder $\widehat{H} = I - (2/u^T u)(uu^T)$ tal que $\widehat{H}x = y$, debe cumplirse que el vector u es un escalamiento del vector $(x-y)$. Como el término $(2/u^T u)(uu^T)$ es libre de escalamientos en u, la matrix resultante $\widehat{H}$ es siempre la misma.   □

Factorización QR usando reflectores de Householder

Una de las técnicas mas eficientes para factorizar $A \in \mathbb{R}^{n \times n}$, como producto de una matriz ortogonal y una matriz triangular, consiste en multiplicar por la izquierda a la matriz A por una secuencia de reflectores de Householder que van logrando ceros de forma sistemática debajo de la diagonal, hasta que la matriz A se transforme en una matriz triangular superior.

Para presentar y analizar con cuidado los detalles de la factorización QR mediante reflectores de Householder, es importante primero considerar el siguiente sub-problema y su solución, los cuales serán aplicados de forma sistemática a las columnas de A.

Sub-problema clave de la factorización QR (Sub-problema QR): Dado un índice $1 \leq k \leq n-1$, y un vector z de dimension n, encontrar un reflector de Householder H tal que:

(1) $(Hx)_i = x_i$ para todo $i \in \{1, 2, \ldots, k-1\}$, y para todo vector $x \in \mathbb{R}^n$. Es decir, que no altere las primeras $k-1$ entradas de cualquier vector x.

(2) $(Hz)_i = 0$ para $i = k+1, \ldots, n$. Es decir, que anule las entradas de z desde $k+1$ hasta n.

Para encontrar la matriz $H = I - \beta u u^T$, solución al sub-problema QR, donde $\beta = 2/(u^T u)$, basta encontrar el vector u. Para ello, vamos a forzar las dos exigencias planteadas en el sub-problema:

(1) $(Hx)_i = x_i - \beta(u^T x)u_i = x_i$ para todo $i \in \{1, 2, \ldots, k-1\}$ y para todo x implica que

$$u_i = 0 \text{ para todo } i \in \{1, 2, \ldots, k-1\}. \tag{3.6}$$

(2) Forzar $(Hz)_i = z_i - \beta(u^T z)u_i = 0$ para todo $i \in \{k+1, \ldots, n\}$ suponiendo que $\beta(u^T z) = 1$, implica que

$$u_i = z_i \text{ para todo } i \in \{k+1, \ldots, n\}. \tag{3.7}$$

Sólo falta definir la posición u_k, y para ello forzamos $\beta(u^T z) = 1$, que a su vez implica que $2u^T z = u^T u$, lo cual surgió como una suposición conveniente al forzar la exigencia (2). Usando $2u^T z = u^T u$, y tomando en cuenta (3.6), obtenemos

$$2\left(u_k z_k + \sum_{i=k+1}^{n} u_i z_i\right) = u_k^2 + \sum_{i=k+1}^{n} u_i^2,$$

que usando (3.7) se escribe como:

$$u_k^2 - 2u_k z_k + \sum_{i=k+1}^{n} z_i^2 = 0.$$

Al resolver esta cuadrática en la variable u_k, obtenemos dos posibles soluciones:

$$u_k = z_k \pm \sqrt{\sum_{i=k}^{n} z_i^2}.$$

Para evitar posibles cancelaciones catastróficas, conviene usar entonces en la solución al sub-problema QR:

$$u_k = z_k + signo(z_k)\sqrt{\sum_{i=k}^{n} z_i^2}.$$

En conclusión, dado un índice k, y un vector z la solución al sub-problema QR produce el vector u dado por:

$$u = (0, \ldots, 0, u_k, z_{k+1}, \ldots, z_n)^T,$$

donde $u_k = z_k + signo(z_k)\sqrt{\sum_{i=k}^{n} z_i^2}$. Luego, $H = I - (2/u^T u)(u u^T)$.

La idea esquemática de la factorización QR de una matriz $A \in \mathbb{R}^{n \times n}$, con reflectores de Householder, consiste en resolver el sub-problema QR $(n-1$ veces) sistemáticamente generando matrices H_k, una vez por cada columna de A, donde z es la columna en turno, y k es el índice de la columna, y así obtendremos:

$$H_{n-1} \cdots H_2 H_1 A = R$$

donde R es triangular superior. De forma equivalente:

$$A = QR$$

donde

$$Q = H_1 H_2 \cdots H_{n-1}$$

es ortogonal. Nótese que el Teorema 3.9 garantiza la existencia de esas matrices H_k ortogonales que no cambian el tamaño de las columnas de A. En forma esquemática, el proceso se describe así:

- Asignar $A^{(0)} \equiv A$.

- En el paso i, construir el reflector de Householder H_i tal que $A^{(i)} = H_i A^{(i-1)}$ tenga ceros debajo de la diagonal en la i-ésima columna.

- La matriz $A^{(n-1)}$ es triangular superior.

El proceso se ilustra en forma diagramática a continuación.

Paso 1: $A \xrightarrow{H_1} H_1 A = \begin{pmatrix} \times & \times & \cdots & \times \\ 0 & \times & & \times \\ \vdots & \vdots & \ddots & \times \\ 0 & \times & \cdots & \times \end{pmatrix} = A^{(1)}$

Paso 2: $A^{(1)} \xrightarrow{H_2} H_2 A^{(1)} = H_2 H_1 A = \begin{pmatrix} \times & \times & \cdots & \cdots & \times \\ 0 & \times & \cdots & \cdots & \times \\ \vdots & 0 & \times & \cdots & \times \\ \vdots & \vdots & & \ddots & \vdots \\ 0 & 0 & \cdots & \times & \times \end{pmatrix} = A^{(2)}.$

$\vdots$

Paso final: $A^{(n-2)} \xrightarrow{H_{n-1}} H_{n-1} A^{(n-2)} = H_{n-1} \ldots H_1 A = \begin{pmatrix} \times & \times & \cdots & \times \\ 0 & \ddots & & \times \\ \vdots & & \ddots & \vdots \\ 0 & 0 & \cdots & \times \end{pmatrix} =$

$A^{(n-1)} = R.$

Construcción de Q: Asignar $Q = H_1 H_2 \ldots H_{n-1}$, y luego obtenemos

$$Q^T A = R.$$

Cada una de las H_i, $i = 1, \ldots, n-1$ es ortogonal, y por tanto la matriz Q es ortogonal. Nótese que el producto de matrices ortogonales es ortogonal. Así, premultiplicando $Q^T A = R$ por Q obtenemos $A = QR$.

Ejemplo 3.10. $A = \begin{pmatrix} 0 & 1 & 1 \\ 1 & 2 & 3 \\ 1 & 2 & 2 \end{pmatrix}$

Paso 1. *Calcular H_1 resolviendo el sub-problema QR con $k = 1$ y z como la primera columna de A:*

$$u_1 = \begin{pmatrix} \sqrt{2} \\ 1 \\ 1 \end{pmatrix}$$

$$H_1 = I - \frac{2 u_1 u_1^T}{u_1^T u_1} = \begin{pmatrix} 0 & -\frac{1}{\sqrt{2}} & -\frac{1}{\sqrt{2}} \\ -\frac{1}{\sqrt{2}} & \frac{1}{2} & -\frac{1}{2} \\ -\frac{1}{\sqrt{2}} & -\frac{1}{2} & \frac{1}{2} \end{pmatrix}.$$

Calcular

$$A^{(1)} = H_1 A = \begin{pmatrix} -\sqrt{2} & -2\sqrt{2} & -\frac{5}{\sqrt{2}} \\ 0 & -\frac{1}{\sqrt{2}} & \frac{1-\sqrt{2}}{2} \\ 0 & -\frac{1}{\sqrt{2}} & \frac{-1-\sqrt{2}}{2} \end{pmatrix}.$$

Paso 2. *Calcular H_2 resolviendo el sub-problema QR con $k = 2$ y z como la segunda columna de $A^{(1)}$:*

$$u_2 = \begin{pmatrix} 0 \\ -1 - \frac{1}{\sqrt{2}} \\ -\frac{1}{\sqrt{2}} \end{pmatrix} = \begin{pmatrix} 0 \\ -1.7071 \\ -0.7071 \end{pmatrix}$$

$$H_2 = I - \frac{2 u_2 u_2^T}{u_2^T u_2} = \begin{pmatrix} 1 & 0 & 0 \\ 0 & -0.7071 & -0.7071 \\ 0 & -0.7071 & 0.7071 \end{pmatrix}.$$

Calcular

$$A^{(2)} = H_2 A^{(1)} = \begin{pmatrix} -1.4142 & -2.8284 & -3.5355 \\ 0 & 1 & 1 \\ 0 & 0 & -0.7071 \end{pmatrix} = R.$$

Construcción de Q:

$$Q = H_1 H_2 = \begin{pmatrix} 0 & 1 & 0 \\ -0.7071 & 0 & -0.7071 \\ -0.7071 & 0 & 0.7071 \end{pmatrix}.$$

Conteo de operaciones. La factorización QR de una matrix $n \times n$, usando los reflectores de Householder, requiere $\frac{4}{3}n^3 + O(n^2)$ flops para obtener la matriz R. Si se necesita calcular la matriz $\hat{Q}$ de forma explícita, se requieren $\frac{4}{3}n^3$ flops adicionales. Si además se desea resolver el sistema lineal $Ax = b$, usando esta factorización, se calcula primero el vector $Q^T b$, y luego se resuelve el sistema triangular $Rx = Q^T b$. Ambos cálculos adicionales requieren $O(n^2)$ flops.

Estabilidad. Si $\widehat{Q}$ y $\widehat{R}$ son los factores obtenidos al aplicar el algoritmo de factorización QR de una matrix A, usando los reflectores de Householder, entonces puede mostrarse que

$$\widehat{Q}\widehat{R} = A + E,$$

donde $\|E\|_2 \le \mu \|A\|_2$. Esto hace que el algoritmo sea estable; ver [21, 50, 91].

El comando de Octave $[Q, R] = qr(A)$ calcula La factorización QR de una matrix $n \times n$, usando los reflectores de Householder.

3.7   Refinamiento Iterativo

Supongamos que la solución calculada $\hat{x}$, por algún método de factorización del sistema $Ax = b$, no es aceptable. Es natural preguntarse si $\hat{x}$ puede ser refinada a bajo costo haciendo uso de la factorización de la matriz A disponible a la mano. El proceso conocido como **refinamiento iterativo** puede ser usado para mejorar iterativamente $\hat{x}$ hasta obtener la precisión deseada.

Este proceso se basa en una simple idea. Sea $\hat{x}$ la solución actual calculada del sistema $Ax = b$. Si $\hat{x}$ fuese la solución exacta, entonces $r = b - A\hat{x}$ debería ser cero. Pero en la práctica generalmente no sucede así. Si ahora resolvemos el sistema de nuevo, pero con el residual calculado $r(\neq 0)$ en el lado derecho, esto es,

$$Ac = r,$$

donde la solución de este sistema toma ventaja de la factorización ya obtenida de la matriz A.

Sea c la solución exacta de este sistema, entonces $y = \widehat{x} + c$ es la solución exacta de $Ax = b$, porque

$$Ay = A(\widehat{x} + c) = A\widehat{x} + Ac = b - r + r = b.$$

Por supuesto, debido a errores de cálculo c no pudiera ser la solución exacta del sistema $Ac = r$, sin embargo, por lo anterior y debería ser una mejor aproximación que $\widehat{x}$. Es posible continuar este proceso hasta que se alcance la precisión deseada.

Algoritmo 3.10 (Refinamiento Iterativo).
Entradas: $A \in \mathbb{R}^{n \times n}$, $b \in \mathbb{R}^n$, *aproximación inicial* $\widehat{x}$, *y tolerancia* $\epsilon > 0$.
Salida: *Una solución refinada.*
Asignar $x^{(0)} = \widehat{x}$.
Para $k = 0, 1, 2, \ldots$ *hacer*

- *Calcular el vector residual:* $r^{(k)} = b - Ax^{(k)}$.

- *Calcular el vector de corrección* $c^{(k)}$ *resolviendo el sistema* $Ac^{(k)} = r^{(k)}$, *usando la misma factorización de* A *usada para obtener* $\widehat{x}$.

- *Actualización de la solución:* $x^{(k+1)} = x^{(k)} + c^{(k)}$.

- *Test de convergencia: Si* $\dfrac{\|x^{(k+1)} - x^{(k)}\|_2}{\|x^{(k)}\|_2} < \epsilon$, *detener.*

Fin.

El proceso de refinamiento iterativo se puede ver como el clásico método de Newton, desde el iterado inicial $\widehat{x}$, para encontrar un cero de la función $F(x) = Ax - b$ [**ver Ejercicio 3.17**]. Para una revisión extensa de todas las ocasiones en que el método de Newton ha sido redescubierto, se recomienda [65].

Si se usa aritmética de doble precisión para calcular los residuales, entonces el refinamiento iterativo usando factorización LU con pivoteo parcial termina produciendo una solución muy precisa. La velocidad de convergencia depende del número de condición de la matriz A; [50, Capítulo 12]. Más aún, Skeel [87] establece que si se usa de manera combinada con la factorización LU con pivoteo parcial, una sola iteración del refinamiento iterativo (Algoritmo 3.10) transforma al proceso en un algoritmo teóricamente estable.

Ejemplo 3.11.

$$A = \begin{pmatrix} 1 & 1 & 0 \\ 0 & 2 & 1 \\ 0 & 0 & 3 \end{pmatrix}, \qquad b = \begin{pmatrix} 0.0001 \\ 0.0001 \\ -1.666 \end{pmatrix}.$$

La solución exacta es: $x = \begin{pmatrix} -0.2777 \\ 0.2778 \\ -0.5555 \end{pmatrix}$ *(correcta hasta la cuarta cifra).*

$$x^{(0)} = \begin{pmatrix} 1 \\ 1 \\ 1 \end{pmatrix}.$$

k=0:

$$r^{(0)} = b - Ax^{(0)} = \begin{pmatrix} -1.9999 \\ -2.9999 \\ -4.6666 \end{pmatrix}.$$

La solución de $Ac^{(0)} = r^{(0)}$: $\quad c^{(0)} = \begin{pmatrix} -1.2777 \\ -0.7222 \\ -1.5555 \end{pmatrix}$

$$x^{(1)} = x^{(0)} + c^{(0)} = \begin{pmatrix} -0.2777 \\ 0.2778 \\ -0.5555 \end{pmatrix}.$$

Observe que $\text{Cond}(A) = 3.8078$, *es decir,* A *está bien condicionada.*

Conteo de operaciones. El proceso no es muy costoso si se dispone de una factorización de la matriz A. En este caso, cada iteración requiere solamente $O(n^2)$ flops.

3.8 Cálculo de inversas

Asociado al problema de resolver sistemas lineales $Ax = b$, está el problema poco frecuente de calcular la inversa de la matriz A. En esta sección veremos como estas pueden ser calculadas mediante las factorizaciones discutidas arriba: LU, Cholesky, y QR.

La inversa de una matriz A raramente necesita ser calculada explícitamente. La mayoría de los problemas que necesitan inversas pueden ser reformulados en términos de solución de sistemas lineales. Por ejemplo, el cálculo de:

- $A^{-1}b$ (**inversa por un vector**) es equivalente a resolver el sistema $Ax = b$.

- $A^{-1}B$ (**inversa por una matriz**) es equivalente a resolver los sistemas $Ac_i = b_i$, $i = 1, \ldots, m$, si $B = (b_1, b_2, \ldots, b_m)$.

- $b^T A^{-1} c$ (**vector por inversa por vector**) es equivalente a resolver el sistema $Ax = c$ seguida del cálculo de $b^T x$.

Sin embargo, en algunos problemas no lineales, especialmente cuando las variables son matrices, es inevitable el cálculo de inversas; ver [51]. Como veremos en esta sección, el cálculo de A^{-1} es mucho más costoso que resolver sistemas lineales $Ax = b$. Por lo tanto, todos los problemas mencionados arriba pueden resolverse formulando estos en términos de sistemas lineales en vez de resolver estos utilizando la inversión de matrices. El cálculo explícito de la inversa debería ser evitado mientras sea posible.

La fórmula de Sherman-Morrison

En algunas aplicaciones, una vez que la inversa de la matriz A es calculada, es necesario calcular la inversa de otra matriz B la cual difiere de A solamente en una perturbación de rango 1. Es natural preguntarse si la inversa de B puede calcularse a partir de la inversa de A que ya se tiene. La fórmula de Sherman-Morrison muestra como hacer esto.

Teorema 3.11 (La fórmula de Sherman-Morrison). *Si u y v son dos vectores de n componentes y A es una matriz no singular de $n \times n$, entonces,*

$$(A - uv^T)^{-1} = A^{-1} + \alpha(A^{-1}uv^T A^{-1}),$$

donde

$$\alpha = \frac{1}{(1 - v^T A^{-1} u)}, \ \text{si } v^T A^{-1} u \neq 1.$$

Ejemplo 3.12. *Dadas*

$$A = \begin{pmatrix} 1 & 1 & 1 \\ 2 & 4 & 5 \\ 6 & 7 & 8 \end{pmatrix}, \; y \; A^{-1} = \begin{pmatrix} -3 & -1 & 1 \\ 14 & 2 & -3 \\ -10 & -1 & 2 \end{pmatrix}$$

encontrar $(A - uv^T)^{-1}$, *donde* $u = v = (1, 0, 0)^T$.

$$\alpha = \frac{1}{1 - v^T A^{-1} u} = \frac{1}{4}.$$

Entonces,

$$(A - uv^T)^{-1} = A^{-1} + \alpha A^{-1} uv^T A^{-1} = \begin{pmatrix} -\frac{3}{4} & -\frac{1}{4} & \frac{1}{4} \\ \frac{7}{2} & -\frac{3}{2} & \frac{1}{2} \\ -\frac{5}{2} & \frac{3}{2} & -\frac{1}{2} \end{pmatrix}.$$

Cálculo de la inversa de una matriz A en general

Calcular la inversa A^{-1} es equivalente a encontrar una matriz X de $n \times n$ tal que

$$AX = I,$$

donde I es la matriz identidad de $n \times n$.

Sean $X = (x_1, \ldots, x_n)$, e $I = (e_1, e_2, \ldots, e_n)$ escritas por columnas. Entonces $AX = I$ es equivalente a resolver los sistemas lineales:

$$Ax_i = e_i, \quad i = 1, \ldots, n$$

Una observación interesante es que todos esos sistemas tienen la misma matriz A. Por lo tanto, para resolver esos sistemas podemos utilizar la factorización $A = LU$, $PA = LU$, $A = LL^T$, o $A = QR$, dependiendo de las características de A, y luego resolvemos n veces los sistemas fáciles de resolver, una vez por cada columna.

3.9   Métodos iterativos

Una gran variedad de problemas importantes requieren la solución de sistemas lineales de ecuaciones $Ax = b$, con un gran número de variables. Por ejemplo, en la discretización de ecuaciones diferenciales parciales con dominios tridimensionales, el número de variables puede fácilmente ser del orden de millones. Para resolver estos sistemas de gran tamaño, los métodos directos hasta ahora estudiados no son prácticos, ya que el almacenamiento y el trabajo computacional ($O(n^3)$) requeridos resultan excesivos. En efecto, aún cuando la mayoría de las matrices asociadas a estos problemas grandes son **ralas (sparse)**, es decir, son matrices con pocos elementos no ceros, y una gran cantidad de entradas iguales a cero, el proceso de factorización destruye esa característica, y al final se puede transformar en una matriz densa con una gran cantidad de elementos no ceros, y de esa forma el proceso de insertar ceros sistemáticamente en las columnas, para triangularizar, exige una excesiva cantidad de operaciones punto flotante.

Para estos problemas de gran tamaño es altamente recomendable usar los **métodos iterativos** que, a partir de un iterado inicial $x^{(1)}$, generan una sucesión $\{x^{(k)}\}$ de aproximaciones que convergen a la solución x del sistema. El denominador común de los métodos iterativos es que no alteran la matriz A, sólo requieren el almacenamiento de unos pocos vectores adicionales de dimensión n, y el costo computacional más significativo es el producto de la matriz A con algunos vectores dados. Como la matriz A es usualmente rala, estos productos matriz-vector se obtienen en $O(n)$ flops. Otra característica importante de los métodos iterativos es que, a diferencia de los métodos directos, permiten detener prematuramente el proceso de convergencia tan pronto como una cierta precisión preestablecida se haya obtenido.

Los métodos iterativos para resolver $Ax = b$ se dividen en métodos estacionarios y en métodos no estacionarios. Los métodos estacionarios poseen un valor esencialmente histórico, aunque algunos de ellos se usan actualmente como esquemas de aceleración de la convergencia (precondicionadores) de los métodos no estacionarios. Por esta razón, nos concentraremos primero en los métodos estacionarios clásicos: **Jacobi**[4], **Gauss-Seidel**, y **SOR** (por sus siglas en inglés: Successive Over-Relaxation) que se usan para tal fin; y discutiremos brevemente sus propiedades más resaltantes de convergencia. Luego analizaremos los métodos no estacionarios, de mucho mayor uso práctico, para el caso especial en que A es simétrica y definida positiva: el método de **Cauchy** (mínimo descenso) y algunas de sus variantes, y el método de **gradientes conjugados**.

El método de gradientes conjugados (GC), y en especial su versión acelerada (precondicionada), es el más popular y el más efectivo para el caso especial en que A es simétrica y definida positiva. Existen extensiones del método GC, para el caso indefinido y también para el caso no-simétrico. Sin embargo, el

---

[4]En honor a Carl Gustav Jakob Jacobi (1804-1851), prolífico matemático alemán.

desarrollo de esas ideas escapa a los objetivos de este libro. Para estudiar las extensiones del método GC al caso general se recomiendan los libros de Brezinski [10], Greenbaum [41], Ke Chen [17], Saad [83], y Trefethen y Bau [91].

3.9.1   Métodos estacionarios

La idea básica de los métodos estacionarios es escribir el sistema $Ax = b$ de forma equivalente:

$$x = Bx + d, \tag{3.8}$$

donde la matriz B posea ciertas propiedades que discutiremos más adelante, y que se asocian a la convergencia del método. En efecto, comenzando con una aproximación inicial $x^{(0)}$ del vector solución x, se genera de forma iterativa una sucesión de aproximaciones $\{x^{(k)}\}$, definidas por:

$$x^{(k+1)} = Bx^{(k)} + d, \ k = 0, 1, \ldots \tag{3.9}$$

esperando que bajo ciertas hipótesis suaves, la sucesión $\{x^{(k)}\}$ tienda a x cuando $k \to \infty$. Nótese que la matriz B permanece constante durante todas las iteraciones, dando lugar al nombre de métodos estacionarios.

Claramente, necesitamos detallar como se logra escribir el sistema $Ax = b$ en la forma dada en (3.8), y además necesitamos estudiar que tipo de hipótesis garantizan la convergencia de las iteraciones $\{x^{(k)}\}$ a la solución, desde cualquier iterado inicial. Para diferentes escogencias de la matriz B y del vector d obtenemos distintos métodos estacionarios. Nos enfocaremos en los tres métodos estacionarios más conocidos: **Jacobi**, **Gauss-Seidel**, y **SOR**. Los cálculos que permiten obtener $x^{(k+1)}$ a partir de $x^{(k)}$, para cada uno de estas tres escogencias en (3.9), se muestran a continuación. Sea $x^{(k)} = (x_1^{(k)}, \ldots, x_n^{(k)})^T$.

- **Iteración de Jacobi:** $x_i^{(k+1)} = \dfrac{1}{a_{ii}} \left(b_i - \displaystyle\sum_{\substack{j=1 \\ i \neq j}}^{n} a_{ij} x_j^{(k)} \right), \ i = 1, 2, \ldots$

$$\tag{3.10}$$

Versión matricial de la iteración de Jacobi: Escribir $A = D + L + U$, donde $D = \mathrm{diag}(a_{11}, \ldots, a_{nn})$ (Diagonal de A),

$$L = \begin{pmatrix} 0 & 0 & \cdots & 0 \\ a_{21} & 0 & \cdots & 0 \\ \vdots & \ddots & \ddots & \vdots \\ a_{n1} & \cdots & a_{n,n-1} & 0 \end{pmatrix}, \quad \text{(Triangular inferior estricta)} \tag{3.11}$$

y

$$U = \begin{pmatrix} 0 & a_{12} & \dots & a_{1n} \\ \vdots & \ddots & \ddots & \vdots \\ 0 & \dots & 0 & a_{n-1,n} \\ 0 & 0 & \dots & 0 \end{pmatrix} \qquad \text{(Triangular superior estricta)} \qquad (3.12)$$

Definamos $B_J = -D^{-1}(L + U)$, $d_J = D^{-1}b$. Entonces la iteración de Jacobi (3.10) se escribe como

$$x^{(k+1)} = B_J x^{(k)} + d_J.$$

• **Iteración de Gauss-Seidel (GS):**

$$x_i^{(k+1)} = \frac{1}{a_{ii}} \left(b_i - \sum_{j=1}^{i-1} a_{ij} x_j^{(k+1)} - \sum_{j=1+1}^{n} a_{ij} x_j^{(k)} \right), i = 1, 2, \dots \qquad (3.13)$$

La idea es usar cada componente nueva, apenas este disponible, en el cálculo de la próxima componente. Nótese que estas componentes nuevas no se aprovechan en el método de Jacobi[5].

Versión matricial de la iteración de GS: Definamos $B_{GS} = -(D + L)^{-1}U$, y $d_{GS} = (D + L)^{-1}b$. Entonces

$$x^{(k+1)} = B_{GS} x^{(k)} + d_{GS}.$$

• **Iteración de SOR:**

$$x_i^{(k+1)} = \frac{\omega}{a_{ii}} \left(b_i - \sum_{j=1}^{i-1} a_{ij} x_j^{(k+1)} - \sum_{j=i+1}^{n} a_{ij} x_j^{(k)} \right) + (1 - \omega)x_i^k, \ i = 1, 2, \dots$$

$$(3.14)$$

Versión matricial de la iteración de SOR: Definamos $d_{SOR} = \omega(D + \omega L)^{-1}b$ y $B_{SOR} = (D + \omega L)^{-1}[(1 - \omega)D - \omega U]$. Entonces la iteración SOR se escribe como

$$x^{(k+1)} = B_{SOR} x^{(k)} + d_{SOR}.$$

Observaciones.

(i) Si $\omega = 1$, entonces el método SOR coincide con el método GS.

---

[5]Philipp Ludwig von Seidel (1821-1896) fue estudiante de Jacobi, y colaboró mucho tiempo con él. No existe ninguna evidencia de que el método de Gauss-Seidel tenga alguna relación con Carl Friedrich Gauss.

(ii) Si $\omega > 1$, entonces al calcular la iteración $(k+1)$, se le dá más peso a las componentes más recientes que cuando $\omega < 1$, con la intención de acelerar la convergencia. El parámetro ω se conoce como el **factor de relajación**.

Existen diversos criterios de paradas asociados a las iteraciones del tipo (3.9); ver [50, pp. 335-337]. Sea $\epsilon > 0$ la tolerancia aceptada. El criterio comunmente usado es:

$$\text{Norma del residual relativo:} \quad \frac{\|b - Ax^{(k)}\|}{\|b\|} \leq \epsilon.$$

Análisis de convergencia de los métodos estacionarios

Para analizar el comportamiento de los métodos estacionarios sería conveniente tener condiciones (necesarias y/o suficientes) que garanticen la convergencia de las iteraciones (3.9) a la solución, desde cualquier iterado inicial $x^{(0)}$. El próximo teorema establece resultados de este tipo, donde el **radio espectral** de B, $\rho(B)$, juega un papel clave. Recordemos que $\rho(B) = \max\{|\lambda_i|,\ i = 1,\ldots,n\}$, donde $\lambda_1,\ldots,\lambda_n$ son los autovalores de B. La demostración de este resultado clásico se puede conseguir en diversos libros dedicados esencialmente a los métodos estacionarios; ver por ejemplo, [5, 90, 92, 97].

> **Teorema 3.12.** *Una condición necesaria y suficiente para la convergencia de las iteraciones (3.9) a x, solución de $Ax = b$, desde cualquier iterado inicial $x^{(0)}$, es que $\rho(B) < 1$. Una condición suficiente es que $\|B\| < 1$, para alguna norma inducida o subordinada de matrices.*

Primero aplicaremos el Teorema 3.12 para identificar clases de matrices para las cuales se garantiza la convergencia del método de Jacobi y/o de Gauss-Seidel, desde cualquier iterado inicial $x^{(0)}$.

> **Corolario 3.13.** *Si A es estrictamente diagonal dominante por filas, entonces el método de Jacobi converge a x, solución de $Ax = b$, desde cualquier iterado inicial $x^{(0)}$.*

Demostración. Como $A = (a_{ij})$ es estrictamente diagonal dominante por filas, se cumple que

$$|a_{ii}| > \sum_{\substack{j=1 \\ i \neq j}}^{n} |a_{ij}|, \quad i = 1, 2, \cdots, n. \tag{3.15}$$

La matriz de iteración de Jacobi B_J se puede escribir como

$$
B_J = \begin{pmatrix}
0 & -\dfrac{a_{12}}{a_{11}} & \cdots & \cdots & -\dfrac{a_{1n}}{a_{11}} \\
-\dfrac{a_{21}}{a_{22}} & 0 & -\dfrac{a_{23}}{a_{22}} & \cdots & -\dfrac{a_{2n}}{a_{22}} \\
\vdots & \ddots & \ddots & \ddots & \vdots \\
\vdots & & \ddots & \ddots & -\dfrac{a_{n-1,n}}{a_{n-1,n-1}} \\
-\dfrac{a_{n1}}{a_{nn}} & \cdots & \cdots & -\dfrac{a_{n,n-1}}{a_{nn}} & 0
\end{pmatrix}.
$$

Usando (3.15) obtenemos que la suma en valor absoluto de las entradas por cada fila es menor que 1, es decir $\|B_J\|_\infty < 1$. Por tanto, usando el Teorema 3.12 se establece el resultado. $\qquad\square$

> **Corolario 3.14.** *Si A es estrictamente diagonal dominante por filas, entonces el método de Gauss-Seidel converge a x, solución de $Ax = b$, desde cualquier iterado inicial $x^{(0)}$.*

Demostración. Sea λ un autovalor y $u = (u_1, \ldots, u_n)^T$ el autovector asociado de la matriz de iteración B_{GS} del método de Gauss-Seidel. Sin pérdida de generalidad suponemos que el vector u ha sido escalado de forma tal que su componente más grande tiene módulo igual a 1. Veamos que $\rho(B_{GS}) < 1$. De la definición de B_{GS} obtenemos

$$
-Uu = (D + L)\lambda u,
$$

o de forma equivalente

$$
-\sum_{j=i+1}^{n} a_{ij}u_j = \lambda \sum_{j=1}^{i} a_{ij}u_j, \quad i = 1, 2, \ldots, n,
$$

que se puede escribir como

$$
\lambda a_{ii}u_i = -\lambda \sum_{j=1}^{i-1} a_{ij}u_j - \sum_{j=i+1}^{n} a_{ij}u_j, \quad i = 1, 2, \ldots, n.
$$

Sea u_k la componente más grande del vector u, cuyo módulo es 1. Entonces de la ecuación anterior se tiene que

$$
|\lambda||a_{kk}| \leq |\lambda| \sum_{j=1}^{k-1} |a_{kj}| + \sum_{j=k+1}^{n} |a_{kj}|, \tag{3.16}
$$

y por tanto

$$|\lambda| \leq \frac{\sum_{j=k+1}^{n} |a_{kj}|}{(|a_{kk}| - \sum_{j=1}^{k-1} |a_{kj}|)}. \tag{3.17}$$

Como A es estrictamente diagonal dominante por filas, $|a_{kk}| - \sum_{j=1}^{k-1} |a_{kj}| > \sum_{j=k+1}^{n} |a_{kj}|$, que combinado con (3.17), permite concluir que $|\lambda| < 1$, es decir, $\rho(B_{GS}) < 1$. Usando ahora el Teorema 3.12 se establece el resultado. $\qquad \square$

Estableceremos ahora que el método de Gauss-Seidel converge, desde cualquier $x^{(0)}$, cuando A es simétrica y definida positiva.

> **Teorema 3.15.** *Sea A una matriz simétrica y definida positiva. Entonces el método de Gauss-Seidel converge, desde cualquier $x^{(0)}$.*

Demostración. Como A es simétrica, tenemos que $A = L + D + L^T$, donde L está definida en (3.11) y $D = \mathrm{diag}(a_{11} \ldots, a_{nn})$. Por tanto,

$$B_{GS} = -(D + L)^{-1} L^T.$$

Sea $-\lambda$ un autovalor de B_{GS} y u su autovector asociado. Entonces

$$(D + L)^{-1} L^T u = \lambda u.$$

Multiplicando por la izquierda a ambos lados, primero por $(D + L)$ y luego por u^*, obtenemos

$$u^* L^T u = \lambda u^* (D + L) u,$$

y por tanto

$$u^* A u - u^*(L + D)u = \lambda u^*(L + D)u \text{ (ya que } A = L + D + L^T),$$

es decir

$$u^* A u = (1 + \lambda) u^*(L + D)u. \tag{3.18}$$

Aplicando la traspuesta conjugada a ambos lados, tenemos que

$$u^* A u = (1 + \bar{\lambda}) u^*(L^T + D^T)u. \tag{3.19}$$

Sumando (3.18) y (3.19), se tiene

$$\left(\frac{1}{(1 + \lambda)} + \frac{1}{(1 + \bar{\lambda})} \right) u^* A u = u^*(L + D)u + u^*(L^T + D^T)u$$
$$= u^*(L + D + L^T + D^T)u = u^*(A + D^T)u = u^*(A + D)u > u^* A u.$$

(Nótese que al ser A definida positiva, también lo es D y, por tanto, $u^*Du > 0$.) Dividiendo ambos lados por $u^*Au(> 0)$ obtenemos

$$\left(\frac{1}{(1+\lambda)} + \frac{1}{(1+\bar{\lambda})} \right) > 1,$$

lo cual implica

$$\frac{(2+\lambda+\bar{\lambda})}{(1+\lambda)(1+\bar{\lambda})} > 1. \tag{3.20}$$

Sea $\lambda = \alpha + i\beta$. Entonces $\bar{\lambda} = \alpha - i\beta$. Usando (3.20) tenemos que

$$\frac{2(1+\alpha)}{(1+\alpha)^2 + \beta^2} = \frac{1+2\alpha+1}{1+2\alpha+\alpha^2+\beta^2} > 1,$$

y se concluye que $\alpha^2 + \beta^2 < 1$. Es decir, $\rho(B_{GS}) < 1$, ya que $|\lambda| = \sqrt{\alpha^2 + \beta^2}$.

$\square$

De los resultados teóricos anteriores queda claro que la matriz B de iteración juega un papel fundamental en la convergencia de los métodos estacionarios. Para se precisos, combinando (3.8) y (3.9) obtenemos que el error en la iteración k, $e_k = x - x^{(k)}$, y el error inicial, $e_0 = x - x^{(0)}$, se relacionan mediante

$$\|e_k\| \le \|B^k\| \|e_0\|, \quad k = 1, 2, 3, \ldots.$$

Por tanto, $\|B^k\|$ es una cota superior del cociente entre el error en la iteración k y el error inicial.

Definición 3.12. *Si* $\|B^k\| < 1$, *entonces la cantidad*

$$-\frac{\ln\|B^k\|}{k}$$

se conoce como **Velocidad promedio de convergencia** *para k iteraciones, y la cantidad*

$$-\ln\rho(B)$$

se conoce como **Velocidad asintótica de convergencia**.

La siguiente lista presenta algunas propiedades sobre la velocidad de convergencia del método de Jacobi y del método de Gauss-Seidel; para los detalles ver [92].

- Si $0 < \rho(B_J) < 1$, entonces la velocidad asintótica de convergencia del método de Gauss-Seidel es mayor que la del método de Jacobi.

- Si la matriz A tiene todas sus entradas diagonales positivas, y todas las no diagonales negativas, entonces

  (i) El método de Jacobi y el de Gauss-Seidel convergen ambos, o divergen ambos.

  (ii) Si ambos convergen, la velocidad asintótica de convergencia del método de Gauss-Seidel es mayor que la del método de Jacobi.

En general, cuando ambos métodos convergen, el método de Gauss-Seidel es más rápido que el método de Jacobi. Sin embargo, vale destacar que existen ejemplos donde el método de Jacobi converge mientras que el método de Gauss-Seidel diverge. El siguiente ejemplo ilustrar este caso.

$$A = \begin{pmatrix} 1 & 2 & -2 \\ 1 & 1 & 1 \\ 2 & 2 & 1 \end{pmatrix}, B_J(A) = \begin{pmatrix} 0 & -2 & 2 \\ -1 & 0 & -1 \\ -2 & -2 & 0 \end{pmatrix}, B_{GS}(A) = \begin{pmatrix} 0 & -2 & 2 \\ 0 & 2 & -3 \\ 0 & 0 & 2 \end{pmatrix}.$$

Para la matriz A obtenemos $\rho(B_J) = 0.917 \times 10^{-5} < 1$, y $\rho(B_{GS}) = 2 > 1$.

También es cierto en general, e incluso parece intuitivo, que mientras mayor sea la diagonal dominancia de A, más rápido converge el método de Jacobi. El siguiente ejemplo establece que esto no es cierto (ver [92])

$$A_1 = \begin{pmatrix} 1 & -\frac{1}{2} \\ -\frac{1}{2} & 1 \end{pmatrix}, \quad A_2 = \begin{pmatrix} 1 & -0.9 \\ -\frac{1}{4} & 1 \end{pmatrix}.$$

Se puede verificar fácilmente que $\rho(B_J)$ de A_1 es mayor que $\rho(B_J)$ de A_2, y por ende el método de Jacobi converge más rápido para la matriz A_2.

Discutiremos ahora la convergencia del método SOR. La primera duda natural es para qué valores de ω se garantiza convergencia, y entre esos valores cuál es la escogencia óptima. Empezamos por establecer el siguiente resultado clave.

Teorema 3.16 (Kahan [55]). *Para garantizar la convergencia del método SOR, desde cualquier iterado inicial $x^{(0)}$, ω debe estar en el intervalo $(0, 2)$.*

Demostración. Recordemos que la matriz del método SOR B_{SOR} se escribe como

$$B_{SOR} = (D + \omega L)^{-1}[(1 - \omega)D - \omega U]$$

donde $A = L + D + U$.

Nótese que la matriz $(D + \omega L)^{-1}$ es triangular inferior con $1/a_{ii}$, $i = 1, \ldots, n$, en las entradas diagonales, y la matriz $(1 - \omega)D - \omega U$ es triangular superior con $(1 - \omega)a_{ii}$, $i = 1, \ldots, n$ en las entradas diagonales. Por tanto,

$$\det(B_{SOR}) = (1 - \omega)^n.$$

Como el determinante de una matriz es igual al producto de sus autovalores, se concluye que

$$\rho(B_{SOR}) \geq |1 - \omega|.$$

Combinando este resultado con el Teorema 3.12, que afirma que para garantizar convergencia debe cumplirse que $\rho(B_{SOR}) < 1$, concluimos que $\omega \in (0, 2)$. $\quad\square$

Nuestro próximo resultado, conocido como el **Teorema de Ostrowski-Reich**, establece que la condición $\omega \in (0, 2)$ también es suficiente cuando A es simétrica y definida positiva; ver [71, 81].

Teorema 3.17 (Ostrowski-Reich). *Sea A simétrica y definida positiva, y sea $0 < \omega < 2$. Entonces el método SOR converge desde cualquier iterado inicial $x^{(0)}$.*

Existen ciertas clases de matrices para las cuales se puede determinar el valor óptimo de ω. Por ejemplo, este es el caso cuando las matrices son diagonales en bloque con bloques no singulares. Otro ejemplo de importancia, en capítulos posteriores, es la matriz triangular en bloques que surge al discretizar la ecuación en derivadas parciales de Poisson. En este caso, el valor óptimo de ω, que denotaremos por ω_{opt}, se escribe como

$$\omega_{opt} = \frac{2}{1 + \sqrt{1 - \rho(B_J)^2}}$$

y $\rho(B_{SOR}) = \omega_{opt} - 1$. Veamos un ejemplo ilustrativo con pocas variables.

Ejemplo 3.13.

$$A = \begin{pmatrix} 4 & -1 & 0 & -1 & 0 & 0 \\ -1 & 4 & -1 & 0 & -1 & 0 \\ 0 & -1 & 4 & 0 & 0 & -1 \\ -1 & 0 & 0 & 4 & -1 & 0 \\ 0 & -1 & 0 & -1 & 4 & -1 \\ 0 & 0 & -1 & 0 & -1 & 4 \end{pmatrix}, \qquad b = \begin{pmatrix} 1 \\ 0 \\ 0 \\ 0 \\ 0 \\ 0 \end{pmatrix}.$$

Nótese que los 2 bloques diagonales son a su vez tridiagonales, y que los 2 bloques fuera de la diagonal son la matriz $-I$*. Los autovalores de* B_J *son:* 0.1036, 0.2500, -0.1036, -0.2500, 0.6036, -0.6036, *y así*

$$\rho(B_J) = 0.6036, \qquad \rho(B_{GS}) = 0.3643$$

$$\omega_{opt} = \frac{2}{1 + \sqrt{1 - (0.6036)^2}} = 1.1128,$$

y por tanto $\rho(B_{SOR}) = 0.1128$.

El método SOR con ω_{opt} *necesita 5 iteraciones para obtener 4 decimales exactos, desde* $x_{SOR}^{(0)} = (0, 0, \ldots, 0)^T$*, y*

$$x_{SOR}^{(5)} = (0.2939, 0.0901, 0.0184, 0.0855, 0.0480, 0.0166)^T.$$

Desde el mismo iterado inicial, el método Gauss-Seidel necesita 12 iteraciones y el método de Jacobi necesita 24 iteraciones para obtener la misma precisión.

3.9.2 Métodos no estacionarios

Presentaremos los métodos no estacionarios más conocidos para el caso especial en que A es simétrica y definida positiva. Comenzaremos por establecer la conexión que existe, para este caso, entre resolver el sistema $Ax = b$ y la minimización de una cuadrática estrictamente convexa de la forma:

$$q(x) = \frac{1}{2}x^T A x - b^T x. \tag{3.21}$$

Primero revisaremos los conceptos básicos del cálculo multivariable que se requieren para poder estudiar métodos numéricos de minimización. Consideremos una función continua $f : \mathbb{R}^n \to \mathbb{R}$, $n > 1$. Denotaremos el segmento de linea abierto y cerrado que conecta a x, $y \in \mathbb{R}^n$, por (x, y) y $[x, y]$, respectivamente, y le recordaremos al lector que $D \subset \mathbb{R}^n$ es un conjunto *convexo*, si para todo x, $y \in D$, $[x, y] \subset D$. Ahora podemos introducir el concepto de derivada multivariable. Una función continua $f : \mathbb{R}^n \to \mathbb{R}$ es *continuamente diferenciable* en $x \in \mathbb{R}^n$, si $(\partial f / \partial x_i)(x)$ existe y es continua, $i = 1, \cdots, n$. En ese caso podemos construir el vector *gradiente* de f en x de la siguiente manera

$$\nabla f(x) = [(\partial f / \partial x_1)(x), \cdots, (\partial f / \partial x_n)(x)]^T.$$

La función $f : \mathbb{R}^n \to \mathbb{R}$ es *dos veces continuamente diferenciable en* $x \in \mathbb{R}^n$, si $(\partial^2 f / \partial x_i \partial x_i)(x)$ existe y es continua, $1 \le i, j \le n$. En ese caso podemos construir la matriz *Hessiana* de f en x de la siguiente manera

$$
\nabla^2 f(x) =
\begin{bmatrix}
\frac{\partial^2 f}{\partial x_1^2} & \frac{\partial^2 f}{\partial x_1 \partial x_2} & \cdots & \frac{\partial^2 f}{\partial x_1 \partial x_n} \\
\frac{\partial^2 f}{\partial x_2 \partial x_1} & \frac{\partial^2 f}{\partial x_2^2} & \cdots & \frac{\partial^2 f}{\partial x_2 \partial x_n} \\
\cdot & \cdot & & \cdot \\
\cdot & \cdot & & \cdot \\
\cdot & \cdot & & \cdot \\
\frac{\partial^2 f}{\partial x_n \partial x_1} & \frac{\partial^2 f}{\partial x_n \partial x_2} & \cdots & \frac{\partial^2 f}{\partial x_n^2}
\end{bmatrix} .
$$

Es importante observar que, en este caso, la Hessiana es una matriz simétrica, ya que para todo par de índices i, j,

$$
\frac{\partial^2 f}{\partial x_i \partial x_j} = \frac{\partial^2 f}{\partial x_j \partial x_i} .
$$

El siguiente resultado clásico enumera las condiciones necesarias de optimalidad de primero y segundo orden.

Teorema 3.18. *Si* $f : \mathbb{R}^n \to \mathbb{R}$, $f \in C^2(D)$, *con* D *abierto y convexo, y* x_* *es un mínimo local de* f, *entonces* $\nabla f(x_*) = 0$ *y* $\nabla^2 f(x_*)$ *es semidefinida positiva.*

Por último describimos las condiciones suficientes sobre x_* para que sea un mínimo local de f.

Teorema 3.19. *Si* $f : \mathbb{R}^n \to \mathbb{R}$, $f \in C^2(D)$, *con* D *abierto y convexo, y si* $\nabla f(x_*) = 0$ *y* $\nabla^2 f(x_*)$ *es definida positiva para* $x_* \in D$ *entonces* x_* *es un mínimo local estricto de* f.

Regresando a la minimizacion de la cuadrática definida en (3.21), es fácil establecer que el gradiente de q es una función vectorial lineal y que la Hessiana de q es una matriz constante.

Lema 3.20. *Si* $A^T = A$ *entonces* $\nabla q(x) = Ax - b$ *y la matriz* $\nabla^2 q(x) = A$ *para todo* $x \in \mathbb{R}^n$.

Demostración. Consideremos la función escalar $g(t) = q(x + tp)$ donde $p \in \mathbb{R}^n$ es un vector arbitrario. Por resultados clásicos de cálculo en varias variables, sabemos que $g'(0) = \nabla q(x)^T p$, y que $g''(0) = p^T \nabla^2 q(x) p$. Usando la simetría de A obtenemos

$$g'(t) = x^T A p + t p^T A p - b^T p,$$

de donde $g'(0) = (Ax - b)^T p$ y por tanto $\nabla q(x) = Ax - b$. Mas aún, $g''(t) = p^T A p$ y obtenemos que $\nabla^2 q(x) = A$. $\qquad\square$

Usando las condiciones necesarias de optimalidad de primer orden ($\nabla q(x) = 0$) y el Lema 3.20, podemos observar que los puntos estacionarios o críticos de (3.21) son las soluciones del sistema lineal $Ax = b$. Ahora bien, en nuestro caso, A es simétrica y definida positiva, y por ende, la cuadrática $q(x)$ es estrictamente convexa y posee un único minimizador global, o lo que es lo mismo, el sistema $Ax = b$ posee solución única. En este caso, los métodos no estacionarios usan maquinarias iterativas especialmente diseñadas para encontrar los mínimos de las cuadráticas de la forma (3.21).

Una herramienta importante a la hora de entender el comportamiento de los métodos iterativos, para la búsqueda de mínimos locales, es el concepto de conjuntos de nivel. De interés en nuestro caso es que los conjuntos de nivel de funciones convexas son siempre convexos [**ver Ejercicio 3.24**].

Teorema 3.21. *Si f es una función convexa y $M \in [-\infty, +\infty]$, entonces los conjuntos de nivel $\{x : f(x) < M\}$ y $\{x : f(x) \leq M\}$ son convexos.*

Queremos destacar que si la función q en el Teorema 3.21 es una cuadrática estrictamente convexa (es decir, Hessiana simétrica definida positiva constante), entonces los conjuntos de nivel son no solo convexos, sino que además son elipsoides concéntricos que poseen al único minimizador de la cuadrática como centro común; ver [48].

Método de Cauchy o mínimo descenso

La dirección de gradiente negativo es de vital importancia en optimización y fue la dirección usada por Cauchy [16] en lo que pareciera ser uno de los primeros métodos con sentido práctico para el caso multivariable de minimizar una función continuamente diferenciable $f : \mathbb{R}^n \to \mathbb{R}$. El método propuesto por Cauchy[6]

---

[6]En honor a Augustin Louis Cauchy (1789 - 1857) prolífico matemático francés

también conocido como *mínimo descenso*, a partir de un iterado inicial $x^{(0)}$ se puede escribir de la siguiente manera:

$$x^{(k+1)} = x^{(k)} - \lambda_k \nabla f(x^{(k)}),$$

donde

$$\lambda_k = \text{argmin}_{\lambda > 0} f(x_k - \lambda \nabla f(x_k)). \qquad (3.22)$$

Es importante destacar que el sub-problema de optimización (3.22), requerido para calcular la longitud óptima de paso, es un problema unidimensional. Los métodos numéricos en optimización continua se describen en detalle en [7, 30, 36, 62, 68]; y algunos de ellos serán discutidos en el próximo capítulo.

El método de Cauchy aplicado a (3.21) se reduce a

$$x^{(k+1)} = x^{(k)} - \lambda_k g_k,$$

donde introducimos la notación $g_k = \nabla q(x^{(k)}) = Ax^{(k)} - b$ y la longitud de paso óptima λ_k, que se obtiene forzando las condiciones de optimalidad en una dimensión al problema (3.22), viene dada por [**ver Ejercicio 3.25**]

$$\lambda_k = \frac{g_k^T g_k}{g_k^T A g_k}.$$

En el método de Cauchy, al igual que en todos los métodos iterativos para resolver $Ax = b$, el costo computacional más significativo lo representa el cálculo del producto matriz-vector con la matriz A. Por esta razón siempre conviene reducir ese costo a un solo producto matriz-vector por iteración. Para el cálculo de λ_k, el método de Cauchy requiere el producto Ag_k para todo k. Por otro lado, también es necesario evaluar el vector g_k en cada nueva iteración. Si se usa la fórmula original $g_k = \nabla f(x^{(k)}) = Ax^{(k)} - b$, se estaría calculando un segundo producto matriz-vector por iteración. Este costo adicional lo podemos evitar si consideramos la iteración del metodo: $x^{(k+1)} = x^{(k)} - \lambda_k g_k$, multiplicamos por A y restamos el vector b en ambos lados, y así obtenemos

$$g_{k+1} = g_k - \lambda_k A g_k.$$

Nuestro próximo algoritmo toma en consideración la forma recursiva de evaluar los vectores gradientes.

Algoritmo 3.22 (Método de Cauchy).

Entradas: *iterado inicial $x^{(0)}$, vector b, gradiente inicial $g_0 = Ax^{(0)} - b$, tolerancia $\epsilon > 0$, y el máximo número de iteraciones N.*

Salida: *Una aproximación a la solución de $Ax = b$.*

Desde $k = 0, 1, \cdots$, hacer hasta la convergencia o N iteraciones

- *Calcular $h_k = Ag_k$ y $\lambda_k = g_k^T g_k / g_k^T h_k$.*

- *Calcular $x^{(k+1)} = x^{(k)} - \lambda_k g_k$.*

- *Calcular $g_{k+1} = g_k - \lambda_k h_k$*

- $\left. \begin{array}{l} \text{si } \ \|g_{k+1}\|/\|b\| \le \epsilon, \\ \text{o } \ k > N, \text{ detener.} \end{array} \right]$ *Criterios de parada.*

Fin

Para la escogencia óptima de λ_k en el Algoritmo 3.22, se puede establecer la convergencia q-lineal del método de Cauchy; para los detalles ver [7, 30, 62]. Introducimos la siguiente notación

$$E(x) = \frac{1}{2}(x - x_*)^T A(x - x_*),$$

donde $Ax_* = b$. Nótese que $E(x) = q(x) + 1/2(x_*^T A x_*)$, de manera que x minimiza a q si y sólo si x minimiza a E. Nótese también que $E(x) = 1/2\|x - x_*\|_A^2$, donde para cualquier $z \in \mathbb{R}^n$, $\|z\|_A^2 = z^T Az$.

Teorema 3.23. *Sea A simétrica definida positiva. Entonces la sucesión $\{x^{(k)}\}$ generada por el método de Cauchy aplicado a $q(x)$ converge a x_* desde cualquier $x^{(1)} \in \mathbb{R}^n$, y además*

$$E(x^{(k+1)}) \le \left(\frac{\lambda_{\max} - \lambda_{\min}}{\lambda_{\max} + \lambda_{\min}} \right)^2 E(x^{(k)}),$$

donde $\lambda_{\max}$ y $\lambda_{\min}$ denotan respectivamente el mayor y el menor autovalor de la matriz A.

La conclusión del Teorema 3.23 se puede ver de la siguiente manera

$$\|x^{(k)} - x_*\|_A \le \frac{\kappa_2(A) - 1}{\kappa_2(A) + 1} \|x^{(k-1)} - x_*\|_A,$$

donde $\kappa_2(A) = \lambda_{\max}/\lambda_{\min}$. Nótese que a menos que $\lambda_{\min}$ esté muy cercano a $\lambda_{\max}$ la convergencia puede ser muy lenta.

En la práctica la convergencia asintótica del método es tan mala como la cota que ofrece este resultado, transformando al método de mínimo descenso en un método extremadamente lento aún para problemas medianamente mal condicionados. Este fenómeno fue explicado por Akaike en [1]; ver Figura 3.2. En ese trabajo se establece que la sucesión de los vectores errores normalizados $(x^{(k)} - x_*)/\|x^{(k)} - x_*\|_2$ se acumula en el subespacio de dimensión 2 generado por los 2 autovectores asociados a $\lambda_{\min}$ y $\lambda_{\max}$. Esto unido a la ortogonalidad entre gradientes consecutivos, es decir, $g_{k+1}^T g_k = 0$ para todo k [**ver Ejercicio 3.26**], produce el conocido efecto de zig-zag bidimensional asociado al método de Cauchy que lo trasnforma en un método usualmente muy lento; ver por ejemplo [7, 62].

Variantes del método de Cauchy

Existen variantes del metodo de Cauchy que usan la dirección del gradiente negativo, pero que rompen el patrón zig-zag del método, y que por su simplicidad se han transformado recientemente en ideas atractivas para resolver problemas con un gran número de variables. La clave de estas variantes, aunque parezca paradójico, en no usar la escogencia óptima de la longitud de paso que utiliza el método de Cauchy. A tal efecto, una primera propuesta consiste en alterar la longitud de paso en cada iteración k con un parámetro de relajación $\theta_k \in (0,2)$ que rompa el patrón de zig-zag, y obtener los iterados de la siguiente manera:

$$x^{(k+1)} = x^{(k)} - \theta_k \lambda_k g_k, \tag{3.23}$$

donde $\lambda_k = g_k^T g_k / g_k^T A g_k$ es la escogencia óptima de Cauchy; ver [80]. Nótese que si $\theta_k = 1$, para todo k, obtenemos de nuevo el clásico método de mínimo descenso, si $\theta_k = 0$ claramente $x^{(k+1)} = x^{(k)}$, y si $\theta_k = 2$ entonces $q(x^{(k+1)}) = q(x^{(k)})$ [**ver Ejercicio 3.27**]. Por tanto, concluimos que si escogemos $\theta_k \in (0,2)$, siempre se cumple que $q(x^{(k+1)}) < q(x^{(k)})$. Bajo hipótesis muy suaves sobre la escogencia de $\theta_k \in (0,2)$ se establece que esta variante del método de Cauchy converge a la solución del sistema $Ax = b$.

Teorema 3.24. *Si la sucesión $\{\theta_k\}$ tiene un punto de acumulación $\bar{\bar{\theta}} \in (0,2)$ entonces la sucesión $\{x^{(k)}\}$ generada por (3.23) converge a la única solución del sistema $Ax = b$.*

Demostración. Nótese que para todo k,

$$\phi_k(\theta) = q(x^{(k)} - \theta\lambda_k g_k)$$

es un polinomio de grado dos que alcanza su mínimo global cuando $\theta = 1$. Se cumple, además, que $\phi_k(0) = \phi_k(2)$ y para cualquier $\theta \in [0,2]$, $\phi_k(\theta) \le \phi(0)$. Por tanto

$$q(x^{(k+1)}) \le q(x^{(k)}),$$

para todo k. Como q es acotada inferiormente, entonces

$$\lim_{k\to\infty} [q(x^{(k)}) - q(x^{(k+1)})] = 0. \tag{3.24}$$

Podemos escoger $\beta \in (0,1)$ tal que

$$\beta < \bar{\theta} < 2 - \beta.$$

Se concluye entonces que existe una subsucesión $\{\theta_{k_j}\}$ contenida en el intervalo $[\beta, 2 - \beta]$. Usando de nuevo las propiedades de ϕ_k obtenemos

$$q(x^{(k_j+1)}) = \phi_{k_j}(\theta_{k_j}) < \phi_{k_j}(\beta).$$

Como ϕ_k es convexa, obtenemos que $\phi_{k_j}(\beta) \le \beta(\phi_{k_j}(1) - \phi_{k_j}(0))$. Luego de unos cálculos simples obtenemos $\phi_k(1) - \phi_k(0) = (1/2)(g_k^t g_k / g_k^t A g_k)$, que combinado con las ecuaciones anteriores implica que

$$q(x^{(k_j)}) - q(x^{(k_j+1)}) \;\ge\; (\beta/2)\frac{(g_{k_j}^t g_{k_j})^2}{g_{k_j}^t A g_{k_j}}$$

$$\ge \frac{\beta}{2\lambda_{\max}}\|g_{k_j}\|_2^2. \tag{3.25}$$

Combinando (3.24) y (3.25) concluimos que $\{g_{k_j}\}$ converge a cero, y por ende $\{x^{(k_j)}\}$ converge a x^*, la única solución del sistema $Ax = b$. Ahora bien, como $\{q(x^{(k)})\}$ es decreciente, la sucesión completa (de los valores funcionales) converge a $q(x^*)$, lo cual a su vez implica la convergencia de $\{x^{(k)}\}$ a x^*. $\square$

En particular, en [80] se presenta y analiza la escogencia aleatoria de θ_k en (3.23) para cada iteración k, con distribución uniforme en $(0,2)$. Esta variante que llamaremos **método de Cauchy aleatorio** mejora notablemente el comportamiento del método de Cauchy; y en cierto sentido justifica que el problema del zig-zag lo genera la escogencia óptima de la longitud de paso, y no el uso de la dirección de gradiente negativo.

Algoritmo 3.25 (Método de Cauchy aleatorio).

Entradas: *iterado inicial* $x^{(0)}$, *vector* b, *gradiente inicial* $g_0 = Ax^{(0)} - b$, *tolerancia* $\epsilon > 0$, *y el máximo número de iteraciones* N.

Salida: *Una aproximación a la solución de* $Ax = b$.

Desde $k = 0, 1, \cdots$, *hacer hasta la convergencia o* N *iteraciones*

- *Calcular* $h_k = Ag_k$ *y* $\lambda_k = g_k^T g_k / g_k^T h_k$.

- *Escoger* $\theta_k \in (0, 2)$.

- *Calcular* $x^{(k+1)} = x^{(k)} - \theta_k \lambda_k g_k$.

- *Calcular* $g_{k+1} = g_k - \theta_k \lambda_k h_k$

- $\left. \begin{array}{l} si \quad \|g_{k+1}\|/\|b\| \leq \epsilon, \\ o \quad k > N, \ detener. \end{array} \right]$ *Criterios de parada.*

Fin

Existen otras formas de escoger la longitud de paso en cada iteración k que también rompen el patrón de zig-zag del método de Cauchy. Vamos a describir el llamado **método del gradiente espectral**, originalmente propuesto por Barzilai y Borwein [6], y analizado por Raydan [79] para la minimización de cuadráticas convexas.

El método del gradiente espectral solo difiere del método de Cauchy en la escogencia de la longitud de paso $\lambda_k > 0$, y por conveniencia las iteraciones las escribiremos

$$x^{(k+1)} = x^{(k)} - \frac{1}{\alpha_k} g_k, \tag{3.26}$$

donde $\lambda_k = 1/\alpha_k$ y el escalar α_k se escoge para aproximar en algún sentido a la Hessiana A como una matriz del tipo

$$\widehat{A} = \alpha_k I.$$

Para ser precisos, la idea es obtener el valor de α_k que minimiza el error al exigir que esa aproximación $\widehat{A}$, satisfaga la ecuación de la secante multidimensional. Recordemos que en el método de la secante unidimensional, para encontrar una raíz de $f'(x)$, la aproximación $a_k \approx f''(x_k)$ satisface $a_k(x_k - x_{k-1}) = f'(x_k) - f'(x_{k-1})$. La ecuación de la secante multidimensional es una extensión natural del caso $n = 1$, y se escribe:

$$\widehat{A}s_{k-1} = y_{k-1},$$

donde $s_{k-1} = x^{(k)} - x^{(k-1)}$ y $y_{k-1} = g_k - g_{k-1}$. Podemos ahora calcular α_k que minimza el error al tratar de satisfacer la ecuación de la secante $\widehat{A}s_{k-1} = y_{k-1}$, cuando $\widehat{A} = \alpha_k I$. Es decir, queremos α_k que minimza

$$\|\alpha_k s_{k-1} - y_{k-1}\|_2^2 = \alpha_k^2 \|s_{k-1}\|_2^2 - 2\alpha_k s_{k-1}^T y_{k-1} + \|y_{k-1}\|_2^2.$$

Al forzar que la derivada de esta función en la variable α_k se anule obtenemos

$$\alpha_k = \frac{s_{k-1}^T y_{k-1}}{s_{k-1}^T s_{k-1}}. \tag{3.27}$$

Repitiendo esta misma línea de argumentos pero escogiendo α_k que aproxime a la inversa de la Hessiana, A^{-1}, como una matriz del tipo $(1/\alpha_k)I$, y minimizando entonces $\|s_{k-1} - \alpha_k y_{k-1}\|_2^2$ obtenemos la longitud de paso del segundo método del gradiente espectral [**ver Ejercicio 3.28**]:

$$\alpha_k = \frac{y_{k-1}^T y_{k-1}}{s_{k-1}^T y_{k-1}}. \tag{3.28}$$

Ahora bien, en el caso de minimizar la cuadrática (3.21), $g_k = \nabla q(x^{(k)}) = Ax^{(k)} - b$, y por tanto $y_{k-1} = As_{k-1}$. Así pues α_k en (3.27) se escribe como

$$\alpha_k = \frac{s_{k-1}^T A s_{k-1}}{s_{k-1}^T s_{k-1}} = \frac{g_{k-1}^T A g_{k-1}}{g_{k-1}^T g_{k-1}},$$

que resulta ser el cociente de Rayleigh de A evaluado en g_{k-1}. Como A es simétrica definida positiva, obtenemos que

$$0 < \lambda_{min} \leq \alpha_k \leq \lambda_{max} \quad \text{para todo } k, \tag{3.29}$$

donde λ_{min} y λ_{max} son el menor y el mayor autovalor de A, respectivamente. Por lo tanto, no existe ningún peligro de dividir por cero y α_k está bien definida.

Algoritmo 3.26 (Método del gradiente espectral).

Entradas: *iterado inicial $x^{(0)}$, paso inicial $\lambda_0 > 0$, vector b, gradiente inicial $g_0 = Ax^{(0)} - b$, tolerancia $\epsilon > 0$, y el máximo de iteraciones N.*

Salida: *Una aproximación a la solución de $Ax = b$.*

Desde $k = 0, 1, \cdots$, hacer hasta la convergencia o N iteraciones

- *Calcular $h_k = Ag_k$.*

- *Calcular $x^{(k+1)} = x^{(k)} - \lambda_k g_k$.*

- *Calcular $g_{k+1} = g_k - \lambda_k h_k$*

- *Calcular $\lambda_{k+1} = g_k^T g_k / g_k^T h_k$*

- $\left. \begin{array}{l} \textit{si} \quad \|g_{k+1}\|/\|b\| \leq \epsilon, \\ \textit{o} \quad k > N, \textit{ detener.} \end{array} \right]$ *Criterios de parada.*

Fin

Se puede observar la evidente semejanza entre el método de Cauchy (algoritmo 3.22) y el método del gradiente espectral (algoritmo 3.26). La diferencia radica en que la longitud de paso espectral (algoritmo 3.26) coincide con el paso óptimo de Cauchy pero en la iteración anterior. En [38] se estudian otras variantes del método de Cauchy donde se consideran diferentes iteraciones anteriores en la escogencia de la longitud de paso; ver también [8]. A pesar de la evidente semejanza entre estos dos algoritmos, el método del gradiente espectral es mucho más rápido que el método de mínimo descenso al mismo costo computacional, como se ilustra más abajo en el ejemplo 3.14.

Método de gradientes conjugados

El método de **gradientes conjugados (GC)** es un procedimiento iterativo originalmente propuesto por Hestenes y Stiefel [49] como un método directo para encontrar el único mínimo global de la cuadrática estrictamente convexa $q(x)$ definida en (3.21).

Iniciaremos la descripción del método GC suponiendo que existe un conjunto de direcciones $\{u_1, u_2, \ldots, u_n\}$ dadas con la siguiente propiedad para todo $1 \leq i, j \leq n$

$$u_i^T A u_j = 0 \text{ si } i \neq j.$$

Esta propiedad se conoce como A-conjugancia y garantiza que los vectores $\{u_1, \ldots, u_n\}$ forman un conjunto linealmente independiente en $\mathbb{R}^n$. Veremos que si estos vectores se usan como direcciones de búsqueda en un esquema de minimización unidireccional iterativa del tipo

$$x^{(k)} = x^{(k-1)} + \lambda_k u_k,$$

entonces el mínimo global de $q(x)$ se obtiene a lo sumo en n pasos, independientemente del iterado incial $x^{(0)}$ escogido. Primero necesitamos establecer el siguiente lema.

Lema 3.27. *Si x y u son vectores cualesquiera en $\mathbb{R}^n$ con $u \neq 0$, entonces*

$$argmin_{\lambda>0} q(x + \lambda u) = \frac{r(x)^T u}{u^T A u},$$

donde $r(x) = -\nabla q(x) = b - Ax$.

Demostración. El resultado se obtiene de aplicar condiciones necesarias y suficientes de optimalidad en una variable a la función $f(\lambda) = q(x + \lambda u) = q(x) + 1/2(\lambda)^2 u^T A u - \lambda u^T r(x)$. □

Teorema 3.28. *Sea $\{u_1, u_2, \ldots, u_n\}$ un conjunto A-conjugado de vectores no ceros. Si $x^{(0)}$ (arbitrario) es dado y*

$$x^{(k)} = x^{(k-1)} + \lambda_k u_k \text{ para } 1 \leq k \leq n, \tag{3.30}$$

donde λ_k se escoge como el $argmin_{\lambda>0} q(x^{(k-1)} + \lambda u_k)$, entonces $Ax^{(n)} = b$.

Demostración. Multiplicando por A en (3.30) y aplicando recursivamente la misma ecuación obtenemos

$$Ax^{(n)} = Ax^{(0)} + \lambda_1 A u_1 + \cdots + \lambda_n A u_n.$$

Restando el vector b en ambos lados, haciendo el producto interno con u_k, y recordando la A-conjugancia, se tiene que

$$(Ax^{(n)} - b)^T u_k = (Ax^{(0)} - b)^T u_k + \lambda_k u_k^T A u_k. \tag{3.31}$$

Nos interesa probar que el lado derecho en (3.31) es cero para todo k. En efecto, por el Lema 3.27, $\lambda_k = (b - Ax^{(k-1)})^T u_k / u_k^T A u_k$, y aplicado ahora lo anterior nuevamente en forma recursiva tenemos

$$Ax^{(k-1)} = Ax^{(0)} + \lambda_1 A u_1 + \cdots + \lambda_{k-1} A u_{k-1}.$$

De donde,

$$\lambda_k = \frac{(b - Ax^{(0)})^T u_k}{u_k^T A u_k},$$

y por lo tanto el lado derecho en (3.31) es cero. Como consecuencia, $(Ax^{(n)} - b)^T u_k = 0$ para todo k y como los u_k son linealmente independientes, entonces $Ax^{(n)} = b$. $\qquad\square$

Figura 3.2: Conjuntos de nivel de cuadrática estrictamente convexa, iteraciones (zig-zag) del método de Cauchy en verde, e iteraciones del método de gradientes conjugados en rojo (terminación finita).

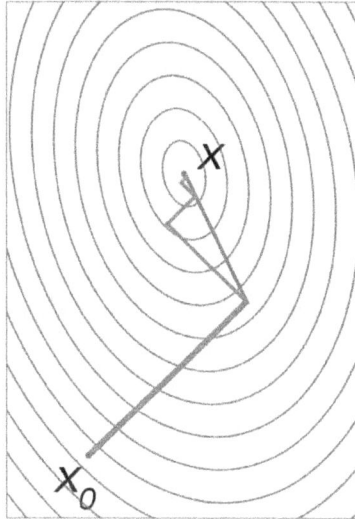

Es importante destacar de la demostración del Teorema 3.28 que en cada i-teración se cumple que $r_k^T u_j = 0$ para todo $1 \le j \le k$, donde r_k denota $r(x^{(k)})$. Además, en cada iteración

$$q(x^{(k)}) = q(x^{(k-1)}) - \frac{(u_k^T r_{k-1})^2}{2 u_k^T A u_k}, \tag{3.32}$$

y como A es definida positiva, entonces las direcciones u_k son de descenso siempre y cuando $u_k^T r_{k-1} \neq 0$. Mas aún, la propiedad optimal de λ_k y la A-conjugancia garantizan que cada $x^{(k)}$ minimiza a $q(x)$ sobre la variedad lineal (subespacio trasladado) $x^{(0)} + exp\{u_1, \ldots, u_k\}$, donde $exp\{u_1, \ldots, u_k\}$ es el subespacio expandido por los vectores $\{u_1, u_2, \ldots, u_k\}$ [**ver Ejercicio 3.31**].

Teorema 3.29. *Bajo las hipótesis del Teorema 3.28, para cada k se cumple que*

$$q(x^{(k)}) = \min_{x \in x^{(0)} + exp\{u_1, \ldots, u_k\}} q(x). \tag{3.33}$$

Claramente, la propiedad (3.33) garantiza terminación finita de todo método que use direcciones A-conjugadas; ver Figura 3.2. Aún está pendiente explicar como se escogen estas direcciones en el método GC. Comenzamos con un i-terado inicial $x^{(0)}$ y construimos secuencialmente un conjunto de direcciones A-conjugadas $\{u_1, u_2, \ldots\}$ tal que los iterados $x^{(k)} = x^{(k-1)} + \lambda_k u_k$ satisfacen (3.33). Además, inspirados en (3.32), con el deseo de obtener la mejor reducción posible del valor de $q(x^{(k)})$ en cada k, escogemos u_k como el vector "más cercano" a r_{k-1} (aquél que minimiza $\|u - r_{k-1}\|_2$) y que preserva la A-conjugancia con los vectores $\{u_1, \ldots, u_{k-1}\}$. Afortunadamente, este subproblema de optimización se resuelve en forma cerrada y se traduce en cálculos de bajo costo y que requieren poco almacenamiento. En efecto, la nueva dirección se puede escribir como

$$u_k = r_{k-1} + \beta_k u_{k-1},$$

donde el escalar β_k se escoge para forzar la A-conjugancia entre u_{k-1} y u_k [**ver Ejercicio 3.29**]. Por propiedades de la A-conjugancia, automáticamente el vector u_k será A-ortogonal a todas las direcciones anteriores; ver detalles en [21, 40, 48, 69].

A continuación presentamos una versión preliminar de los pasos secuenciales del metodo GC para luego establecer sus propiedades y poder presentar más adelante la versión eficiente del algoritmo.

Dado $x^{(0)} \in \mathbb{R}^n$, calcular $u_1 = r_0 = b - Ax^{(0)}$, los pasos de cada iteración se deben calcular en el siguiente orden:

$$\lambda_k = r_{k-1}^T u_k / (u_k^T A u_k)$$

$$x^{(k)} = x^{(k-1)} + \lambda_k u_k$$

$$r_k = b - Ax^{(k)}$$

$$\beta_{k+1} = -u_k^T A r_k / (u_k^T A u_k)$$

$$u_{k+1} = r_k + \beta_{k+1} u_k.$$

El cálculo del vector residual r_k se puede lograr evitando el producto matriz-vector $Ax^{(k)}$. En efecto, multiplicando por $-A$ y sumando el vector b en ambos lados de la igualdad $x^{(k)} = x^{(k-1)} + \lambda_k u_k$ obtenemos

$$r_k = r_{k-1} - \lambda_k A u_k. \qquad (3.34)$$

Las direcciones generadas por el método GC satisfacen la A-conjugancia entre ellos; ver por ejemplo [21, 40, 48, 69].

Teorema 3.30. *El método GC genera direcciones u_k tal que*

$$u_k^t A u_j = 0 \ \textit{para} \ 1 \leq j \leq k-1. \qquad (3.35)$$

Mas aún, si el algoritmo no termina en $x^{(k)}$, entonces

$$exp\{r_0, \dots, r_{k-1}\} = exp\{u_1, \dots, u_k\} = exp\{r_0, A r_0, \dots, A^{k-1} r_0\}.$$
$$(3.36)$$

Nuestro próximo resultado permite reescribir algunos pasos del algoritmo de manera eficiente.

Teorema 3.31. *Si el método GC no termina en la iteración k, entonces*
(i) $\lambda_k = r_{k-1}^T r_{k-1} / (u_k^T A u_k)$
(ii) $\beta_k = r_{k-1}^T r_{k-1} / (r_{k-2}^T r_{k-2})$

Demostración. Para probar (i) basta observar que $r_{k-1}^T u_k = r_{k-1}^T r_{k-1}$. Esto se obtiene de usar la definición de u_k y recordar que $r_{k-1}^T u_{k-1} = 0$. Finalmente, consideremos

$$
\begin{aligned}
r_{k-1}^T r_{k-1} &= r_{k-1}^T u_k \\
&= (r_{k-2} - \lambda_{k-1} A u_{k-1})^T u_k \\
&= r_{k-2}^T u_k = r_{k-2}^T (r_{k-1} + \beta_k u_{k-1}) \\
&= \beta_k r_{k-2}^T u_{k-1} = \beta_k r_{k-2}^T r_{k-2},
\end{aligned}
$$

ya que $r_{k-2}^T r_{k-1} = 0$ [**ver Ejercicio 3.30**]. De donde se puede despejar β_k y establecer (ii). $\square$

Todo lo anterior nos permite escribir el algoritmo GC de manera eficiente en almacenamiento y en costo computacional.

Algoritmo 3.32 (Método de gradientes conjugados (GC)).

Dado $x^{(0)} \in \mathbb{R}^n$, el vector b, y la tolerancia $\epsilon > 0$, calcular $u_1 = r_0 = b - Ax^{(0)}$, y asignar $k = 0$.

$\quad$ **mientras** $\|r_k\|/\|b\| > \epsilon$ **hacer**
$\qquad k = k + 1$
$\qquad h_k = Au_k$
$\qquad \lambda_k = r_{k-1}^T r_{k-1} / (u_k^T h_k)$
$\qquad x^{(k)} = x^{(k-1)} + \lambda_k u_k$
$\qquad r_k = r_{k-1} - \lambda_k h_k$
$\qquad \beta_{k+1} = r_k^T r_k / (r_{k-1}^T r_{k-1})$
$\qquad u_{k+1} = r_k + \beta_{k+1} u_k$
$\quad$ **fin**

El Algoritmo 2.2 requiere almacenar solo los vectores r_k, u_k y h_k. Además, requiere realizar una multiplicación matriz-vector Au_k, dos operaciones de producto interno entre vectores, y tres operaciones de suma de vectores con multiplicación previa de escalar-vector.

La terminación finita del método GC, establecida en el Teorema 3.28, depende fuertemente de la A-conjugancia. Lamentablemente, los errores de redondeo destruyen la ortogonalidad y por ende la A-conjugancia del método. Por lo tanto la terminación finita de GC no es un resultado realista. Mas aún, en los casos en que fuese posible observar la terminación del método, realizar n iteraciones cuando los problemas involucran muchas variables es un resultado indeseable. Sin embargo, el método GC puede ser visto como un método iterativo en el sentido clásico, y afortunadamente en ese caso posee propiedades que permiten proponer variantes que lo transforman en un método *rápido* y eficiente para problemas grandes y *sparse*. El próximo teorema permite obtener una cota de la velocidad de convergencia del método GC que solo depende de la condición espectral $\kappa_2(A) = \lambda_{\max}/\lambda_{\min}$ de la matriz A; ver [40, 48, 69, 91].

Teorema 3.33. *El k-esimo iterado del método GC satisface*

$$\|x^{(k)} - x_*\|_A \leq 2 \left(\frac{\sqrt{\kappa_2(A)} - 1}{\sqrt{\kappa_2(A)} + 1} \right)^k \|x^{(0)} - x_*\|_A.$$

Se observa claramente del teorema 3.33 que si $\kappa_2(A) \approx 1$, entonces la convergencia del método es muy rápida. En otras palabras, si los autovalores están agrupados en un intervalo *pequeño*, en pocas iteraciones se obtendrán buenas aproximaciones a la solución. Esto, unido a la terminación finita en caso de tener pocos grupos aislados de autovalores, motiva el concepto de precondicionamiento que transforma el método GC en la mejor opción iterativa para el caso simétrico definido positivo; ver [17, 83] para una extensa discusión sobre precondicionamiento.

Vamos a cerrar esta sección con un ejemplo que ilustra el comportamiento de los distintos métodos no estacionarios discutidos.

Ejemplo 3.14.

$$A = diag(1, 2, \ldots, 999, 1000) \in \mathbb{R}^{1000 \times 1000}.$$

Fijamos $x_* = (1, 1, \ldots, 1)^T$, $b = Ax_*$, $\epsilon = 10^{-8}$, y $N = 5000$. Escogemos $x^{(0)} = 0$.

El método de Cauchy necesita 4450 iteraciones para satisfacer el criterio de parada, mientras que desde el mismo iterado inicial, el método de Cauchy aleatorio necesita 512 iteraciones, el método del gradiente espectral necesita 208 iteraciones, y el método GC necesita 159 iteraciones. Para este experimento escogemos, en el método de Cauchy aleatorio, $\theta_k \in (0, 2)$ usando el comando rand *de Octave; y la norma Euclidea para el criterio de parada en todos los métodos.*

EJERCICIOS del Capítulo 3

3.1 Responda para que valores de $a \in \mathbb{R}$, y $b \in \mathbb{R}$ el siguiente sistema de ecuaciones lineales tiene una, ninguna o infinitas soluciones:

$$\begin{array}{rcrcrcl}
x_1 & + & 2x_2 & + & 3x_3 & = & 1 \\
  &   & 4x_2 & - & 5x_3 & = & b \\
2x_1 &   &   & + & ax_3 & = & 2
\end{array}$$

3.2 Establezca las siguientes propiedades sobre matrices triangulares:

(i) El producto de dos matrices triangulares superiores (inferiores) es triangular superior (inferior).

(ii) la inversa de una matriz triangular superior (inferior) es triangular superior (inferior).

3.3 (a) Dado

$$a = \begin{pmatrix} 0.00001 \\ 1 \end{pmatrix},$$

y usando 3 dígitos con aritmética punto flotante, encuentre una mattiz elemental M tal que Ma sea un múltiplo de e_1.

(b) Usando la M de (a), encuentre la factorización LU de

$$A = \begin{pmatrix} 0.00001 & 1 \\ 1 & 2 \end{pmatrix}$$

(c) Sean $\hat{L}$ y $\hat{U}$ las matrices calculadas en (b). Calcule

$$\frac{\|A - \hat{L}\hat{U}\|_F}{\|A\|_F}.$$

3.4 Demuestre que los pivotes $a_{11}, a_{22}^{(1)}, \ldots, a_{nn}^{(n-1)}$ son no cero si y sólo si los primeros $(n-1)$ menores principales de A son no nulos.

Ayuda: Sea A_r el r-ésimo menor principal de A. Muestre que

$$\det A_r = a_{11}a_{22}^{(1)} \ldots, a_{rr}^{(r-1)}.$$

3.5 Suponiendo que la factorización LU de A existe, demuestre que

(a) (**Factorización** LDU) A se puede escribir como

$$A = LDU_1,$$

donde D es diagonal y L y U_1 son triangular inferior con unos en la diagonal, y triangular superior, respectivamente.

(b) (**Factorización** LDL^T) Si $A = A^T$ entonces

$$A = LDL^T.$$

(c) Usando lo anterior, establezca que si A es simétrica y definida positiva, entonces

$$A = HH^T,$$

donde H es triangular inferior con diagonal positiva. (**Esta es otra manera de deducir la factorización de Cholesky**.)

3.6 Dado un vector g, una matriz G de la forma

$$G = I - ge_k^T,$$

donde e_k es el k-ésimo vector canónico, se conoce como una matriz **Gauss-Jordan**. Demuestre que, dado un vector x tal que $e_k^T x \neq 0$, existe una matriz Gauss-Jordan matrix G con la propiedad de que Gx es un múltiplo de e_k.

Desarrolle un algoritmo que construya una secuencia de matrices Gauss-Jordan $G_1, G_2, \ldots, G_n$ tal que $(G_n G_{n-1}, \ldots, G_2 G_1)A$ es diagonal. Esto se conoce como el método de **Gauss-Jordan**. Derive condiciones bajo las cuales el método de Gauss-Jordan se puede llevar a cabo hasta el final; y estudie su complejidad.

3.7 Establezca que si se aplica la factorización LU con pivoteo parcial a la matriz A, donde $a_{i,i} = 1$, y $a_{i,n} = 1$ para todo $i = 1 \ldots, n$, y además $a_{i,j} = -1$ para todo $j < i$ (triángulo inferior), se alcanza el factor de crecimiento $\rho = 2^{n-1}$.

3.8 Dadas

(i) $A = \begin{pmatrix} 0 & 1 & 0 & 0 \\ 0 & 0 & 1 & 0 \\ 0 & 0 & 0 & 1 \\ 2 & 3 & 4 & 5 \end{pmatrix}$,

(ii) $A = \begin{pmatrix} 2 & 3 & 4 & 5 \\ 0 & 1 & 0 & 0 \\ 0 & 0 & 0 & 0 \\ 0 & 0 & 1 & 0 \end{pmatrix}$,

(iii) $A = \mathsf{hilb}(5)$,

(iv) $A = \begin{pmatrix} 10^{-4} & 1 \\ 1 & 2 \end{pmatrix}$.

(a) Encuentre una permutación P, una triangular inferior L con unos en la diagonal, y una triangular superior U tal que $PA = LU$.

(b) Usando lo anterior resuelva $Ax = b$, donde $b = (1, 1, \ldots, 1)^T$, para cada A.

(c) Aplique el método de refinamiento iterativo para cada uno de los casos anteriores.

3.9 Sean $A = \begin{pmatrix} 1 & 2 & 1 \\ 2 & 4.0001 & 2.0002 \\ 1 & 2.0002 & 2.0004 \end{pmatrix}$ y $B = \begin{pmatrix} 0 & 2 & 1 \\ 2 & 4.0001 & 2.0002 \\ 1 & 2.0002 & 2.0004 \end{pmatrix}$.

Escriba B como $B = A - uv^T$, y luego calcule B^{-1} usando la fórmula de Sherman-Morrison (3.11), usando que

$$A^{-1} = 10^4 \begin{pmatrix} 4.0010 & -2.0006 & 0.0003 \\ -2.0006 & 1.0004 & -0.0002 \\ 0.0003 & -0.0002 & 0.0001 \end{pmatrix}.$$

3.10 (a) Demuestre que $A = \begin{pmatrix} 4 & -1 & -1 & 0 \\ -1 & 4 & 0 & -1 \\ -1 & 0 & 4 & -1 \\ 0 & -1 & -1 & 4 \end{pmatrix}$ es definida positiva,

usando la factorización LU y la factorización de Cholesky (3.7).

(b) Resuelva $Ax = b$, donde $b = (1, 1, 1, 1)^T$, usando la factorización de Cholesky de A.

3.11 Establezca por inducción que si A es una matriz simétrica definida positiva, todas las raíces cuadradas que se calculan en el algoritmo 3.7 son de números positivos.

3.12 Sea $A \in \mathbb{R}^{n \times n}$ simétrica y definida positiva. Demuestre que

$$\text{traza}(A)\text{traza}(A^{-1}) \geq n^2.$$

3.13 Demuestre que toda matriz diagonal dominante por columnas posee la propiedad de no requerir intercambios de filas durante el proceso de factorización LU, es decir, el elemento de mayor módulo (pivote) siempre estará en la diagonal.

3.14 Considere los vectores $x = (0, 3, 4)^t$ y $z = (5, 0, 0)^t$. Encuentre la transformada de Householder Q que logra $Qx = z$. Describa el subespacio S de dimensión 2 tal que z sea el reflejo de x a través de S.

3.15 Usando el método de Householder, encuentre la factorización QR de la matriz

$$A = \begin{pmatrix} -1 & 2 & 3 \\ 4 & -5 & 6 \\ 7 & 8 & -9 \end{pmatrix}$$

3.16 Sea $A = \begin{pmatrix} C & B \\ B^T & O \end{pmatrix}$, donde C es $n \times n$ y simétrica definida positiva, y B es rango completo. Desarrolle un algoritmo para triangularizar A, y luego uselo para resolver $A \begin{pmatrix} x \\ y \end{pmatrix} = \begin{pmatrix} c \\ g \end{pmatrix}$.

3.17 Demuestre que el proceso de refinamiento iterativo se puede ver como el clásico método de Newton, desde el iterado inicial $\hat{x}$, para encontrar un cero de la función $F(x) = Ax - b$.

3.18 a) Escriba las ecuaciones para aplicar el método de Jacobi al sistema

$$\begin{cases} 2u & + & v & = & 4 \\ u & + & 2v & = & 5, \end{cases}$$

y establezca que converge.

b) Intercambie las 2 ecuaciones y demuestre que ahora no converge. Converge el método de Gauss-Seidel?

3.19 Demuestre que el método de Jacobi converge para una matriz 2×2 simétrica definida positiva.

3.20 Sean $a_{11} \neq 0$ y $a_{22} \neq 0$, y considere

$$A = \begin{pmatrix} a_{11} & a_{12} \\ a_{21} & a_{22} \end{pmatrix}.$$

(i) Establezca que los métodos de Jacobi y Gauss-Seidel para A convergen o divergen simultaneamente.

(ii) Encuentre una condición necesaria y suficiente sobre las entradas de A para que ambos converjan.

(iii) Si ambos convergen, Cuál de ellos lo hace más rapidamente? Justifique.

3.21 Considere el método iterativo estacionario de Richardson [10, 82], desde $x^{(0)}$ dado, para resolver $Ax = b$:

$$x^{(k+1)} = (I - A)x^{(k)} + b = x^{(k)} + r^{(k)},$$

donde $r^{(k)} = b - Ax^{(k)}$ es el vector residual. Demuestre que si se cumple

$$a_{ii} = 1 > \sum_{\substack{j=1 \\ j \neq i}}^{n} |a_{ij}| \quad \text{o bien} \quad a_{jj} = 1 > \sum_{\substack{i=1 \\ i \neq j}}^{n} |a_{ij}|$$

para $i = 1, 2, \ldots, n$ o $j = 1, 2, \ldots, n$, respectivamente, entonces el método de Richardson converge[7].

3.22 Considere el sistema diagonal en bloques

$$\begin{pmatrix} A & 0 & \cdots & \cdots & 0 \\ 0 & A & 0 & \cdots & 0 \\ \vdots & \ddots & \ddots & \ddots & \vdots \\ \vdots & \ddots & \ddots & \ddots & 0 \\ 0 & 0 & \cdots & 0 & A \end{pmatrix}_{25 \times 25} \quad x = \begin{pmatrix} 1 \\ 1 \\ 1 \\ \vdots \\ 1 \end{pmatrix}$$

donde

$$A = \begin{pmatrix} 2 & -1 & 0 & \cdots & 0 \\ -1 & 2 & -1 & \cdots & 0 \\ \vdots & \ddots & \ddots & \ddots & \vdots \\ \vdots & & \ddots & \ddots & -1 \\ 0 & \cdots & \cdots & -1 & 2 \end{pmatrix}_{5 \times 5}$$

Calcule $\rho(B_J)$ y $\rho(B_{GS})$, y encuentre su relación. Resuelva el sistema con 5 iteraciones de Gauss-Seidel y SOR con el ω óptimo. Compare las velocidades de convergencia.

3.23 Ilustre como influye el parámetro ω en la convergencia del método SOR, al resolver el sistema $Ax = b$ desde el iterado inicial $x^{(0)} = 0$, donde $b_i = 1$ para $1 \leq i \leq 4$, y

$$A = \begin{pmatrix} -4 & 1 & 1 & 1 \\ 1 & -4 & 1 & 1 \\ 1 & 1 & -4 & 1 \\ 1 & 1 & 1 & -4 \end{pmatrix}.$$

La solución exacta es $x_i = -1$ para $1 \leq i \leq 4$. Intente con los valores $\omega = 1.0, 1.1, \ldots, 1.9$.

---

[7]En honor a Lewis Fry Richardson (1881 - 1953), matemático, físico, meteorólogo y apasionado pacifista inglés.

3.24 Demuestre que si f es una función convexa y $M \in [-\infty, +\infty]$, entonces los conjuntos de nivel $\{x : f(x) < M\}$ y $\{x : f(x) \le M\}$ son conjuntos convexos.

3.25 Demuestre que en el método de mínimo descenso sobre cuadráticas estrictamente convexas se cumple para todo k

$$\lambda_k = \frac{g_k^T g_k}{g_k^T A g_k}.$$

3.26 Establezca que en el método de mínimo descenso sobre cuadráticas estrictamente convexas $g_{k+1}^T g_k = 0$ para todo k.

3.27 Demuestre que en el método de Cauchy, aplicado a una cuadrática $q(x)$ estrictamente convexa, se cumple

$$q(x_k) = q(x_k - 2\lambda_k g_k),$$

donde $\lambda_k = g_k^T g_k / g_k^T A g_k$ es la longitud óptima.

3.28 Deduzca a nivel de detalles la longitud de paso del segundo método del gradiente espectral, definida en (3.28). ¿Cómo se escribe en el caso de cuadráticas estrictamente convexas?

3.29 Establezca que si $u_{k+1} = r_k + \beta_{k+1} u_k$, entonces β_{k+1} que garantiza la A-conjugancia entre u_k y u_{k+1} viene dado por

$$\beta_{k+1} = -u_k^T A r_k / (u_k^T A u_k).$$

3.30 Demuestre que, en el método GC, $r_k^t r_j = 0$ para $1 \le j \le k - 1$.

3.31 Demuestre que, en el método GC, $r_k^t u_j = 0$ para $1 \le j \le k$, y luego establezca el Teorema 3.29.

4

SISTEMAS DE ECUACIONES NO LINEALES Y OPTIMIZACIÓN NUMÉRICA

Los sistemas de ecuaciones no lineales surgen de forma natural en la modelación matemática de una gran variedad de problemas de la vida real. En general, estos sistemas se escriben como el problema de encontrar una raíz, o un cero, común a un conjunto de funciones: encontrar $x_j \in \mathbb{R}$, para $j = 1, 2, \ldots, n$, tal que

$$f_i(x_1, \ldots, x_n) = 0 \quad \text{para} \quad i = 1, 2, \ldots, n,$$

donde cada f_i es una función dada de n variables. Este sistema de ecuaciones es no lineal si al menos una de las funciones f_i depende no linealmente de al menos una de las variables x_j. Usando notación vectorial, el sistema también se puede escribir como: encontrar $x = [x_1, \ldots, x_n]^T \in \mathbb{R}^n$ tal que

$$F(x) = [f_1(x), \ldots, f_n(x)]^T = 0. \tag{4.1}$$

Si cada función f_i depende linealmente de todas las variables entonces el sistema se puede escribir como un sistema de ecuaciones lineales $Ax = b$, donde $b \in \mathbb{R}^n$ y A es una matriz $n \times n$.

La existencia y unicidad de soluciones de un sistema de ecuaciones es un tema mucho más complicado en el caso no lineal del tipo (4.1), que en el caso lineal. Como vimos en el capítulo anterior, al resolver $Ax = b$, el número de soluciones es cero (cuando $b \notin R(A)$), infinitas (cuando A es singular y $b \in R(A)$), o una (cuando A es no singular); mientras que el sistema (4.1) puede no tener soluciones, tener infinitas soluciones, o cualquier número finito de soluciones. Por ejemplo, la función $e^{-x} - 2x = 0$ tiene una única raíz real, mientras que la función $sen\, x - \frac{1}{2} = 0$ tiene una cantidad infinita numerable de raíces reales, y la función $x^3 - 6x^2 + 11x - 6 = 0$ tiene exactamente 3 raíces reales.

4.1 Método de Newton

La idea básica original del método de Newton en una variable, discutida en el Capítulo 2, se puede extender al problema no lineal (4.1) en n variables. En $\mathbb{R}^n$, el método aproxima la solución de un sistema no lineal de ecuaciones mediante la solución de una sucesión de sistemas de ecuaciones lineales. Por tanto, en la iteración k la idea básica es definir x_{k+1} como la raíz del modelo lineal

$$M_k(x) = F(x_k) + J(x_k)(x - x_k),$$

donde suponemos que la función $F : \mathbb{R}^n \to \mathbb{R}^n$ es diferenciable en un vecindario de una solución x_* y donde $J(x_k)$ es la matriz Jacobiana de dimensión $n \times n$ y cuyas entradas vienen dadas por $J_{ij}(x_k) = \partial f_i / \partial x_j(x_k)$ para $1 \le i, j \le n$. Las iteraciones del método de Newton se describen en el siguiente algoritmo.

Algoritmo 4.1 (Método de Newton).
Entradas: $F(x)$, $J(x)$, *el iterado inicial* $x_0 \in \mathbb{R}^n$, *la tolerancia* $\epsilon > 0$, *y el máximo número de iteraciones* N.
Salida: *Una aproximación a la raíz* x_* *o un mensaje de falla.*
Desde $k = 0, 1, \cdots$, *hacer hasta la convergencia o* N *iteraciones*

- *Resolver* $J(x_k)s_k = -F(x_k)$ *para obtener* s_k

- *Asignar* $x_{k+1} = x_k + s_k$

- *Detener el proceso:*
  Si $\|F(x_k)\| < \epsilon$,

  $o \quad \dfrac{\|x_{k+1} - x_k\|}{\|x_k\|} < \epsilon,$ $\left.\vphantom{\dfrac{\|x_{k+1} - x_k\|}{\|x_k\|}}\right]$ *Criterios de parada.*

  $o \quad k > N$, *detener.*

Fin

Veamos ahora un ejemplo numérico simple, en dos variables, para ilustrar el método de Newton.

Ejemplo 4.1. *Vamos a resolver el siguiente sistema de ecuaciones no lineales*

$$F(x) \equiv \begin{bmatrix} x_1^2 - 2x_2 + 1 \\ 2x_1 + x_2^2 - 3 \end{bmatrix} = \begin{bmatrix} 0 \\ 0 \end{bmatrix},$$

para el cual la matriz Jacobiana viene dada por

$$J(x) = \begin{bmatrix} 2x_1 & -2 \\ 2 & 2x_2 \end{bmatrix}.$$

Si comenzamos desde $x_0 = [2 \ 2]^T$, tenemos que

$$F(x_0) = \begin{bmatrix} 1 \\ 5 \end{bmatrix} \quad y \quad J(x_0) = \begin{bmatrix} 4 & -2 \\ 2 & 4 \end{bmatrix}.$$

Al resolver el sistema lineal

$$\begin{bmatrix} 4 & -2 \\ 2 & 4 \end{bmatrix} s_0 = \begin{bmatrix} -1 \\ -5 \end{bmatrix}$$

obtenemos $s_0 = [-0.7 \ -0.9]^T$, y por tanto

$$x_1 = x_0 + s_0 = [1.3 \ 1.1]^T, \ F(x_1) = \begin{bmatrix} 0.49 \\ 0.81 \end{bmatrix}, \quad y \quad J(x_1) = \begin{bmatrix} 2.6 & -2 \\ 2 & 2.2 \end{bmatrix}.$$

Resolvemos ahora el sistema lineal

$$\begin{bmatrix} 2.6 & -2 \\ 2 & 2.2 \end{bmatrix} s_1 = \begin{bmatrix} -0.49 \\ -0.81 \end{bmatrix}$$

y obtenemos $s_1 = [-0.2776 \ -0.1158]^T$, y por tanto

$$x_2 = x_1 + s_1 = [1.0224 \ 0.9842]^T, \quad y \quad F(x_2) = \begin{bmatrix} 0.0769 \\ 0.0134 \end{bmatrix}.$$

Las iteraciones continuan hasta la convergencia hacia la solución $x_* = [1 \ 1]^T$.

Nótese que el método de Newton es invariante bajo escalamientos: si el método se aplica al sistema no lineal $AF(x) = 0$, para cualquier matriz $n \times n$ no singular A, la sucesión de iterados que se obtiene es idéntica a la que se obtiene cuando el método se aplica al sistema $F(x) = 0$. Otra propiedad de gran importancia asociada al método de Newton es su rápida velocidad de convergencia local. El siguiente resultado establece, bajo hipótesis estándar, la velocidad local y q-cuadrática del método para resolver (4.1). La demostración de este resultado se puede ver, por ejemplo, en [30]; resultados similares se pueden encontrar en [7, 36, 56, 70]. Más adelante demostraremos un resultado de convergencia local más general que incluye al método de Newton como caso especial, y que también incluye algunas de sus variantes prácticas. En el resto de este capítulo, denotamos por $\| \cdot \|$ a cualquier norma de vectores en $\mathbb{R}^n$, y también a su norma matricial inducida.

Teorema 4.2. *Sea $F : \mathbb{R}^n \to \mathbb{R}^n$ una función continuamente diferenciable en un sub-conjunto abierto y convexo $D \subset \mathbb{R}^n$. Supongamos que existen $x_* \in \mathbb{R}^n$ y $r, \beta > 0$, tales que $N(x_*, r) \subset D$, $F(x_*) = 0$, $J(x_*)^{-1}$ existe y cumple que $\|J(x_*)^{-1}\| \leq \beta$, y además $J(x)$ es Lipschitz continua en $N(x_*, r)$ con constante $\gamma > 0$. Entonces existe $\epsilon > 0$ tal que para todo $x_0 \in N(x_*, \epsilon)$, la sucesión $\{x_k\}_{k \geq 0}$ generada por el método de Newton está bien definida, converge a x_*, y además se cumple que*

$$\|x_{k+1} - x_*\| \leq \beta\gamma\|x_k - x_*\|^2, \quad \forall k \geq 0. \tag{4.2}$$

De la desigualdad (4.2) concluimos que el método de Newton tiene convergencia local q-cuadrática cuando la matriz $J(x_*)$ es no singular, lo que claramente indica una velocidad muy rápida una vez que los iterados se encuentran cercanos a x_*. Así pues, el método de Newton posee propiedades teóricas muy atractivas, pero en general es muy difícil de aplicar en problemas prácticos por diversas razones, entre las cuales destacan la necesidad de conocer las derivadas exactas, la necesidad de conocer un iterado inicial cercano a la solución para garantizar su convergencia, y el costo computacional de resolver un sistema de ecuaciones lineales $n \times n$ por iteración.

4.2   Variantes prácticas del método de Newton

Vamos a comenzar con un resultado teórico que permitirá establecer la velocidad local de convergencia de algunas de las variantes a considerar. En nuestro próximo teorema suponemos que el sistema lineal $J(x_k)s_k = -F(x_k)$, que se resuelve en cada iteración del método de Newton, se sustituye por la solución del sistema $A_k s_k = -F(x_k)$, donde la matriz A_k es $n \times n$ y aproxima a $J(x_k)$. Para poder establecer este resultado general de convergencia necesitamos dos lemas previos, y además necesitamos recordar la extensión del Teorema clásico de Taylor para funciones multivariables.

Lema 4.3. *Si $A \in \mathbb{R}^{n \times n}$ cumple que $\|A\| < 1$ entonces $(I - A)^{-1}$ existe y*

$$\|(I - A)^{-1}\| \leq \frac{1}{1 - \|A\|}.$$

Demostración. Consideremos, para cualquier $k \in N$, la matriz

$$S_k = I + A + \cdots + A^k.$$

Sean $m > n$ dos enteros positivos. Como

$$\|S_m - S_n\| = \| \sum_{i=m+1}^{n} A^i \| \leq \sum_{i=m+1}^{n} \|A\|^i \to 0,$$

cuando $n \to \infty$, entonces $\{S_k\}$ es una sucesión de Cauchy, y como $\mathbb{R}^{n \times n}$ es un espacio de dimensión finita, existe $S_* \in \mathbb{R}^{n \times n}$ tal que $\lim_{k \to \infty} S_k = S_*$. Ahora bien,

$$(I - A)S_k = I - A^{k+1},$$

y como $\|A^{k+1}\| \leq \|A\|^{k+1} \to 0$ cuando $k \to \infty$, obtenemos que

$$I = \lim_{k \to \infty} (I - A)S_k = (I - A) \lim_{k \to \infty} S_k = (I - A)S_*,$$

y concluimos que $S_* = (I - A)^{-1}$. Se cumple que $(1 - \|A\|) \sum_{i=0}^{\infty} \|A\|^i = 1$, y por tanto

$$\|S_k\| \leq \sum_{i=0}^{k} \|A\|^i \leq \sum_{i=0}^{\infty} \|A\|^i = \frac{1}{1 - \|A\|}.$$

$\square$

Directamente del Lema 4.3 se obtiene el siguiente resultado.

Lema 4.4. *Si A y B son matrices en $\mathbb{R}^{n \times n}$ tal que A es una matriz no-singular y $\|A^{-1}(B - A)\| < 1$, entonces B también es no-singular y*

$$\|B^{-1}\| \leq \frac{\|A^{-1}\|}{1 - \|A^{-1}(B - A)\|}.$$

Para funciones no lineales de $\mathbb{R}^n$ en $\mathbb{R}^m$, donde $n > 1$ y $m > 1$ son números naturales, el Teorema de Taylor se extiende como se indica en el próximo resultado; cuya demostración se puede ver, por ejemplo, en [30].

Teorema 4.5. *Sea $F : \mathbb{R}^n \to \mathbb{R}^m$ continuamente diferenciable en una región abierta y convexa $D \subset \mathbb{R}^n$, y sea $\| \cdot \|$ una norma de vectores que induce una norma de matrices. Sí, además, $J(x)$ es Lipschitz continua en D con constante γ, entonces para todo $x, x + p \in D$*

$$\|F(x+p) - F(x) - J(x)p\| \leq \frac{\gamma}{2}\|p\|^2.$$

Teorema 4.6. *Sea $F : \mathbb{R}^n \to \mathbb{R}^n$ una función continuamente diferenciable en un sub-conjunto abierto y convexo $D \subset \mathbb{R}^n$. Supongamos que existen $x_* \in D$ y $r, \beta > 0$, tales que $N(x_*, r) \subset D$, $F(x_*) = 0$, $J(x_*)^{-1}$ existe y cumple que $\|J(x_*)^{-1}\| \leq \beta$, y además que $J(x)$ es Lipschitz continua en $N(x_*, r)$ con constante $\gamma > 0$. Entonces existen $\epsilon > 0$ y $\varphi > 0$ tal que para todo $x_0 \in N(x_*, \epsilon)$, y para toda sucesión $\{A_k\} \subseteq \mathbb{R}^{n \times n}$ que cumpla $\|A_k - J(x_k)\| \leq \varphi_k \leq \varphi$, para todo k, la sucesión $x_{k+1} = x_k - A_k^{-1}F(x_k)$ está bien definida, converge a x_*, y más aún*

$$\|x_{k+1} - x_*\| \leq \beta(\gamma\|x_k - x_*\| + 2\varphi)\|x_k - x_*\|, \quad \forall k \geq 0. \tag{4.3}$$

Demostración. Sean $\epsilon > 0$ y $\varphi > 0$ tal que $\epsilon \leq r$ y $\gamma\epsilon + 2\varphi \leq 1/(2\beta)$. La demostración es por inducción sobre k, y el caso $k = 0$ se establece usando los mismos argumentos que se usan en la prueba inductiva. Supongamos que $x_k \in N(x_*, \epsilon)$ (hipótesis inductiva). Estableceremos que $\|x_{k+1} - x_*\| \leq 1/2\|x_k - x_*\|$ y por ende $x_{k+1} \in N(x_*, \epsilon)$, y además que se cumple (4.3).

Claramente,

$$
\begin{aligned}
\|J(x_*)^{-1}(A_k - J(x_*))\| &= \|J(x_*)^{-1}(A_k - J(x_k) + J(x_k) - J(x_*))\| \\
&\leq \beta(\|A_k - J(x_k)\| + \gamma\|x_k - x_*\|) \\
&\leq \beta(\varphi + \gamma\epsilon) \leq \beta(\frac{1}{2\beta}) < 1,
\end{aligned}
$$

y usando el Lema 4.4 se tiene que A_k^{-1} existe y

$$\|A_k^{-1}\| \leq \frac{\|J(x_*)^{-1}\|}{1 - \|J(x_*)^{-1}(A_k - J(x_*))\|} \leq 2\beta,$$

y por tanto x_{k+1} está bien definido. Usando el Teorema 4.5 obtenemos

$$
\begin{aligned}
\|x_{k+1} - x_*\| &= \|x_k - x_* - A_k^{-1}F(x_k)\| \\
&= \|x_k - x_* - A_k^{-1}(F(x_k) - F(x_*))\| \\
&= \|A_k^{-1}(A_k(x_k - x_*) + F(x_*) - F(x_k))\| \\
&= \|A_k^{-1}(F(x_*) - F(x_k) - J(x_k)(x_* - x_k) + \\
&\quad + (J(x_k) - A_k)(x_* - x_k))\| \\
&\leq 2\beta(\frac{\gamma}{2}\|x_k - x_*\|^2 + \varphi_k\|x_k - x_*\|),
\end{aligned}
$$

y se establece (4.3). Para establecer que $x_{k+1} \in N(x_*, \epsilon)$ consideremos (4.3)

$$
\begin{aligned}
\|x_{k+1} - x_*\| &\leq \beta\|x_k - x_*\|(\gamma\|x_k - x_*\| + 2\varphi) \\
&\leq \|x_k - x_*\|\beta(\gamma\epsilon + 2\varphi) \\
&\leq \frac{\beta}{2\beta}\|x_k - x_*\| = \frac{1}{2}\|x_k - x_*\| \leq \epsilon.
\end{aligned}
$$

$\square$

Nótese que si $A_k = J(x_k)$ entonces $\varphi = 0$ y el Teorema 4.6 se reduce al Teorema 4.2 que establece la convergencia del método de Newton.

Una primera variante que puede ser útil en algunas aplicaciones es dejar fija la matriz Jacobiana en la primera iteración y usarlo en el resto de las iteraciones. Esta variante se conoce como el método de Newton modificado, sus iteraciones se definen como $x_{k+1} = x_k - J(x_0)^{-1}F(x_k)$, y se puede establecer que su velocidad local es q-lineal.

> **Corolario 4.7.** *Bajo las mismas hipótesis del Teorema 4.6 existe $\epsilon > 0$ tal que para todo $x_0 \in N(x_*, \epsilon)$, el método de Newton modificado,*
>
> $$x_{k+1} = x_k - J(x_0)^{-1}F(x_k),$$
>
> *está bien definido y converge q-linealmente a x_*.*

Demostración. Sea $\varphi = \|J(x_0) - J(x_*)\|$, y consideremos

$$\varphi_k = \|J(x_0) - J(x_k)\| \leq \gamma\|x_0 - x_k\| \leq \gamma(\|x_0 - x_*\| + \|x_* - x_k\|) \leq 2\gamma\epsilon.$$

Queremos escoger $\epsilon > 0$ tal que $\varphi_k \leq 2\gamma\epsilon \leq \varphi$; y obtenemos que $\epsilon \leq \varphi/2\gamma$.

Por otro lado, usando el Teorema 4.6, obtenemos que

$$\|x_{k+1} - x_*\|/\|x_k - x_*\| \leq \beta\gamma\|x_k - x_*\| + 2\beta\varphi_k \leq \beta\gamma\epsilon + 2\beta(2\gamma\epsilon) = 5\beta\gamma\epsilon.$$

Si queremos garantizar convergencia q-lineal, por ejemplo con factor al menos $1/2$, conviene escoger $\epsilon \leq 1/(10\beta\gamma)$. Combinando con lo anterior, concluimos que si $0 < \epsilon \leq \min\{\varphi/2\gamma, 1/(10\beta\gamma)\}$, el método de Newton modificado está bien definido y converge local y q-linealmente a x_*. $\qquad\square$

Ejemplo 4.2. *Vamos a ilustrar el método de Newton modificado resolviendo el mismo sistema del Ejemplo 4.1, comenzando desde el mismo iterado inicial $x_0 = [2 \ \ 2]^T$, donde*

$$J(x_0) = \begin{bmatrix} 4 & -2 \\ 2 & 4 \end{bmatrix}.$$

Claramente, la primera iteración coincide con la primera iteración del método de Newton, y por tanto tenemos que

$$x_1 = [1.3 \ \ 1.1]^T, \quad y \ \ F(x_1) = \begin{bmatrix} 0.49 \\ 0.81 \end{bmatrix}.$$

Resolvemos ahora el sistema lineal $J(x_0)s_1 = -F(x_1)$, que se escribe matricialmente como

$$\begin{bmatrix} 4 & -2 \\ 2 & 4 \end{bmatrix} s_1 = \begin{bmatrix} -0.49 \\ -0.81 \end{bmatrix}$$

y obtenemos $s_1 = [-0.179 \ \ -0.113]^T$, y por tanto

$$x_2 = x_1 + s_1 = [1.121 \ \ 0.987]^T, \quad y \ \ F(x_2) = \begin{bmatrix} 0.2826 \\ 0.2162 \end{bmatrix}.$$

Las iteraciones continuan hasta la convergencia hacia la solución $x_* = [1 \ \ 1]^T$, al igual que el método de Newton. En este caso se observa velocidad de convergencia q-lineal, mientras que para el método de Newton aplicado a este mismo problema se observa convergencia q-cuadrática.

Ahora bien, si las derivadas parciales de F no están disponibles, o son muy costosas de calcular, se pueden aproximar usando diferencias finitas. La opción más conocida es aproximar la j-ésima columna de $J(x_k)$, mediante la siguiente diferencia finita:

$$(A_k)_j = (F(x_k + h_k e_j) - F(x_k))/h_k, \tag{4.4}$$

donde e_j denota el j-ésimo vector unitario y $h_k > 0$ es un número que se escoge suficientemente pequeño. Nótese que, cuando usamos esta aproximación a $J(x_k)$, para construir la matriz A_k la función F debe ser evaluada $n+1$ veces por iteración, una vez por cada columna y una más para obtener $F(x_k)$. Por esta razón, esta variante es interesante y atractiva sólo cuando la evaluación de F no es costosa. Un caso especial de aproximación por diferencias finitas es escoger $h_k = \|F(x_k)\|$ que se conoce como el método de Steffensen. Usando los resultados del cálculo multivariable, se prueba que para toda $1 \le j \le n$ y en toda iteración k

$$\|(A_k)_j - J(x_k)_j\| \le \frac{\gamma}{2}|h_k|. \tag{4.5}$$

La desigualdad (4.5) permite estudiar la convergencia local de las distintas opciones asociadas con la aproximación a $J(x_k)$ via diferencias finitas.

Corolario 4.8. *Bajo las mismas hipótesis del Teorema 4.6 existe $\epsilon > 0$ y $h > 0$ tal que para todo $x_0 \in N(x_*, \epsilon)$, y $0 < |h_k| \le h$, el método*

$$x_{k+1} = x_k - A_k^{-1} F(x_k),$$

donde A_k se construye con diferencias finitas, está bien definido y converge q-linealmente a x_*. Si además, $h_k \to 0$ entonces el método converge q-superlinealmente; y si $|h_k| \le c_1\|x_k - x_*\|$ o $|h_k| \le c_2\|F(x_k)\|$ con constantes $c_1 > 0$ y $c_2 > 0$, entonces el método converge q-cuadráticamente.

Demostración. Por la desigualdad (4.5) sabemos que existe $\hat{c} > 0$ tal que $\varphi_k \le \hat{c}|h|$ en el Teorema 4.6. Si ahora escogemos $\epsilon \le 1/(4\beta\gamma)$ y $|h| \le 1/(8\beta\hat{c})$ en la desigualdad (4.3) obtenemos que $\|x_{k+1} - x_*\| \le \frac{1}{2}\|x_k - x_*\|$ y se establece la convergencia q-lineal a x_*. La convergencia q-superlineal a x_* cuando $h_k \to 0$ se desprende directamente de la desigualdad (4.3). De forma similar, la convergencia q-cuadrática a x_* cuando $|h_k| \le c_1\|x_k - x_*\|$ se obtiene directamente de la desigualdad (4.3). Para establecer la convergencia q-cuadrática a x_* cuando $|h_k| \le c_2\|F(x_k)\|$ se combina la expansión de Taylor de $F(x_k)$ alrededor de x_* con (4.3). □

4.3 Método de la secante o casi-Newton

Otra de las variantes prácticas del método de Newton, para resolver (4.1), se obtiene al extender el conocido método de la secante en una variable al caso multidimensional.

Para resolver sistemas de ecuaciones no lineales de la forma (4.1) se conocen diferentes métodos de la secante, también conocidos como los métodos casi-Newton. La principal característica de los métodos casi-Newton, que heredan del caso escalar, es que no se necesita de forma explícita la matriz Jacobiana $J(x)$. Al igual que en el desarrollo del método de Newton, en cada iteración k, x_{k+1} se obtiene como la solución de un modelo lineal, que en este caso viene dado por

$$\widehat{M}_k(x) = F(x_k) + A_k(x - x_k). \tag{4.6}$$

En el caso vectorial, se desea escoger A_k, una matriz $n \times n$, que aproxime a $J(x_k)$. Claramente, si $A_k = J(x_k)$, para todo k, recuperamos el método de Newton. Sin embargo, se desea evitar el uso de las derivadas exactas, es decir, se desea evitar el uso de $J(x_k)$, y por esa razón la matriz A_k se escoge entre aquellas que satisfacen $F(x_{k-1}) = \widehat{M}_k(x_{k-1})$. Cuando esta condición se impone en (4.6), obtenemos la así llamada *ecuación de la secante*:

$$A_k s_{k-1} = y_{k-1}, \tag{4.7}$$

donde $s_{k-1} = x_k - x_{k-1}$ y $y_{k-1} = F(x_k) - F(x_{k-1})$. Al igual que en el caso escalar, la ecuación (4.6) satisface que $\widehat{M}_k(x_k) = F(x_k)$ y el próximo iterado, x_{k+1}, es aquél que cumple $\widehat{M}_k(x_{k+1}) = 0$. Todo método generado por este procedimiento se conoce como un método tipo-secante o método Casi-Newton, y se puede escribir como

$$x_{k+1} = x_k - A_k^{-1} F(x_k),$$

donde el vector x_0 y la matriz A_0 se deben conocer antes de iterar. Así, en todo método Casi-Newton se generan dos sucesiones, una de iterados $\{x_k\}$, y otra sucesión de matrices $\{A_k\}$.

Notese que la ecuación de la secante (4.7) representa un sistema lineal de n ecuaciones y n^2 incógnitas (las n^2 entradas de A_k), lo cual implica que existen infinitas posibles maneras de construir la matriz A_k en cada iteración. Una opción muy exitosa para escoger A_{k+1} de forma única, en cada k, fue propuesta por Broyden[1] en 1965 [12], y luego analizada en profundidad por Dennis [28]. La idea propuesta por Broyden consiste en escoger A_{k+1}, entre aquellas que satisfacen la ecuación de la secante (4.7), como la más cercana posible a la anterior, A_k, lo cual posee sentido local en el proceso de convergencia a x_*.

---

[1]Charles Broyden (1933-2011), matemático británico.

Definamos el conjunto $Q(s_k, y_k)$ de la matrices que satisfacen (4.7)

$$Q(s_k, y_k) = \{B \in \mathbb{R}^{n \times n} : Bs_k = y_k\}.$$

El problema de optimización que propuso resolver Broyden [12] para obtener A_{k+1} es el siguiente:

$$\text{minimizar} \, \|B - A_k\|_F \quad \text{sujeto a} \quad B \in Q(s_k, y_k), \tag{4.8}$$

cuya solución se describe en el siguiente teorema.

Teorema 4.9. *Sean $A_k \in \mathbb{R}^{n \times n}$, y $s_k, y_k \in \mathbb{R}^n$ tal que $s_k \neq 0$. Entonces el problema (4.8) tiene como única solución*

$$A_{k+1} = A_k + \frac{(y_k - A_k s_k)s_k^T}{s_k^T s_k} \tag{4.9}$$

Demostración. Un cálculo simple y directo establece que A_{k+1} en (4.9) pertenece al conjunto $Q(s_k, y_k)$. Sea $B \in Q(s_k, y_k)$ una matriz arbitraria. Usando (4.9) de forma directa obtenemos la siguiente desigualdad, en donde aplicamos propiedades de la norma de Frobenius que fueron estudiadas en el Capítulo 1

$$
\begin{aligned}
\|A_{k+1} - A_k\|_F &= \left\| \frac{(y_k - A_k s_k)s_k^T}{s_k^T s_k} \right\|_F = \left\| \frac{(B - A_k)(s_k s_k^T)}{s_k^T s_k} \right\|_F \\
&\leq \|B - A_k\|_F \left\| \frac{s_k s_k^T}{s_k^T s_k} \right\|_F = \|B - A_k\|_F \frac{s_k^T s_k}{s_k^T s_k} = \|B - A_k\|_F,
\end{aligned}
$$

la cual establece el resultado. $\qquad\square$

Comenzando desde un vector dado $x_0 \in \mathbb{R}^n$ y una matriz dada $A_0 \in \mathbb{R}^{n \times n}$, las iteraciones del método de Broyden se describen en el siguiente algoritmo.

Algoritmo 4.10 (Método de Broyden).

Entradas: $F(x)$, el iterado inicial $x_0 \in \mathbb{R}^n$, $A_0 \in \mathbb{R}^{n \times n}$, la tolerancia $\epsilon > 0$, y el máximo número de iteraciones N.

Salida: Una aproximación a la raíz x_* o un mensaje de falla.

Desde $k = 0, 1, \cdots$, hacer hasta la convergencia o N iteraciones

- Resolver $A_k s_k = -F(x_k)$ para obtener s_k

- Asignar $x_{k+1} = x_k + s_k$ y $y_k = F(x_{k+1}) - F(x_k)$

- Asignar $A_{k+1} = A_k + ((y_k - A_k s_k)s_k^T)/(s_k^T s_k)$

- Detener el proceso:

$$\left.\begin{array}{l} \text{Si} \quad \|F(x_k)\| < \epsilon, \\ \text{o} \quad \dfrac{\|x_{k+1} - x_k\|}{\|x_k\|} < \epsilon, \\ \text{o} \quad k > N, \text{ detener.} \end{array}\right] \quad \text{Criterios de parada.}$$

Fin

Ejemplo 4.3. *Vamos a ilustrar el método de Broyden resolviendo de nuevo el sistema de ecuaciones no lineales del Ejemplo 4.1,*

$$F(x) \equiv \begin{bmatrix} x_1^2 - 2x_2 + 1 \\ 2x_1 + x_2^2 - 3 \end{bmatrix} = \begin{bmatrix} 0 \\ 0 \end{bmatrix}.$$

Comenzamos de nuevo desde $x_0 = [2 \ \ 2]^T$, para el cual $F(x_0) = [1 \ \ 5]^T$, y escogemos

$$A_0 = J(x_0) = \begin{bmatrix} 4 & -2 \\ 2 & 4 \end{bmatrix}.$$

Al resolver el sistema lineal

$$\begin{bmatrix} 4 & -2 \\ 2 & 4 \end{bmatrix} s_0 = \begin{bmatrix} -1 \\ -5 \end{bmatrix}$$

obtenemos $s_0 = [-0.7 \ \ -0.9]^T$, y por tanto

$$x_1 = x_0 + s_0 = [1.3 \ \ 1.1]^T, \quad F(x_1) = \begin{bmatrix} 0.49 \\ 0.81 \end{bmatrix}, \quad y \quad y_0 = \begin{bmatrix} -0.51 \\ -4.19 \end{bmatrix}.$$

Usamos ahora la fórmula de Broyden: $A_1 = A_0 + \dfrac{(y_0 - A_0 s_0)s_0^T}{s_0^T s_0}$, y se obtiene

$$A_1 = \begin{bmatrix} 4 & -2 \\ 2 & 4 \end{bmatrix} + \begin{bmatrix} -0.2638 & -0.3392 \\ -0.4362 & -0.5608 \end{bmatrix} = \begin{bmatrix} 3.7362 & -2.3392 \\ 1.5638 & 3.4392 \end{bmatrix}.$$

Resolvemos ahora el sistema lineal

$$\begin{bmatrix} 3.7362 & -2.3392 \\ 1.5638 & 3.4392 \end{bmatrix} s_1 = \begin{bmatrix} -0.49 \\ -0.81 \end{bmatrix}$$

y obtenemos $s_1 = [-0.2169 \quad -0.1369]^T$, y por tanto

$$x_2 = x_1 + s_1 = [1.0831 \quad 0.9631]^T, \quad F(x_2) = \begin{bmatrix} 0.2470 \\ 0.0938 \end{bmatrix}, \quad y \quad y_1 = \begin{bmatrix} -0.243 \\ -0.7162 \end{bmatrix}.$$

Usamos de nuevo la fórmula de Broyden: $A_2 = A_1 + \frac{(y_1 - A_1 s_1)s_1^T}{s_1^T s_1}$, y se obtiene

$$A_2 = \begin{bmatrix} 3.7362 & -2.3392 \\ 1.5638 & 3.4392 \end{bmatrix} + \begin{bmatrix} -0.8144 & -0.5141 \\ -0.3093 & -0.1952 \end{bmatrix} = \begin{bmatrix} 2.9218 & -2.8533 \\ 1.2546 & 3.2440 \end{bmatrix}.$$

Resolvemos ahora el sistema lineal

$$\begin{bmatrix} 2.9218 & -2.8533 \\ 1.2546 & 3.2440 \end{bmatrix} s_2 = \begin{bmatrix} -0.2470 \\ -0.0938 \end{bmatrix}$$

y obtenemos $s_2 = [-0.0819 \quad 0.0027]^T$, y por tanto

$$x_3 = x_2 + s_2 = [1.0013 \quad 0.9658]^T.$$

Las iteraciones continuan hasta la convergencia hacia la solución $x_* = [1 \ 1]^T$.

Es importante destacar que el método de Broyden sólo requiere una evaluación de F por iteración y no requiere la matriz Jacobiana $J(x)$, que al igual que el método de Newton no posee convergencia global, y que la matriz A_{k+1} difiere de A_k en una matriz de rango uno. Esta última característica permite resolver el sistema lineal $A_k s_k = -F(x_k)$ usando la factorización QR a un costo computacional $(O(n^2))$ en cada iteración, en lugar del costo tradicional $(O(n^3))$; ver por ejemplo [30, 36, 64]. Otra característica del método de Broyden, que se observa en la práctica (Ejercicio 4.7), es que aún si la sucesión $\{x_k\}$ converge a un vector solución x_*, la sucesión de matrices A_k no converge a $J(x_*)$. Esta inconsistencia obligó a desarrollar una teoría novedosa y creativa de convergencia local para los métodos casi-Newton en general, que se inicia con los trabajos de Dennis [28] y Broyden, Dennis y Moré [15]. Una propiedad que juega un papel fundamental en la convergencia local es la así llamada *Propiedad del Deterioro Acotado* (PDA): un método casi-Newton posee la propiedad PDA si en alguna norma inducida y para todo k

$$\|A_{k+1} - J(x_*)\| \leq \|A_k - J(x_*)\| + \frac{\gamma}{2}(\|e_k\| + \|e_{k+1}\|), \tag{4.10}$$

donde γ es la constante de Lipschitz de $J(x)$, y $e_k = (x_k - x_*)$ para todo k.

Para establecer que el método de Broyden cumple la propiedad PDA (4.10), necesitamos recordar la extensión del Teorema fundamental del cálculo para funciones multivariables, cuya demostración se puede ver, por ejemplo, en [30]; y además necesitamos una generalización especial del Teorema de Taylor.

Teorema fundamental del cálculo

Sea $F : \mathbb{R}^n \to \mathbb{R}^m$ continuamente diferenciable en una región abierta y convexa $D \subset \mathbb{R}^n$. Para todo $x \in D$ y $p \in \mathbb{R}^n$ tal que $x + p \in D$ se cumple

$$F(x + p) = F(x) + \int_0^1 J(x + tp)p\,dt.$$

Teorema 4.11. *Sea $F : \mathbb{R}^n \to \mathbb{R}^m$ continuamente diferenciable en una región abierta y convexa $D \subset \mathbb{R}^n$, y sea $\| \cdot \|$ una norma de vectores que induce una norma de matrices. Si, además, $J(x)$ es Lipschitz continua en D con constante γ, entonces para todo $x, u, v \in D$*

$$\|F(v) - F(u) - J(x)(v - u)\| \leq \frac{\gamma}{2}(\|u - x\| + \|v - x\|)\|v - u\|.$$

Demostración. Usando el Teorema fundamental del cálculo, propiedades de la integral y de cualquier norma inducida, y la condición Lipschitz de $J(x)$, obtenemos

$$
\begin{aligned}
\|F(v) - F(u) - J(x)(v - u)\| &= \left\| \int_0^1 J(u + t(v - u))(v - u)dt - J(x)(v - u) \right\| \\
&\leq \int_0^1 \|J(u + t(v - u)) - J(x)\|dt\,\|v - u\| \\
&\leq \gamma \int_0^1 \|u + t(v - u) - x\|dt\,\|v - u\| \\
&\leq \gamma \int_0^1 ((1 - t)\|u - x\| + t\|v - x\|)dt\,\|v - u\| \\
&= \frac{\gamma}{2}(\|u - x\| + \|v - x\|)\|v - u\|,
\end{aligned}
$$

y el teorema queda establecido. $\square$

Teorema 4.12. *Sea $F : \mathbb{R}^n \to \mathbb{R}^n$ una función continuamente diferenciable en un sub-conjunto abierto y convexo $D \subset \mathbb{R}^n$. Supongamos que existen $x_*, x_k, x_{k+1} \in D$, $F(x_*) = 0$, y además que $J(x)$ es Lipschitz continua en D con constante $\gamma > 0$. Entonces el método de Broyden cumple la propiedad PDA (4.10).*

Demostración. Consideremos la norma Euclídea, o norma-2. En este caso, tomando en cuenta que $(I - s_k s_k^T/(s_k^T s_k))^2 = (I - s_k s_k^T/(s_k^T s_k))$, concluimos que todos los autovalores de $(I - s_k s_k^T/(s_k^T s_k))$ son de modulo 1, y por tanto

$$\left\| I - \frac{s_k s_k^T}{s_k^T s_k} \right\|_2 = 1. \tag{4.11}$$

Usando (4.11) y el Teorema 4.11 obtenemos la desigualdad

$$
\begin{aligned}
\|A_{k+1} - J(x_*)\|_2 &= \left\| A_k - J(x_*) + \frac{(y_k - A_k s_k)s_k^T}{s_k^T s_k} \right\|_2 \\
&= \left\| (A_k - J(x_*))(I - \frac{s_k s_k^T}{s_k^T s_k}) + (\frac{(y_k - J(x_*)s_k)s_k^T}{s_k^T s_k}) \right\|_2 \\
&\leq \|A_k - J(x_*)\|_2 \left\| I - \frac{s_k s_k^T}{s_k^T s_k} \right\|_2 + \left\| \frac{(y_k - J(x_*)s_k)s_k^T}{s_k^T s_k} \right\|_2 \\
&\leq \|A_k - J(x_*)\|_2 + \frac{\|y_k - J(x_*)s_k\|_2}{\|s_k\|_2} \\
&\leq \|A_k - J(x_*)\|_2 + \frac{\gamma}{2}(\|e_{k+1}\|_2 + \|e_k\|_2),
\end{aligned}
$$

que establece el resultado. $\qquad\square$

Nuestro próximo resultado establece esencialmente que si un método casi-Newton satisface la PDA entonces bajo las hipótesis estandar posee convergencia local y q-lineal.

Teorema 4.13. *Bajo las mismas hipótesis del Teorema 4.6, existen $\epsilon > 0$ y $\delta > 0$ tal que para todo $x_0 \in N(x_*, \epsilon)$, y para toda A_0 tal que $\|A_0 - J(x_*)\| \leq \delta$, si el método $x_{k+1} = x_k - A_k^{-1}F(x_k)$ satisface la propiedad PDA, entonces la sucesión $\{x_k\}$ está bien definida y converge q-linealmente a x_*.*

Demostración. Consideremos la norma Euclidea, o norma-2. Sean $\epsilon > 0$ y $\delta > 0$ tal que $6\beta\delta \leq 1$ y $3\gamma\epsilon \leq 2\delta$. Afirmamos que para todo $k \in \mathbb{N}$ se cumplen

$$\|A_k - J(x_*)\|_2 \leq (2 - \frac{1}{2^k})\delta, \tag{4.12}$$

$$\|e_{k+1}\|_2 \leq \frac{1}{2}\|e_k\|_2. \tag{4.13}$$

La demostración de (4.12) y (4.13) es por inducción sobre k. Para $k = 0$, (4.12) es trivialmente cierto. Para $k = 0$ (4.13) se establece usando los mismos argumentos que se usan en la prueba inductiva. Supongamos que (4.12) y (4.13) se cumplen para $k = 1, \ldots, i - 1$ (hipótesis inductiva). En ese caso, (4.13) claramente implica que $\|e_i\|_2 \leq (1/2^i)\epsilon$. Usando la propiedad PDA obtenemos

$$
\begin{aligned}
\|A_i - J(x_*)\|_2 &\leq \|A_{i-1} - J(x_*)\|_2 + \frac{\gamma}{2}(\|e_i\|_2 + \|e_{i-1}\|_2) \\
&\leq (2 - \frac{1}{2^{i-1}})\delta + \frac{\gamma}{2}(\frac{1}{2^i} + \frac{1}{2^{i-1}})\epsilon = (2 - \frac{1}{2^{i-1}})\delta + \frac{\gamma}{2}(\frac{3}{2^i})\epsilon \\
&\leq (2 - \frac{1}{2^{i-1}} + \frac{1}{3}\frac{3}{2^i})\delta = (2 - \frac{1}{2^i})\delta.
\end{aligned}
$$

Por tanto,

$$
\begin{aligned}
\|J(x_*)^{-1}(A_i - J(x_*))\|_2 &\leq \|J(x_*)^{-1}\|_2\|A_i - J(x_*)\|_2 \\
&\leq \beta(2 - \frac{1}{2^i})\delta \leq 2\beta\delta \leq \frac{1}{3} < 1,
\end{aligned}
$$

y usando el Lema 4.4 se tiene que A_i^{-1} existe,

$$\|A_i^{-1}\| \leq \frac{\|J(x_*)^{-1}\|}{1 - \|J(x_*)^{-1}(A_i - J(x_*))\|} \leq \beta/(1 - \frac{1}{3}) = \frac{3}{2}\beta, \tag{4.14}$$

y por tanto x_{k+1} está bien definido.

Por otro lado, usando que $F(x_*) = 0$, tenemos que

$$
\begin{aligned}
e_{i+1} &= x_{i+1} - x_* = x_i - x_* - A_i^{-1}F(x_i) \\
&= A_i^{-1}[(F(x_*) - F(x_i) + J(x_*)(x_i - x_*)) + (A_i - J(x_*))(x_i - x_*)],
\end{aligned}
$$

y entonces, usando el Teorema 4.5 y (4.14), obtenemos

$$
\begin{aligned}
\|e_{i+1}\|_2 &\leq \frac{3}{2}\beta(\|F(x_*) - F(x_i) + J(x_*)(x_i - x_*)\|_2 + (2 - \frac{1}{2^i})\delta\|e_i\|_2 \\
&\leq \frac{3}{2}\beta(\frac{\gamma}{2}(\|e_i\|_2^2 + (2 - \frac{1}{2^i})\delta\|e_i\|_2) \\
&\leq \frac{3}{2}\beta(\frac{\gamma}{2}\frac{1}{2^i}\epsilon + (2 - \frac{1}{2^i})\delta)\|e_i\|_2 \\
&\leq \frac{3}{2}\beta\delta(\frac{1}{3}\frac{1}{2^i} + 2 - \frac{1}{2^i})\|e_i\|_2 \leq 3\beta\delta\|e_i\|_2 \leq \frac{1}{2}\|e_i\|_2.
\end{aligned}
$$

$\square$

Otra propiedad que juega un papel fundamental en la convergencia local de los métodos casi-Newton es la así llamada *Condición Dennis-Moré* (CDM): un método casi-Newton cumple con la CDM si en alguna norma inducida

$$
\lim_{k \to \infty} \frac{\|(A_k - J(x_*))s_k\|}{\|s_k\|} = 0. \tag{4.15}
$$

Aún cuando la sucesión de matrices A_k no converge a $J(x_*)$, si la sucesión $\{x_k\}$ converge a x_* y la sucesión de matrices A_k satisface la condición CDM (4.15), entonces el método casi-Newton que genera la sucesión $\{x_k\}$ posee convergencia q-superlineal.

Teorema 4.14. *Bajo las mismas hipótesis del Teorema 4.6, si el método $x_{k+1} = x_k - A_k^{-1}F(x_k)$ satisface la condición CDM (4.15) y la sucesión $\{x_k\}$ converge a x_*, entonces*

$$
\lim_{k \to \infty} \frac{\|x_{k+1} - x_*\|}{\|x_k - x_*\|} = 0.
$$

Demostración. Consideremos cualquier norma inducida. Usando el Lema 4.11 y que en todo método casi-Newton $F(x_k) + A_k s_k = 0$, obtenemos

$$
\begin{aligned}
\|F(x_{k+1})\| &= \|F(x_{k+1}) - (F(x_k) + A_k s_k)\| \\
&\leq \| - A_k s_k + J(x_*)s_k\| + \|F(x_{k+1}) - F(x_k) - J(x_*)s_k\| \\
&\leq \|(A_k - J(x_*))s_k\| + \frac{\gamma}{2}(\|x_{k+1} - x_*\| + \|x_k - x_*\|)\|s_k\|.
\end{aligned}
$$

Por tanto,

$$
\frac{\|F(x_{k+1})\|}{\|s_k\|} \leq \frac{\|(A_k - J(x_*))s_k\|}{\|s_k\|} + \frac{\gamma}{2}(\|e_{k+1}\| + \|e_k\|),
$$

y entonces, usando (4.15) y que la sucesión $\{x_k\}$ converge a x_*, concluimos que

$$\lim_{k\to\infty} \frac{\|F(x_{k+1})\|}{\|s_k\|} = 0.$$

Por otro lado, usando el Ejercicio 3.12, para k suficientemente grande se tiene que

$$\|F(x_{k+1})\| = \|F(x_{k+1}) - F(x_*)\| \geq \alpha_2 \|x_{k+1} - x_*\|,$$

y por ende, como $s_k = e_k + e_{k+1}$,

$$0 = \lim_{k\to\infty} \frac{\|F(x_{k+1})\|}{\|s_k\|} \geq \alpha_2 \lim_{k\to\infty} \frac{\|x_{k+1} - x_*\|}{\|s_k\|} \geq \alpha_2 \lim_{k\to\infty} \frac{\|e_{k+1}\|}{\|e_k\| + \|e_{k+1}\|},$$

y entonces

$$0 = \lim_{k\to\infty} \frac{\|e_{k+1}\|}{\|e_k\| + \|e_{k+1}\|} = \lim_{k\to\infty} \frac{\|e_{k+1}\|/\|e_k\|}{(1 + \|e_{k+1}\|/\|e_k\|)},$$

y concluimos que $\lim_{k\to\infty} \|e_{k+1}\|/\|e_k\| = 0$, lo cual establece el resultado. $\square$

En el Teorema 4.14 la CDM es una condición suficiente, conjuntamente con la convergencia del método, para establecer la velocidad local q-superlineal, pero en realidad la CDM es una condición necesaria y suficiente para la convergencia q-superlineal de los métodos casi-Newton; ver [29]. Otra observación importante es que cuando un método iterativo posee convergencia q-superlineal, entonces la sucesión de pasos s_k también converge a cero a la misma velocidad.

Lema 4.15. *Si la sucesión $\{x_k\}$ converge a x_* q-superlinealmente, entonces*

$$\lim_{k\to\infty} \frac{\|x_{k+1} - x_k\|}{\|x_k - x_*\|} = 1.$$

Demostración.

$$0 = \lim_{k\to\infty} \frac{\|e_{k+1}\|}{\|e_k\|} = \lim_{k\to\infty} \frac{\|s_k + e_k\|}{\|e_k\|}$$

$$\geq \lim_{k\to\infty} \frac{\|\|s_k\| - \|e_k\|\|}{\|e_k\|} = \lim_{k\to\infty} \left|\frac{\|s_k\|}{\|e_k\|} - 1\right|,$$

y por tanto $\lim_{k\to\infty} \|s_k\|/\|e_k\| = 1$. $\square$

El Lema 4.15 nos permite obtener un criterio práctico para parar cualquier método iterativo una vez que se ha alcanzado una precisión fijada de antemano.

Teorema 4.16. *Si la sucesión $\{x_k\}$ converge a x_* q-superlinealmente, entonces*

$$\lim_{k \to \infty} \frac{\|s_{k+1}\|}{\|s_k\|} = 0.$$

Demostración. Consideremos la igualdad

$$\frac{\|s_{k+1}\|}{\|s_k\|} = \frac{\|s_{k+1}\|}{\|e_{k+1}\|} \frac{\|e_{k+1}\|}{\|e_k\|} \frac{\|e_k\|}{\|s_k\|},$$

y como el primero y el último término del lado derecho convergen a 1, mientras que el segundo término converge a cero, obtenemos el resultado deseado. □

Además del método de Broyden, existen otros métodos tipo secante o casi-Newton para resolver sistemas de ecuaciones no lineales; ver, por ejemplo, [30, 64]. Algunos de ellos aproximan directamente la inversa de la matriz Jacobiana en cada iteración para calcular un producto matriz-vector a la hora de obtener el paso s_k, en lugar de resolver un sistema lineal; y otros se especializan en aproximaciones que preservan la estructura de ceros y no ceros de la matriz Jacobiana (estructura sparse).

Una de las variantes más populares del método de Broyden es el método de Broyden inverso en el cual la matriz $J(x_k)^{-1}$ es aproximada en cada iteración mediante la actualización

$$A_{k+1}^{-1} = A_k^{-1} + \frac{(s_k - A_k^{-1}y_k)y_k^T}{y_k^T y_k}, \tag{4.16}$$

donde A_0^{-1} debe ser dada. Al igual que en el método de Broyden, la matriz A_{k+1}^{-1} en (4.16) es la solución de un problema de optimización, que en este caso consiste en

$$\text{minimizar} \, \|B^{-1} - A_k^{-1}\|_2 \quad \text{sujeto a} \quad B \in Q(s_k, y_k).$$

Una vez más, bajo las mismas hipótesis del Teorema 4.6, el método de Broyden inverso tiene convergencia local y q-superlineal; ver [29].

4.4   Algunos aspectos prácticos

Al usar el método de Newton o alguna de sus múltiples variantes, para resolver (4.1), se debe resolver un sistema de ecuaciones lineales por iteración.
Este sistema se puede resolver por métodos directos (por ejemplo, usando las
factorizaciones LU o QR), pero si n es grande y la matriz Jacobiana posee
estructura sparse entonces es preferible usar métodos iterativos, discutidos en el
capítulo anterior. Una de las principales ventajas de usar métodos iterativos es
que las iteraciones internas para el sistema lineal se pueden parar de forma pre-
matura, al estar aún lejos de la solución del sistema no lineal. Este mecanismo
práctico distingue las así llamadas variantes inexactas del método de Newton;
ver [25, 32, 56]. En esta combinación es importante destacar que el iterado
x_k de la iteración externa, se puede usar como punto inicial de las iteraciones
internas en el paso $k + 1$.

La segunda característica importante de las variantes inexactas del método de
Newton es que los métodos iterativos modernos para sistemas lineales no requieren el conocimiento explícito de $J(x_k)$, sino apenas el producto $J(x_k)z$ para
cualquier vector dado z. Este producto se puede aproximar mediante el uso de
diferencias finitas:

$$J(x_k)z \approx (F(x_k + h_k z) - F(x_k))/h_k,$$

donde $h_k > 0$ es un número suficientemente pequeño. Por tanto, el uso de
variantes inexactas del método de Newton también es conveniente cuando las
derivadas exactas no están disponibles. En todas estas variante la convergencia
local q-cuadrática generalmente se pierde, pero sin embargo se puede mantener
convergencia local q-superlineal.

El método de Newton y todas sus variantes sólo poseen convergencia local, y por
ende requieren combinarse con estrategias de globalización para ser efectivos en
la práctica. Las dos opciones más populares y más estudiadas son búsquedas di-
reccionales y regiones de confianza, ambas discutidas ampliamente en la mayoría
de los libros de optimización numérica; ver por ejemplo [7, 30, 36, 62, 68]. En
ambos casos, se necesita una función de mérito $\widehat{f} : \mathbb{R}^n \to \mathbb{R}^+$ para monitorear el
progreso de las iteraciones hacia una solución del sistema $F(x) = 0$. Para este
problema, la escogencia natural es $\widehat{f}(x) = F(x)^T F(x)$. El estudio detallado de
las técnicas de globalización escapa al alcance de este libro.

4.5　Minimización sin restricciones

En esta sección presentaremos las ideas fundamentales, asociadas a una gran familia de métodos iterativos, que resuelven el problemas de encontrar mínimos locales sin restricciones de una función continuamente diferenciable $f : \mathbb{R}^n \to \mathbb{R}$. Recordemos que x_* es un mínimo local sin restricciones de f si existe $\epsilon > 0$ tal que $f(x_*) \leq f(x)$ para todo $\|x - x_*\| \leq \epsilon$. Decimos que x_* es un mínimo local estricto de f si $f(x_*) < f(x)$ para todo $x \neq x_*$ tal que $\|x - x_*\| \leq \epsilon$.

El enfoque tradicional para encontrar mínimos locales, basado en las condiciones de optimalidad discutidas en el Teorema 3.18, es resolver un sistema de ecuaciones no lineales con el vector gradiente de la función f, es decir, encontrar $x \in \mathbb{R}^n$ tal que $\nabla f(x) = 0$. Con este enfoque, recuperamos el problema (4.1) donde $F(x) = \nabla f(x)$; y los resultados teóricos al igual que muchas de las variantes prácticas de las secciones anteriores aplican para este caso. Una diferencia importante es que las técnicas de globalización ahora se basan en el uso natural de la propia función $f(x)$ como función de mérito. Otra diferencia clave es que la matriz Jacobiana en este caso es la Hessiana de f, $\nabla^2 f(x)$, que evaluada en cualquier iterado x_k es una matriz simétrica.

En esa familia de métodos a estudiar, las direcciones de descenso juegan un papel fundamental. Dada una función continuamente diferenciable $f : \mathbb{R}^n \to \mathbb{R}$, se dice que una dirección $d \in \mathbb{R}^n$ es de descenso a partir de un punto $x \in \mathbb{R}^n$ si

$$\nabla f(x)^T d < 0.$$

Si $\nabla f(x) \neq 0$ entonces x no es un minimizador y por ende en cualquier vecindario alrededor de x existe $z \in \mathbb{R}^n$ tal que $f(z) < f(x)$.

Lema 4.17. *Sean $f : \mathbb{R}^n \to \mathbb{R}$, $f \in C^1(\mathbb{R}^n)$, $x \in \mathbb{R}^n$ tal que $\nabla f(x) \neq 0$, y $d \in \mathbb{R}^n$ tal que $\nabla f(x)^T d < 0$. Entonces existe $\bar{\alpha} > 0$ tal que $f(x + \alpha d) < f(x)$ para todo $\alpha \in (0, \bar{\alpha}]$.*

Demostración. Definamos $\phi(\alpha) = f(x + \alpha d)$. Claramente $\phi(0) = f(x)$ y $\phi'(0) = \nabla f(x)^T d < 0$. Sin embargo por definición

$$\phi'(0) = \lim_{\alpha \to 0^+} \frac{\phi(\alpha) - \phi(0)}{\alpha}.$$

Entonces, por continuidad, para $\bar{\alpha} > 0$ suficientemente pequeño $\phi'(0)$ y $(\phi(\alpha) - \phi(0))$ tienen el mismo signo, y por lo tanto $(\phi(\alpha) - \phi(0)) < 0$ para todo $\alpha \in (0, \bar{\alpha}]$. En consecuencia, $f(x + \alpha d) < f(x)$ para todo $\alpha \in (0, \bar{\alpha}]$. $\qquad\square$

Inspirados en el Lema 4.17, se puede definir una familia muy amplia de métodos iterativos para encontrar puntos mínimos, cuya iteración k viene dada por

$$x_{k+1} = x_k + \lambda_k d_k,$$

donde d_k es una dirección de descenso y λ_k es una longitud de paso que garantiza algún criterio de descenso en la función objetivo, que en este caso es una función de mérito natural. Diferentes formas de escoger d_k y diferentes políticas de descenso en f producen diferentes métodos.

El conjunto de direcciones de descenso a partir de un punto x es siempre no vacío, ya que al menos podemos definir la dirección $d = -\nabla f(x)$, discutida y analizada en el Capítulo 3 para la minimización de cuadráticas convexas mediante el método de Cauchy. Recordemos que el método de Cauchy en el caso general se puede escribir de la siguiente manera:

$$x_{k+1} = x_k - \lambda_k \nabla f(x_k),$$

donde

$$\lambda_k = \operatorname{argmin}_{\lambda > 0} f(x_k - \lambda \nabla f(x_k)).$$

Otro de los métodos clásicos es el conocido método de Newton, que ya discutimos para resolver el problema (4.1). En efecto, si aplicamos lo discutido en la Sección 4.1, d_k se obtiene resolviendo el sistema

$$\nabla^2 f(x_k) d_k = -\nabla f(x_k),$$

donde $\nabla^2 f(x)$ representa la matriz Hessiana de f en x. Por supuesto para que el método de Newton esté bien definido, debemos suponer que f es dos veces continuamente diferenciable en la región de interés. Por otro lado, para asegurar que la dirección d_k de Newton es de descenso, es suficiente suponer que la Hessiana en x_k es simétrica definida positiva. En efecto, en ese caso la Hessiana es invertible y su inversa también es definida positiva, y se cumple que

$$\nabla f(x_k)^T d_k = -\nabla f(x_k)^T \nabla^2 f(x_k)^{-1} \nabla f(x_k) < 0.$$

Si el método de Newton se aplica al problema de minimizar una cuadrática estrictamente convexa dada por (3.21), claramente se obtiene la solución exacta en la primera iteración, desde cualquier iterado incicial x_0 dado. Para el método de Cauchy el comportamiento es muy diferente y ya fue discutido en el Capítulo 3.

Bajo las mismas hipótesis discutidas en la Sección 4.1, el método de Newton para encontrar mínimos posee la propiedad de ser invariante bajo escalamientos y de convergencia local q-cuadrática. Las variantes prácticas del método de Newton basadas en diferencias finitas y en resolver el sistema lineal de forma inexacta aplican igualmente en este caso. Sin embargo, las variantes casi-Newton merecen un trato especial en el caso de resolver problemas de minimización, y serán discutidas a continuación.

Variantes de la secante

En toda variante del método de Newton, la matriz H_k que aproxima en cada iteración k a la matriz Hessiana $\nabla^2 f(x_k)$ debe ser una matriz simétrica. Por otro lado, en general, dados dos vectores $w, z \in R^n$ las matrices de rango uno wz^T y zw^T no son iguales; y por tanto el método de Broyden, especialmente diseñado para resolver (4.1), no preserva la simetría de la matriz

$$H_{k+1} = H_k + (y_k - H_k s_k)s_k^T/(s_k^T s_k)$$

aún cuando H_k sea simétrica. Vale resaltar que para este caso, la ecuación de la secante viene dada por

$$H_{k+1}s_k = y_k,$$

donde $s_k = x_{k+1} - x_k$ y $y_k = \nabla f(x_{k+1}) - \nabla f(x_k)$.

Una primera variante del método de Broyden que preserva la simetría de las matrices H_k fue propuesta por Powell en [77] y se conoce como el método PSB por sus siglas en inglés (Powell Symmetric Broyden). La motivación detrás del método PSB es usar la maquinaria de proyecciones alternantes [33], y proyectar de manera secuencial la actualización H_k de Broyden en el subespacio de las matrices simétricas, y luego proyectar esa matriz simétrica de regreso en la variedad lineal definida por $Q(s_k, y_k)$, y repetir este proceso alternante hasta la convergencia. En el límite, este proceso converge a la matriz de rango dos del método PSB dada por

$$H_{k+1} = H_k + \frac{(y_k - H_k s_k)s_k^T + s_k(y_k - H_k s_k)^T}{s_k^T s_k} - \frac{(y_k - H_k s_k)^T s_k}{(s_k^T s_k)^2}(s_k s_k^T).$$
(4.17)

Por propiedades del algoritmo estándar de proyecciones alternantes, la matriz H_{k+1} en (4.17) es la más cercana a la matriz H_k que vive en la intersección entre el subespacio de las simétricas y $Q(s_k, y_k)$. Bajo las hipótesis estándar del Teorema 4.6, pero aplicado al problemas de minimización, se establece en

[15] que el método PSB está bien definido y la sucesión de iterados converge local y q-superlinealmente a x_*.

Lamentablemente, aún cuando H_k sea definida positiva, además de simétrica, la matriz H_{k+1} generada por (4.17) no garantiza ser definida positiva. Garantizar que todas las aproximaciones H_k sean simétricas y definidas positivas es recomendable cuando se intenta converger a un mínimo local estricto de una función diferenciable.

La idea entonces es escoger H_{k+1} lo más cercana posible a H_k, pero en $Q(s_k, y_k)$, simétrica y definida positiva. Uno de los métodos más exitosos que cumplen con estas condiciones es el Método BFGS [14, 35, 39, 86]:

$$H_{k+1} = H_k + \frac{y_k y_k^T}{y_k^T s_k} - \frac{(H_k s_k)(H_k s_k)^T}{s_k^T H_k s_k}. \tag{4.18}$$

En (4.18) la matriz H_{k+1} es definida positiva si H_k lo es y si además se cumple que $s_k^T y_k > 0$. Al escribir apropiadamente el vector y_k y hacer una expansión de Taylor se observa el significado de esta condición. En efecto, $s_k^T y_k = s_k^T(\nabla f(x_{k+1}) - \nabla f(x_k)) = s_k^T \nabla f(x_k + d_k) - s_k^T \nabla f(x_k) = h'(1) - h'(0)$, donde $h(\lambda) = f(x_k + \lambda d_k)$. Por tanto, si $s_k^T y_k > 0$ entonces se cumple que $h'(1) > h'(0)$. Es decir, la derivada direcional de f en la dirección d_k es mayor en x_{k+1} que en x_k. Como consecuencia, esa condición se cumple automáticamente si por ejemplo f es convexa en la dirección d_k; lo cual es natural cuando la sucesión esta cerca de un mínimo local. En los casos donde $s_k^T y_k > 0$ no se cumple, lo que se acostumbra en la práctica es evitar (saltar) esa actualización, y usar de nuevo la matriz H_k para obtener el próximo iterado. Un aspecto quizás negativo del método BFGS es que, al igual que el método de Broyden, aún cuando los iterados convergen a un mínimo local x_*, la sucesión $\{H_k\}$ no converge a la Hessiana verdadera evaluada en x_*.

Presentaremos ahora un teorema clave que nos permitirá desarrollar de manera constructiva la forma práctica de usar el método BFGS.

Teorema 4.18. *Sean s y y vectores en $\mathbb{R}^n$, con $s \neq 0$. Existe una matriz H en $\mathbb{R}^{n \times n}$ simétrica y definida positiva que satisface $Hs = y$ si y sólo si $s^T y > 0$.*

Demostración. Si existe H simétrica y definida positiva tal que $Hs = y$, entonces claramente $s^T y = s^T H s > 0$. En la otra dirección, suponiendo que $s^T y > 0$ construiremos J no-singular apropiada tal que $H = J J^T$ y por tanto

H será simétrica y definida positiva. Sean L cualquier matriz no-singular en $\mathbb{R}^{n \times n}$, $v = \alpha L^T s$, donde $\alpha = (y^T s / s^T L L^T s)^{1/2} > 0$, y

$$J = L + \frac{(y - Lv)v^T}{v^T v}. \tag{4.19}$$

Usando la fórmula de Sherman-Morrison se verifica que la matriz J es no-singular. Además, usando una secuencia de simples igualdades se verifica que $J^T s = v$; y por tanto

$$J J^T s = J v = L v + \frac{(y - Lv)v^T v}{v^T v} = y.$$

$\square$

La prueba del Teorema 4.18 indica un camino práctico para encontrar la actualización simétrica y definida positiva en el método BFGS: dada H_k simétrica y definida positiva tal que $H_k = L_k L_k^T$, asignamos

$$J_{k+1} = L_k + \frac{(y_k - L_k v_k)v_k^T}{v_k^T v_k},$$

donde $v_k = \alpha_k L_k^T s_k$. Luego se calcula la factorización QR de la matriz J_{k+1}^T, $J_{k+1}^T = Q_{k+1} L_{k+1}^T$, y finalmente asignamos $H_{k+1} = J_{k+1} J_{k+1}^T = L_{k+1} L_{k+1}^T$. Conviene destacar que el costo de calcular la factorización QR en este caso es $O(n^2)$.

Otro método, considerado el pionero de los métodos tipo secante, es el método DFP propuesto por Davidon [22] y analizado por Fletcher y Powell [37]. El método DFP escoge H_{k+1} en $Q(s_k, y_k)$, simétrica y definida positiva, y también produce actualizaciones de rango dos que vienen dadas por

$$H_{k+1} = H_k + \frac{(y_k - H_k s_k)y_k^T + y_k(y_k - H_k s_k)^T}{y_k^T s_k} - \frac{(y_k - H_k s_k)^T s_k(y_k y_k^T)}{(y_k^T s_k)^2}. \tag{4.20}$$

Un método competitivo con el método BFGS que tiende con frecuencia a producir una sucesión $\{H_k\}$ que converge a la verdadera Hessiana en x_* es el Método SR1, sugerido de forma independiente por Broyden, Davidon y Fiacco y McCormick [13, 23, 34] (actualización simétrica de rango uno):

$$H_{k+1} = H_k + \frac{(y_k - H_k s_k)(y_k - H_k s_k)^T}{(y_k - H_k s_k)^T s_k}.$$

Al igual que el método BFGS cumple las siguientes propiedades: satisface la ecuación de la secante, posee convergencia local y q-superlineal, y preserva la simetría. Lamentablemente, solo preserva la condición de ser definida positiva de H_k cuando $(y_k - H_k s_k)^T s_k > 0$. En ocasiones ese número puede ser negativo o muy cercano a cero, en cuyos casos se evita la actualización y se continua usando H_k para la próxima iteración. Al igual que en el método de Broyden, existe una opción inversa para el método SR1, en la cual se aproxima en cada iteración a la inversa de la Hessiana de forma directa:

$$H_{k+1}^{-1} = H_k^{-1} + \frac{(s_k - H_k^{-1} y_k)(s_k - H_k^{-1} y_k)^T}{(s_k - H_k^{-1} y_k)^T y_k}, \qquad (4.21)$$

donde H_0^{-1} es la inversa de $\nabla^2 f(x_0)$.

Como mencionamos antes, el denominador en ambas actualizaciones del método SR1, directa o inversa, puede ser negativo aún cuando la función objetivo sea una cuadrática convexa. Más aún, el denominador puede ser cero, o *numéricamente* cero, lo que generaría inestabilidad numérica en el proceso iterativo. Sin embargo, en la práctica ambas versiones del SR1 suelen ser sorprendentemente buenas. Este comportamiento ha sido justificado con algunos resultados teóricos [36]. En especial, una propiedad a destacar es la terminación finita del método SR1, bajo hipótesis muy suaves, para funciones cuadráticas convexas. En este caso, la sucesión de matrices $\{H_k\}$ (o la sucesión $\{H_k^{-1}\}$) termina en la matriz Hessiana exacta (o la inversa) en la iteracion $n + 1$; ver [36].

En relación al defecto ya mencionado del método SR1 de tener un denominador cercano a cero en algunas iteraciones, la estrategia simple de saltar esa actualización permite evitar la ruptura de las iteraciones. En la práctica, en efecto, se ha observado que el método SR1 trabaja bien al evitar o saltar la actualización en ese caso. Para ser precisos, la actualización SR1 se usa sólo cuando

$$|(y_k - H_k s_k)^T s_k| \geq \rho \|s_k\| \, \|y_k - H_k s_k\|, \qquad (4.22)$$

donde $0 < \rho < 1$ (típicamente $\rho \approx 10^{-7}$). Si (4.22) no se cumple, entonces asignamos $H_{k+1} = H_k$.

EJERCICIOS del Capítulo 4

4.1 Establezca que el método de Newton es invariante bajo escalamientos, es decir, que la sucesión de iterados obtenidos al aplicar el método al sistema no lineal $AF(x) = 0$, para cualquier matriz $n \times n$ no singular

A, coincide con la sucesión que se obtiene cuando el método se aplica al sistema $F(x) = 0$. Discuta las consecuencias numéricas de esta propiedad teórica.

4.2 Establezca la desigualdad (4.5).

4.3 Complete los detalles de la prueba indicada en el Corolario 4.8. En especial establezca la convergencia q-cuadrática del método de Steffensen.

4.4 Considere la aproximación por diferencias centradas

$$(A_k)_j = (F(x_k + h_k e_j) - F(x_k - h_k e_j))/2h_k,$$

en lugar de (4.4), y con esta variante estudie la convergencia local de los casos discutidos en el Corolario 4.8.

4.5 Establezca el Lema 4.4 como consecuencia directa del Lema 4.3.

4.6 Sea $A \in \mathbb{R}^{n \times n}$. El problema de autovalores $Ax = \lambda x$, $\|x\|_2 = 1$, es equivalente al sistema no-lineal $F(z) = 0$ donde $F : \mathbb{R}^{n+1} \to \mathbb{R}^{n+1}$,

$$F(x, \lambda) = (Ax - \lambda x, \frac{1}{2}(x^T x - 1))^T.$$

Escriba con cuidado la iteración del método de Newton para este sistema y comente sobre la semejanza con métodos básicos conocidos para el cálculo de autovalores y autovectores (Sección 7.2). ¿Se pueden concluir propiedads sobre la velocidad de convergencia de estos métodos en función a la equivalencia con el método de Newton?

4.7 Escriba a nivel de detalles dos iteraciones del método de Broyden sobre $F(x) = (f_1(x), f_2(x))^T$, donde $f_1(x) = x_1 + x_2 - 3$ y $f_2(x) = x_1^2 + x_2^2 - 9$, iniciando el proceso en $x_0 = (2, 7)^T$ y $A_0 = J(x_0)$. Ahora continue (con Octave) hasta que $\|x_{k+1} - x_k\| \le .5 \times 10^{-14}$. Comente sobre la diferencia entre el límite de A_k, y $J(x_*)$.

4.8 Use el método de Newton y el método de Broyden para resolver el sistema de ecuaciones no lineales

$$F(x) \equiv \begin{bmatrix} x_1^2 + x_1 x_2^3 - 9 \\ 3x_1 x_2 - x_2^3 - 4 \end{bmatrix} = \begin{bmatrix} 0 \\ 0 \end{bmatrix},$$

comenzando desde $x_0 = [1.5 \quad 1.5]^T$, y $A_0 = J(x_0)$. Compare el comportamiento de ambos métodos en cuanto al número de iteraciones requeridas para obtener la misma precisión.

4.9 Use el método de Newton para resolver el sistema de ecuaciones no lineales

$$F(x) \equiv \begin{bmatrix} x_1 + \frac{1}{81}cos(x_1) - \frac{1}{9}x_2^2 - \frac{1}{3}sen(x_3) \\ x_2 - \frac{1}{3}sen(x_1) - \frac{1}{3}cos(x_3) \\ x_3 + \frac{1}{9}cos(x_1) - \frac{1}{3}x_2 - \frac{1}{6}sen(x_3) \end{bmatrix} = \begin{bmatrix} 0 \\ 0 \\ 0 \end{bmatrix},$$

cuya solución es $x_* = (0, 1/3, 0)^T$. Estudie el comportamiento del método comenzando desde diversos iterados iniciales.

4.10 Sea $F : \mathbb{R}^n \to \mathbb{R}^n$ una función continuamente diferenciable en un subconjunto abierto y convexo $D \subset \mathbb{R}^n$. Supongamos que existe $x_* \in D$ tal que $F(x_*) = 0$ y $J(x_*)^{-1}$ existe. Entonces existen $\delta, \alpha_1, \alpha_2 > 0$ tal que, si $\|x - x_*\| \leq \delta$,

$$\alpha_1\|x - x_*\| \leq \|F(x)\| \leq \alpha_2\|x - x_*\|.$$

4.11 Establezca que si el método de Newton se aplica al problema de minimizar una cuadrática estrictamente convexa se obtiene la solución exacta en la primera iteración, desde cualquier iterado incicial x_0.

4.12 Consiga y clasifique los extremos locales, según los valores de $\beta \in \mathbb{R}$, de la función

$$f(x_1, x_2, x_3) = 2x_1 + \beta x_1^2 + \beta x_2^2 + x_3^2 + 2x_1 x_2.$$

4.13 Demuestre que la matriz $(A + A^T)/2$ resuelve el siguiente problema de optimización:

$$\text{minimizar } \|B - A\|_F \quad \text{sujeto a} \quad B = B^T.$$

4.14 Verifique que las matrices del método PSB, definidas en (4.17), se obtienen como una actualización de rango dos, son simétricas y satisfacen la ecuación de la secante.

4.15 Verifique que las matrices del método DFP, definidas en (4.20), se obtienen como una actualización de rango dos, son simétricas y satisfacen la ecuación de la secante.

4.16 Use la fórmula de Sherman-Morrison para probar que la actualización del método SR1 inverso es la inversa de la actualización del método SR1.

4.17 Use la fórmula de Sherman-Morrison para establecer que la matriz J definida en (4.19) es no-singular.

4.18 Pruebe que en la demostración del Teorema 4.18 se cumple $J^T s = v$.

5

INTERPOLACIÓN POLINOMIAL

En la experimentación científica es muy común tener una cantidad finita de valores o mediciones que han sido generados por una función desconocida. La interpolación proporciona una manera de aproximar esa función, a partir de los valores o las mediciones, para luego predecir como se comporta en puntos en donde no se conoce su valor. Además, como los polinomios son fácilmente manipulables en el computador, la interpolación polinomial se utiliza también frecuentemente para aproximar de una manera sencilla una amplia clase de funciones.

5.1 Un caso de estudio: Velocidad de ascenso de un cohete

Un cohete es lanzado desde tierra y su velocidad de ascenso $v(t)$ es medida en ciertos instantes de tiempo t a partir del despegue ($t = 0$ segundos) y hasta $t = 30$ segundos. Los resultados de estas mediciones se reflejan en la tabla siguiente,

$t(s)$	$v(t)$ (m/seg)
0	0
10	250
15	350
22	655
25	890
30	910

Usando esta tabla uno quisiera predecir la velocidad del cohete en instantes de tiempo en donde no se efectuó la medición, por ejemplo $t = 5$ segundos o $t = 23$ segundos.

En general, mediante el uso de la interpolación, es posible aproximar los valores de la variable dependiente en valores no tabulados de la variable independiente. Si encontramos una función $p(t)$ que interpole los datos de la tabla, ésta pudiera ser usada para aproximar la velocidad en cualquier valor de t del intervalo. Además, en el ejemplo, $p(t)$ pudiera ser utilizarla para predecir la aceleración del cohete en un instante de tiempo dado, simplemente, calculando $p'(t)$. De manera similar, es posible estimar la distancia recorrida desde el instante de tiempo $t = t_1$ hasta el instante de tiempo $t = t_2$ $(t_2 > t_1)$ evaluando la integral,

$$\int_{t_1}^{t_2} p(t)\, dt.$$

Esto forma parte de las técnicas de diferenciación e integración numéricas que serán estudiadas en capítulos posteriores.

5.2   Interpolación polinomial

Se dice que una función $p(x)$ interpola a un conjunto de $n+1$ puntos $\{(x_i, y_i)\}_{i=0}^{n}$ si cumple las llamadas condiciones de interpolación, es decir,

$$p(x_i) = y_i, \quad i = 0, \ldots, n.$$

Estos puntos pueden provenir de una cierta función $f(x)$ que se desea aproximar. En este caso se dice que $p(x)$ interpola a $f(x)$ en los nodos $x_0, x_1, \ldots, x_n$ y los valores y_i se toman como $y_i = f(x_i)$.

Si $p(x)$ está limitada a ser un polinomio hablamos de *Interpolación polinomial* o Interpolación de Lagrange[1]. La interpolación polinomial es una herramienta matemática esencial en áreas tales como: teoría de la aproximación, integración numérica, resolución numérica de ecuaciones diferenciales, entre otras. Existen varias razones que justifican el uso de polinomios para aproximar funciones. Una de ellas es que los polinomios son fáciles de "manipular". Operaciones tales como diferenciación e integración de un polinomio pueden hacerse sin problemas en el computador. Otro argumento importante para el uso de polinomios es que éstos aproximan lo suficientemente bien a una clase importante de funciones. Esta afirmación se encuentra sustentada por el teorema de aproximación de Weierstrass[2].

> **Teorema 5.1** (Teorema de aproximación de Weierstrass). *Para cualquier $\epsilon > 0$ y para cualquier función $f(x)$ continua sobre un intervalo $[a, b] \subset \mathbb{R}$, existe un polinomio p de coeficientes reales, tal que,*
>
> $$\sup_{x \in [a,b]} |f(x) - p(x)| < \epsilon.$$

Si bien la existencia de polinomios que aproximen tan bien como se desee a funciones continuas está garantizada por el Teorema 5.1, la construcción numérica de esta aproximación puede no ser apropiada en términos de costos computacionales, por lo que generalmente se recurre a otro tipo de aproximaciones polinomiales, entre ellas los polinomios interpolantes.

Por lo expuesto, cabe preguntarse bajo qué condiciones el polinomio interpolante existe y es único, y por supuesto, como construirlo a partir de los datos. Sabemos que el conjunto de los polinomios en una variable real, de grado menor o igual a m es un subespacio vectorial de dimensión $m + 1$. Denotemos por Π_m a este subespacio. Una base de Π_m es la base canónica $\{1, x, x^2, \ldots, x^m\}$, por tanto, cualquier polinomio de grado menor o igual a m puede ser escrito como combinación lineal de los elementos de esa base canónica, esto es,

$$p(x) = a_0 + a_1 x + a_2 x^2 + \ldots + a_m x^m,$$

donde los coeficientes $a_0, a_1, \ldots, a_m$ son escalares, en este caso, números reales. Si queremos encontrar un polinomio interpolante, tenemos que determinar esos

---

[1] Isaac Newton (1642-1727) resolvió el problema de interpolación polinomial muchos años antes que Lagrange. Sin embargo, a este tipo de problemas de interpolación polinomial se le conoce con el nombre de Interpolación de Lagrange.

[2] Karl Weierstrass (1815-1897), Matemático alemán. Tuvo entre sus discípulos a G. Cantor, F. G. Frobenius, L. Königsberger, C. Runge y Sofia Kovalévskaya.

$m+1$ coeficientes imponiendo las condiciones de interpolación, y de esta manera obtener un sistema de ecuaciones lineales,

$$
\begin{aligned}
p(x_0) &= a_0 + a_1 x_0 + a_2 x_0^2 + \ldots + a_m x_0^m = y_0 \\
p(x_1) &= a_0 + a_1 x_1 + a_2 x_1^2 + \ldots + a_m x_1^m = y_1 \\
&\vdots \\
p(x_n) &= a_0 + a_1 x_n + a_2 x_n^2 + \ldots + a_m x_n^m = y_n.
\end{aligned}
$$

En notación matricial, este sistema puede escribirse de la forma $Au = b$ donde,

$$
A = \begin{pmatrix}
1 & x_0 & x_0^2 & \cdots & x_0^m \\
1 & x_1 & x_1^2 & \cdots & x_1^m \\
\vdots & & & & \\
1 & x_n & x_n^2 & \cdots & x_n^m
\end{pmatrix}, \quad
u = \begin{pmatrix} a_0 \\ a_1 \\ \vdots \\ a_m \end{pmatrix}, \quad
b = \begin{pmatrix} y_0 \\ y_1 \\ \vdots \\ y_n \end{pmatrix}. \tag{5.1}
$$

El sistema (5.1) tiene $n + 1$ filas y $m + 1$ columnas. Si uno quiere que el problema esté planteado de manera que la solución exista y sea única, entonces la matriz A debe ser no singular, y por ende cuadrada $(n = m)$. En ese caso, a la matriz A se le conoce con el nombre de Matriz de Vandermonde[3].

> **Teorema 5.2** (Teorema de Interpolación Polinomial). *Dados $n + 1$ valores distintos $x_0, x_1, \ldots, x_n$ y dadas $n + 1$ ordenadas $y_0, y_1, \ldots, y_n$. Existe un único polinomio $p(x)$ de grado menor o igual a n tal que,*
>
> $$ p(x_i) = y_i, \quad i = 0, \ldots, n. $$

Demostración. El determinante de la Matriz de Vandermonde es conocido,

$$
\det(A) = \prod_{0 \leq i < j \leq n} (x_i - x_j).
$$

Basta con que los valores de los nodos de interpolación sean distintos $(x_i \neq x_j$ para $i \neq j$, con $i, j = 0, \ldots, n)$ para que el determinante de A sea distinto de cero y por ende la matriz A no singular.

Otra manera elegante de probar que la Matriz de Vandermonde es no singular, es mostrar que el sistema homogéneo $Au = 0$ tiene sólo la solución $u = 0$. En

---

[3]En honor a Alexandre-Théophile Vandermonde (1735-1795), músico y químico francés.

términos del problema de interpolación, resolver el sistema homogéneo $Au = 0$
equivale a encontrar un polinomio $p(x)$ de grado menor o igual a n tal que,

$$\begin{aligned}
p(x_0) &= a_0 + a_1 x_0 + a_2 x_0^2 + \ldots + a_n x_0^n = 0 \\
p(x_1) &= a_0 + a_1 x_1 + a_2 x_1^2 + \ldots + a_n x_1^n = 0 \\
&\vdots \\
p(x_n) &= a_0 + a_1 x_n + a_2 x_n^2 + \ldots + a_n x_n^n = 0.
\end{aligned}$$

En este caso, el polinomio $p(x) \in \Pi_n$ tendría $n + 1$ ceros en los puntos
$x_0, x_1, \ldots, x_n$. Como $p(x)$ es de grado menor o igual a n, este sólo puede
tener $n + 1$ ceros si $p(x)$ es el polinomio cero, lo que implica que $a_i = 0$ para
$i = 0, \ldots, n$ y en consecuencia el vector $u = 0$. Esto demuestra que la matriz
A de Vandermonde es no singular y que el sistema $Au = b$ tiene solución única
$x = A^{-1}b$. $\hfill\square$

La prueba anterior proporciona una manera de construir el polinomio interpolante. Esto es, resolviendo el sistema $Au = b$ para obtener el vector u con
los coeficientes a_i que permiten escribir el polinomio interpolante como combinación lineal de la base canónica. Sin embargo, la matriz de Vandermonde A es
una matriz densa y generalmente mal condicionada, lo que acarrea cálculos adicionales y errores en la resolución de este sistema mediante métodos numéricos.

Para resolver este inconveniente, una opción es escribir el polinomio interpolante
como combinación lineal de los elementos de otra base de Π_n. En forma ge-
neral, supongamos que $\{\varphi_0(x), \varphi_1(x), \ldots, \varphi_n(x)\}$ es una base de Π_n. Es posible escribir cualquier polinomio de Π_n como combinación lineal de los elementos
de esta base. Sea $p(x) = c_0\varphi_0(x) + c_1\varphi_1(x) + \ldots + c_n\varphi_n(x)$ el polinomio interpolante, utilizaremos las condiciones de interpolación para construir un nuevo
sistema de ecuaciones lineales $Au = b$ cuya solución u proporcione los coeficientes c_i que lo determinan como combinación lineal de esa base. Esto es,

$$\begin{aligned}
p(x_0) &= c_0\varphi_0(x_0) + c_1\varphi_1(x_0) + c_2\varphi_2(x_0) + \ldots + c_n\varphi_n(x_0) = y_0 \\
p(x_1) &= c_0\varphi_0(x_1) + c_1\varphi_1(x_1) + c_2\varphi_2(x_1) + \ldots + c_n\varphi_n(x_1) = y_1 \\
&\vdots \\
p(x_0) &= c_0\varphi_0(x_0) + c_1\varphi_1(x_n) + c_2\varphi_2(x_n) + \ldots + c_n\varphi_n(x_n) = y_n
\end{aligned}$$

En notación matricial, este sistema puede escribirse de la forma $Au = b$ donde,

$$
A = \begin{pmatrix} \varphi_0(x_0) & \varphi_1(x_0) & \varphi_2(x_0) & \cdots & \varphi_n(x_0) \\ \varphi_0(x_1) & \varphi_1(x_1) & \varphi_2(x_1) & \cdots & \varphi_n(x_1) \\ \vdots & & & & \\ \varphi_0(x_n) & \varphi_1(x_n) & \varphi_2(x_n) & \cdots & \varphi_n(x_n) \end{pmatrix}, \quad u = \begin{pmatrix} c_0 \\ c_1 \\ \vdots \\ c_n \end{pmatrix}, \quad b = \begin{pmatrix} y_0 \\ y_1 \\ \vdots \\ y_n \end{pmatrix}.
$$

$$(5.2)$$

Si la base seleccionada es $\varphi_i(x) = x^i$ (base canónica), la matriz A sería de nuevo la matriz de Vandermonde. La idea a continuación es seleccionar otra base $\{\varphi_0(x), \varphi_1(x), \ldots, \varphi_n(x)\}$ de Π_n que resulte en un sistema $Au = b$ más conveniente para su resolución desde el punto de vista numérico.

5.3   Polinomio Interpolante en la forma de Lagrange

Un caso ideal se presentaría si la base $\{\varphi_0(x), \varphi_1(x), \ldots, \varphi_n(x)\}$ de Π_n verifica que para $i, j = 0, \ldots, n$,

$$
\varphi_i(x_j) = \delta_{ij} = \begin{cases} 1 & \text{para } i = j \\ 0 & \text{para } i \neq j \end{cases}
\qquad (5.3)
$$

(A la función δ_{ij} se le conoce con el nombre de función delta de Kronecker[4]). En este caso, la matriz A del sistema (5.2) sería la matriz identidad y la solución del sistema lineal $u = b$; por lo que los coeficientes buscados estarían dados por $c_i = y_i$ para $i = 0, \ldots, n$. Por lo tanto, en términos de esta base el polinomio interpolante se escribiría como:

$$
p(x) = y_0\varphi_0(x) + y_1\varphi_1(x) + \ldots + y_n\varphi_n(x) = \sum_{i=0}^{n} y_i\varphi_i(x).
$$

La construcción de una base con tales características es un caso particular del problema de interpolación y se debe a Lagrange[5]. A continuación, se mostrará como se construyen los elementos de esta base.

---

[4]Leopold Kronecker (1823-1891), matemático polaco. Fue autor de una frase muy conocida entre los matemáticos: "Dios hizo los naturales; el resto es obra del hombre".

[5]Joseph-Louis Lagrange (1736-1813), matemático italiano que en sus años productivos vivió mucho tiempo en Prusia y en Francia.

Construcción de la base de Lagrange

Se ilustrará primero, mediante un ejemplo, la construcción de la base de Lagrange. Supongamos que el problema de interpolación consta de 3 nodos, por ejemplo x_0, x_1, x_2. Entonces, construiremos 3 funciones polinomiales de Lagrange, una para cada nodo. Llamemos a estas funciones: $l_0(x), l_1(x), l_2(x)$, respectivamente.

Por definición, la primera función de Lagrange $l_0(x)$ debe verificar que $l_0(x_0) = 1$ y tener ceros $l_0(x_1) = 0$ y $l_0(x_2) = 0$. Como se deben cumplir 3 condiciones de interpolación es natural que $l_0(x)$ sea un polinomio de grado menor o igual a 2. Además, por los ceros en x_1 y x_2, este polinomio deberá ser múltiplo de $(x - x_1)(x - x_2)$. De esto se deduce que

$$l_0(x) = c(x - x_1)(x - x_2).$$

Para determinar la constante c se impone la condición $l_0(x_0) = 1$ y se despeja $c = 1/(x_0 - x_1)(x_0 - x_2)$. Por lo tanto, obtenemos,

$$l_0(x) = \frac{(x - x_1)(x - x_2)}{(x_0 - x_1)(x_0 - x_2)}.$$

Mediante un argumento similar se pueden obtener las funciones $l_1(x)$ y $l_2(x)$. En este caso,

$$l_1(x) = \frac{(x - x_0)(x - x_2)}{(x_1 - x_0)(x_1 - x_2)}. \tag{5.4}$$

$$l_2(x) = \frac{(x - x_0)(x - x_1)}{(x_2 - x_0)(x_2 - x_1)}. \tag{5.5}$$

El polinomio que interpola a los puntos $(x_0, y_0), (x_1, y_1), (x_2, y_2)$ viene dado en consecuencia por:

$$p(x) = y_0 l_0(x) + y_1 l_1(x) + y_2 l_2(x).$$

Puede verificarse fácilmente, mediante sustitución que, para $i = 0, \ldots, n$,

$$p(x_i) = y_i.$$

Ahora, veremos como se construyen estas funciones base de Lagrange en el caso general. Pretendemos construir $n + 1$ polinomios $l_i(x) \in \Pi_n$ para cada $i = 0, \ldots n$. Cada polinomio $l_i(x)$ debe cumplir,

$$l_i(x_j) = \delta_{ij} = \begin{cases} 1 & \text{para } i = j \\ 0 & \text{para } i \neq j. \end{cases}$$

Por esta condición $l_i(x)$ tiene n ceros en los nodos x_j, con $j \neq i$. Por lo tanto,

$$l_i(x) = c_i(x - x_0)(x - x_1) \ldots (x - x_{i-1})(x - x_{i+1}) \ldots (x - x_n),$$

para una constante c_i a determinar. La constante c_i se determina imponiendo la condición $l_i(x_i) = 1$. Sustituyendo $x = x_i$ y despejando c_i tenemos,

$$c_i = 1/(x_i - x_0)(x_i - x_1) \ldots (x_i - x_{i-1})(x_i - x_{i+1}) \ldots (x_i - x_n).$$

Finalmente, podemos construir para cada $i = 0, \ldots, n$,

$$l_i(x) = \frac{(x - x_0)(x - x_1) \ldots (x - x_{i-1})(x - x_{i+1}) \ldots (x - x_n)}{(x_i - x_0)(x_i - x_1) \ldots (x_i - x_{i-1})(x_i - x_{i+1}) \ldots (x_i - x_n)}.$$

De manera más compacta,

$$l_i(x) = \prod_{\substack{j=0 \\ i \neq j}}^{n} \frac{(x - x_j)}{(x_i - x_j)}.$$

El polinomio de grado menor o igual a n que interpola a los puntos $\{(x_i, y_i)\}_{i=0}^{n}$ viene dado por,

$$p(x) = \sum_{i=0}^{n} y_i l_i(x) = y_0 l_0(x) + y_1 l_1(x) + \ldots + y_n l_n(x),$$

a esta expresión se le conoce con el nombre de *Forma de Lagrange del polinomio de interpolación.*

Ejemplo 5.1. *Vamos a construir el polinomio $p(x) \in \Pi_3$ que interpola la siguiente tabla de cuatro nodos,*

x_i	$f(x_i)$
0	3
1	5
2	17
5	173

Primero, se construyen las funciones base de Lagrange, $\{l_0(x), l_1(x), l_2(x), l_3(x)\}$. En este caso, con los nodos $x_0 = 0; x_1 = 1; x_2 = 2; x_3 = 5$. Las funciones $l_i(x)$

vienen dadas por,

$$l_0(x) = \frac{(x - x_1)(x - x_2)(x - x_3)}{(x_0 - x_1)(x_0 - x_2)(x_0 - x_3)} = \frac{(x - 1)(x - 2)(x - 5)}{-10}.$$

$$l_1(x) = \frac{(x - x_0)(x - x_2)(x - x_3)}{(x_1 - x_0)(x_1 - x_2)(x_1 - x_3)} = \frac{x(x - 2)(x - 5)}{4}.$$

$$l_2(x) = \frac{(x - x_0)(x - x_1)(x - x_3)}{(x_2 - x_0)(x_2 - x_1)(x_2 - x_3)} = \frac{x(x - 1)(x - 5)}{-6}.$$

$$l_3(x) = \frac{(x - x_0)(x - x_1)(x - x_2)}{(x_3 - x_0)(x_3 - x_1)(x_3 - x_2)} = \frac{x(x - 1)(x - 2)}{60}.$$

Entonces, el polinomio interpolante $p(x)$ viene dado por la fórmula,

$$p(x) = 3l_0(x) + 5l_1(x) + 17l_2(x) + 173l_3(x).$$

Sustituyendo,

$$\begin{aligned} p(x) &= \frac{-3}{10}(x - 1)(x - 2)(x - 5) + \frac{5}{4}x(x - 2)(x - 5) \\ &+ \frac{-17}{6}x(x - 1)(x - 5) + \frac{173}{60}x(x - 1)(x - 2). \end{aligned}$$

Cuando se interpola polinomialmente a una función $f(x)$ en un conjunto de nodos $x_0, \ldots, x_n$, se puede hablar de un operador de interpolación. Este operador asigna, a cada función f, el único polinomio $p \in \Pi_n$ que la interpola en los nodos $x_0, x_1, \ldots, x_n$. Este operador de interpolación $I_n(f)$ se define como,

$$I_n(f) = \sum_{i=0}^{n} f(x_i)l_i.$$

Cabe remarcar que dicho operador de interpolación es un operador lineal, es decir, $I_n(f + \alpha g) = I_n(f) + \alpha I_n(g)$, para toda función f y g, y para todo escalar α.

En resumen, es posible escribir el polinomio interpolante como combinación lineal de los polinomios de la base de Lagrange, tomando $\varphi_i(x) = l_i(x)$. Recordemos que en la base $\{l_0(x), l_1(x), \ldots, l_n(x)\}$, el cálculo de los coeficientes para expresar la combinación lineal es inmediato: $c_i = y_i$. Esto sucede, porque en este caso, la matriz A del sistema lineal (5.2) planteado en función de esta base es la matriz identidad. En este sentido es una ventaja. Sin embargo, la construcción de la base de Lagrange puede ser muy costosa en términos de operaciones punto flotante. Además, la evaluación del polinomio interpolante en un punto x dado tiene un costo significativo, porque tienen que evaluarse en el punto x todas las funciones $l_i(x)$ de la base (todas de grado n). Es mejor encontrar una base que represente un mejor compromiso entre el costo computacional de calcular cada componente, y el costo computacional de calcular los coeficientes con los que se expresa el polinomio interpolante. Este compromiso se logra utilizando una base que haga que la matriz A del sistema sea una matriz triangular. Dicha base es la llamada la *Base Triangular de Newton*.

5.4   Polinomio Interpolante en la forma de Newton

El problema de la construcción del polinomio interpolante fue tratado por Isaac Newton de manera recursiva. Empecemos por el problema de interpolar un conjunto de un sólo punto $\{(x_0, y_0)\}$. Por el teorema de interpolación, el polinomio interpolante $p_0(x)$ es una constante, evidentemente,

$$p_0(x) = y_0.$$

Ahora, supongamos que un nuevo punto (x_1, y_1) es agregado al conjunto de puntos a interpolar. El nuevo polinomio interpolante $p_1(x)$ es un polinomio de grado menor o igual a uno. Se puede escribir este nuevo polinomio como,

$$p_1(x) = p_0(x) + r_1(x),$$

en donde $r_1(x)$ es un término que corrige a $p_0(x)$ para que incorpore la nueva condición de interpolación. Por supuesto, $r_1(x) = p_1(x) - p_0(x)$ es un polinomio de grado menor o igual a uno. Adicionalmente, $r_1(x_0) = p_1(x_0) - p_0(x_0) = y_0 - y_0 = 0$, lo que significa que $r_1(x)$ tiene un cero en $x = x_0$ y por ende es un múltiplo de $(x - x_0)$, es decir,

$$r_1(x) = c_1(x - x_0)$$

para una cierta constante c_1.

La constante c_1 puede ser determinada imponiendo la condición de interpolación $y_1 = p_1(x_1) = p_0(x_1) + c_1(x_1 - x_0) = y_0 + c_1(x_1 - x_0)$. Despejando c_1, se obtiene,

$$c_1 = \frac{y_1 - y_0}{x_1 - x_0},$$

por lo que el polinomio interpolante se escribe como,

$$p_1(x) = y_0 + c_1(x - x_0).$$

Ésta es la ecuación de la recta que pasa por $(x_0, y_0), (x_1, y_1)$. El valor c_1 es, en este caso, la pendiente de la recta.

Se puede continuar con un razonamiento similar para construir ahora un polinomio de grado menor o igual a 2 que interpole los puntos (x_0, y_0), (x_1, y_1), (x_2, y_2). Vamos a determinar el polinomio $r_2(x)$ que corrija al polinomio $p_1(x)$ para que interpole también al nuevo punto (x_2, y_2), sin dejar de interpolar los puntos anteriores. Tenemos entonces que,

$$p_2(x) = p_1(x) + r_2(x),$$

con $r_2(x) \in \Pi_2$.

El polinomio $r_2(x)$ tiene ceros en $x = x_0$ y en $x = x_1$, ya que: $r_2(x_0) = p_2(x_0) - p_1(x_0) = y_0 - y_0 = 0$ y $r_2(x_1) = p_2(x_1) - p_1(x_1) = y_1 - y_1 = 0$. Por ser r_2 un polinomio de grado menor o igual a 2 se tiene que,

$$r_2(x) = c_2(x - x_0)(x - x_1),$$

para alguna constante c_2. La constante c_2 puede determinarse imponiendo la condición $p_2(x_2) = p_1(x_2) + c_2(x_2 - x_0)(x_2 - x_1) = y_2$. Despejando,

$$c_2 = \frac{y_2 - p_1(x_2)}{(x_2 - x_0)(x_2 - x_1)}.$$

En general, sea $p_{n-1}(x) \in \Pi_{n-1}$ el polinomio que interpola a los n puntos $\{(x_i, y_i)\}_{i=0}^{n-1}$, el polinomio $p_n(x) \in \Pi_n$ que interpola a los $n+1$ puntos $\{(x_i, y_i)\}_{i=0}^{n}$ se escribe como,

$$p_n(x) = p_{n-1}(x) + r_n(x),$$

Para $i = 0, 1, \ldots, n-1$, debe cumplirse,

$$r_n(x_i) = p_n(x_i) - p_{n-1}(x_i) = y_i - y_i = 0.$$

Por lo que $r_n(x)$ tiene ceros en $x_0, x_1, \ldots, x_{n-1}$ y en consecuencia,

$$r_n(x) = c_n(x - x_0)(x - x_1) \ldots (x - x_{n-1}).$$

La constante c_n viene dada mediante la imposición de la condición de interpolación $p_n(x_n) = p_{n-1}(x_n) + c_n(x_n - x_0)(x_n - x_1) \ldots (x_n - x_{n-1}) = y_n$. Al despejar c_n se obtiene,

$$c_n = \frac{y_n - p_{n-1}(x_n)}{(x_n - x_0)(x_n - x_1) \ldots (x_n - x_{n-1})}.$$

En resumen, el polinomio interpolante se puede escribir de manera recursiva como,

$$\begin{cases} p_0(x) = c_0 \\ p_n(x) = p_{n-1}(x) + c_n \displaystyle\prod_{i=0}^{n-1}(x - x_i) \quad \text{para } n \geq 1. \end{cases} \tag{5.6}$$

y los coeficientes c_n se determinan mediante la fórmula,

$$\begin{cases} c_0 = y_0 \\ c_n = (y_n - p_{n-1}(x_n))/ \displaystyle\prod_{i=0}^{n-1}(x_n - x_i) \quad \text{para } n \geq 1. \end{cases} \tag{5.7}$$

Desarrollando (9.5), el polinomio interpolante en la forma de Newton puede escribirse como,

$$p_n(x) = c_0 + c_1(x-x_0) + c_2(x-x_0)(x-x_1) + \ldots + c_n(x-x_0)(x-x_1)\ldots(x-x_{n-1}).$$

Esto significa que el polinomio interpolante en la forma de Newton es una combinación lineal de los elementos de la base,

$$\{1, (x - x_0), (x - x_0)(x - x_1), \ldots, (x - x_0)(x - x_1)\ldots(x - x_{n-1})\}$$

con los coeficientes $c_0, c_1, \ldots, c_n$ definidos en (9.5). Es decir,

$$p_n(x) = \sum_{i=0}^{n} c_i \psi_i(x).$$

donde

$$\psi_i(x) = \begin{cases} 1 & \text{para } i = 0 \\ \displaystyle\prod_{j=0}^{i-1}(x - x_j) & \text{para } i = 1, \ldots, n. \end{cases} \tag{5.8}$$

Observe que para cada $i = 0, \ldots, n$, el escalar c_i es el coeficiente asociado al término de mayor grado del polinomio que interpola en el conjunto de nodos $\{x_0, x_1, \ldots, x_i\}$. Esto sucede porque cada elemento $\psi_i(x)$ de la base es un polinomio mónico de grado i.

Al conjunto de funciones polinomiales $\{\psi_0(x), \psi_1(x), \ldots, \psi_n(x)\}$ definido en (5.8) se le conoce con el nombre de *Base Triangular de Newton* del espacio Π_n (En el ejercicio 5.4 se pide demostrar que este conjunto es, efectivamente, una base de Π_n). La base triangular tiene ventajas para su construcción respecto a la base de Lagrange. Todos los elementos de la base de Lagrange tienen grado

n, mientras que, algunos de los elementos en la base triangular y en la base canónica son más fáciles de construir por tener menor grado. Más aún, los elementos de la base triangular pueden definirse de manera recursiva,

$$\psi_i(x) = \begin{cases} 1 & \text{para } i = 0 \\ (x - x_{i-1})\psi_{i-1}(x) & \text{para } i = 1, \ldots, n. \end{cases} \quad (5.9)$$

Esta característica permite utilizar la Regla de Horner[6] para evaluar el polinomio en un punto x. Por ejemplo, para $n = 3$, el polinomio interpolante, escrito en la base de Newton es,

$$p_3(x) = c_0 + c_1(x - x_0) + c_2(x - x_0)(x - x_1) + c_3(x - x_0)(x - x_1)(x - x_2),$$

y puede evaluarse en x mediante la fórmula,

$$p_3(x) = c_0 + (x - x_0)\left\{c_1 + (x - x_1)\left[c_2 + (x - x_2)c_3\right]\right\}.$$

Escrito de esa manera se requieren menos operaciones de punto flotante.

Otra característica importante de la base triangular de Newton es que $\psi_i(x_j) = 0$ si $i > j$, para $i, j = 0, \ldots, n$. Por lo que, si se toma $\varphi_i(x) = \psi_i(x)$ para $i = 0, \ldots, n$ en el sistema $Ax = b$ definido en (5.2), la matriz A es una matriz triangular inferior, lo que facilita el cálculo de los coeficientes c_i por sustitución hacia adelante. Esto es exactamente lo que hace la fórmula dada en (9.5). Sin embargo, el costo computacional de la evaluación de $\varphi_i(x_j)$, cuando $i \leq j$, puede ser aún alto, a pesar de la recursividad. Es preferible calcular estos coeficientes mediante los esquemas de Diferencias Divididas de Newton que veremos a continuación.

Forma de Neville y Diferencias Divididas de Newton

Dada una función f a interpolar, vamos a denotar por,

$$f[x_0, x_1, \ldots, x_i] = c_i, \quad i = 0, \ldots n,$$

a los coeficientes con los que se expresa el polinomio interpolante en términos de la Base Triangular de Newton. Por razones que veremos luego, estos coe-

---

[6]William Horner (1786-1837), matemático inglés conocido por su famosa regla para resolver ecuaciones algebraicas. La atribución a Horner de esta regla fue hecha por Augustus De Morgan. Sin embargo, se sabe que este método fue sugerido anteriormente por el matemático italiano Paolo Ruffini (1765-1822), e incluso por el matemático chino Zhu Shijie en el siglo XIII.

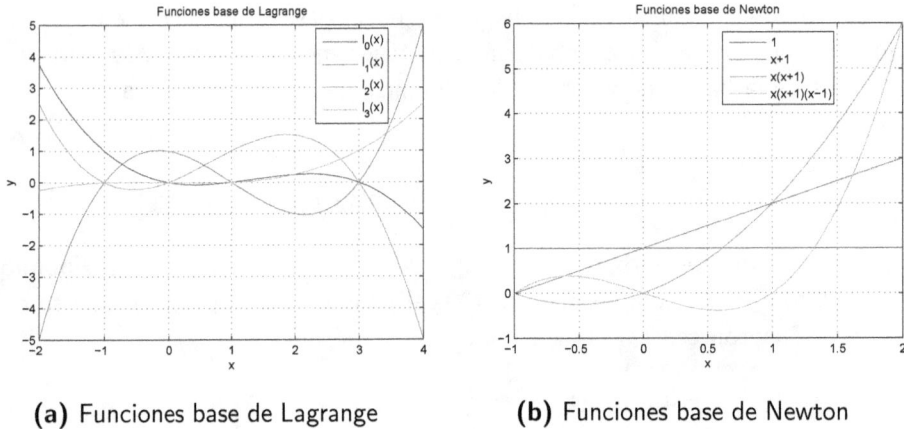

(a) Funciones base de Lagrange   (b) Funciones base de Newton

Figura 5.1: Funciones base polinomiales para los nodos $x_0 = -1$, $x_1 = 0$, $x_2 = 1$, $x_3 = 3$.

ficientes se denominan *Diferencias Divididas de Newton*. Cada diferencia dividida de Newton $f[x_0, x_1, \ldots, x_i]$ corresponde al coeficiente del término de mayor grado del polinomio que interpola los nodos $x_0, x_1, \ldots, x_i$. Eso significa que el polinomio que interpola a f, en la forma de Newton, se escribe como,

$$p_n(x) = p_{n-1}(x) + f[x_0, x_1, \ldots, x_n] \prod_{i=0}^{n-1} (x - x_i),$$

o de igual manera como combinación lineal de los elementos de la base triangular como,

$$p_n(x) = f[x_0] + f[x_0, x_1](x - x_0) + f[x_0, x_1, x_2](x - x_0)(x - x_1)$$
$$+ \ldots + f[x_0, x_1, \ldots, x_n](x - x_0)(x - x_1) \ldots (x - x_{n-1}).$$

A continuación, mediante la *Forma de Neville* del polinomio interpolante, vamos a hallar una manera más eficiente para calcular las diferencias divididas. La forma de Neville[7] del polinomio $p_n \in \Pi_n$ que interpola a una función $f(x)$ en los nodos $x_0, x_1, \ldots, x_{n-1}, x_n$, permite construir p_n en función del polinomio de grado menor o igual a $n - 1$ que interpola los nodos $x_0, x_1, \ldots, x_{n-1}$, y del polinomio de grado menor o igual a $n - 1$ que interpola los nodos $x_1, x_2, \ldots, x_n$.

---

[7]Eric Neville (1889-1961), matemático y pacifista inglés. En 1914 viajó a India como conferencista invitado. En respuesta a una petición de Hardy, logró convencer a Ramanujan para que viajase a Inglaterra, jugando un rol vital en una de las colaboraciones entre matemáticos más célebres de todos los tiempos.

Así, el polinomio interpolante se escribe como,

$$p_n(x) = \frac{(x_n - x)p_{n-1}^{[0,n-1]}(x) + (x - x_0)p_{n-1}^{[1,n]}(x)}{x_n - x_0},$$ (5.10)

donde,

$p_{n-1}^{[0,n-1]}(x)$: es el polinomio de grado menor o igual a $n-1$ que interpola los nodos $\{x_0, x_1, \ldots, x_{n-1}\}$

$p_{n-1}^{[1,n]}(x)$: es el polinomio de grado menor o igual a $n-1$ que interpola los nodos $\{x_1, x_1, \ldots, x_n\}$

Es sencillo comprobar que la forma de Neville es correcta. Basta sustituir el valor x por los nodos de interpolación y comprobar que el valor de $p(x_i) = f(x_i)$ para $i = 0, \ldots, n$.

El coeficiente $f[x_0, x_1, \ldots, x_n]$ que acompaña al término de mayor grado del polinomio que interpola a la función en $x_0, x_1, \ldots, x_n$ debe verificar, según la fórmula de Neville (5.10), el siguiente resultado.

Lema 5.3 (Fórmula de las Diferencias Divididas).

$$f[x_0, x_1, \ldots, x_n] = \frac{f[x_1, x_2, \ldots, x_n] - f[x_0, x_1, \ldots, x_{n-1}]}{x_n - x_0}$$ (5.11)

y $f[x_i] = f(x_i)$ *con* $i = 0, \ldots, n$.

Demostración. La fórmula (5.10), que describe al polinomio interpolante en la forma de Neville, es una igualdad entre dos polinomios de grado n. Por lo tanto, los coeficientes líderes (coeficientes asociados al término de mayor grado), tanto del lado izquierdo, como del lado derecho de la ecuación, deben ser iguales. $\square$

Además, puede probarse que el orden de los nodos en las diferencias divididas da el mismo resultado para cualquier permutación del orden de los nodos (ver Ejercicio 5.8), entonces, se pueden ir construyendo las diferencias divididas, necesarias para escribir el polinomio interpolante en la forma de Newton, mediante el uso recurrente de la fórmula (5.11), comenzando por los valores $f[x_i] = f(x_i)$, $i = 0, \ldots, n$.

Ejemplo 5.2. *Vamos a construir el polinomio* $p(x) \in \Pi_3$ *que interpola la tabla dada en el ejemplo 5.1.*

Primero, se calculan las diferencias divididas $f[x_i, x_{i+1}]$ para $i = 0, 1, 2$,

$$f[x_0, x_1] = \frac{f[x_1] - f[x_0]}{x_1 - x_0} = \frac{5 - 3}{1 - 0} = 2.$$

$$f[x_1, x_2] = \frac{f[x_2] - f[x_1]}{x_2 - x_1} = \frac{17 - 5}{2 - 1} = 12.$$

$$f[x_2, x_3] = \frac{f[x_3] - f[x_2]}{x_3 - x_2} = \frac{173 - 17}{5 - 2} = 52.$$

Ahora, se calculan las diferencias divididas $f[x_i, x_{i+1}, x_{i+2}]$ para $i = 0, 1$,

$$f[x_0, x_1, x_2] = \frac{f[x_1, x_2] - f[x_0, x_1]}{x_2 - x_0} = \frac{12 - 2}{2 - 0} = 5.$$

$$f[x_1, x_2, x_3] = \frac{f[x_2, x_3] - f[x_1, x_2]}{x_3 - x_1} = \frac{52 - 12}{5 - 1} = 10.$$

y finalmente, se calcula la diferencia dividida $f[x_0, x_1, x_2, x_3]$,

$$f[x_0, x_1, x_2, x_3] = \frac{f[x_1, x_2, x_3] - f[x_0, x_1, x_2]}{x_3 - x_0} = \frac{10 - 5}{5 - 0} = 1.$$

Mediante el uso de las diferencias divididas ,el polinomio interpolante se escribe como,

$$p(x) = f[x_0] \quad + \quad f[x_0, x_1](x - x_0) + f[x_0, x_1, x_2](x - x_0)(x - x_1)$$
$$f[x_0, x_1, x_2, x_3](x - x_0)(x - x_1)(x - x_2).$$

Sustituyendo,

$$p(x) = 3 + 2x + 5x(x - 1) + x(x - 1)(x - 2),$$

y utilizando la Regla de Horner el polinomio interpolante se evalúa mediante la fórmula,

$$p(x) = 3 + x\{2 + (x - 1)[5 + (x - 2)]\}.$$

En general, el algoritmo que construye las diferencias divididas mediante la fórmula (5.11) se presenta a continuación.

Algoritmo 5.4 (Algoritmo para construir las Diferencias Divididas).
Entradas:

- Arreglo c con $c_i = f(x_i)$, $i = 0, \ldots, n$,

- Arreglo x con los nodos de interpolación x_i, $i = 0, \ldots, n$.

Salida: $c_i = f[x_0, x_1, \ldots, x_i]$ para $i = 0, \ldots, n$.

Para $i = 1, \ldots, n$ hacer,
        Para $j = n, \ldots, i$ hacer,
            $c_j = (c_j - c_{j-1})/(x_j - x_{j-i})$
        Fin
Fin

Para evaluar el polinomio interpolante en un valor $x = t$, podemos utilizar el próximo algoritmo que es una simple variante de la multiplicación anidada.

Algoritmo 5.5 (Algoritmo para evaluar el polinomio interpolante).
Entradas:

- Valor a evaluar t

- Arreglo c con $c_i = f[x_0, x_1, \ldots, x_i]$, $i = 0, \ldots, n$, *(Salida del Algoritmo 5.4)*

- Arreglo x con los nodos de interpolación x_i, $i = 0, \ldots, n$.

Salida: $p = p(t)$.

$p = c_n$
Para $i = n - 1, \ldots, 0$ hacer,
        $p = c_i + (t - x_i)p$
Fin

5.5 Error de Interpolación

Si la función $f(x)$ pertenece a una clase especial de funciones con la suficiente suavidad, entonces es posible encontrar la siguiente expresión para el error de interpolación polinomial.

Teorema 5.6. *Sean* $x_0, x_1, \ldots, x_n$ *los nodos de interpolación (números reales distintos), y sea* $f : \mathbb{R} \to \mathbb{R}$ *una función con* $n+1$ *derivadas continuas en el intervalo* $I_t = Cap[t, x_0, \ldots, x_n]$, *con* $t \in \mathbb{R}$ *dado. Entonces existe* $\xi \in I_t$ *tal que el error de interpolación* $E(t) = f(t) - p_n(t)$ *cumple:*

$$E(t) = \frac{f^{(n+1)}(\xi)}{(n+1)!} \psi_{n+1}(t). \tag{5.12}$$

Aquí, $p_n(x)$ *es el polinomio que interpola a la función* $f(x)$ *en los nodos* $x_0, \ldots, x_n$, $\psi_{n+1}(x) = \prod_{i=0}^{n}(x - x_i)$ *y* $Cap[t, x_0, \ldots, x_n]$ *es el menor intervalo cerrado que contiene a* $t, x_0, \ldots, x_n$.

Demostración. La prueba es trivial si $t = x_i$ (nodos de interpolación). En este caso el error de interpolación es igual a cero. Supongamos ahora que t no es ningún nodo de interpolación. Entonces, es posible definir,

$$G(x) = E(x) - \frac{\psi_{n+1}(x)}{\psi_{n+1}(t)} E(t), \quad \text{para todo } x \in I_t.$$

Las funciones $E(x)$ y $\psi_{n+1}(x)$ son diferenciables $n+1$ veces en I_t, por lo tanto $G(x)$ también lo es. En los nodos de interpolación se cumple que,

$$G(x_i) = E(x_i) - \frac{\psi_{n+1}(x_i)}{\psi_{n+1}(t)} E(t), \quad \text{para } i = 0, \ldots, n.$$

y además,

$$G(t) = E(t) - E(t) = 0,$$

por lo que $G(x)$ tiene $n+2$ ceros distintos en el intervalo I_t. Usando el teorema de Rolle[8], la función $G'(x)$ tiene $n+1$ ceros distintos y así, sucesivamente, la derivada $G^{(k)}(x)$ tiene $n+2-k$ ceros en el intervalo I_t para $k = 0, 1, \ldots, n+1$. En consecuencia, $G^{(n+1)}(x)$ tiene un cero $x = \xi$ en el intervalo. Es decir,

$$G^{(n+1)}(\xi) = 0.$$

Dado que,

$$E^{(n+1)(x)} = f^{(n+1)}(x) - p_n^{(n+1)}(x) = f^{(n+1)}(x),$$

---

[8]En 1691, el matemático francés Michel Rolle publicó la primera demostración formal conocida, que usa el cálculo diferencial. Sin embargo, al matemático indio Bhāskara II (1114–1185) se le atribuye el conocimiento del teorema de Rolle, así como de muchos otros conceptos del cálculo diferencial.

porque la derivada $n + 1$ de un polinomio de grado menor o igual a n se anula y como,

$$\psi_{n+1}^{(n+1)}(x) = (n+1)!,$$

se obtiene,

$$G^{(n+1)}(x) = f^{(n+1)} - \frac{(n+1)!}{\psi_{n+1}(t)} E(t).$$

Sustituyendo $x = \xi$ y despejando se tiene la fórmula del error,

$$E(t) = \frac{\psi_{n+1}(t)}{(n+1)!} f^{(n+1)}(\xi).$$

$\square$

Fórmula del Error de Interpolación usando diferencias divididas

Es sencillo construir una fórmula del error de interpolación usando la forma de Newton. Sea t un número real distinto de los nodos de interpolación $x_o, x_1, \ldots, x_n$. Construyamos el polinomio $p_{n+1}(x)$ que interpola a la función $f(x)$ en el conjunto de $n + 2$ nodos $t, x_0, x_1, \ldots, x_n$. En la forma de Newton podemos construir este polinomio en función del polinomio $p_n(x)$ que interpola a $f(x)$ en los nodos originales $x_o, x_1, \ldots, x_n$.

$$p_{n+1}(x) = p_n(x) + f[x_0, x_1, \ldots, x_n, t]\psi_{n+1}(t).$$

Dado que en $x = t$, se tiene que $p_{n+1}(t) = f(t)$, entonces, el error de interpolación $E(t)$ cumple,

$$E(t) = f(t) - p_n(t) = f[x_0, x_1, \ldots, x_n, t]\psi_{n+1}(t). \tag{5.13}$$

Esta es otra fórmula usual del error de interpolación. Comparando con la fórmula del error de interpolación dada en el Teorema 5.6,

$$E(t) = \frac{f^{(n+1)}(\xi)}{(n+1)!} \psi_{n+1}(t),$$

podemos deducir que si la función $f(x)$ tiene $n+1$ derivadas continuas entonces,

$$f[x_0, x_1, \ldots, x_n, t] = \frac{f^{(n+1)}(\xi)}{(n+1)!},$$

para algún $\xi \in \text{cap}[x_0, x_1, \ldots, x_n, t]$. Como t también se puede tomar como un nodo de interpolación y haciendo este resultado simétrico en los argumentos, tomando $t = x_{n+1}$ y $n = m - 1$, se obtiene la fórmula,

$$f[x_0, x_1, \ldots, x_m] = \frac{f^{(m)}(\xi)}{m!}, \quad \text{para algún } \xi \in \text{Cap}[x_0, x_1, \ldots, x_m]. \quad (5.14)$$

Esta ecuación (5.14) puede verse como una generalización del Teorema del Valor Medio de Lagrange.

5.5.1   Ubicación óptima de los nodos de interpolación

El error de interpolación puede minimizarse si elegimos convenientemente la ubicación de los nodos de interpolación. Aunque pudiera sorprender, la mejor elección de los nodos de interpolación no se da necesariamente con nodos igualmente espaciados. Es más, esta pudiera ser una pésima elección (ver figura 5.2). Un ejemplo de ello es el llamado Fenómeno de Runge[9], que puede observarse cuando se aproxima mediante interpolación polinomial a la función llamada Bruja de Agnesi[10] o función de Runge,

$$f(x) = \frac{1}{1 + x^2}$$

en el intervalo $x \in [-5, 5]$. Recordemos que, para una función f dada lo suficientemente suave, y para $n + 1$ nodos, el Teorema 5.6 nos dice que el error de interpolación en un punto x viene dado por la expresión,

$$E(x) = \frac{f^{(n+1)}(\xi)}{(n+1)!} \psi_{n+1}(x).$$

En esta expresión, el único término que se puede controlar mediante la elección de los nodos es,

$$\psi_{n+1}(x) = (x - x_0)(x - x_1)(x - x_2) \ldots (x - x_{n-1})(x - x_n).$$

Como se puede observar, $\psi_{n+1}(x)$ es un polinomio mónico de grado $n + 1$. Se buscará, entre todos los polinomios mónicos, a aquel que minimice el mayor

---

[9]Carl David Tolmé Runge (1856 - 1927), matemático alemán. Runge vivió los primeros 20 años de su vida en La Habana, Cuba. Tuvo entre sus discípulos al Premio Nóbel de Física Max Born.

[10]María Gaetana Agnesi (1718-1799), filósofa y matemática italiana. En 1748 publicó *Instituzioni analítiche ad uso della gioventù italiana*, tratado al que se atribuye haber sido el primer libro de texto que trató conjuntamente el cálculo diferencial y el cálculo integral.

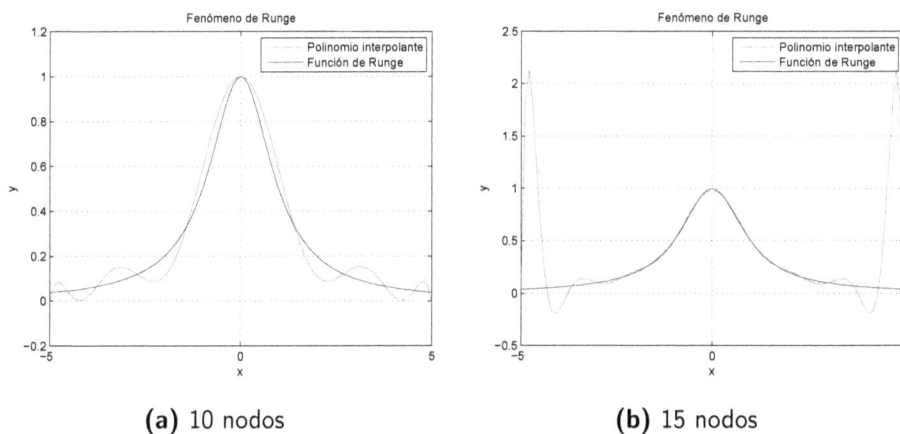

(a) 10 nodos   (b) 15 nodos

Figura 5.2: Fenómeno de Runge. Nodos igualmente espaciados

valor de $\psi_{n+1}(x)$ en el intervalo dado. Esta búsqueda nos remite al estudio de los polinomios de Chebyshev[11].

Polinomios de Chebyshev

> **Definición 5.1** (Polinomios de Chebyshev). *Los* Polinomios de Chebyshev T_n *se definen de manera recursiva mediante la fórmula,*
>
> $$\begin{cases} T_0(x) = 1 \\ T_1(x) = x \\ T_{n+1}(x) = 2xT_n(x) - T_{n-1}(x), \quad para\ n \geq 1. \end{cases} \tag{5.15}$$

De manera explícita, los primeros polinomios de Chebyshev están dados por,

$$T_0(x) = 1$$
$$T_1(x) = x$$
$$T_2(x) = 2x^2 - 1$$
$$T_3(x) = 4x^3 - 3x$$
$$T_4(x) = 8x^4 - 8x^2 + 1$$
$$T_5(x) = 16x^5 - 20x^3 + 5x$$

Los polinomios de Chebyshev son una familia de polinomios ortogonales, que se derivan al aplicar el proceso de ortogonalización de Gram-Schmidt a la base

---

[11]Pafnuty Lvovich Chebyshev (1821-1894), matemático ruso. Tuvo entre sus discípulos a los célebres Markov y Lyapunov.

canónica $\{1, x, x^2, \ldots, x^n\}$ de Π_n, con el producto interno definido por:

$$\langle f, g \rangle = \int_{-1}^{1} w(x) f(x) g(x) dx,$$

con $w(x) = \dfrac{1}{\sqrt{1 - x^2}}$. Las familias de polinomios ortogonales son de singular importancia en la teoría de aproximación de funciones; ver, por ejemplo, [18, 24].

En el intervalo $[-1, 1]$, los polinomios de Chebyshev tienen una forma cerrada que nos permite derivar muchas de sus propiedades, dicha forma cerrada se dará en el teorema a continuación.

Teorema 5.7. *Para* $x \in [-1, 1]$*, se tiene,*

$$T_n(x) = \cos(n \cos^{-1} x), \quad \textit{para } n \geq 0.$$

Demostración. Recordemos la fórmula del coseno de la suma de dos ángulos,

$$\cos(A + B) = \cos A \cos B - sen\, A\, sen\, B.$$

De allí, se obtiene,

$$\cos(n + 1)\theta = \cos \theta \cos n\theta - sen\, \theta\, sen\, n\theta$$
$$\cos(n - 1)\theta = \cos \theta \cos n\theta + sen\, \theta\, sen\, n\theta.$$

Al sumar ambas ecuaciones se obtiene,

$$\cos(n + 1)\theta + \cos(n - 1)\theta = 2 \cos \theta \cos n\theta.$$

Por lo que,

$$\cos(n + 1)\theta = 2 \cos \theta \cos n\theta - \cos(n - 1)\theta.$$

Si se toma $x = \cos \theta$ y $\theta = \cos^{-1} x$, la ecuación anterior muestra que al definir las funciones,

$$g_n(x) = \cos(n \cos^{-1} x),$$

se cumple que,

$$\begin{cases} g_0(x) = 1 \\ g_1(x) = x \\ g_{n+1}(x) = 2x g_n(x) - g_{n-1}(x), \quad \text{para } n \geq 1. \end{cases}$$

Esta relación de recurrencia coincide con la defínición de la familia de polinomios de Chebyshev dada en (5.1), por lo tanto $g_n = T_n(x)$. $\square$

De la fórmula cerrada del teorema 5.7 se puede deducir que,

$$|T_n(x)| \leq 1, \quad x \in [-1, 1].$$

Además, se tiene que,

$$T_n\left(\cos\frac{i\pi}{n}\right) = (-1)^i, \quad \text{para } i = 0, \ldots, n.$$

y los ceros del polinomio los determina la fórmula,

$$T_n\left(\cos\frac{2i-1}{2n}\pi\right) = 0, \quad \text{para } i = 1, \ldots, n, \tag{5.16}$$

lo que significa que los n ceros del polinomio $T_n(x)$ se encuentran en $[-1, 1]$.

De la definición 5.1, que define recursivamente a los polinomios de Chebyshev, se puede ver que, a partir de $n = 1$, el coeficiente asociado al término de mayor grado (o coeficiente dominante) de $T_n(x)$, es el doble del coeficiente dominante del polinomio $T_{n-1}(x)$. Como $T_0(x) = 1$, podemos deducir que el coeficiente dominante de $T_n(x)$ es 2^{n-1} para $n \geq 1$. En consecuencia, $2^{1-n}T_n(x)$ es siempre un polinomio mónico para $n \geq 1$.

Observe que el polinomio mónico $q_n(x) = 2^{1-n}T_n(x)$ cumple lo siguiente,

$$\max_{x \in [-1,1]} q_n(x) = 2^{1-n}.$$

El siguiente teorema mostrará que 2^{1-n} es precisamente el mínimo valor que puede alcanzar el máximo entre todos los polinomios mónicos de grado menor o igual a n, y por lo tanto, la elección óptima de los nodos de interpolación deberá hacerse de tal manera que el polinomio mónico $\psi_{n+1}(x)$ coincida con $q_{n+1}(x)$, si la minimización se hace en el intervalo $[-1, 1]$.

> **Teorema 5.8.** *Si p es un polinomio mónico de grado n, entonces,*
>
> $$\max_{x \in [-1,1]} |p(x)| \geq 2^{1-n}.$$

Demostración. La demostración se realizará por reducción al absurdo. Supongamos que,

$$|p(x)| < 2^{1-n}, \quad x \in [-1, 1].$$

Si se define $q_n(x) = 2^{1-n}T_n(x)$ y $x_i = \cos\left(\dfrac{i\pi}{n}\right)$. De la definición de $q_n(x)$ (polinomio mónico de grado n) se tiene,

$$(-1)^i p(x_i) \leq |p(x_i)| < 2^{1-n} = (-1)^i q(x_i).$$

De allí,
$$(-1)^i \left[q(x_i) - p(x_i)\right] > 0, \quad \text{para } i = 0, 1, \ldots, n.$$

Ahora, como $p(x)$ y $q(x)$ son polinomios mónicos de grado n, entonces, $r(x) = p(x) - q(x)$ es un polinomio de grado menor o igual a $n-1$ que cambia de signo $n+1$ veces en el intervalo $[-1, 1]$, por lo que debe tener al menos n raíces en $(-1, 1)$. Esto es una contradicción. $\qquad\square$

Escogencia de los nodos de interpolación

El Teorema 5.8 nos dice que el mínimo valor de,

$$\max_{x \in [-1,1]} |\psi_{n+1}(x)|,$$

se alcanza cuando $\psi_{n+1}(x)$ coincide con $q_{n+1}(x) = 2^{-n}T_{n+1}(x)$. Para que esto suceda, los nodos de $\psi_{n+1}(x)$ deben ser los ceros del polinomio de Chebyshev $T_{n+1}(x)$. Es decir,

$$x_i = \cos\left(\frac{2i+1}{2n+2}\pi\right), \quad i = 0, 1, \ldots, n.$$

Nótese que los nodos de Chebyshev son las coordenadas en el eje x, de los $(n+1)$ puntos en el plano (x, y), que están igualmente espaciados sobre la mitad superior del círculo de centro en cero y radio uno; ver Figura 5.3.

Si los nodos de interpolación están todos en el intervalo $[-1, 1]$ y si t pertenece también al mismo intervalo, entonces el valor de ξ de la fórmula del error de interpolación (5.12) deberá pertenecer también al intervalo $[-1, 1]$. En consecuencia, con el uso de los nodos de Chebyshev, bajo las hipótesis de dicho teorema, el error de interpolación vendría acotado por:

$$E(t) = |f(t) - p_n(t)| \leq \frac{1}{2^n(n+1)!} \max_{t \in [-1,1]} |f^{(n+1)}(t)|, \quad \text{para } t \in [-1, 1].$$

Si el intervalo de interés es distinto, digamos $[a, b]$, los nodos de interpolación pueden adaptarse mediante una simple transformación afín de $[-1, 1]$ a $[a, b]$.

Aplicando esta transformación afín, los nuevos nodos de interpolación $\hat{x}_i$ para el intervalo $[a, b]$ vendrían dados por,

$$\hat{x}_i = \frac{b-a}{2}x_i + \frac{b+a}{2}, \quad i = 0, 1, \ldots, n. \tag{5.17}$$

En donde los valores x_i son los nodos de Chebyshev definidos en el intervalo $[-1, 1]$. Por ejemplo, en la Figura 5.3 se muestra la ubicación de los nodos de Chebyshev, para $n = 9$, en el intervalo $[-5, 5]$. Se puede observar como los nodos de Chebyshev tienden a separarse en el medio del intervalo, y a estar más cercanos en los extremos.

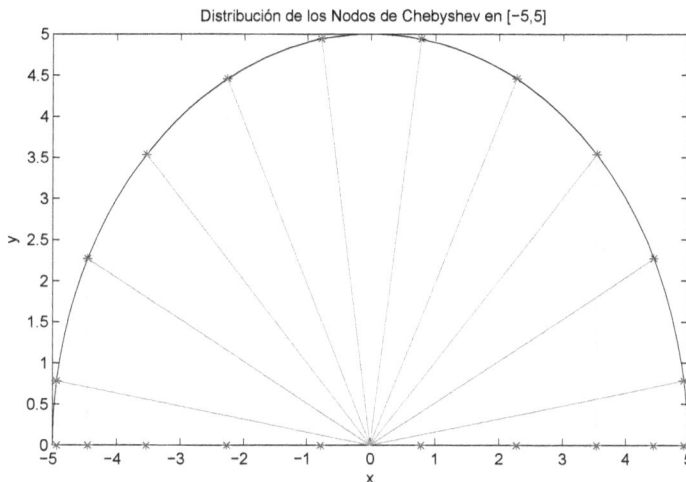

Figura 5.3: Nodos de Chebyshev, para $n = 9$, en el intervalo $[-5, 5]$

A manera de ejemplo, en la Figura 5.4 puede observarse el comportamiento de los polinomios interpolantes, en los nodos de Chebyshev, aproximando a la función de Runge $f(x) = \frac{1}{1+x^2}$ en el intervalo $[-5, 5]$. En este caso ya no se observa el fenómeno de Runge que se observa en la figura 5.2 cuando los nodos están igualmente espaciados.

5.5.2 Convergencia del polinomio interpolante

Supongamos que se pretende aproximar a una función continua $f(x)$ mediante polinomios interpolantes $p_n(x) \in \pi_n$ en un intervalo $[a, b]$. Se pudiera pensar

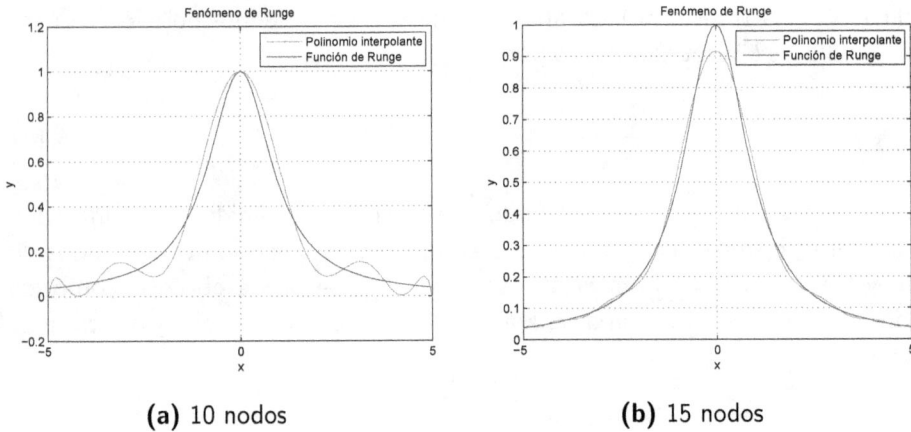

(a) 10 nodos   (b) 15 nodos

Figura 5.4: Interpolación de la función de Runge. Nodos de Chebyshev

que, a medida que el grado del polinomio aumenta, los polinomios interpolantes convergerán uniformemente a la función f. Es decir, se esperaría que,

$$\lim_{n\to\infty} ||f(x) - p_n(x)||_\infty = 0,$$

en donde,

$$||f(x) - p_n(x)||_\infty = \max_{x\in[a,b]} |f(x) - p(x)|.$$

Sin embargo, esto no es siempre cierto. Un ejemplo clásico es el fenómeno de Runge, mencionado anteriormente con nodos igualmente espaciados. En este caso, las aproximaciones $p_n(x)$ producen polinomios tales que el error de aproximación $||f(x) - p(x)||_\infty$ no se puede acotar cuando $n \to \infty$. Incluso, para valores pequeños de n puede verse el deterioro de la calidad de la aproximación. Valdría preguntarse, si escogiendo los nodos de otra manera, podría obtenerse la convergencia uniforme deseada. El resultado siguiente sería un resultado alentador en ese sentido.

Teorema 5.9 (Convergencia de los polinomios interpolantes). *Si f es una función continua en $[a, b]$, entonces existe un sistema de nodos*

$$a \leq x_0^{(n)} < x_1^{(n)} < \ldots < x_n^{(n)} \leq b, \quad n \geq 0,$$

tal que los polinomios de interpolación $p_n(x)$ de $f(x)$ en esos nodos satisfacen,

$$\lim_{n\to\infty} ||f(x) - p_n(x)||_\infty = 0.$$

Sin embargo, en el resultado anterior, el sistema de nodos a utilizar depende de la función f a aproximar, lo que hace difícil su implementación mediante un algoritmo numérico. Es válida la pregunta de si existe un sistema de nodos para el cual se tenga convergencia uniforme para cualquier función continua f. Lamentablemente, la respuesta a esta pregunta es negativa y viene dada por el siguiente teorema demostrado por Faber en 1914.

Teorema 5.10 (Teorema de Faber). *Para cualquier sistema de nodos prescrito,*

$$a \leq x_0^{(n)} < x_1^{(n)} < \ldots < x_n^{(n)} \leq b, \;\; para \; n \geq 0,$$

existe una función continua $f(x) \in [a,b]$ tal que el polinomio $p_n(x)$ que la interpola en esos nodos, no converge uniformemente a f.

Si la función a aproximar es más suave, por ejemplo si $f \in C^2[a,b]$, es posible garantizar la convergencia uniforme del polinomio interpolante, esto si se eligen convenientemente los nodos. Por ejemplo, la convergencia uniforme para la escogencia de los nodos de Chebyshev está garantizada por el siguiente teorema.

Teorema 5.11. *Sea $f \in C^2[a,b]$ y sea el sistema de nodos dado por las raíces de los polinomios de Chebyshev. Entonces, los polinomios interpolantes en esos nodos $p_n(x)$ cumplen,*

$$\lim_{n \to \infty} ||p_n(x) - f(x)||_\infty = 0.$$

La demostración de los Teoremas 5.9, 5.10, y 5.11, así como una discusión detallada sobre este tema, se puede conseguir en los siguientes libros [18, 19, 24].

5.6 Interpolación de Hermite

En ocasiones, además de la información sobre el valor de $f(x)$ en un conjunto de nodos, se cuenta con información sobre el valor de algunas de sus derivadas. La idea ahora, es encontrar un polinomio que interpole a $f(x)$, y también, a esas derivadas con el objeto de que el polinomio "imite" en lo posible a la función a aproximar. A este tipo de interpolación se le conoce con el nombre de *Interpolación de Birkhoff* [12]. En la interpolación de Birkhoff se busca un

---

[12]George David Birkhoff (1884-1944), matemático estadounidense. No debe confundirse con su hijo Garrett Birkhoff (1911-1996) quién también fue matemático.

polinomio $p(x) \in \Pi_m$ que cumpla con $m+1$ condiciones de interpolación sobre el valor de la función y de algunas de sus derivadas distribuidas en $n+1$ nodos.

Más formalmente, la interpolación de Birkhoff consiste en: Dados $n+1$ nodos x_i con $i = 0, \ldots, n$, encontrar un polinomio $p(x) \in \Pi_m$ tal que,

$$p^{(n_j)}(x_i) = y_{ij}, \tag{5.18}$$

en donde los valores reales y_{ij} y los números enteros no negativos n_j son dados para un conjunto de valores de j, $j \in \{0, 1, \ldots, m\}$. En cada nodo x_i hay k_i condiciones distintas y debe cumplir que

$$\sum_{i=0}^{n} k_i = m + 1.$$

La imposición de estas condiciones da lugar a un sistema de ecuaciones lineales con una matriz cuadrada de $m+1$ filas por $m+1$ columnas. Vamos a ilustrar esto mediante un ejemplo:

Ejemplo 5.3. *Se busca un polinomio $p(x)$ que verifique:*

$$p(1) = 3, \quad p'(1) = 3, \quad p(2) = 7.$$

Dado que hay 3 condiciones, es razonable suponer que $p(x) \in \Pi_2$. Escribamos al polinomio $p(x)$ en términos de la base canónica,

$$p(x) = ax^2 + bx + c.$$

por lo que,

$$p'(x) = 2ax + b.$$

Las condiciones de interpolación se traducen en:

$$a + b + c = 3$$
$$2a + b = 3$$
$$4a + 2b + c = 7.$$

Este sistema de ecuaciones lineales tiene como solución al vector $(1, 1, 1)^T$, por lo que el polinomio buscado es:

$$p(x) = x^2 + x + 1.$$

Un caso extremo bastante conocido de la interpolación de Birkhoff, es cuando se posee información del valor de la función y de sus primeras m derivadas en un solo punto x_0, es decir, $n = 0$ y $n_j = j$ para $j = 0, \ldots, m$. Se pretende en este caso construir un polinomio $p_m(x) \in \Pi_m$ que verifique las condiciones de interpolación:

$$p_m^{(j)}(x_0) = f^{(j)}(x_0), \quad j = 0, \ldots m.$$

La solución a este problema, es el famoso *Polinomio de Taylor*[13], dado por,

$$p_m(x) = \sum_{j=0}^{m} \frac{f^{(j)}(x_0)}{j!}(x - x_0)^j. \tag{5.19}$$

La interpolación polinomial o interpolación de Lagrange vista en la sección anterior, es también un caso particular extremo del problema de interpolación de Birkhoff. Este es el caso en donde $n = m$ y en consecuencia $n_j = 0$ y $k_j = 1$ para $j = 0, \ldots, m$, es decir, se tiene solo una condición de interpolación sobre el valor de la función, en cada nodo.

En la interpolación de Birkhoff pudiera suceder que la matriz resultante de la imposición de las condiciones de interpolación sea singular. En este caso el problema de interpolación de Birkhoff pudiera tener infinitas o ninguna solucion, lo que complica su estudio. Vamos a ver un ejemplo clásico en donde esto sucede:

Ejemplo 5.4. *Encuentre un polinomio $p(x)$ que verifique:*

$$p(0) = 0, \quad p(1) = 1, \quad p'(\tfrac{1}{2}) = 2.$$

Como se imponen 3 condiciones de interpolación, vamos a buscar en principio un polinomio $p(x)$ en el espacio Π_2, es decir, un polinomio de grado menor o igual a 2,

$$p(x) = ax^2 + bx + c.$$

Suponiendo esto, la condición p(0) = 0 implica que $c = 0$. Las otras dos condiciones implican,

$$a + b = 1$$
$$a + b = \frac{1}{2}.$$

---

[13]En honor al matemático inglés Brooks Taylor (1685-1731) quién lo enunció en 1712. Sin embargo, se sabe que este polinomio fue descubierto anteriormente por James Gregory (1638-1675), matemático escocés.

Entonces, ningún polinomio $p(x) \in \Pi_2$ cumple con las condiciones de interpolación dadas.

Si se intenta construir al polinomio $p(x) \in \Pi_3$, en esta caso $p(x) = ax^3 + bx^2 + cx + d$, la primera condición nos lleva a $d = 0$ y las siguientes condiciones son:

$$a + b + c = 1$$
$$\frac{3}{4}a + b + c = 2.$$

Este sistema tiene infinitas soluciones dadas por: $a = -4$ y $b + c = 5$.

Interpolación de Hermite

El estudio de las condiciones para que el problema de interpolación de Birkhoff tenga solución única es muy extenso. En este texto se discutirá una amplia gama de problemas para los cuales el problema de interpolación está bien definido, en el sentido de que siempre existe solución única. A ese tipo de problemas se le conoce como *Interpolación de Hermite*[14]. En el problema de interpolación de Hermite, si en un nodo son impuestas condiciones sobre la derivada k-ésima también deberán imponerse condiciones sobre todas las derivadas anteriores, y sobre el valor de la función.

En la interpolación de Hermite, en cada nodo x_i con $i = 0, \ldots n$, son dadas k_i condiciones de interpolación:

$$p^{(j)}(x_i) = c_{ij}, \quad \text{para } j = 0, \ldots, k_i - 1.$$

Denotemos por $m + 1$ al número total de condiciones, es decir,

$$m + 1 = \sum_{j=0}^{n} k_j.$$

Teorema 5.12. *Existe un único polinomio $p(x) \in \Pi_m$ que satisface las condiciones de interpolación,*

$$p^{(j)}(x_i) = c_{ij}, \tag{5.20}$$

para $j = 0, \ldots, k_i - 1$ y para $i = 0, \ldots, n$, donde,

$$m + 1 = \sum_{j=0}^{n} k_j.$$

---

[14]Charles Hermite (1822-1901), matemático francés. Fue el primero en demostrar que el número e es trascendente. Tuvo entre sus discipulos a Henri Poincaré.

Demostración. Como $p(x) \in \Pi_m$, hace falta conocer el valor de $m+1$ incógnitas para determinar a $p(x)$; y el número de condiciones de interpolación dadas es $m + 1$. Por lo tanto, el problema de hallar $p(x)$ se puede plantear como la resolución de un sistema lineal cuadrado $Ax = b$ de $(m + 1) \times (m + 1)$.

Para que este sistema $Ax = b$ tenga solución única basta con que el sistema homogéneo $Ax = 0$ tenga solo la solución trivial $x = 0$. Plantear el sistema homogéneo equivale a encontrar $p(x) \in \Pi_m$ tal que:

$$p^{(j)}(x_i) = 0,$$

para $j = 0, \ldots, k_i - 1$ y para $i = 0, \ldots, n$. Por lo tanto, el polinomio $p(x)$ que resuelve (5.6) debe tener un cero de multiplicidad k_i en cada nodo x_i, y en consecuencia debe ser un múltiplo del polinomio,

$$q(x) = \prod_{i=0}^{n} (x - x_i)^{k_i}.$$

Dicho polinomio $q(x)$ es de grado

$$m + 1 = \sum_{i=0}^{n} k_i$$

y como $p(x)$ es de grado menor o igual a m se puede concluir que $p(x) = q(x) = 0$.

Finalmente, el sistema homogéneo tiene sólo la solución trivial, y por ende, el sistema de ecuaciones que determina al polinomio interpolante bajo las condiciones dadas en el Teorema 5.12 tiene solución única.   □

Es posible escribir el sistema $Ax = b$ de la prueba anterior y resolverlo para hallar los coeficientes que expresan al polinomio de interpolación de Hermite como combinación lineal de cierta base de Π_m. Así como sucede en el caso de interpolación de Lagrange, expresar este polinomio en términos de la base canónica, usualmente, no es eficiente desde el punto de vista numérico. Es posible hacer una generalización de la forma de Newton del polinomio interpolante, para que incluya condiciones sobre las derivadas. Esto es, permitiendo repeticiones en los nodos cuando haya más de una condición sobre los mismos. A continuación, mediante un ejemplo, se muestra como se realiza la construcción de la interpolación de Hermite de esta manera.

Ejemplo 5.5. *En este ejemplo, se suponen 3 nodos x_0, x_1, x_2 y 5 condiciones de interpolación, por lo que el polinomio $p(x)$ será de grado menor o igual a 4. Las condiciones de interpolación son las siguientes:*

Nodo	Interpola
x_0	$f(x_0)$
x_0	$f'(x_0)$
x_1	$f(x_1)$
x_2	$f(x_2)$
x_2	$f'(x_2)$

Primero, se construye un polinomio constante $p_0(x)$ que cumpla la primera condición de interpolación. Esto es,

$$p_0(x) = f(x_0).$$

Luego, se quiere construir un polinomio $p_1(x) \in \Pi_1$ que verifique las dos primeras condiciones de interpolación. De manera similar a la forma de Newton del polinomio de interpolación, vamos a construir ese polinomio de manera recurrente, esto es,

$$p_1(x) = p_0(x) + r_1(x)$$

para una cierta función polinomial $r_1(x) \in \Pi_1$. Dicha función debe cumplir $r_1(x_0) = p_1(x_0) - p_0(x_0) = f(x_0) - f(x_0) = 0$. Por lo que debe ser un múltiplo de $x - x_0$. Es decir,

$$r_1(x) = c_1(x - x_0).$$

El valor de c_1 puede determinarse imponiendo la segunda condición $p_1'(x_0) = f'(x_0)$, resultando el valor $c_1 = f'(x_0)$. Así tenemos,

$$p_1(x) = f(x_0) + f'(x_0)(x - x_0).$$

El resultado que se obtuvo es el polinomio de Taylor de grado 1 en $x = x_0$.

Ahora, vamos se construirá un polinomio $p_2(x) \in \Pi_2$ que cumpla con las tres primeras condiciones de interpolación. De nuevo, se supone que,

$$p_2(x) = p_1(x) + r_2(x),$$

para un polinomio $r_2(x) \in \Pi_2$ a determinar. Este polinomio debe tener dos raíces en el nodo x_0 ya que $r_2(x_0) = p_2(x_0) - p_1(x_0) = f(x_0) - f(x_0) = 0$

y $r_2'(x_0) = p_2'(x_0) - p_1'(x_0) = f'(x_0) - f'(x_0) = 0$. *Por lo tanto,* $r_2(x) = c_2(x - x_0)^2$ *y entonces,*

$$p_2(x) = p_1(x) + c_2(x - x_0)^2.$$

La determinación del valor de c_2 *puede hacerse mediante la imposición de la tercera condición de interpolación,* $p_2(x_1) = f(x_1)$, *quedando,*

$$c_2 = \frac{f(x_1) - p_1(x_1)}{(x_1 - x_0)^2}.$$

Ahora, se construirá un nuevo polinomio $p_3(x) \in \Pi_3$ *que verifique las primeras 4 condiciones de interpolación. De nuevo, de manera recurrente,*

$$p_3(x) = p_2(x) + r_3(x),$$

para cierta $r_3(x) \in \Pi_3$. *Esta función polinomial* $r_3(x)$ *debe verificar,*

$$r_3(x_0) = p_3(x_0) - p_2(x_0) = f(x_0) - f(x_0) = 0$$
$$r_3'(x_0) = p_3'(x_0) - p_2'(x_0) = f'(x_0) - f'(x_0) = 0$$
$$r_3(x_1) = p_3(x_1) - p_2(x_1) = f(x_1) - f(x_1) = 0.$$

por lo que $r_3(x) = c_3(x - x_0)^2(x - x_1)$, *ya que* r_3 *tiene una raíz de multiplicidad igual a* 2 *en* x_0 *y una raíz simple en* x_1. *Luego,*

$$p_3(x) = p_2(x) + c_3(x - x_0)^2(x - x_1).$$

El valor de c_3 *puede ser determinado mediante la condición* $p_3(x_2) = f(x_2)$, *resultando,*

$$c_3 = \frac{f(x_2) - p_2(x_2)}{(x_2 - x_0)^2(x_2 - x_1)}.$$

Se prosigue el ejemplo construyendo ahora un polinomio $p_4(x) \in \Pi_4$ *que cumpla con las 5 primeras condiciones de interpolación. Se escribe entonces,*

$$p_4(x) = p_3(x) + r_4(x),$$

con $r_4(x) \in \Pi_4$. *Ahora, el polinomio* $r_4(x)$ *debe verificar,*

$$r_4(x_0) = p_4(x_0) - p_3(x_0) = f(x_0) - f(x_0) = 0$$
$$r_4'(x_0) = p_4'(x_0) - p_3'(x_0) = f'(x_0) - f'(x_0) = 0$$
$$r_4(x_1) = p_4(x_1) - p_3(x_1) = f(x_1) - f(x_1) = 0$$
$$r_4'(x_2) = p_4'(x_2) - p_3'(x_2) = f'(x_2) - f'(x_2) = 0$$

por lo que $r_4(x) = c_4(x - x_0)^2(x - x_1)(x - x_2)$ *y*

$$p_4(x) = p_3(x) + c_4(x - x_0)^2(x - x_1)(x - x_2),$$

donde el valor de c_4 se determina imponiendo la quinta condición de interpolación $p_4'(x_2) = f'(x_2)$. Para ello hay que derivar $p_3(x)$ y la función $g(x) = (x - x_0)^2(x - x_1)(x - x_2)$ para obtener,

$$c_4 = \frac{f'(x_2) - p_3'(x_2)}{g'(x_2)}.$$

Esto último puede hacer los cálculos muy tediosos si se realizan de esta forma. Afortunadamente, el concepto de diferencias divididas de Newton puede extenderse para la interpolación de Hermite con la extensión de la definición de las diferencias divididas con repeticiones de nodos que veremos en la próxima sección.

Observese, que en este caso, el polinomio interpolante $p(x) = p_4(x)$ se escribe como

$$\begin{aligned} p(x) &= c_0 + c_1(x - x_0) + c_2(x - x_0)^2 \\ &+ c_3(x - x_0)^2(x - x_1) + c_4(x - x_0)^2(x - x_1)(x - x_2), \end{aligned}$$

donde $c_0 = f(x_0)$. Es decir, se está expresando al polinomio interpolante como combinación lineal de los elementos de una nueva base de Π_4, en este caso, la base es,

$$\{1, (x - x_0), (x - x_0)^2, (x - x_0)^2(x - x_1), (x - x_0)^2(x - x_1)(x - x_2)\}.$$

(Ver ejercicio 5.11 para mostrar que efectivamente se trata de una base de Π_4).

Diferencias divididas con repeticiones

Los coeficientes con los que se expresa el polinomio de Hermite como combinación lineal de la nueva base pueden hallarse mediante una generalización de las diferencias divididas de Newton . Esta generalización contempla que los nodos puedan repetirse. Así, si en un nodo hay varias condiciones de interpolación, este nodo se repetirá en el cálculo de las diferencias divididas. Supongamos, por ejemplo que queremos hallar un polinomio que interpole a una función $f(x)$ y a su derivada en un solo punto x_0. Repitiendo el esquema de las diferencias divididas, ahora con repeticiones, este polinomio (de grado menor o igual a uno) sería,

$$p(x) = f(x_0) + f[x_0, x_0](x - x_0).$$

Si intentamos calcular $f[x_0, x_0]$ por la fórmula usual nos daría,

$$f[x_0, x_0] = \frac{f(x_0) - f(x_0)}{x_0 - x_0}$$

lo que es una indeterminación. Sin embargo tiene sentido pensar que $f[x_0, x_0] = f'(x_0)$ ya que,

$$\lim_{x \to x_0} \frac{f(x) - f(x_0)}{x - x_0} = f'(x_0).$$

Además, esto es consistente con la fórmula de las diferencias divididas (5.14),

$$f[x_0, x_1, \ldots, x_m] = \frac{f^{(m)}(\xi)}{m!}, \quad \text{para algún } \xi \in \text{Cap}[x_0, x_1, \ldots, x_m],$$

en el caso en que todos los nodos $x_0, x_1, \ldots, x_m$ se repitan, es decir, $\xi = x_0 = x_1 = \cdots = x_m$. De esta manera estaríamos definiendo las diferencias divididas generalizadas como sigue a continuación.

Definición 5.2 (Diferencias divididas con repeticiones). *Sea $f \in C^m[a,b]$ y sean $x_0 \leq x_1 \leq \ldots x_m$ nodos en $[a,b]$. Se define la diferencia dividida $f[x_0, x_1, \ldots, x_m]$ como:*

$$f[x_0, x_1, \ldots, x_m] = \begin{cases} \dfrac{f^{(m)}(x_0)}{m!} & \text{si } x_0 = x_m \\[2mm] \dfrac{f[x_1, x_2, \ldots, x_m] - f[x_0, x_1, \ldots, x_{m-1}]}{x_m - x_0} & \text{si } x_0 \neq x_m \end{cases}$$

$$(5.21)$$

Observemos que tanto el polinomio de Taylor como la interpolación de Lagrange pueden calcularse mediante esta generalización. Ambos son casos extremos: en el primero todos los nodos son iguales y se aplicaría siempre el primer caso de la fórmula, y en el segundo, todos los nodos x_i son diferentes, y se aplicaría siempre el segundo caso.

A continuación, se ejemplificará la construcción del polinomio de interpolación de Hermite en el ejemplo dado en 5.3.

Ejemplo 5.6. *Dados los nodos $x_0 = 1, x_1 = 2$, se busca un polinomio $p(x)$ que verifique:*

$$f(x_0) = p(1) = 3$$
$$f'(x_0) = p'(1) = 3$$
$$f(x_1) = p(2) = 7,$$

dicho polinomio se puede escribir de la forma,

$$p(x) = f(x_0) + f[x_0, x_0](x - x_0) + f[x_0, x_0, x_1](x - x_0)^2.$$

Ya que $f[x_0, x_0] = f'(x_0)$, se puede calcular, en consecuencia, la diferencia dividida:

$$f[x_0, x_1] = \frac{f(x_1) - f(x_0)}{x_1 - x_0} = \frac{7 - 3}{2 - 1} = 4.$$

Vamos a calcular ahora la diferencia dividida faltante,

$$f[x_0, x_0, x_1] = \frac{f[x_0, x_1] - f[x_0, x_0]}{x_1 - x_0} = \frac{4 - 3}{2 - 1} = 1.$$

Entonces, el polinomio interpolante se escribe finalmente como,

$$p(x) = 3 + 3(x - 1) + (x - 1)^2.$$

A continuación, daremos un ejemplo un poco más complicado de construcción del polinomio de Hermite utilizando diferencias divididas con repeticiones.

Ejemplo 5.7. *Supongamos que se quiere hallar un polinomio $p(x)$ que interpole a $f(x)$ en:*

$$f(x_0) = 1, \quad f'(x_0) = 4, \quad f(x_1) = 8, \quad f'(x_1) = 16, \quad f''(x_1) = 12,$$

en donde los nodos son $x_0 = 1$ y $x_1 = 2$. El polinomio interpolante se escribirá como:

$$\begin{aligned} p(x) = {} & f(x_0) + f[x_0, x_0](x - 1) + f[x_0, x_0, x_1](x - 1)^2 \\ & + f[x_0, x_0, x_1, x_1](x - 1)^2(x - 2) \\ & + f[x_0, x_0, x_1, x_1, x_1](x - 1)^2(x - 2)^2. \end{aligned}$$

Calculemos las diferencias divididas de primer orden:

$$f[x_0, x_0] = f'(x_0) = 4.$$
$$f[x_0, x_1] = \frac{f(x_1) - f(x_0)}{x_1 - x_0} = \frac{8 - 1}{2 - 1} = 7.$$
$$f[x_1, x_1] = f'(x_1) = 16.$$

Ahora, calculemos las diferencias divididas de segundo orden,

$$f[x_0, x_0, x_1] = \frac{f[x_0, x_1] - f[x_0, x_0]}{x_1 - x_0} = \frac{7 - 4}{2 - 1} = 3.$$
$$f[x_0, x_1, x_1] = \frac{f[x_1, x_1] - f[x_0, x_1]}{x_1 - x_0} = \frac{16 - 7}{2 - 1} = 9.$$
$$f[x_1, x_1, x_1] = \frac{f''(x_1)}{2!} = \frac{12}{2} = 6.$$

A continuación, calculamos las diferencias divididas de tercer orden,

$$f[x_0, x_0, x_1, x_1] = \frac{f[x_0, x_1, x_1] - f[x_0, x_0, x_1]}{x_1 - x_0} = \frac{9 - 3}{2 - 1} = 6.$$

$$f[x_0, x_1, x_1, x_1] = \frac{f[x_1, x_1, x_1] - f[x_0, x_1, x_1]}{x_1 - x_0} = \frac{6 - 9}{2 - 1} = -3.$$

Y finalmente, la diferencia dividida de cuarto orden:

$$f[x_0, x_0, x_1, x_1, x_1] = \frac{f[x_0, x_1, x_1, x_1] - f[x_0, x_0, x_1, x_1]}{x_1 - x_0} = \frac{-3 - 6}{2 - 1} = -9.$$

Por lo tanto, el polinomio de Hermite buscado se escribe como:

$$p(x) = 1 + 4(x - 1) + 3(x - 1)^2 + 6(x - 1)^2(x - 2) - 9(x - 1)^2(x - 2)^2.$$

5.7 Interpolación polinomial a trozos y splines

La interpolación polinomial a trozos consiste en particionar el dominio de interpolación en intervalos, y definir, en cada intervalo, una función polinomial interpolante, generalmente de bajo grado.

Muchas veces, la interpolación a trozos es preferible sobre la interpolación polinomial, tanto para disminuir el error de interpolación, como para garantizar que la aproximación converja a la función a aproximar, o a veces simplemente por razones de estéticas, evitando así la naturaleza oscilante de los polinomios de grado alto.

Una definición más formal de la interpolación a trozos se dará a continuación.

Definición 5.3 (Polinomio interpolante a trozos). *Dados $n + 1$ nodos distintos $x_0, x_1, \ldots, x_n$, con sus respectivas ordenadas $y_0, y_1, \ldots, y_n$. Sean los n subintervalos definidos por $I_k = [x_k, x_{k+1}]$, para $k = 0, \ldots, n - 1$. Un polinomio a trozos, es una función $S(x)$ definida como:*

$$S(x) = \begin{cases} S_0(x), & x \in I_0 \\ S_1(x), & x \in I_1 \\ \vdots & \\ S_{n-1}(x), & x \in I_{n-1}, \end{cases}$$

en donde las funciones $S_k(x)$ son todas polinomios del mismo grado. Si dicho grado es igual a k, se dice que $S(x)$ es un polinomio interpolante a trozos de grado k.

Un polinomio interpolante a trozos, debe además verificar:

$$S(x_i) = y_i, \quad para\ i = 0, \ldots, n.$$

Ejemplo 5.8. *Uno de los casos más simples de polinomios interpolantes a trozos es el polinomio lineal a trozos. Este es el caso cuando todas las funciones $S_i(x)$ son polinomios de grado 1 en cada intervalo. Un polinomio lineal a trozos puede escribirse como:*

$$S(x) = \begin{cases} S_0(x) = a_0 x + b_0, & x \in I_0 \\ S_1(x) = a_1 x + b_1, & x \in I_1 \\ \vdots & \\ S_{n-1}(x) = a_{n-1} x + b_{n-1}, & x \in I_{n-1}. \end{cases}$$

Para que el polinomio a trozos sea interpolante, debe cumplirse además:

$$S_k(x_k) = y_k \ \ y \ \ S_k(x_{k+1}) = y_{k+1}.$$

Es decir, en el polinomio interpolante lineal a trozos, las funciones $S_k(x)$, están definidas para cada intervalo I_k, por los segmentos de recta que unen los puntos (x_k, y_k) y (x_{k+1}, y_{k+1}). Utilizando la ecuación de la recta que pasa por esos dos puntos se tiene que:

$$S_k(x) = y_k + \frac{y_{k+1} - y_k}{x_{k+1} - x_k}(x - x_k) \ \ en\ x \in [x_k, x_{k+1}].$$

Por lo que: $a_k = \frac{y_{k+1} - y_k}{x_{k+1} - x_k}$ y $b_k = -a_k x_k + y_k$, para $k = 0, \ldots n - 1$.

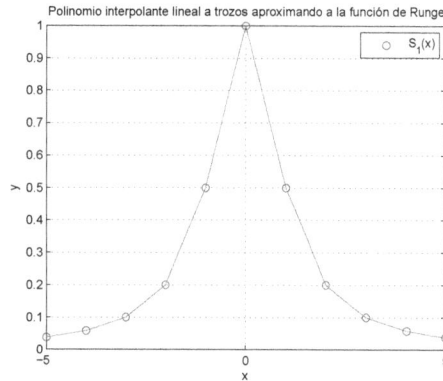

Figura 5.5: Spline lineal aproximando a la función de Runge

Claramente este polinomio interpolante lineal a trozos es único, y lo llamaremos spline lineal. Vamos a ejemplificar el spline lineal con un caso particular. Supongamos que se quiere construir un spline lineal que interpole los puntos $(0,0), (1,2), (2,4)$. *En este caso, los subintervalos que particionan el dominio serían:* $I_0 = [0,1]$, $I_1 = [1,2]$, *y el spline lineal* $S(x)$ *sería, utilizando la ecuación para cada segmento de recta:*

$$S(x) = \begin{cases} S_0(x) = 2x, & x \in [0,1] \\ S_1(x) = 2 + 2(x-1), & x \in [1,2]. \end{cases}$$

Puede verificarse, fácilmente, que esta función $S(x)$ *verifica las condiciones de interpolación* $S(x_i) = y_i$, *para* $i = 0,1,2$.

Los polinomios interpolantes lineales a trozos o splines lineales presentan algunas buenas características, a pesar de ser tan sencillos. Una de ellas, es que son funciones continuas. Otra característica, que pudiera parecer sorprendente, es la convergencia de los splines lineales, como aproximantes de funciones continuas, si los nodos de interpolación están igualmente espaciados (algo que, como vimos en la sección anterior, no es necesariamente verdad para la interpolación polinomial de Lagrange). El siguiente resultado establece, bajo hipótesis suaves, la convergencia del spline lineal interpolante cuando el número de nodos tiende a infinito.

> **Teorema 5.13** (Convergencia del spline lineal interpolante). *Sea* $f \in$ $C^2[a,b]$*, y sea* $S^{(n)}(x)$ *el spline lineal que interpola a* $f(x)$ *sobre un sistema de nodos* $a = x_0^{(n)} < x_1^{(n)} < \ldots < x_n^{(n)} = b$*,* $n \geq 0$*, tal que* $\max_i |x_{i+1}^{(n)} - x_i^{(n)}| \to 0$ *cuando* $n \to \infty$*. Entonces para todo* $x \in [a,b]$
>
> $$\lim_{n \to \infty} |f(x) - S^{(n)}(x)| = 0.$$

Demostración. De la definición de spline lineal y del Teorema 5.6 se desprende que si $x \in [x_i^{(n)}, x_{i+1}^{(n)}]$ entonces existe $\xi_i^{(n)} \in (x_i^{(n)}, x_{i+1}^{(n)})$ tal que

$$|f(x) - S^{(n)}(x)| = \left| \frac{f''(\xi_i^{(n)})}{2} (x - x_i^{(n)})(x - x_{i+1}^{(n)}) \right|.$$

Como $f \in C^2[a,b]$ entonces la segunda derivada de f está uniformemente acotada en $[a,b]$, es decir, existe $M > 0$ tal que $\|f''(x)\|_\infty \leq M$ para todo $x \in [a,b]$. Además, el producto $(x - x_i^{(n)})(x - x_{i+1}^{(n)})$ se maximiza cuando x es el punto medio, es decir, cuando $x = (x_i^{(n)} + x_{i+1}^{(n)})/2$ (Ejercicio para el lector). Por tanto,

$$|f(x) - S^{(n)}(x)| \leq \frac{\|f''(x)\|_\infty}{2} |(x - x_i^{(n)})(x - x_{i+1}^{(n)})| \leq \frac{M}{8} (\max_i |x_{i+1}^{(n)} - x_i^{(n)}|)^2,$$

y al aplicar el límite en ambos lados cuando $n \to \infty$, se establece el resultado. $\square$

Ahora bien, los splines lineales no son en general funciones suaves. En efecto, un spline lineal puede tener pendientes diferentes en cada subintervalo, y en consecuencia, en los nodos internos, en donde se unen esos subintervalos, la derivada, que es dicha pendiente, no sería en este caso continua. Por lo que, en general, los splines lineales son funciones continuas, pero su derivada no es continua en el dominio $[x_0, x_n]$ y esto pudiera no ser conveniente en algunos casos.

Splines de grado k

Uno pudiera exigir que el polinomio interpolante a trozos verifique ciertas condiciones de suavidad. Algo que es común, es exigir que, si los polinomios en cada intervalo son de grado k, la función $S(x)$ debiera tener $k - 1$ derivadas continuas. De esa manera, al aumentar el grado del polinomio interpolante a trozos, se gana igualmente en suavidad de la función. Cuando esta condición se verifica se dice que $S(x)$ es una *función spline de grado k* o simplemente una función *spline*. A continuación definiremos las funciones splines de una manera más formal.

> **Definición 5.4** (Spline de grado k). *Dados $n+1$ puntos $\{(x_i, y_i)\}_{i=0}^{n}$ tales que $x_0 < x_1 < \cdots < x_n$. Dado un entero positivo k. Un spline de grado k, es un polinomio interpolante a trozos $S(x)$ de grado k, que verifica que: $S^{(j)}(x)$ es continua sobre el intervalo $[x_0, x_n]$, para $j = 0, \ldots, k-1$.*

Por diversas razones, las funciones splines más utilizadas son los splines cúbicos ($k = 3$). Para que un polinomio cúbico a trozos sea un spline cúbico, es necesario, adicionalmente a las condiciones de interpolación, que $S(x)$ sea continua, y que además su primera y segunda derivada también sean continuas.

Spline cúbico

Dados $(n+1)$ puntos $(x_0, y_0), (x_1, y_1), \ldots, (x_n, y_n)$. Supongamos que $x_0 < x_1 < x_2 < \ldots < x_n$. Un **spline cúbico** es un polinomio cúbico a trozos $S(x)$ definido de la siguiente manera:

$$S(x) = \begin{cases} S_0(x), & x_0 \leq x \leq x_1 \\ S_1(x), & x_1 \leq x \leq x_2 \\ \vdots \\ S_{n-1}(x), & x_{n+1} \leq x \leq x_n. \end{cases}$$

Cada $S_j(x)$ debe ser un polinomio cúbico en $[x_j, x_{j+1}]$, y en conjunto, estas funciones deben verificar las siguientes condiciones:

Condición (i). $S_j(x_j) = y_j$ para $j = 0, 1, \ldots, n$. *(Condición de interpolación: El spline pasa por cada punto (x_j, y_j)).*

Condición (ii). $S_j(x_{j+1}) = S_{j+1}(x_{j+1})$ para $j = 0, 1, 2, \ldots, n-2$. *(El spline es una función continua en el intervalo $[x_0, x_n]$).*

Condición (iii). $S_j'(x_{j+1}) = S_{j+1}'(x_{j+1})$ para $j = 0, 1, \ldots, n-2$. *((La primera derivada del spline es continua en $[x_0, x_n]$).*

Condición (iv). $S_j''(x_{j+1}) = S_{j+1}''(x_{j+1})$ para $j = 0, 1, \ldots, n-2$. *(La segunda derivada del spline es continua en $[x_0, x_n]$).*

Número de incógnitas vs. número de ecuaciones

Una manera de determinar un spline es: construyendo un sistema de ecuaciones lineales, con las condiciones anteriores de interpolación y de continuidad sobre las derivadas de $S(x)$. En el caso particular del spline cúbico, las condiciones (i)-(iv) se utilizan para determinar los coeficientes para cada uno de los n polinomios cúbicos $S_j(x)$, para $j = 0, \ldots, n - 1$. Ya que para determinar un polinomio cúbico se requiere conocer el valor de 4 coeficientes, en total, para determinar el spline completo $S(x)$, hay que determinar el valor de $4n$ incógnitas. Sin embargo, estas condiciones nos dan solamente $4n - 2$ ecuaciones, como puede desprenderse del siguiente conteo:

- La condición (i) nos da $(n + 1)$ ecuaciones, una para cada condición de interpolación.

- Cada una de las condiciones de continuidad y continuidad de la derivada de $S(x)$ (condiciones (ii)-(iv)) nos da $(n-1)$ ecuaciones, una para cada nodo interior en donde se intersectan $S_j(x)$ y $S_{j+1}(x)$, con $j = 1, \ldots, n - 1$.

Por lo tanto, para determinar los n polinomios cúbicos $S_j(x), j = 0, 1, \ldots, k-1$ que conforman el spline cúbico hay que resolver un sistema de ecuaciones lineales con $4n$ incógnitas y $4n - 2$ ecuaciones. Son necesarias entonces 2 ecuaciones adicionales para que el sistema lineal tenga el mismo número de ecuaciones que de incógnitas.

Condiciones adicionales

Las dos condiciones restantes para que el sistema lineal pueda ser un sistema cuadrado se imponen a conveniencia. Hay varias condiciones adicionales que pueden ser utilizadas, entre las alternativas más utilizadas se encuentran:

- **Condiciones naturales o de frontera libre**: $S(x)$ debe satisfacer las siguientes condiciones de frontera de segundo orden:

$$S^{''}(x_0) = S^{''}(x_n) = 0$$

- **Condiciones de frontera fija**: $S(x)$ debe satisfacer las siguientes condiciones de frontera sobre la primera derivada:

(i) $S'(x_0) = f'(x_0)$
(ii) $S'(x_n) = f'(x_n)$

Construcción del spline cúbico natural

Como ya dijimos, mediante la imposición de las condiciones *(i)-(iv)*, más las 2 condiciones adicionales nombradas anteriormente, se genera un sistema de ecuaciones lineales, cuya resolución proporciona los coeficientes necesarios para determinar cada una de las funciones $S_j(x)$. A continuación, vamos a construir este sistema para el caso del spline cúbico natural. La construcción del sistema para el spline cúbico con condiciones de frontera fija se realiza de manera análoga. Pero además, vamos a plantear este sistema de modo que la matriz resultante tenga características agradables para su resolución numérica. En este caso, vamos a obtener un sistema tridiagonal y estrictamente diagonal dominante de dimensión $(n-1) \times (n-1)$. Esta construcción especial del spline cúbico natural se basa en un hecho: la segunda derivada del spline cúbico natural es un polinomio lineal a trozos. Podemos utilizar las condiciones (i)-(iv) para encontrar dicho polinomio lineal a trozos e integrarlo dos veces para conseguir $S(x)$.

Denotemos

$$h_j = x_{j+1} - x_j. \tag{5.22}$$

Dado que $S_j(x)$ es un polinomio cúbico en el intervalo $[x_j, x_{j+1}]$, sobre ese intervalo, la segunda derivada, $S_j''(x)$, es una línea recta. Escribiremos esa línea recta como:

$$S_j''(x) = z_j + m_j(x - x_j), \tag{5.23}$$

en donde $m_j = \frac{z_{j+1} - z_j}{h_j}$ es la pendiente de $S_j''(x)$, y los valores de los $z_j = S_j''(x_j)$ deben aún ser determinados. Teniendo esos valores, la ecuación de la recta que interpola $S_j''(x_j) = z_j$ y $S_j''(x_{j+1}) = z_{i+1}$ se podría escribir como:

$$S_j''(x) = \frac{z_{j+1}}{h_j}(x - x_j) + \frac{z_j}{h_j}(x_{j+1} - x). \tag{5.24}$$

Nuestro problema, sin embargo, es calcular $S_j(x)$, no su segunda derivada; para ello, procederemos a integrar $S_j''(x)$ dos veces, obteniendo:

$$S_j(x) = \frac{z_{j+1}}{6h_j}(x - x_j)^3 + \frac{z_j}{6h_j}(x_{j+1} - x)^3 + A_j(x - x_j) + B_j(x_{j+1} - x). \tag{5.25}$$

En esta última ecuación, A_j y B_j son las constantes de integración que ahora deben ser determinadas. Para esto, se utilizan las condiciones de interpolación (Condición (i)):

$$S_j(x_j) = y_j, \quad j = 0, \ldots, n,$$

y la condición de continuidad (Condición (ii)):

$$S_j(x_{j+1}) = S_{j+1}(x_{j+1}) = y_{j+1}, \quad j = 0, \ldots n - 2.$$

Determinación de las constantes B_j: Sustituyendo $x = x_j$ en (5.25) se obtiene,

$$S_j(x_j) = y_j = \frac{z_j}{6h_j} \times h_j^3 + B_j h_j,$$

despejando B_j, se obtiene:

$$\boxed{B_j = \frac{y_j}{h_j} - \frac{h_j}{6} z_j} \tag{5.26}$$

Determinación de las constantes A_j: Substituyendo $x = x_{j+1}$ en (5.25), se obtiene

$$S_j(x_{j+1}) = y_{j+1} = \frac{z_{j+1}}{6h_j} \times h_j^3 + h_j A_j,$$

despejando A_j, se obtiene:

$$\boxed{A_j = \frac{y_{j+1}}{h_j} - \frac{h_j}{6} z_{j+1}} \tag{5.27}$$

Una vez que se tienen las constantes A_j y B_j a la mano, sólo se necesitan conocer los valores de los z_j, para tener determinada cada función $S_j(x)$. A continuación se mostrará como se obtienen esos valores.

Cálculo de los valores $z_0, z_1, \ldots z_n$:

- Los valores z_0 y z_n vienen directamente de las condiciones de frontera naturales:
$$S''(x_0) = S''(x_n) = 0.$$

  Por lo que,
$$\boxed{z_0 = z_n = 0.}$$

- Los valores restantes desde z_1 hasta z_{n-1} son calculados mediante la imposición de la condición (iii) del spline cúbico, es decir:

$$S'_{j-1}(x_j) = S'_j(x_j), \quad j = 1, 2, \ldots, n - 1. \tag{5.28}$$

Para el uso de esta condición (5.28), es necesario

(i) **Primeramente**, calcular $S'_j(x)$ y $S'_{j-1}(x)$ mediante la diferenciación de $S_j(x)$.

(ii) **Luego**, es necesario evaluar dichas expresiones en los nodos $x = x_j$.

(iii) **Finalmente**, se utilizan los valores A_j y B_j de las ecuaciones (5.26) y (5.27), respectivamente, y sustituir esos valores en las expresiones de $S'_{j-1}(x_j)$ y $S'_j(x_j)$.

Entonces, vamos a proceder diferenciando $S(x)$ para obtener $S'_j(x)$ y sustituir en $x = x_j$ para obtener,

$$S'_j(x_j) = -\frac{h_j}{6}z_{j+1} - \frac{h_j}{3}z_j + b_j,$$

donde $b_j = \frac{1}{h_j}(y_{j+1} - y_j)$. Análogamente, se puede sustituir $x = x_j$ en $S'_{j-1}(x)$ para obtener,

$$S'_{j-1}(x_j) = \frac{h_{j-1}}{6}z_{j-1} + \frac{h_{j-1}}{3}z_j + b_{j-1}.$$

e igualando ambas ecuaciones para satisfacer la ecuación (5.28) se obtiene:

$$\frac{h_{j-1}}{6}z_{j-1} + \frac{h_{j-1}}{3}z_j + b_{j-1} = -\frac{h_j}{6}z_{j+1} - \frac{h_j}{3}z_j + b_j.$$

para $j = 1, \ldots, n-1$. Multiplicando por 6 a ambos lados de la ecuación y arreglando los términos se obtiene la ecuación:

$$h_{j-1}z_{j-1} + 2(h_{j-1} + h_j)z_j + h_j z_{j+1} = 6(b_j - b_{j-1}), \qquad (5.29)$$

que debe verificarse para $j = 1, \ldots, n-1$.

La ecuación (5.29), puede ser escrita como un sistema de ecuaciones lineales de $n-1$ ecuaciones y $n-1$ incógnitas, $z_1, z_2, \ldots, z_{n-1}$, de la siguiente manera:

$$\begin{pmatrix} u_1 & h_1 & & & & \\ h_1 & u_2 & h_2 & & & \\ & h_2 & u_3 & h_3 & & \\ & & \ddots & \ddots & \ddots & \\ & & & h_{n-3} & u_{n-2} & h_{n-2} \\ & & & & h_{n-2} & u_{n-1} \end{pmatrix} \begin{pmatrix} z_1 \\ z_2 \\ z_3 \\ \vdots \\ z_{n-2} \\ z_{n-1} \end{pmatrix} = \begin{pmatrix} v_1 \\ v_2 \\ v_3 \\ \vdots \\ v_{n-2} \\ v_{n-1} \end{pmatrix} \qquad (5.30)$$

en donde:

- $u_i = 2(h_{i-1} + h_i)$, para $i = 1, \ldots, n - 1$.

- $v_i = 6(b_i - b_{i-1})$, para $i = 1, \ldots, n - 1$.

La matriz del sistema (5.30) es simétrica, tridiagonal y estrictamente diagonal dominante. Este sistema es no singular, lo que además implica la unicidad del spline cúbico natural bajo las condiciones descritas. Este sistema, presenta ventajas para su resolución numérica con algunas de las técnicas específicas mencionadas en el capítulo 3 dedicado a la resolución de sistemas de ecuaciones lineales.

Una vez obtenidos los coeficientes z_i mediante la resolución del sistema lineal, la función $S_i(x)$ puede ser evaluada eficientemente para $x \in [x_i, x_{i+1}]$, mediante la siguiente fórmula anidada:

$$S_i = y_i + (x - x_i) \left\{ E_i + (x - x_i) \left[D_i + (x - x_i) C_i \right] \right\}, \qquad (5.31)$$

donde,

- $C_i = \dfrac{1}{6h_i}(z_{i+1} - z_i)$.

- $D_i = \dfrac{z_i}{2}$.

- $E_i = -\dfrac{h_i}{6} z_{i+1} - \dfrac{h_i}{3} z_i + \dfrac{1}{h_i}(y_{i+1} - y_i)$.

Teorema de optimalidad del spline cúbico natural

El spline cúbico natural posee la siguiente propiedad optimal: entre todas las funciones con dos derivadas continuas en $[a, b]$ que interpolan a la función f en un conjunto dado de nodos, el spline cúbico natural es el que minimiza la integral de la derivada segunda al cuadrado.

> **Teorema 5.14.** *Sea f una función cuya segunda derivada $f'' \in C[a, b]$. Sean los nodos x_i tales que $a = x_0 < x_1 < \cdots < x_n = b$. Si S es el spline cúbico natural que interpola a f en esos nodos, entonces,*
>
> $$\int\limits_a^b [S''(x)]^2 \, \mathrm{d}x \leq \int\limits_a^b [f''(x)]^2 \, \mathrm{d}x.$$

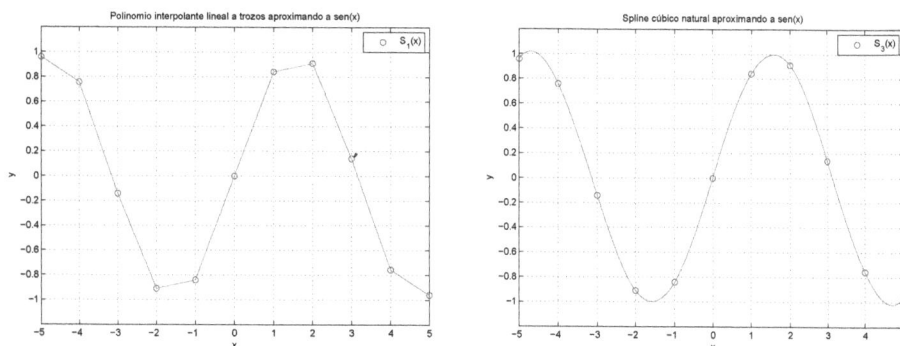

(a) Polinomio lineal a trozos

(b) Spline cúbico natural

Figura 5.6: Polinomio lineal a trozos vs. spline cúbico natural aproximando a la función sen(x)

Demostración. Definamos una función auxiliar $g(x) = f(x) - S(x)$. Se cumple que

$$\int_a^b [f''(x)]^2 \, \mathrm{d}x = \int_a^b [S''(x)]^2 \, \mathrm{d}x + \int_a^b [g''(x)]^2 \, \mathrm{d}x + 2 \int_a^b S''(x)g''(x) \, \mathrm{d}x.$$

Para establecer el resultado basta demostrar que $\int_a^b S''(x)g''(x) \, \mathrm{d}x = 0$. Ahora bien, usando integración por partes, tenemos

$$
\begin{aligned}
\int_a^b S''(x)g''(x) \, \mathrm{d}x &= \sum_{i=1}^n \int_{x_{i-1}}^{x_i} S''(x)g''(x) \, \mathrm{d}x \\
&= \sum_{i=1}^n \left((S''g')(x_i) - (S''g')(x_{i-1}) - \int_{x_{i-1}}^{x_i} S'''(x)g'(x) \, \mathrm{d}x \right).
\end{aligned}
$$

El término $\sum_{i=1}^n ((S''g')(x_i) - (S''g')(x_{i-1}))$ es una serie telescópica, y usando las condiciones naturales $S''(x_0) = S''(x_n) = 0$, se obtiene que

$$\sum_{i=1}^n ((S''g')(x_i) - (S''g')(x_{i-1})) = S''(x_n)g'(x_n) - S''(x_0)g'(x_0) = 0.$$

Por tanto, usando que $S'''(x)$ es una constante, digamos c_i, en el intervalo $[x_{i-1}, x_i]$, se cumple que

$$\int_a^b S''(x)g''(x)\,dx = -\sum_{i=1}^n c_i \int_{x_{i-1}}^{x_i} g'(x)\,dx = -\sum_{i=1}^n c_i(g(x_i) - g(x_{i-1})) = 0,$$

ya que para todo i, como S interpola a f en los nodos,

$$g(x_i) = f(x_i) - S(x_i) = 0.$$

$\square$

Una interpretación del Teorema 5.14 es que el spline cúbico natural minimiza, entre las funciones con dos derivadas continuas en $[a, b]$ que interpolan a f en un conjunto dado de nodos, a una "aproximación" de la curvatura. Recordemos que la curvatura de una función $f(x)$ definida como,

$$|f''(x)| \left[1 + \{f'(x)\}^2\right]^{-\frac{3}{2}},$$

incorpora al término $|f''(x)|$; ver [2]. Esta propiedad hace que el spline cúbico natural imite de cierta manera al trazo natural que pudiera hacer, por ejemplo, un buen dibujante a mano alzada pasando por encima de los puntos $(x_i, f(x_i))$.

EJERCICIOS del Capítulo 5

Use las funciones convenientes de Octave tanto como sea posible.

5.1 Construya el polinomio interpolante del caso de estudio 5.1:

  (a) Resolviendo el sistema con la matriz de Vandermonde.

  (b) En la forma de Lagrange.

  (c) En la forma de Newton.

  Verifique que se trata, en efecto, del mismo polinomio en todos los casos.

5.2 Si la función $g(x)$ interpola a $f(x)$ en los nodos $x_0, x_1, \ldots, x_{n-1}$, y si la función $h(x)$ interpola a $f(x)$ en los nodos $x_1, x_2, \ldots, x_n$. Pruebe que,

$$g(x) + \frac{x_0 - x}{x_n - x_0}\left[g(x) - h(x)\right],$$

interpola a $f(x)$ en $x_0, x_1, \ldots, x_n$.

5.3 Sea un conjunto de nodos distintos $\{x_0, x_1, \ldots, x_n\}$. Sean las funciones de Lagrange definidas para $i = 0, 1, \ldots, n$ como,

$$l_i(x) = \prod_{\substack{j=0 \\ i \neq j}}^{n} \frac{(x - x_j)}{(x_i - x_j)}.$$

(a) Demuestre que $\{l_0, l_1, \ldots, l_n\}$ es una base de Π_n (el espacio de todos los polinomios de grado menor o igual a n).

(b) Demuestre que para todo $x \in \mathbb{R}$,

$$\sum_{i=0}^{n} l_i(x) = 1.$$

5.4 Sean $x_0, x_1, \ldots, x_n$ nodos distintos. Demuestre que el conjunto,

$$\{1, (x - x_0), (x - x_0)(x - x_1), \ldots (x - x_0)(x - x_1) \ldots (x - x_{n-1})\},$$

es efectivamente una base del espacio Π_n, de los polinomios de grado menor o igual a n.

5.5 Sea $\{l_i(x)\}_{i=0}^{n}$ las funciones base de Lagrange. Pruebe que si p es un polinomio de grado menor o igual a n que interpola a la función f en $x_0, x_1, \ldots, x_n$ (distintos), entonces,

$$f(x) - p(x) = \sum_{i=0}^{n} [f(x) - f(x_i)] l_i(x).$$

5.6 Demuestre que existen infinitos polinomios de grado menor o igual a n que interpolan a una función f dada en n puntos. Si los nodos de interpolación son $x_0, x_1, \ldots, x_{n-1}$, escriba la fórmula general de esta familia de polinomios interpolantes.

5.7 Si se definen,

$$w_i = \prod_{\substack{j=0 \\ j \neq i}}^{n} (x_i - x_j)^{-1},$$

para $i = 1, \ldots, n$. Demuestre que si x no es un nodo, el polinomio interpolante puede ser evaluado mediante la fórmula,

$$p(x) = \frac{\displaystyle\sum_{i=0}^{n} y_i w_i (x - x_i)^{-1}}{\displaystyle\sum_{i=0}^{n} w_i (x - x_i)^{-1}}.$$

Esta es llamada la forma baricéntrica del polinomio de interpolación.

5.8 Demuestre que

$$f[x_{i_0}, x_{i_1}, x_{i_2}, \ldots, x_{i_n}] = f[x_0, x_1, x_2, \ldots, x_n],$$

para cualquier permutación $x_{i_0}, x_{i_1}, x_{i_2}, \ldots, x_{i_n}$ de los nodos de interpolación $x_0, x_1, x_2, \ldots, x_n$.

5.9 Dados $n+1$ puntos $\{(x_i, y_i)\}_{i=0}^{n}$. Calcule la cantidad de operaciones de punto flotante requeridas por los algoritmos 5.4 y 5.5 para la construcción y evaluación del polinomio interpolante.

5.10 Verifique que la elección de los nodos dada por la transformación afín de la ecuación (5.17), efectivamente minimiza la expresión:

$$\max_{x \in [a,b]} \left| \prod_{i=0}^{n} (x - \hat{x}_i) \right|,$$

entre todas las elecciones posibles de los nodos x_i en $[a, b]$. ¿Qué valor tiene ese máximo?.

5.11 Sea B un conjunto de funciones polinomiales,

$$B = \{\phi_0(x), \phi_1(x), \ldots, \phi_n(x)\}$$

en donde el grado de dichos polinomios cumple $grado(\phi_i(x)) = i$. Demuestre que B es una base de Π_n.

5.12 Considere la función de Runge (Bruja de Agnesi),

$$f(x) = \frac{1}{1 + x^2}, \quad x \in [-5, 5].$$

Encuentre los polinomios interpolantes $p_n \in \Pi_n$, para $n = 5, 10, 15, 20$, usando la elección de los nodos:

- Igualmente espaciados.
- De Chebyshev.

Compare y grafique la aproximación dada por el polinomio interpolante y la función original. Realice un análisis.

5.13 Dados tres puntos distintos $(x_0, f_0), (x_1, f_1)$ y (x_2, f_2). Demuestre, sin recurrir al teorema de unicidad, que el polinomio interpolante $p_2(x) \in \Pi_2$, obtenido como combinación lineal de las tres bases: base canónica, base de Lagrange, y la base de Newton, son, en efecto, el mismo polinomio.

5.14 Sean $x_0, ..., x_n$, $(n+1)$ puntos distintos. Demuestre que, para cualesquiera $y_0, ..., y_n$, existe un único polinomio P_n, de grado menor o igual a n, tal que $P_n(x_n) = y_n$ y además,

$$\frac{P_n(x_i) + P_n(x_{i+1})}{2} = y_i \qquad 0 \leq i \leq n - 1 \,.$$

5.15 Demuestre que una cota del error de interpolación del polinomio $p(x) \in \Pi_1$ que interpola a $f(x)$ en los nodos x_0 y x_1 es:

$$(x_1 - x_0)^2 \frac{M}{8}$$

en donde $|f^{(2)}(x)| \leq M$ en $[x_0, x_1]$.

5.16 Sea $\psi_n(x) = (x - x_0)(x - x_1) \cdots (x - x_n)$. Sean los nodos de tal manera que $x_{i+1} - x_i = h$, para $i = 0, 1, \ldots, n-1$ (nodos igualmente espaciados). Entonces, demuestre que:

(a) $\displaystyle\max_{x_0 \leq x \leq x_1} |\psi_1(x)| = \frac{h^2}{4}$

(b) $\displaystyle\max_{x_0 \leq x \leq x_2} |\psi_2(x)| = \frac{2\sqrt{3}}{9} h^3$

(c) $\displaystyle\max_{x_0 \leq x \leq x_3} |\psi_3(x)| = h^4$

(d) $\displaystyle\max_{x_1 \leq x \leq x_2} |\psi_3(x)| = \frac{9}{16} h^4$.

Ayuda: Para acotar $|\psi_2(x)|$, desplace este polinomio a lo largo del eje x: $\hat{\psi}_2(x) = (x+h)x(x-h)$ y obtenga una cota de $\hat{\psi}_2(x)$ para luego obtener la cota de $\hat{\psi}_2(x)$ en $[-h, h]$.

5.17 Sea $f(x) = sen x$. ¿Qué tan grande puede ser el error de interpolación si se interpola con un polinomio $p(x) \in \Pi_5$ en $[0, 1]$ con nodos equidistantes?.

5.18 Considere la siguiente tabla

x	$f(x)$
1	0
1.01	0.01
1.02	0.0198
1.03	0.0296

(a) Encuentre una aproximación a $f(1.025)$ utilizando interpolación polinomial en:

    i. La base canónica.

    ii. La base de Lagrange.

    iii. La forma de Newton.

(b) Halle una cota del error de interpolación mediante la fórmula (5.12) (Note que $f(x) = \ln x$.)

(c) Compare el error absoluto en cada caso con la cota calculada.

(d) Compare los números de condición para cada una de las matrices A del sistema lineal $Ax = b$ resultante de cada uno de los tres métodos.

5.19 Dada la siguiente tabla:

x	$f(x)$
1	0
3	1.0986
4	1.3865
5	1.6094

(a) Usando el método de las diferencias divididas, construya el polinomio interpolante $p_3(x) \in \Pi_3$.

(b) Suponga que se agregan dos nuevas entradas a la tabla: $(6, 1.7918)$ y $(8, 2.0794)$. Construya ahora los polinomios de grado 4 y 5 haciendo uso de $p_3(x)$.

(c) Usando la interpolación polinomial de cada grado, interpole en $x = 3.5, 4.5, 5.5, 6.5$ y 7.5.

5.20 Encuentre un valor aproximado para $\log_{10}(5)$ utilizando el polinomio de interpolación de Newton de grado 3 en los nodos $x_0 = 1$, $x_1 = 2.5$, $x_2 = 4$, y $x_3 = 5.5$.

5.21 Considere la tabla siguiente:

x	$f(x)$
1	2.7185
2	14.7781
3	60.2565
4	218.3928

Interpole en $x = 3.5$ usando el polinomio interpolante en la forma de Newton

5.22 El polinomio $p_{30}(x) = x^{30} - x^2 + 1$ interpola los puntos $(i, p_{30}(i))$ para $i = 1, \ldots, 31$ (naturales). Consiga $Q(x) \in \prod_{31}$ que interpole los 31 puntos anteriores y además el punto $(0, 2)$.

5.23 Demuestre que si $f(x)$ es un polinomio de grado n, entonces, su diferencia dividida $(n + 1)$ es cero.

5.24 Demuestre que:

$$f[x_0, x_1, \ldots, x_k] = \sum_{i=0}^{k} \frac{f(x_i)}{\psi_k'(x_i)},$$

donde $\psi_k(x) = (x - x_0)(x - x_1) \cdots (x - x_k)$.

5.25 Obtenga una fórmula para el error de la interpolación de Hermite.

5.26 Suponga que se tiene el siguiente spline cúbico natural en la base canónica:

$$\begin{cases} S_1(x) & = a_0 + a_1 x + a_2 x^2 + a_3 x^3, & x_1 \le x \le x_2, \\ S_2(x) & = b_0 + b_1 x + b_2 x^2 + b_3 x^3, & x_2 \le x \le x_3. \end{cases}$$

(a) Escriba el sistema de ecuaciones para determinar las incógnitas: a_0, a_1, a_2, a_3 and b_0, b_1, b_2, b_3.

(b) Explique porqué la determinación del spline cúbico escrito en la base canónica no compite computacionalmente con el método descrito en el texto. De un ejemplo que de soporte a su explicación.

5.27 Un spline cúbico de frontera $S(x)$ de una función $f(x)$, es definido como sigue:

$$\begin{cases} S(x) & = 2x + 3x^2 + 4x^3 & 0 \le x \le 1 \\ S(x) & = a + b(x - 1) + c(x - 1)^2 + d(x - 1)^3 \end{cases}$$

con $f'(0) = f'(4)$. Determine $a, b, c,$ y d.

5.28 Establezca que propiedades de un spline cúbico natural posee y cuales no posee la siguiente función:

$$S(x) = \begin{cases} (x + 1) + (x + 1)^3 & x \in [-1, 0] \\ 4 + (x - 1) + (x - 1)^3 & x \in [0, 1] \end{cases}$$

5.29 Determinar los valores de λ y μ en $\mathbb{R}$ para que

$$S(x) = \begin{cases} \lambda x(x^2 + 1) & x \in [0, 1] \\ -\lambda x^3 + \mu x^2 - 5\lambda x + 1 & x \in [1, 2] \end{cases}$$

sea un spline cúbico. Usando λ y μ anteriores, Puede ser S un spline cúbico natural que interpole $f(x) = x^2$ en $[0, 2]$? Justifique.

5.30 Considere la tabla,

x	-3	-2	-1	0	1	2	3
$f(x)$	1	2	5	10	5	2	1

Muestre, mediante una gráfica, que el spline cúbico natural es una mejor aproximación de $f(x) = 10/(1+x^2)$, comparado con el uso del polinomio interpolante de grado 6. (Intente con el polinomio interpolante en la forma de Newton y la de Lagrange).

5.31 Un cohete es lanzado desde tierra, y su velocidad de ascenso $v(t)$ es medida en ciertos instantes de tiempo t, a partir del despegue ($t = 0$ segundos) y hasta $t = 20$ segundos. Los resultados de estas mediciones (en metros por segundo), se reflejan en la siguiente tabla:

t(s)	0	5	10	15	20
v(t)	0	250	1000	2250	4000

(a) Calcule el polinomio de grado menor o igual a 4 que interpola a los datos de esta tabla y realice una estimación de la velocidad del cohete en instante de tiempo $t = 12$.

(b) Sabiendo que la aceleración instantánea del cohete en un momento t, viene dada por $v'(t)$, estime la aceleración del cohete en el instante $t = 10$.

(c) En una gráfica de la velocidad en función del tiempo, el área bajo la curva en un intervalo dado representa la distancia recorrida por el móvil en dicho intervalo de tiempo. Utilice este hecho para determinar una aproximación a la distancia recorrida por el cohete en el intervalo entre $t = 0$ y $t = 20$ segundos.

(d) Calcule el spline lineal que interpole la tabla proporcionada anteriormente y repita las estimaciones de los items (a), (b) y (c) usando el spline construido. ¿Qué observa?. Comente.

(e) Repita las estimaciones, pero ahora construyendo el spline cúbico natural que interpola la tabla. Comente.

6

CUADRADOS MÍNIMOS LINEALES, NO LINEALES Y FUNCIONALES

En el Capítulo 3 discutimos una amplia variedad de métodos numéricos para resolver sistemas de ecuaciones lineales, $Ax = b$, cuando A es una matriz cuadrada. En estos casos el número de ecuaciones es igual al número de incógnitas, y si A es no-singular el sistema tiene solución única. En este capítulo consideraremos sistemas lineales inconsistentes, es decir, que no tienen solución. De acuerdo al Teorema 3.1 esto sucede cuando el vector b no pertenece al espacio vectorial generado por las columnas de A. Uno de los escenarios más comunes de inconsistencia es cuando el sistema lineal posee más ecuaciones que incógnitas, es decir, cuando la matriz A posee más filas que columnas.

Los sistemas lineales inconsistentes aparecen con frecuencia en la modelación matemática, especialmente asociados al ajuste de datos para los cuales usualmente el número de mediciones de algún fenómeno es mayor que el número de parámetros a determinar. Por esta razón es importante conseguir algún tipo de solución aproximada. En este capítulo nos concentramos en los métodos numéricos que consiguen soluciones de sistemas inconsistentes en el sentido de los cuadrados mínimos, que definiremos con precisión más adelante. Previamente describiremos la factorización QR, ya estudiada en la Sección 3.6 para el caso cuadrado, pero ahora en el caso rectangular; y también estudiaremos la descomposición en valores singulares, conocida como la factorización SVD por sus siglas en Inglés. Ambas factorizaciones juegan un papel crucial para obtener soluciones de sistemas inconsistentes en el sentido de los cuadrados mínimos. En las últimas secciones discutiremos el problema de cuadrados mínimos no lineales en espacios finito dimensional, y el problema de cuadrados mínimos en espacios de funciones.

6.1　Factorización QR: caso rectangular

Dada una matriz A de orden $m \times n$, la factorización $A = QR$, donde

$$Q = \text{Matriz ortogonal } m \times m \ (Q^T Q = I = QQ^T)$$
$$R = \text{Matriz rectangular triangular } m \times n$$

se conoce como la factorización QR de A, ya discutida en la Sección 3.6 para el caso $m = n$. En el caso rectangular cuando $m > n$ se puede esquematizar de la siguiente manera:

Figura 6.1: Factorización QR

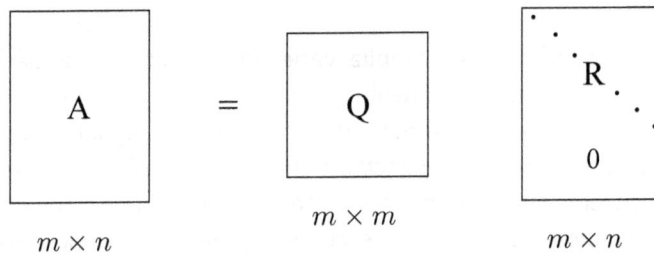

La matriz R tiene la forma:

$$R = \begin{pmatrix} R_1 \\ 0 \end{pmatrix}, \quad \text{donde } R_1 \text{ es una matriz } n \times n \text{ triangular superior.}$$

Ejemplo 6.1.

$$A = \begin{pmatrix} 1 & 2 \\ 2 & 3 \\ 3 & 4 \end{pmatrix}.$$

la matriz R de la factorización QR de A (obtenida usndo la función de octave
$[Q, R] = qr(A)$:

$$R = \left(\begin{array}{cc} -3.7412 & -5.3452 \\ \hline 0 & 0.6547 \\ \hline 0 & 0 \end{array} \right) = \begin{pmatrix} R_1 \\ 0 \end{pmatrix}.$$

Factorización QR usando reflectores de Householder

Describiremos el método basado en los reflectores de Householder para obtener
la Factorización QR de una matriz rectangular A. Este método se discutió
ampliamente para el caso cuadrado en la Sección 3.6. Ahora veremos los detalles
particulares en el caso rectangular. El esquema consiste en multiplicar por la
izquierda a la matriz A por una secuencia de reflectores de Householder que
van logrando ceros de forma sistemática debajo de la diagonal, hasta que la
matriz A se transforme en una matriz triangular superior. Para ello se resuelve
secuencialmente n veces el sub-problema QR, descrito en la Sección 3.6, usando
en cada caso el índice $1 \leq k \leq n$ correspondiente, y el vector z como la columna
k de dimension m.

Notese que en el caso cuadrado $(m = n)$, se resuelven $n - 1$ sub-problemas
QR y se logra transformar a la matriz cuadrada dada en una matriz triangular,
mientras que en este caso es necesario aplicar n reflexiones de Householder para
llevar la matriz rectangular A a la forma triangular R descrita arriba. Ilustremos
este proceso con un ejemplo esquemático donde $m = 4$ y $n = 3$:

Paso 1. (Construccción de H_1). Construir una matriz 4×4 de Householder
H_1 tal que $H_1 \begin{pmatrix} a_{11} \\ a_{21} \\ a_{31} \\ a_{41} \end{pmatrix} = \begin{pmatrix} \times \\ 0 \\ 0 \\ 0 \end{pmatrix}$. Formar $H_1 A = \begin{pmatrix} \times & \times & \times \\ 0 & * & \times \\ 0 & * & \times \\ 0 & * & \times \end{pmatrix} = A^{(1)}$.

Paso 2. (Construccción de H_2). Construir una matriz 3×3 de Householder
$\hat{H}_2$ tal que $\hat{H}_2 \begin{pmatrix} * \\ * \\ * \end{pmatrix} = \begin{pmatrix} \times \\ 0 \\ 0 \end{pmatrix}$. Formar $H_2 = \left(\begin{array}{c|c} 1 & 0 \\ \hline 0 & \\ 0 & \hat{H}_2 \\ 0 & \end{array} \right)$.

Formar $A^{(2)} = H_2 A^{(1)} = A^{(1)} = \begin{pmatrix} \times & \times & \times \\ 0 & \times & \times \\ 0 & 0 & * \\ 0 & 0 & * \end{pmatrix}$.

Paso 3. (Construccción de H_3). Construir una matriz 2×2 de Householder

$\hat{H}_3$ tal que $\hat{H}_3 \begin{pmatrix} * \\ * \end{pmatrix} = \begin{pmatrix} \times \\ 0 \end{pmatrix}$. Formar $H_3 = \left(\begin{array}{cc|c} 1 & 0 & 0 \\ 0 & 1 & 0 \\ \hline 0 & & \hat{H}_3 \end{array} \right)$.

Formar $A^{(3)} = H_3 A^{(2)} = \begin{pmatrix} \times & \times & \times \\ 0 & \times & \times \\ 0 & 0 & \times \\ 0 & 0 & 0 \end{pmatrix} = R.$

El proceso general para una matriz $m \times n$ es completamente análogo: Asignar $A^{(0)} = A$; y en el paso k

- Construir una matriz de Householder $\hat{H}_k$ de orden $m - k + 1$ para anular las entradas desde $(k+1, k)$ hasta (m, k) de la matriz $A^{(k-1)}$ obtenida en el paso anterior.

- Formar $H_k A^{(k-1)} = A^{(k)}$, donde $H_k = \mathrm{diag}(I_{k-1}, \hat{H}_k)$. (Nótese que cuando $k = 1, H_k = \hat{H}_k$).

Veamos ahora un ejemplo numérico de 3 filas y 2 columnas.

Ejemplo 6.2. $A = \begin{pmatrix} 1 & 1 \\ 0.0001 & 0 \\ 0 & 0.0001 \end{pmatrix}$

Paso 1. *Calcular H_1 para crear ceros debajo de la diagonal en la primera columna de A.*

$$u_1 = \begin{pmatrix} 1 \\ 0.0001 \\ 0 \end{pmatrix} + \sqrt{1 + (0.0001)^2} \begin{pmatrix} 1 \\ 0 \\ 0 \end{pmatrix} = \begin{pmatrix} 2 \\ 0.0001 \\ 0 \end{pmatrix}$$

Calcular: $A^{(1)} = H_1 A = (I - \dfrac{2 u_1 u_1^T}{u_1^T u_1}) A = \begin{pmatrix} -1 & -1 \\ 0 & -0.0001 \\ 0 & 0.0001 \end{pmatrix}$

Paso 2. *Calcular H_2 para crear ceros debajo de la diagonal en la segunda columna de $A^{(1)}$.*

Construir la matriz de Householder $\hat{H}_2$ tal que $\hat{H}_2 \begin{pmatrix} -0.0001 \\ 0.0001 \end{pmatrix} = \begin{pmatrix} * \\ 0 \end{pmatrix}$.

$\hat{u}_2 = \begin{pmatrix} -0.0001 \\ 0.0001 \end{pmatrix} - \sqrt{(-0.0001)^2 + (0.0001)^2} \begin{pmatrix} 1 \\ 0 \end{pmatrix} = 10^{-4} \begin{pmatrix} -2.4141 \\ 1.0000 \end{pmatrix}$

$\hat{H}_2 = \begin{pmatrix} 1 & 0 \\ 0 & 1 \end{pmatrix} - 2 \dfrac{\hat{u}_2 \hat{u}_2^T}{\hat{u}_2^T \hat{u}_2} = \begin{pmatrix} -0.7071 & 0.7071 \\ 0.7071 & 0.7071 \end{pmatrix}.$

Formar H_2 de la siguiente manera: $H_2 = \begin{pmatrix} 1 & 0 & 0 \\ 0 & -0.7071 & 0.7071 \\ 0 & 0.7071 & 0.7071 \end{pmatrix}$.

Calcular: $A^{(2)} = H_2 A^{(1)} = H_2 H_1 A = \begin{pmatrix} -1 & -1 \\ 0 & 0.0001 \\ 0 & 0 \end{pmatrix} = R$.

Formar Q de ser necesario

$$Q = H_1 H_2 = \begin{pmatrix} -1 & 0.0001 & -0.0001 \\ -0.0001 & -0.7071 & 0.7071 \\ 0 & 07071 & 0.7071 \end{pmatrix}.$$

Conteo de Operaciones: Como discutimos en el Capítulo 3, cuando $m = n$ el método de Householder requiere $\frac{4}{3}n^3 + O(n^2)$ flops para calcular la matriz triangular R. En el caso $m > n$ el costo aproximado en flops es: $2n^2\left(m - \frac{n}{3}\right)$.

Estabilidad del método de Householder. El método es estable, y se puede establecer que calcula la factorización QR exacta de una matriz perturbada $A + E$, donde $\|E\|_2 \le \mu\|A\|_2$; ver [21, 50, 91].

6.2 Factorización SVD

La descomposición en valores singulares, también conocida como la factorización SVD por sus siglas en Inglés, es muy importante y se usa en muchos temas además de en la solución de problemas de cuadrados mínimos.

Las factorizaciones hasta ahora estudiadas (LU, QR, y Cholesky) se calculan con un número finito de flops. A diferencia de las anteriores, la factorización SVD que estudiaremos en esta sección, obtiene de forma explícita los autovalores de una matriz asociada al problema, y por ende requiere un proceso iterativo para ser calculada. En efecto, el cálculo de autovalores de una matriz es equivalente al cálculo de las raíces de su polinomio característico y, por lo discutido en el Capítulo 2, esto requiere un algoritmo iterativo.

Comenzamos por el teorema clave que garantiza la existencia de la SVD de toda matriz rectangular, y cuya demostración se puede encontrar en muchos libros dedicados al álgebra lineal numérica; ver por ejemplo [21, 26, 40, 91].

Teorema 6.1 (Teorema SVD). *Si A es una matriz real $m \times n$, entonces se puede factorizar como:*

$$A = U\Sigma V^{T}, \tag{6.1}$$

donde

$U =$ *es una matriz $m \times m$ ortogonal*

$V =$ *es una matriz $n \times n$ ortogonal*

$\Sigma =$ *es una matriz diagonal $m \times n$ con entradas diagonales no negativas.*

Figura 6.2: SVD de una matriz 4×2 en forma esquemática

$$\begin{pmatrix} \times & \times \\ \times & \times \\ \times & \times \\ \times & \times \end{pmatrix} = \begin{pmatrix} \times & \times & \times & \times \\ \times & \times & \times & \times \\ \times & \times & \times & \times \\ \times & \times & \times & \times \end{pmatrix} \begin{pmatrix} \times & 0 \\ 0 & \times \\ 0 & 0 \\ 0 & 0 \end{pmatrix} \begin{pmatrix} \times & \times \\ \times & \times \end{pmatrix}$$

$$\quad A \qquad\qquad\qquad U \qquad\qquad\qquad \Sigma \qquad\quad V^{T}$$

Definición 6.1. *Las entradas diagonales $\sigma_1, \sigma_2, \ldots, \sigma_n$ se conocen como los* **valores singulares** *de A; y aparecen en orden decreciente:*

$$\sigma_1 \geq \sigma_2 \geq \cdots \geq \sigma_n \geq 0.$$

Las columnas u_i de U se conocen como los **vectores singulares por la izquierda** *y las columnas v_i de V como los* **vectores singulares por la derecha**.

Nótese que los valores singulares de A se determinan de forma única, mientras que las matrices U y V no son únicas en general (¿Porqué?). Para argumentar que los valores singulares de A son números reales, multiplicamos por la matriz ortogonal V a ambos lados de (6.1) y obtenemos

$$AV = U\Sigma.$$

Esta igualdad por columnas implica que

$$Av_i = \sigma_i u_i \quad \text{para } 1 \leq i \leq n. \tag{6.2}$$

Por otro lado, aplicando la traspuesta en ambos lados de (6.1), se obtiene que $A^T U = V\Sigma$, de donde obtenemos

$$A^T u_i = \sigma_i v_i \quad \text{para} \ \ 1 \leq i \leq n. \tag{6.3}$$

Tomando en consideración (6.2) y (6.3) se desprende la siguiente igualdad matricial en bloques para $1 \leq i \leq n$

$$\begin{pmatrix} 0 & A \\ A^T & 0 \end{pmatrix} \begin{pmatrix} u_i \\ v_i \end{pmatrix} = \sigma_i \begin{pmatrix} u_i \\ v_i \end{pmatrix} \tag{6.4}$$

De esta igualdad en bloques se concluye que los valores singulares de A son autovalores de una matriz simétrica, y por tanto son números reales. Más aún, multiplicando por A en (6.3) y luego usando apropiadamente (6.2) obtenemos para $1 \leq i \leq n$

$$AA^T u_i = \sigma_i A v_i = \sigma_i^2 u_i.$$

De forma similar se obtiene que para $1 \leq i \leq n$

$$A^T A v_i = \sigma_i A u_i = \sigma_i^2 v_i.$$

Por tanto, los valores singulares de A al cuadrado son autovalores de $A^T A$ y de AA^T.

El cálculo de la factorización SVD, como comentamos antes, es más costoso que el cálculo de las factorizaciones directas (QR, LU, Cholesky), y se basa en aplicar métodos numéricos para la estimación de autovalores y autovectores de las matrices $A^T A$, AA^T, que en general pueden ser mal condicionadas, o mejor aún de la matriz $(m+n) \times (m+n)$ en bloques que aparece en (6.4); para los detalles ver [21, 26, 40, 91]. Una implementación eficiente ha sido desarrollada en octave y se obtiene con la función **svd**:

$$[U, S, V] = \textbf{svd}(A),$$

la cual retorna las tres matrices involucradas U, $S = \Sigma$ y V.

Ejemplo 6.3. *Sea* $A = \begin{pmatrix} 1 & 2 \\ 2 & 3 \\ 3 & 4 \end{pmatrix}$. *Entonces* $[U, S, V] = svd(A)$ *retorna*

$$\Sigma = \begin{pmatrix} 6.5468 & 0 \\ 0 & 0.3742 \\ 0 & 0 \end{pmatrix}_{3\times 2}, \ U = \begin{pmatrix} 0.3381 & 0.8480 & 0.4082 \\ 0.5506 & 0.1735 & -0.8165 \\ 0.7632 & -0.5009 & 0.4082 \end{pmatrix}_{3\times 3},$$

$$V = \begin{pmatrix} 0.5696 & -0.8219 \\ 0.8299 & 0.5696 \end{pmatrix}_{2\times 2}$$

En este ejemplo los dos valores singulares son: $6.5458 > 0.3742 > 0$.

Interpretación geométrica de la SVD

Sea S la esfera unitaria en $\mathbb{R}^n$. Entonces la imagen de S a través del operador lineal A es el **hiperelipsoide** E definido como $E = \{Ax : \|x\|_2 = 1\}$; y se cumple:

- Los valores singulares representan la longitud de los semi-ejes de E.

- Los vectores singulares por la izquierda son los vectores unitarios en las direcciones de los semi-ejes de E.

- Los vectores singulares por la derecha son los vectores unitarios en S que son pre-imagen de los semi-ejes de E.

Por tanto, el operador unitario V^* preserva la forma de la esfera, la matriz Σ (diagonal) estira o encoge la esfera para transformarla en el hiperelipsoide E, y el operador unitario U rota el hiperelipsoide conservando su forma. Para más detalles ver [91].

Propiedades teórico-prácticas de la SVD

Una de las características más resaltantes de la SVD, para su uso en la práctica, es que los valores singulares son insensibles a pequeñas perturbaciones en la matriz A. El teorema clave es el siguiente (para su demostración ver por ejemplo [21, 91]).

Teorema 6.2. *Sean A y $B = A + E$ dos matrices $m \times n$ $(m \geq n)$. Sean σ_i, $i = 1, \ldots, n$ y $\tilde{\sigma}_i$, $i = 1, \ldots, n$, respectivamente, los valores singulares de A y de $A + E$, en orden decreciente. Entonces $|\tilde{\sigma}_i - \sigma_i| \leq \|E\|_2$, para cada i.*

Ejemplo 6.4.

$$A = \begin{pmatrix} 1 & 2 & 3 \\ 3 & 4 & 5 \\ 6 & 7 & 8 \end{pmatrix}, \qquad \tilde{E} = \begin{pmatrix} 0 & 0 & 0 \\ 0 & 0 & 0 \\ 0 & 0 & .0002 \end{pmatrix}.$$

Los valores singulares de A son $\sigma_1 = 14.5576$, $\sigma_2 = 1.0372$, $\sigma_3 = 0.0000$, y los valores singulares de $A + \tilde{E}$ son $\tilde{\sigma}_1 = 14.5577$, $\tilde{\sigma}_2 = 1.0372$, y $\tilde{\sigma}_3 = 0.0000$.

El siguiente teorema lista las propiedades más importantes teórico-prácticas de la SVD. Nos concentramos sin pérdida de generalidad en el caso $m \geq n$. Si la matriz dada A tiene más columnas que filas, $m < n$, basta considerar la SVD de A^T.

Teorema 6.3. *Sea $A = U\Sigma V^T$ la SVD de una matriz $m \times n$ A con $m \geq n$. Entonces se cumplen las siguientes propiedades:*

(i) $\|A\|_2 = \sigma_1 = \sigma_{\max}$.

(ii) $\|A\|_F = (\sigma_1^2 + \sigma_2^2 + \cdots + \sigma_n^2)^{\frac{1}{2}}$.

(iii) *Si A es cuadrada $n \times n$ y no singular, $\|A^{-1}\|_2 = 1/\sigma_n$ y además* $Cond_2(A) = \|A\|_2\|A^{-1}\|_2 = \sigma_1/\sigma_n = \sigma_{\max}/\sigma_{\min}$.

(iv) $|det(A)| = \Pi_{i=1}^n \sigma_i$.

(v) $rango(A) =$ *número r de valores singulares estrictamente positivos.*

(vi) *Sea A una matriz $m \times n$ $(m \geq n)$ y sea r el rango de A. Particionemos $U = (U_1, U_2)$ y $V = (V_1, V_2)$, donde U_1 y V_1 se forman con las primeras r columnas de U y V respectivamente. Entonces*

- *las columnas de V_2 forman una base ortonormal del nulo de A: $N(A)$; y las columnas de U_1 forman una base ortonormal del alcance de A: $R(A)$.*

- *Más aún, si definimos a Σ_r como la matriz diagonal $r \times r$ con las primeras r filas y columnas de Σ, entonces*

$$A = U_1 \Sigma_r V_1^T = \sum_{i=1}^{r} \sigma_i u_i v_i^T.$$

(vii) *Sea A una matriz $m \times n$ $(m \geq n)$, y sea r el rango de A. Sea $1 \leq k \leq r$, y definamos $A_k = \sum_{i=1}^{k} \sigma_i u_i v_i^T$. Entonces A_k es la matriz de rango k más cercana a A, y la distancia es*

$$\|A - A_k\|_2 = \sigma_{k+1}, \quad y \quad \|A - A_k\|_F = (\sigma_{k+1}^2 + \cdots \sigma_r^2)^{\frac{1}{2}}.$$

Demostración. (i) Recordemos que la norma 2 de una matriz diagonal es el máximo valor absoluto de sus entradas diagonales. Por ser U y V matrices ortogonales, se cumple que

$$\|A\|_2 = \|U\Sigma V^T\|_2 = \|\Sigma\|_2 = \sigma_1.$$

(ii) Por ser U y V matrices ortogonales, se cumple que

$$\|A\|_F = \|U\Sigma V^T\|_F = \|\Sigma\|_F = (\sigma_1^2 + \sigma_2^2 + \cdots + \sigma_n^2)^{\frac{1}{2}}.$$

(iii) Si A es cuadrada y no-singular, entonces Σ es cuadrada y no-singular ($\sigma_i > 0$ para todo i). Por tanto

$$\|A^{-1}\|_2 = \|V\Sigma^{-1}U^T\|_2 = \|\Sigma^{-1}\|_2 = 1/\sigma_n.$$

En este caso, $\text{Cond}_2(A) = \|A\|_2\|A^{-1}\|_2 = \|\Sigma\|_2\|\Sigma^{-1}\|_2 = \sigma_1/\sigma_n.$

(iv) El determinante de un producto de matrices es igual al producto de los determinantes de cada una de las matrices en el producto. Más aún, el determinante de una matriz ortogonal sólo puede tener dos valores: ± 1. En consecuencia

$$|det(A)| = |det(U\Sigma V^T)| = |det(U)|\,|det(\Sigma)|\,|det(V^T)| = |det(\Sigma)| = \Pi_{i=1}^{n}\sigma_i.$$

(v) El rango de una matriz diagonal es igual al número de sus elementos distintos de cero; y en la factorización $A = U\Sigma V^T$ las matrices ortogonales U y V son claramente no singulares. Por tanto, $rango(A) = rango(\Sigma) = r$.

(vi) Sea $w \in \mathbb{R}^n$. El vector $Aw = 0$ si y sólo si $U^TAV(V^Tw) = 0$, ya que $VV^T = I$. Por tanto, w está en el nulo de A si y sólo si V^Tw está en el nulo de $U^TAV = \Sigma$. Ahora bien, el nulo de Σ es el subespacio generado por las columnas $r+1$ hasta n de la matriz I. En conclusión, el nulo de A está generado por el producto de la matriz V por esas columnas, es decir, por la matriz V_2. Un argumento similar establece que $R(A)$ es el mismo que el de la matriz U multiplicado por el alcance de $U^TAV = \Sigma$, es decir que el de la matriz U multiplicada por las primeras r columnas de la matriz I, y esto define la matriz U_1. Por último, como el rango de A es r, si escribimos a $\Sigma = \Sigma_r$ como la suma de r matrices Σ_i, donde $\Sigma_i = diag(0, \ldots, 0, \sigma_i, 0, \ldots, 0)$, y la sustituimos en $A = U\Sigma_r V^T$, obtenemos

$$A = U_1\Sigma_r V_1^T = \sum_{i=1}^{r} \sigma_i u_i v_i^T.$$

Nótese que esto implica que A se puede escribir como la suma de r matrices de rango uno.

(vii) Si escribimos A_k y A como suma de matrices de rango uno, claramente

$$\|A - A_k\|_2 = \left\| \sum_{i=k+1}^{n} \sigma_i u_i v_i^T \right\|_2 = \sigma_{k+1}, \quad \text{y además}$$

$$\|A - A_k\|_F = \left\| \sum_{i=k+1}^{n} \sigma_i u_i v_i^T \right\|_F = (\sigma_{k+1}^2 + \cdots \sigma_r^2)^{\frac{1}{2}}.$$

Sólo resta establecer que ninguna otra matriz de rango k está más cercana a A que A_k. Sea B cualquier matriz de rango k. Entonces el espacio nulo de B tiene dimensión $n - k$; y por otro lado el espacio generado por los vectores $\{v_1, v_2, \ldots, v_{k+1}\}$ es de dimensión $k+1$. Como la suma de estas dos dimensiones es $(n-k)+(k+1) = n+1 > n$, entonces estos dos espacios tienen intersección no vacia. Sea w un vector unitario ($\|w\|_2 = 1$) en la intersección de esos dos espacios. Se cumple que

$$\begin{aligned}
\|A - B\|_2^2 &\geq \|(A - B)w\|_2^2 = \|Aw\|_2^2 = \|U\Sigma V^T w\|_2^2 \\
&= \|\Sigma(V^T w)\|_2^2 \geq \sigma_{k+1}^2 \|V^T w\|_2^2 = \sigma_{k+1}^2 \|w\|_2^2 \\
&= \sigma_{k+1}^2 = \|A - A_k\|_2^2.
\end{aligned}$$

Por un argumento muy similar, esta propiedad óptimal también se cumple para la norma de Frobenius. $\qquad\qquad \square$

Algunas aplicaciones prácticas de la SVD

Sea $U\Sigma V^T$ la SVD de la matriz A y sea $k \leq r = rango(A)$. Por el Teorema 6.3 sabemos que si definimos

$$A_k = U\Sigma_k V^T, \text{ donde } \Sigma_k = \text{diag}(\sigma_1, \ldots, \sigma_k, 0, \ldots, 0),$$

entonces A_k es la mejor aproximación de rango k de A, y se puede escribir como

$$A_k = \sigma_1 u_1 v_1^T + \ldots + \sigma_k u_k v_k^T.$$

Para guardar la matriz A original se necesitan almacenar mn entradas, mientras que para guardar la matriz A_k sólo se necesitan almacenar $(m + n)k$ entradas, lo cual resulta en un ahorro significativo de almacén cuando k es pequeño. Este hecho se puede explotar apropiadamente en procesamiento de imágenes, así como en muchas otras aplicaciones prácticas, como ilustraremos a continuación.

Compresión de imágenes. Una imagen se puede representar como una matriz A de dimensión $m \times n$ cuya entrada (i,j) corresponde al brillo del pixel (i,j). La idea fundamental detrás de la compresión de imágenes es comprimir la imagen que se representa con una matriz A de gran dimensión, por una de dimensión menor que aproxime a la matriz A, y cuya calidad sea aceptable a los usuarios. A modo de ejemplo, presentamos abajo distintas aproximaciones de bajo rango, usando la compresión de la SVD descrita arriba, de la foto de una niña cuya matriz asociada es de dimensión 678×992. En las Figuras 6.3 y 6.4 se puede observar que con $k = 10$ la imagen comprimida no es aceptable, con $k = 20$ la imagen es aceptable, y con $k = 80$ la diferencia de la imagen original y la de la imagen aproximada es casi imperceptible a la vista humana.

Figura 6.3: Imagen original e imagen comprimida con $k = 10$

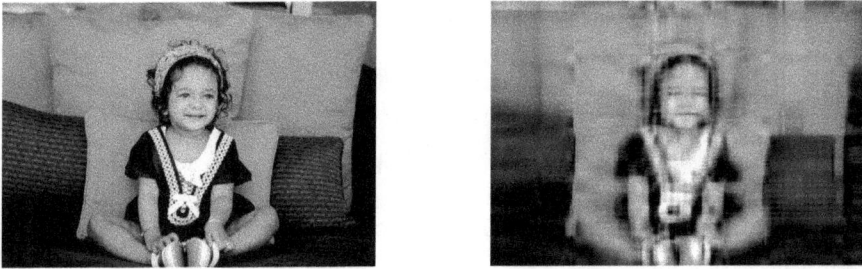

Figura 6.4: Imágenes comprimidas con $k = 20$ y $k = 80$

Existen muchas otras aplicaciones prácticas donde la SVD puede ser de gran utilidad, como por ejemplo en la restauración de imágenes distorsionadas y afectadas por la presencia de ruido que suelen aparecen en biomedicina y en geofísica computacional; ver por ejemplo [45, 46].

6.3 Cuadrados mínimos lineales

Un caso de estudio: Predicción de ventas a futuro

Supongamos que el número de unidades b_i del producto que vende una cierta compañía, en el municipio i de una determinada ciudad, depende de la población a_{i1} (en miles de habitantes) y de las entradas per capita a_{i2} (en miles de la moneda de circulación) del municipio. La siguiente tabla producida por la compañía, muestra las ventas en 5 municipios, así como la correspondiente población y entradas per capita.

Municipio i	Ventas b_i	Población a_{i1}	Entradas per Capita a_{i2}
1	162	274	2450
2	120	180	3254
3	223	375	3802
4	131	205	2838
5	67	86	2347

Supongamos que la compañía desea usar esta tabla de datos para predecir las ventas a futuro, y confía (basada en experiencias pasadas) que la siguiente relación (modelo lineal) entre b_i, a_{i1}, y a_{i2} se ajusta a la realidad:

$$b_i = x_1 + a_{i1}x_2 + a_{i2}x_3.$$

Si los datos de la tabla satisfacen el modelo, se cumpliría que

$$162 = x_1 + 274x_2 + 2450x_3$$
$$120 = x_1 + 180x_2 + 3254x_3$$
$$223 = x_1 + 375x_2 + 3802x_3$$
$$131 = x_1 + 205x_2 + 2838x_3$$
$$67 = x_1 + 86x_2 + 2347x_3$$

o equivalentemente $Ax = b$, donde

$$A = \begin{pmatrix} 1 & 274 & 2450 \\ 1 & 180 & 3254 \\ 1 & 375 & 3802 \\ 1 & 205 & 2838 \\ 1 & 86 & 2347 \end{pmatrix}, \quad b = \begin{pmatrix} 162 \\ 120 \\ 223 \\ 131 \\ 67 \end{pmatrix}, \quad x = \begin{pmatrix} x_1 \\ x_2 \\ x_3 \end{pmatrix}.$$

Este sistema lineal es sobre-determinado con 4 ecuaciones y 3 incógnitas, y puede no tener solución. Por tanto lo resolvemos en el sentido de los cuadrados mínimos, y de esa forma determinar los mejores parámetros x_1, x_2 y x_3 que mejor ajustan el modelo dado a los datos suministrados.

Planteamiento del problema

En muchas aplicaciones prácticas, como la descrita arriba para la predicción de ventas a futuro, así como en otras que surgen en estadística, en modelación geométrica, y en procesamiento de señales entre otras, el sistema lineal $Ax = b$ a resolver puede ser inconsistente, y por ende no tener solución. Para estos problemas, lo mejor que uno puede desear es encontrar un vector x tal que el vector residual $r(x) = b - Ax$ sea tan pequeño como sea posible. Es esta solución la que se conoce como solución en el sentido de los cuadrados mínimos.

Problema de cuadrados mínimos lineales

Dada una matriz A real $m \times n$ de rango $k \leq \min(m, n)$, y un vector real b de dimensión m, encontrar un vector real x de dimensión n tal que minimice a la función $r(x) = \|Ax - b\|_2$.

Interpretación geométrica de la solución cuadrados mínimos

Sea A una matriz $m \times n$ con $m > n$. Entonces A es una función lineal de $\mathbb{R}^n \to \mathbb{R}^m$, y $R(A)$ es un subespacio de $\mathbb{R}^m$. Todo vector $u \in R(A)$ se puede escribir como $u = Ax$ para algún $x \in \mathbb{R}^n$. Sea $b \in \mathbb{R}^m$. Se cumple entonces que $\|b - Ax\|_2$ es la distancia Euclidea entre los vectores b y Ax. Es claro que esa distancia es mínima si y sólo si $b - Ax$ es ortogonal al subespacio $R(A)$ (ver Figura 6.5). En este caso, $\|b - Ax\|_2$ es la distancia desde b al subespacio $R(A)$.

De esta interpretación, se capta claramente que la solución cuadrados mínimos para $Ax = b$ siempre existe, ya que siempre es posible proyectar b sobre $R(A)$ y obtener un vector $u \in R(A)$, y luego el $x \in \mathbb{R}^n$ tal que $u = Ax$, es la solución deseada.

Como $b - Ax$ es ortogonal a $R(A)$, y todo vector en $R(A)$ es una combinación lineal de las columnas de A, entonces el vector $b - Ax$ es ortogonal a las columnas de A. Es decir,

$$A^T(b - Ax) = 0 \implies A^T Ax = A^T b.$$

Figura 6.5: Interpretación geométrica de la solución cuadrados mínimos

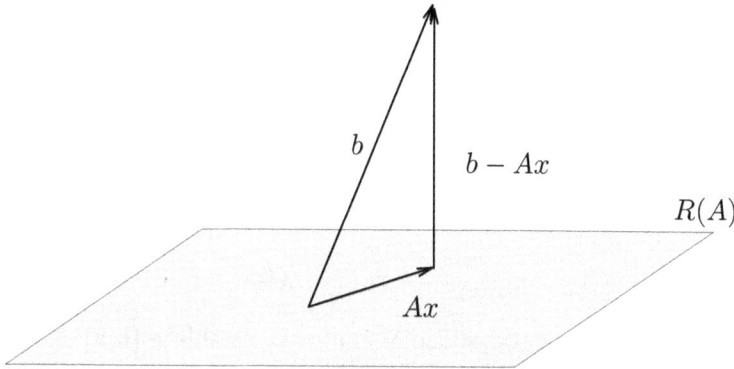

Definición 6.2. *Sea* $A \in \mathbb{R}^{m \times n}$. *El sistema cuadrado de* n *ecuaciones y* n *incógnitas*

$$A^T A x = A^T b$$

se conoce como las **ecuaciones normales**.

Existencia y unicidad

De la interpretación geométrica presentada arriba, queda claro que la solución cuadrados mínimos siempre existe, y satisface las ecuaciones normales. Si el sistema es inconsistente pero A tiene rango completo por columnas, entonces la matriz $A^T A$ es simétrica y defnida positiva, y por tanto la solución cuadrados mínimos es única.

Estos resultados se pueden establecer con formalidad usando las herramientas de optimización numérica discutidas en la Sección 4.5.

Teorema 6.4. *Dada una matriz* A *con* m *filas y* n *columnas* $(m \geq n)$ *y un vector* b *de dimensión* m, *un vector* x *de dimensión* n *es solución cuadrados mínimos de* $Ax = b$ *si y sólo si* x *satisface las ecuaciones normales:*

$$A^T A x = A^T b. \tag{6.5}$$

Más aún, la solución es única si y sólo si A *es rango completo por columnas.*

Demostración. Una solución cuadrados mínimos de $Ax = b$ minimiza la función $\|Ax - b\|_2$. Esta función sólo adquiere valores no negativos, y entonces de forma equivalente podemos considerar la minimización de la función diferenciable

$$f(x) = \frac{1}{2}\|Ax - b\|_2^2.$$

Usando el truco de cálculo introducido en la demostración del Lema 4.17, se establece que el vector gradiente y la matriz Hessiana de $f(x)$ vienen dados respectivamente por

$$\nabla f(x) = A^T(Ax - b), \quad \text{y} \quad \nabla^2 f(x) = A^T A.$$

Por tanto la condición necesaria de optimalidad $\nabla f(x) = 0$, establece (6.5). La condición es también suficiente ya que la Hessiana $A^T A$ es semi-definida positiva para cualquier matriz A. Más aún, $A^T A$ es definida positiva si y sólo si A es rango completo por columnas, y en ese caso $A^T A$ es no singular. Por último, el sistema lineal (6.5) tiene solución única si y sólo si $A^T A$ es no singular. $\square$

Si $m \geq n$ y $rango(A) < n$ entonces A es una matriz **rango deficiente**. En este caso, existen infinitas soluciones en el sentido de los cuadrados mínimos de $Ax = b$. En muchas aplicaciones interesa, entre todas ellas, la solución de mínima norma. Más adelante discutiremos como encontrar esa solución usando la SVD de A.

Matriz de proyección

De la interpretación geométrica anterior y del Teorema 6.4 obtenemos que si A es rango completo por columnas entonces $A^T A$ es no singular, y en ese caso el vector más cercano a b, en el subespacio $R(A)$, viene dado por $u = Ax$, donde x es la solución cuadrados mínimos. Es decir, $A(A^T A)^{-1} A^T b$ es la proyección de b sobre $R(A)$. La matriz que describe esta construcción merece un nombre especial.

Definición 6.3. *La matriz*

$$P = A(A^T A)^{-1} A^T$$

que proyecta cualquier vector b en el espacio columna de A se conoce como **matriz de proyección**.

Nótese que la matriz P posee dos propiedades básicas: es simétrica $(P = P^T)$ e idempotente $(P^2 = P)$. Más aún, toda matriz que posea estas dos propiedades es la matriz de proyección sobre su propio espacio columna.

Pseudoinversa

Sea $U\Sigma V^T$ la SVD de la matriz A con m filas y n columnas.

> **Definición 6.4.** *La matriz*
>
> $$A^\dagger = V\Sigma^\dagger U^T,$$
>
> *donde*
>
> $$\Sigma^\dagger = diag(1/\sigma_1, 1/\sigma_2, \dots, 1/\sigma_r, 0, \dots, 0),$$
>
> *y $r = rango(A) \leq \min\{m, n\}$, se conoce como la* **pseudoinversa** *de A.*

Directamente de la definición es fácil ver que la pseudoinversa de A cumple las siguientes propiedades: $(A^\dagger)^\dagger = A$, $\quad AA^\dagger A = A$, y $\quad A^\dagger AA^\dagger = A^\dagger$. Más adelante estableceremos que

$$\hat{x} = A^\dagger b$$

es la solución cuadrados mínimos de $Ax = b$, de mínima norma. Claramente, si A es rango completo por columnas ($r = n$), entonces $A^\dagger = (A^TA)^{-1}A^T$, y en ese caso se sigue del Teorema 6.4, que $\hat{x}$ es la única solución posible.

Vale destacar que la pseudoinversa generaliza la definición estandar de la inversa de una matriz cuadrada. En efecto, si A es cuadrada e invertible, entonces

$$A^\dagger = (A^TA)^{-1}A^T = A^{-1}(A^T)^{-1}A^T = A^{-1}.$$

En el caso de rango completo, también se extiende el concepto de condición de una matriz.

> **Definición 6.5.** *Si una matriz A de dimensión $m \times n$ es rango completo, entonces $Cond(A) = \|A\| \, \|A^\dagger\|$.*

Ejemplo 6.5.

$$A = \begin{pmatrix} 1 & 2 \\ 2 & 3 \\ 4 & 5 \end{pmatrix}, \quad b = \begin{pmatrix} 3 \\ 5 \\ 9 \end{pmatrix}.$$

Tenemos que A posee rango completo: $rango(A) = 2$.

$$A^\dagger = (A^TA)^{-1}A^T = \begin{pmatrix} -1.2857 & -0.5714 & 0.8571 \\ 1 & 0.5000 & -0.5000 \end{pmatrix}$$

$$Cond_2(A) = \|A\|_2 \, \|A\|_2^\dagger = 7.6656 \times 2.0487 = 15.7047.$$

La única solución cuadrados mínimos es $x = A^\dagger b = \begin{pmatrix} 1 \\ 1 \end{pmatrix}$.

El método de Schulz para aproximar la pseudoinversa

El método de Schulz es un método iterativo para aproximar la pseudoinversa de una matriz A. Desde una matriz inicial M_0, el método produce los siguientes iterados

$$M_{k+1} = 2M_k - M_k A M_k. \tag{6.6}$$

El método de Schulz se puede ver como una extensión del método discutido en el Capítulo 2 para aproximar el inverso de un número real, y en efecto se puede obtener aplicando el método de Newton multivariable a la función

$$F(X) = X^{-1} - A.$$

El método fue propuesto originalmente por Schulz [84], posee estabilidad numérica, convergencia local q-cuadrática, y convergencia global desde algunos iterados iniciales M_0 apropiados (por ejemplo, $M_0 = A^T / \|A\|_2^2$). Mas aún, si A no posee inversa, el esquema (6.6) converge a $A^\dagger$, la pseudoinversa de A; ver [65] y sus referencias para una discusión detallada de este tema.

Una relación interesante desde un punto de vista práctico y también teórico es la siguiente: para todo k,

$$I - M_{k+1}A = I - (2M_k - M_k A M_k)A = (M_k A)^2 - 2M_k A + I = (I - M_k A)^2.$$

Como consecuencia, usando un argumento inductivo

$$I - M_k A = (I - M_{k-1}A)^2 = ((I - M_{k-2}A)^2)^2 = \cdots = (I - M_0 A)^{2^k}.$$

La condición necesaria y suficiente para la convergencia del esquema dado en (6.6), para aproximar la inversa de una matriz no singular $(m = n)$ o para aproximar la pseudoinversa de una matriz rectangular $A \in \mathbb{R}^{m \times n}$, es conocida; ver, por ejemplo, [54].

> **Teorema 6.5.** *Sea $A \in \mathbb{R}^{m \times n}$ una matriz rango completo, y sea $M_0 \in \mathbb{R}^{n \times m}$. La sucesión (6.6) generada por el método de Schulz converge a $A^\dagger$ si y sólo si $\rho(I - AM_0) < 1$, donde $\rho(C)$ es el radio espectral de la matriz C.*

El método de las ecuaciones normales

Si la matriz A es rango completo por columnas, una forma de obtener la solución cuadrados mínimos de $Ax = b$ es resolviendo numéricamente las ecuaciones normales: $A^T A x = A^T b$. Este enfoque ha sido usado tradicionalmente en estadística computacional. Describiremos ahora los detalle de este enfoque numérico.

En este caso, $A^T A$ es simétrica y definida positiva, y por ende podemos usar la factorización de Cholesky: $A^T A = H H^T$. El algoritmo para resolver el problema de cuadrados mínimos se muestra a continuación.

Algoritmo 6.6 (El método de las ecuaciones normales).
Entradas: *A, matriz $m \times n$ de rango completo, y b de dimensión m.*
Salida: *vector x, solución cuadrados mínimos única.*
Paso 1: *Construir $c = A^T b$.*
Paso 2: *Calcular la factorización de Cholesky: $A^T A = H H^T$.*
Paso 3: *Resolver los sistemas triangulares, en este orden:*
$$Hy = c, \ H^T x = y.$$

Conteo de operacions. El Algoritmo 6.6 requiere, para resolver el problema de cuadrados mínimos, mn^2 flops para calcular $A^T A$ y $A^T b$, $n^3/3$ flops para calcular la factorización de Cholesky de $A^T A$, y n^2 flops para resolver los dos sistemas triangulares. En definitiva, requiere $mn^2 + n^3/3$ flops.

Ejemplo 6.6 (Algoritmo 6.6 para el problema de predicción de ventas a futuro).
Paso 1. *Construir* $c = A^T b = \begin{pmatrix} 703 \\ 182230 \\ 2164253 \end{pmatrix}$

Paso 2. *Encontrar el factor de Cholesky H de $A^T A$:*

$$A^T A = \begin{pmatrix} 5 & 1120 & 14691 \\ 1120 & 297522 & 3466402 \\ 14691 & 3466402 & 44608873 \end{pmatrix};$$

$$H = 10^3 \begin{pmatrix} 0.0022 & 0 & 0 \\ 0.5009 & 0.2160 & 0 \\ 6.5700 & 0.8132 & 0.8846 \end{pmatrix}$$

Paso 3. *Resolver los dos sistemas triangulares:*
Resolver $Hy = c$: $y = (314.3912, 114.6376, 6.1934)^T$.
Resolver $H^T x = y$: $x = (7.0325, 0.5044, 0.0070)^T$.

La siguiente tabla compara la predicción de ventas en cada municipio, obtenida de la solución cuadrados mínimos, con el valor dado en la tabla original. La predicción para el municipio i se calcula así: $a_i^T x$, donde a_i^T es la i-ésima fila de A, $i = 1, 2, 3, 4, 5$.

Municipio	Predicción de ventas	Ventas
1	162.4043	162
2	120.6153	120
3	222.8193	223
4	130.3140	131
5	66.847	67

Dificultades numéricas al usar las ecuaciones normales

El método de las ecuaciones normales puede producir dificultades numéricas en algunos casos. En efecto, en teoría si el rango de A es completo por columnas entonces $A^T A$ es definida positiva. Sin embargo, al usar representación punto flotante, esto puede no ser cierto.

Ejemplo 6.7. *Consideremos* $A = \begin{pmatrix} 1 & 1 \\ 10^{-4} & 1 \\ 0 & 10^{-4} \end{pmatrix}$, *y sea* $t = 9$. *Las columnas de A son linealmente independientes. Con aritmética exacta tenemos que*

$$A^T A = \begin{pmatrix} 1 + 10^{-8} & 1 \\ 1 & 1 + 10^{-8} \end{pmatrix}$$

Sin embargo, como $t = 9$, obtenemos

$$A^T A = \begin{pmatrix} 1 & 1 \\ 1 & 1 \end{pmatrix},$$

la cual es claramente singular. Por tanto $A^T A$ no es definida positiva.

Como segunda dificultad, debemos observar que la solución de las ecuaciones normales dependerá del número $\text{Cond}(A^T A)$. Se puede establecer que

$$\text{Cond}_2(A^T A) = (\text{Cond}_2(A))^2.$$

Por tanto, si A es una matriz mal condicionada, $A^T A$ tendrá un número de condición mucho mayor, y esto repercutirá en una solución errada del problema de cuadrados mínimos.

El método de la factorización QR

Discutiremos ahora como usar la factorización $A = QR$ para resolver el problema de cuadrados mínimos. Sea $A \in \mathbb{R}^{m \times n}(m > n)$ con rango completo. La idea es reducir el problema original, a la solución de un sistema que involucre la matriz triangular superior R, obtenida de la factorización QR de A.

Sea $A = QR$, la factorización QR de A. Multiplicando en ambos lados por Q^T, se tiene:

$$Q^T A = R.$$

Como A es de orden $m \times n$ y $m \geq n$, en 6.1 vimos que $R = \begin{pmatrix} R_1 \\ 0 \end{pmatrix}$, donde R_1 es una matriz $n \times n$ triangular superior. Por tanto,

$$Q^T A = R = \begin{pmatrix} R_1 \\ 0 \end{pmatrix}.$$

Por definición, x es la solución cuadrados mínimos si $\|Ax - b\|_2$ es minimizada. Entonces, ya que la norma de un vector no cambia al multiplicarse por una matriz ortogonal, obtenemos

$$\|Ax - b\|_2^2 = \|Q^T Ax - Q^T b\|_2^2 = \left\| \begin{pmatrix} R_1 \\ 0 \end{pmatrix} x - \begin{pmatrix} c \\ d \end{pmatrix} \right\|_2^2$$
$$= \|R_1 x - c\|_2^2 + \|d\|_2^2$$

donde

$$Q^T b = \begin{pmatrix} c \\ d \end{pmatrix}.$$

En conclusión, tomando en cuenta que d no depende de x, x es la solución cuadrados mínimos si se escoge tal que

$$R_1 x - c = 0.$$

Esta observación sugiere el siguiente algoritmo para resolver el problema de cuadrados mínimos.

Algoritmo 6.7 (El método de la factorización QR).

Entradas: A, matriz $m \times n$, y b de dimensión m.

Salida: *Una solución cuadrados mínimos x.*

Paso 1: *Factorizar* $A_{m \times n} = Q_{m \times m} R_{m \times n}$. **(Factorización QR de A)**

Paso 2: *Construir* $Q_{m \times m}^T b_{m \times 1} = \begin{pmatrix} c \\ d \end{pmatrix}$, *c es $n \times 1$ y d is $(m - n) \times 1$.*

Paso 3: *Resolver el sistema $n \times n$ triangular superior: $R_1 x = c$, donde*

$$R = \begin{pmatrix} R_1 \\ 0 \end{pmatrix}$$

Una expresión para el residual

De la deducción anterior se obtiene que el vector residual $\|r\|_2 = \|Ax - b\|_2$, viene dado por

$$\|r\|_2 = \|d\|_2.$$

Ejemplo 6.8.

$$A = \begin{pmatrix} 1 & 2 \\ 2 & 3 \\ 3 & 4 \end{pmatrix}, \quad b = \begin{pmatrix} 3 \\ 5 \\ 9 \end{pmatrix}$$

Paso 1. *Calcular la factorización QR de A:*

$$Q = \begin{pmatrix} -0.2673 & 0.87729 & 0.4082 \\ -0.5345 & 0.2182 & -0.8165 \\ -0.8018 & -0.4364 & 0.4082 \end{pmatrix}, R = \begin{pmatrix} -3.7417 & -5.3452 \\ 0 & 0.6547 \\ \hline 0 & 0 \end{pmatrix} = \begin{pmatrix} R_1 \\ 0 \end{pmatrix}$$

Paso 2. *Calcular*

$$Q^T b = \begin{pmatrix} c \\ d \end{pmatrix} = \begin{pmatrix} -10.6904 \\ -0.2182 \\ \hline 0.8165 \end{pmatrix}$$

Paso 3. *Resolver el sistema triangular $R_1 x = c$:*

$$\begin{pmatrix} -3.7417 & -5.3452 \\ 0 & 0.6547 \end{pmatrix} x = \begin{pmatrix} -10.6904 \\ -0.2182 \end{pmatrix}$$

La solución cuadrados mínimos es:

$$x = \begin{pmatrix} 3.3332 \\ -0.3333 \end{pmatrix}$$

La norma del residual es $\|r\|_2 = \|d\|_2 = 0.8165$.

Conteo de operaciones y estabilidad. La factorización QR para resolver el problema de cuadrados mínimos requiere $2n^2(m-\frac{n}{3})$ flops. Por tanto, el método de la factorización QR requiere el doble del trabajo computacional requerido por el método de las ecuaciones normales.

El Algoritmo 6.7 es estable. En efecto, se puede probar (ver [9, 60]) que la solución obtenida, digamos $\hat{x}$, minimiza

$$\|(A+E)x - (b+\delta b)\|_2,$$

donde la matriz E y el vector δb son de tamaño pequeño. Es decir, $\hat{x}$ es la solución exacta de un problema muy parecido de cuadrados mínimos.

El método de la factorización SVD

La idea es reducir el problema de cuadrados mínimos a la solución de un sistema diagonal usando la matriz diagonal de la SVD de A.

Sea $A = U\Sigma V^T$, la SVD de A. Se cumple que

$$\begin{aligned}
\|Ax - b\|_2 &= \|(U\Sigma V^T x - b)\|_2 \\
&= \|U(\Sigma V^T x - U^T b)\|_2 \\
&= \|\Sigma y - \hat{b}\|_2,
\end{aligned}$$

donde $V^T x = y$ y $U^T b = \hat{b}$. Por tanto, x es la solución cuadrados mínimos de $Ax = b$ si y minimiza $\|\Sigma y - \hat{y}\|_2$. Ahora bien,

$$\|\Sigma y - \hat{b}\|_2 = \sum_{i=1}^{k} |\sigma_i y_i - \hat{b}_i|^2 + \sum_{i=k+1}^{m} |\hat{b}_i|^2,$$

donde k es el número de valores singulares distintos de cero. En conclusión el vector y que minimiza $\|\Sigma y - \hat{b}_2\|_2$ viene dado por:

$$\begin{aligned}
y_i &= \frac{\hat{b}_i}{\sigma_i}, & i &= 1, \ldots k \\
y_i &= \text{arbitrario}, & i &= k+1, \ldots m.
\end{aligned}$$

Nótese que cuando $k < m$, los valores y_{k+1} hasta y_m no aparecen en la expresión de arriba, y por ende no tienen ningún efecto en el residual. Claramente, una vez que se calcula y, la solución del problema original se recupera con $x = Vy$.

Algoritmo 6.8 (El método de la factorización SVD).
Entradas: A, matriz $m \times n$ $(m \geq n)$, b de dimensión m, y tolerancia $\delta > 0$.
Salida: *Una familia* $\{x\}$ *de soluciones cuadrados mínimos.*
Paso 1: *Calcular la* SVD *de* A:

$$A = U\Sigma V^{T}.$$

Paso 2: *Construir* $\hat{b} = U^{T}b = (\hat{b}_1, \hat{b}_2, \ldots \hat{b}_m)^{T}$.
Paso 3: *Determinar el rango numérico* $\hat{r}$ *de* A *usando la tolerancia* δ, *es decir, la cantidad de valores singulares que satisfacen* $\sigma_i > \delta$.
Paso 4: *Calcular el vector* y:

$$y_i = \begin{cases} \dfrac{\hat{b}_i}{\sigma_i}, & i = 1, 2, \ldots, \hat{r} \\ \text{arbitrario}, & i = \hat{r}+1, \ldots, m. \end{cases}$$

Paso 5: *Calcular la familia de soluciones* $\{x\}$:

$$x = Vy.$$

Observación: El Algoritmo 6.8 se puede usar para calcular la solución cuadrados mínimos en el caso rango completo y también en el caso rango deficiente. En el caso rango completo, la familia de soluciones tiene un único elemento.

Ejemplo 6.9.

$$A = \begin{pmatrix} 1 & 1 \\ 0 & 10^{-7} \\ 0 & 10^{-7} \end{pmatrix}, \qquad b = \begin{pmatrix} 2 \\ 0 \\ 0 \end{pmatrix}.$$

Paso 1. (SVD de A). $A = U\Sigma V^{T}$, $U = \begin{pmatrix} 1 & 0 & 0 \\ 0 & -0.7071 & -0.7071 \\ 0 & -0.7071 & 0.7071 \end{pmatrix}$,

$\Sigma = \begin{pmatrix} 1.4142 & 0 \\ 0 & 0 \\ 0 & 0 \end{pmatrix}$, $V = \begin{pmatrix} 0.7071 & 0.7071 \\ 0.7071 & -0.7071 \end{pmatrix}$.

Paso 2. (Construir $\hat{b}$). $\hat{b} = U^{T}b = \begin{pmatrix} 2 \\ 0 \\ 0 \end{pmatrix}$;

Paso 3. $\hat{r} = 1$.

Paso 4. (Calcular y). $y = \begin{pmatrix} y_1 \\ y_2 \end{pmatrix} = \begin{pmatrix} 1.4142 \\ arbitrario \end{pmatrix}$.

La familia de soluciones viene dada por $x = Vy$. Para diferentes valores de y_2, obtenemos distintas soluciones. Por ejemplo, cuando $y_2 = 0$, obtenemos $x = (1,1)^T$.

Conteo de operaciones y estabilidad: La factorización QR para resolver el problema de cuadrados mínimos requiere aproximadamente $4mn^2 + 8n^3$. Este método es estable, ya que calcula la solución exacta de un problema muy parecido de cuadrados mínimos; ver [9].

Una expresión para la solución de norma mínima

Se puede observar del Paso 4 y del Paso 5 del Algoritmo 6.8 que en el caso rango deficiente, la solución de norma mínima (en norma 2) se obtiene al asignar $y_i = 0$, siempre que $\sigma_i = 0$ (numéricamente). En efecto, por ser V una matriz ortogonal, se cumple que $\|x\|_2 = \|Vy\|_2 = \|y\|_2$, y si en lugar de asignar $y_i = 0$ en algunas entradas del vector y, asignamos valores arbitrarios distintos de cero, la norma del vector y (y por ende del vector x) aumenta.

Solución de norma mínima usando la SVD

$$x = \sum_{i=1}^{\hat{r}} \frac{u_i^T b}{\sigma_i} v_i, \tag{6.7}$$

donde $\hat{r} = rango(A)$.

Ejemplo 6.10.

$$A = \begin{pmatrix} 1 & 2 & 3 \\ 2 & 3 & 4 \\ 1 & 2 & 3 \end{pmatrix}, \qquad b = \begin{pmatrix} 6 \\ 9 \\ 6 \end{pmatrix}.$$

Los valores singulares son: $\sigma_1 = 7.5358$, $\sigma_2 = 0.4597$, y $\sigma_3 = 0$. A es rango deficiente, $r = 2$.

Los vectores singulares correspondientes a valores singulares distintos de cero son:

$$u_1 = (0.4956, 0.7133, 0.4956)^T, \quad u_2 = (0.5044, -0.7008, 0.5044)^T;$$

$$v_1 = (0.3208, 0.5470, 0.7732)^T, \quad v_2 = (-0.8546, -0.1847, 0.4853)^T.$$

La solución de norma mínima es: $x = \dfrac{u_1^T b}{\sigma_1} v_1 + \dfrac{u_2^T b}{\sigma_2} v_2 = (1,1,1)^T$.

Comparación de métodos para el problema de cuadrados mínimos

- El método de las ecuaciones normales es el más económico de todos, pero puede producir dificultades numéricas cuando A está mal condicionada.

- El método QR es menos costoso que el método SVD, y es la mejor opción cuando A es rango completo y no está cerca de ser rango deficiente.

- El método SVD es el más costoso de todos, pero es el más estable. Es la mejor opción en el caso rango deficiente, o cuando la matriz A es casi rango deficiente numéricamente.

6.4 Ajuste polinomial de datos

Es muy común que científicos e ingenieros, en general, obtengan datos de forma experimental. Representar esos datos con un modelo adecuado es conveniente para tomar decisiones apropiadas. Por diversas razones estos datos se obtienen con errores, y por tanto la técnica de interpolación no es la herramienta adecuada en estos casos. Sean $(x_1, y_1), (x_2, y_2), \ldots, (x_n, y_n)$ pares de observaciones, y supongamos que el siguiente polinomio de grado m, donde $m \leq n$,

$$y(x) = a_0 + a_1 x + a_2 x^2 + \cdots + a_m x^m \tag{6.8}$$

es un modelo polinomial adecuado para representar esos datos. Una estrategia para el mejor ajuste de esos datos con el polinomio $y(x)$ es minimizar la suma de los cuadrados de los residuales

$$E = \sum_{i=1}^{n} (y_i - a_0 - a_1 x_i - a_2 x_i^2 - \cdots - a_m x_i^m)^2. \tag{6.9}$$

Se debe cumplir entonces que

$$\frac{\partial E}{\partial a_i} = 0, \quad i = 1, \ldots, m.$$

Ahora bien,

$$
\left.
\begin{aligned}
\frac{\partial E}{\partial a_0} &= -2 \sum_{i=1}^{n} (y_i - a_0 - a_1 x_i - a_2 x_i^2 - \cdots - a_m x_i^m) \\
\frac{\partial E}{\partial a_1} &= -2 \sum_{i=1}^{n} x_i (y_i - a_0 - a_1 x_i - a_2 x_i^2 - \cdots - a_m x_i^m) \\
&\;\;\vdots \\
\frac{\partial E}{\partial a_m} &= - \sum_{i=1}^{n} x_i^m (y_i - a_0 - a_1 x_i - \cdots - a_m x_i^m)
\end{aligned}
\right] \tag{6.10}
$$

Igualando estas ecuaciones a cero, obtenemos

$$
\left.
\begin{aligned}
a_0 n + a_1 \sum x_i + a_2 \sum x_i^2 + \cdots + a_m \sum x_i^m &= \sum y_i \\
a_0 \sum x_i + a_1 \sum x_i^2 + \cdots + a_m \sum x_i^{m+1} &= \sum x_i y_i \\
&\;\;\vdots \\
a_0 \sum x_i^m + a_1 \sum x_i^{m+1} + \cdots + a_m \sum x_i^{2m} &= \sum x_i^m y_i
\end{aligned}
\right] \tag{6.11}
$$

(donde $\sum$ denota la suma desde $i = 1$ hasta n).

Si definimos $\sum x_i^k = S_k$, $k = 0, 1, \ldots, 2m$ y denotamos las entradas del vector de la derecha, respectivamente, por b_0, b_1, ..., b_m, entonces el sistema de ecuaciones (6.11) se puede escribir como sigue:

$$
\begin{pmatrix}
S_0 & S_1 & \cdots & S_m \\
S_1 & S_2 & \cdots & S_{m+1} \\
\vdots & & & \vdots \\
S_m & S_{m+1} & \cdots & S_{2m}
\end{pmatrix}
\begin{pmatrix}
a_0 \\
a_1 \\
\vdots \\
a_m
\end{pmatrix}
=
\begin{pmatrix}
b_0 \\
b_1 \\
\vdots \\
b_m
\end{pmatrix}. \tag{6.12}
$$

Nótese que $S_0 = n$. Este sistema tiene $(m+1)$ ecuaciones y $(m+1)$ incógnitas a_0, a_1, ..., a_m.

Vale destacar que este sistema en realidad es un sistema de ecuaciones normales. Para ver esto definamos

$$
V =
\begin{pmatrix}
1 & x_1 & \cdots & x_1^m \\
1 & x_2 & & x_2^m \\
\vdots & \vdots & \ddots & \vdots \\
1 & x_n & & x_n^m
\end{pmatrix},
\quad
y =
\begin{pmatrix}
y_1 \\
y_2 \\
\vdots \\
y_n
\end{pmatrix}. \tag{6.13}
$$

El sistema (6.12) se puede escribir como

$$V^T V a = V^T y = b \qquad (6.14)$$

donde $a = (a_0, a_1, \ldots, a_m)^T$, y $b = (b_0, b_1, \ldots, b_m)^T$. Si los x_i son todos diferentes, entonces la matriz V es rango completo. La matriz V se conoce como la matriz de Vandermonde. De esta manera, el vector a es la solución cuadrados mínimos del sistema $Va = b$, y concluimos que si los x_i son todos diferentes, entonces la solución es única.

Ejemplo 6.11. *Supongamos que un ingeniero eléctrico ha obtenido los siguientes datos experimentales que consisten en la medida de la corriente que pasa por un cable cuando se le aplican diferentes voltajes:*

x (voltaje)	0	2	5	7	9	13	24
y (corriente)	0	6	7.9	8.5	12	21.5	35

Nos gustaría encontrar la mejor recta y la mejor curva cuadrática que ajusta estos datos, y nos gustaría comparar los valores que se pueden predecir con estas curvas con el valor obtenido cuando $x = 5$.

Caso 1. Ajuste con una recta: $m = 1$

$$V = \begin{pmatrix} 1 & 0 \\ 1 & 2 \\ 1 & 5 \\ 1 & 7 \\ 1 & 9 \\ 1 & 13 \\ 1 & 24 \end{pmatrix}, \quad y = \begin{pmatrix} 0 \\ 6 \\ 7.9 \\ 8.5 \\ 12.0 \\ 21.5 \\ 35.0 \end{pmatrix}.$$

A. Solución usando ecuaciones normales

El sistema $V^T V a = V^T y = b$ se escribe como:

$$\begin{pmatrix} 7 & 60 \\ 60 & 904 \end{pmatrix} a = 10^3 \begin{pmatrix} 0.0906 \\ 1.3385 \end{pmatrix}.$$

La solución de este sistema es:

$$a_0 = 0.6831, \quad a_1 = 1.4353.$$

El valor de $a_0 + a_1 x$ en $x = 5$ es $0.6831 + 1.4345 \times 5 = 7.8556$.

B. Solución usando la factorización QR

Usando la factorización QR de Householder en el Algoritmo 6.7 se obtiene:

$$a = \begin{pmatrix} 0.6831 \\ 1.4353 \end{pmatrix}.$$

El valor de $a_0 + a_1x$ en $x = 5$ es $0.6831 + 1.4353 \times 5 = 7.8596$.

C. Solución usando la SVD

Usando la SVD de octave en el Algoritmo 6.8 se obtiene:

$$a = \begin{pmatrix} 0.6831 \\ 1.4353 \end{pmatrix}$$

El valor de $a_0 + a_1x$ en $x = 5$ es $0.6831 + 1.4353 \times 5 = 7.8596$.

Case 2. Ajuste cuadrático: $m = 2$

$$V = \begin{pmatrix} 1 & 0 & 0 \\ 1 & 2 & 4 \\ 1 & 5 & 25 \\ 1 & 7 & 49 \\ 1 & 9 & 81 \\ 1 & 13 & 169 \\ 1 & 24 & 576 \end{pmatrix}.$$

A. Solución usando ecuaciones normales

El sistema $V^T V a = V^T y = b$ se escribe como:

$$\begin{pmatrix} 7 & 60 & 904 \\ 60 & 904 & 17226 \\ 904 & 17226 & 369940 \end{pmatrix} a = 10^4 \begin{pmatrix} 0.0091 \\ 0.1338 \\ 2.5404 \end{pmatrix}.$$

La solución de este sistema es:

$$a = \begin{pmatrix} a_0 \\ a_1 \\ a_2 \end{pmatrix} = \begin{pmatrix} 0.8977 \\ 1.3695 \\ 0.0027 \end{pmatrix}.$$

El valor de $a_0 + a_1x + a_2x^2$ en $x = 5$ es 7.8127.

B. Solución usando la factorización QR

$$a = \begin{pmatrix} 0.8930 \\ 1.3707 \\ 0.0027 \end{pmatrix}$$

$$a(x) = a_0 + a_1 x + a_2 x^2 = 0.8930 + 1.3707x + 0.0027x^2$$
$$a(5) = 7.8131.$$

C. Solución usando la SVD

$$a = \begin{pmatrix} 0.8930 \\ 1.3707 \\ 0.0027 \end{pmatrix}$$

$$a(x) = a_0 + a_1 x + a_2 x^2 = 0.8930 + 1.3707x + 0.0027x^2$$
$$a(5) = 7.8142$$

Vale destacar que en este ejemplo el ajuste cuadrático no es necesariamente mejor que el ajuste lineal. También podemos notar que las matrices de Vandermonde deterioran su número de condición cuando aumenta el orden de la matriz. Para el caso cuadrático, $Cond(V^T V) = 2.3260 \times 10^5$, mientras que en el caso lineal, $Cond(V^T V) = 302.22$.

6.5   Cuadrados mínimos no lineales

Los problemas de cuadrados mínimos no lineales aparecen con frecuencia en aplicaciones reales, especialmente en aquellas que involucran el ajuste de parámetros asociados a modelos no lineales inversos. Desde un punto de vista numérico, la solución de estos problemas está muy relacionada con la minimización sin restricciones, y con la solución de sistemas de ecuaciones no lineales, discutidos en el Capítulo 4. Sin embargo estos problemas poseen características particulares que permiten diseñar versiones especializadas tipo Newton para su solución. En efecto, los métodos numéricos para resolver los problemas de cuadrados mínimos no lineales son iterativos, y cada paso iterativo usualmente requiere la solución de un problema de cuadrados mínimos lineales.

El problema de cuadrados mínimos no lineales consiste en resolver el siguiente problema de optimización

$$\min_{x \in \mathbb{R}^n} f(x), \tag{6.15}$$

donde ahora

$$f(x) = \frac{1}{2}\|F(x)\|_2^2,$$

y $F : \mathbb{R}^n \to \mathbb{R}^m$ es no lineal. Note que si $F(x) = Ax - b$ el problema se reduce al caso lineal, y por semejanza se denota a $F(x)$ como el vector residual en x. Claramente, si el sistema no lineal sobredeterminado tiene solución, digamos x_*, entonces $F(x_*) = 0$. Por el contrario, si el sistema no lineal no tiene solución, lo que se desea, en el sentido de los cuadrados mínimos, es encontrar un vector $x_* \in \mathbb{R}^n$ tal que $\nabla f(x_*) = 0$, donde el gradiente y la matriz Hessiana de f en (6.15) vienen dados respectivamente por

$$\nabla f(x) = J(x)^T F(x), \quad \text{y} \quad \nabla^2 f(x) = J(x)^T J(x) + T(x),$$

donde $J(x)$ denota la matriz Jacobiana de F en x, y

$$T(x) = \sum_{i=1}^{m} F_i(x)\nabla^2 F_i(x).$$

Para resolver numéricamente el problema (6.15) consideramos una vez más métodos iterativos, estudiados en el Capítulo 4, de la forma

$$x_{k+1} = x_k + \lambda_k d_k, \tag{6.16}$$

donde d_k es una dirección de descenso para f y λ_k es una longitud de paso que se puede obtener mediante algún tipo de globalización. Por ejemplo, la dirección asociada al método de mínimo descenso o método de Cauchy, d_k^C, viene dada por

$$d_k^C = -\nabla f(x_k) = -J(x_k)^T F(x_k),$$

y la dirección asociada al método de Newton, d_k^N, viene dada por

$$d_k^N = -\nabla^2 f(x_k)^{-1}\nabla f(x_k) = -[J(x_k)^T J(x_k) + T(x_k)]^{-1} J(x_k)^T F(x_k).$$

Si en la solución x_* se cumple que $F(x_*) = 0$ entonces obviamente para cada componente $F_i(x_*) = 0$, $1 \leq i \leq m$, y por ende $T(x_*) = 0$. Más aún, si $F(x_*) \approx 0$ entonces, para x_k cerca de x_*, $T(x_k) \approx 0$. Por tanto, si en el caso $F(x_*) \approx 0$ ignoramos el término $T(x_k)$ de la Hessiana de $f(x_k)$, el método de Newton conservaría las propiedades locales de convergencia rápida.

Este argumento motiva el uso del así llamado método de Gauss-Newton para resolver (6.15), cuya dirección d_k^{GN} viene dada por

$$d_k^{GN} = -(J(x_k)^T J(x_k))^{-1} J(x_k)^T F(x_k).$$

El método de Gauss-Newton se puede ver como la extensión natural, para el caso no lineal, de la solución de las ecuaciones normales en el caso lineal. Es decir, el método de Gauss-Newton resuelve el problema de cuadrados mínimos lineales en una sola iteración. Conviene destacar que al ignorar el término $T(x)$ evitamos el cálculo de las Hessianas individuales de las funciones $F_i : \mathbb{R}^n \to \mathbb{R}$, $1 \leq i \leq m$.

Nuestro próximo resultado establece que si la matriz Jacobiana de F es de rango completo por columnas, las direcciones d_k^C y d_k^{GN} son de descenso para la función f.

Teorema 6.9. *Si $J(x_k)$ es de rango completo por columnas, entonces d_k^C y d_k^{GN} son direcciones de descenso para $f(x) = \frac{1}{2}\|F(x)\|_2^2$.*

Demostración. Recordemos que para establecer que una dirección d_k es de descenso para f en x_k, se debe cumplir que $\nabla f(x_k)^T d_k < 0$. Por otro lado, si $J(x_k)$ es de rango completo por columnas, $J(x_k)^T J(x_k)$ es una matriz definida positiva para todo k, y por ende la inversa de $J(x_k)^T J(x_k)$ también es definida positiva. En conclusión se cumple que

$$\nabla f(x_k)^T d_k^C = -F(x_k)^T J(x_k) J(x_k)^T F(x_k) = -\|J(x_k)^T F(x_k)\|_2^2 < 0,$$

y también que

$$\nabla f(x_k)^T d_k^{GN} = -(F(x_k)^T J(x_k))(J(x_k)^T J(x_k))^{-1}(J(x_k)^T F(x_k)) < 0.$$

$\square$

Las propiedades locales de convergencia del método de Gauss-Newton, en el caso de residual igual a cero, se resumen en el siguiente teorema, cuya demostración se puede encontrar en los libros de Dennis y Schnabel [30], y Nocedal y Wright [68].

Teorema 6.10. *Sea* $F : \mathbb{R}^n \to \mathbb{R}^m$, *y sea* $f(x) = \frac{1}{2}\|F(x)\|_2^2$ *una función dos veces continuamente diferenciable en un sub-conjunto abierto y convexo* $D \subset \mathbb{R}^n$. *Supongamos que existen* $x_* \in D$ *tal que* $F(x_*) = 0$, *y además que la matriz Jacobiana de* $F(x)$, $J(x)$, *es rango completo por columnas y Lipschitz continuo en* D *con constante* $\gamma > 0$. *Entonces existe* $\epsilon > 0$ *tal que para todo* $x_0 \in N(x_*, \epsilon) \subset D$, *la sucesión* $\{x_k\}_{k \geq 0}$ *generada por el método de Gauss-Newton (con* $\lambda_k = 1$, *para todo* k*) está bien definida y converge q-cuadráticamente a* x_*.

Conviene resaltar que si la matriz Jacobiana de F no es rango completo por columnas en la región de interés, no se puede garantizar la convergencia del método de Gauss-Newton, lo cual representa una desventaja frente a otros métodos. Por otro lado, en el caso de residual pequeño, $F(x_*) \approx 0$, bajo hipótesis muy suaves se puede establecer la convergencia q-lineal rápida del método, pero si el residual es grande en la solución, independientemente de si la matriz Jacobiana de F es rango completo por columnas, el método puede no converger. Más detalles sobre estas características del método de Gauss-Newton, y muchas otras, se pueden encontrar en los libros de Björck [9], Dennis y Schnabel [30], Fletcher [36], y Nocedal y Wright [68].

Para aquellos casos donde el método de Gauss-Newton no garantiza convergencia, existe la opción de usar el método de Newton, que require el cálculo tedioso de las Hessianas individuales de las funciones $F_i : \mathbb{R}^n \to \mathbb{R}$, $1 \leq i \leq m$, pero representa una opción más robusta ya que usa toda la información de segundo orden para obtener la dirección de búsqueda d_k^N. En este caso se debe resolver por iteración el siguiente sistema lineal

$$[J(x_k)^T J(x_k) + T(x_k)]d_k^N = -J(x_k)^T F(x_k).$$

Al igual que en la sección anterior, también se pueden proponer métodos tipo secante o casi-Newton para aproximar la Hessiana de f a la hora de obtener la dirección de búsqueda. Sin embargo, aplicar el método de la secante de forma directa para aproximar toda la matriz $\nabla^2 f(x_k)$ no es conveniente ya que, en este problema particular, la matriz $J(x_k)$ siempre se debe calcular, y por tanto el término $J(x_k)^T J(x_k)$ está disponible de forma exacta. En otras palabras, de usar el método de la secante de forma directa, estaríamos aproximando un término clave que se conoce de forma exacta sin esfuerzo adicional. La forma numéricamente exitosa de usar el método de la secante en el problema de cuadrados mínimos no lineales consiste en aproximar solamente el término $T(x_k)$. Este esquema, propuesto originalmente por Dennis, Gay, y Welsch [27], aproxima $\nabla^2 f(x_k)$ con la matriz $J(x_k)^T J(x_k) + A_k$, donde A_k es la aproximación casi-Newton de $T(x_k)$. La ecuación de la secante en este caso viene dada por

$$A_k s_k = z_k,$$

donde $s_k = x_k - x_{k-1}$, A_k debe ser simétrica al igual que $T(x_k)$, y

$$z_k = J(x_k)^T F(x_k) - J(x_{k-1})^T F(x_k).$$

Conviene observar la diferencia entre el vector z_k y el tradicional vector y_k de los métodos casi-Newton, que se define como

$$y_k = \nabla f(x_k) - \nabla f(x_{k-1}) = J(x_k)^T F(x_k) - J(x_{k-1})^T F(x_{k-1}).$$

Entre todas las matrices que satisfacen la ecuación de la secante y conservan la simetría de A_k, la que minimiza la distancia a A_{k-1} viene dada por (ver detalles en [9, 30])

$$A_k = A_{k-1} + \frac{w_k y_k^T + y_k w_k^T}{y_k^T s_k} - \frac{w_k^T s_k}{(y_k^T s_k)^2}(y_k y_k^T), \qquad (6.17)$$

donde $w_k = z_k - A_{k-1} s_k$.

Otra opción interesante, que evita el cálculo exacto por iteración del término $T(x_k)$, es el así llamado método de Levenberg-Marquardt, que puede ser visto como un compromiso entre el método de Cauchy y el método de Gauss-Newton. Este método, originalmente propuesto por Levenberg [61] y Marquardt [63], es el precursor de la estrategia de regiones de confianza (RC) para la globalización de los algoritmos de minimización sin restricciones. Aprovechando la conexión con la estratategia RC, el método de Levenberg-Marquardt se puede describir de la siguiente forma: en cada iteración se calcula la dirección d_k^{LM} resolviendo el sistema lineal

$$(J(x_k)^T J(x_k) + \lambda_k I)d_k^{LM} = -J(x_k)^T F(x_k),$$

para algún $\lambda_k \geq 0$. Note que si $\lambda_k = 0$ se obtiene, en esa iteración, la dirección d_k^{GN} del método de Gauss-Newton, la cual conviene cuando las condiciones están dadas para la convergencia del mismo. Por el contrario, si $\lambda_k \to +\infty$, se cumple que $d_k^{LM} \to d_k^C$, la dirección del método de Cauchy, la cual se considera una opción más conservadora pero también más robusta para garantizar convergencia. Una opción dinámica (ad hoc) para escoger $\lambda_k > 0$ consiste en aumentar o reducir su valor dependiendo de la reducción de $f(x)$ en la iteración anterior. Una mejor opción con fundamento teórico, y que produce muy buenos resultados prácticos, es tomar ventaja de la conexión con la estrategia RC. Desde un punto de vista teórico, el método de Levenberg-Marquardt posee las mismas propiedades de convergencia del método de Gauss-Newton, indicadas en el Teorema 6.10, salvo que ahora se cumplen aún cuando $J(x_k)$ sea rango deficiente por columnas. Al igual que el método de Gauss-Newton, el método de Levenberg-Marquardt no garantiza convergencia en el caso de residual grande. Para estos casos, la única opción robusta es el método de Newton, para el cual se debe calcular la Hessiana exacta en cada iteración.

6.6 Cuadrados mínimos funcionales

Un problema importante del cálculo científico es el problema de aproximación de funciones. En el Capítulo 5 se estudiaron aproximaciones de funciones mediante polinomios interpolantes. En este capítulo, se mostrará una estrategia distinta que consiste en seleccionar, de un subespacio dado, a la función aproximante "más cercana", en el sentido de los cuadrados mínimos, a la función que se quiere aproximar. En particular, vamos a tratar el *Problema de Mejor Aproximación* siguiente:

Problema de mejor aproximación de funciones

Sea $V = C[a,b]$ el espacio de las funciones continuas en el intervalo $[a,b]$. Sea $f \in V$ una función dada y sea G un subespacio cerrado de dimensión finita de V. El problema de mejor aproximación de funciones consiste en: Encontrar una función $p \in G$ tal que,

$$\|f - p\| = d(f, G) = \inf_{g \in G} \|f - g\|.$$

Dependiendo de la norma a utilizar, el problema de mejor aproximación puede tener resultados distintos y su resolución puede también diferir notablemente en complejidad. En el caso en que la norma utilizada sea la norma infinito,

$$\|f\|_\infty = \max_{x \in [a,b]} |f(x)|,$$

el problema de mejor aproximación de funciones consiste en encontrar una función $g \in G$ que minimice,

$$\|f - g\|_\infty = \max_{x \in [a,b]} |f(x) - g(x)|;$$

a este problema se le conoce como el problema de la aproximación *minmax* o de Chebyshev. La resolución del problema de la aproximación minmax puede ser complicada y generalmente requiere consideraciones teóricas especiales (para más detalles ver, por ejemplo [18]). En esta sección, trataremos un problema más sencillo, llamado *Problema de aproximación de cuadrados mínimos funcionales*, que es el caso particular del problema de mejor aproximación cuando la norma utilizada es la norma dos definida como:

$$\|f\|_2 = \left[\int_a^b |f(x)|^2 \, \mathrm{d}x \right]^{1/2}.$$

La aproximación de cuadrados mínimos funcionales también puede hacerse en una norma generalizada. Esta norma generalizada viene definida por la expresión:

$$\|f\| = \left[\int_a^b w(x)|f(x)|^2 \, \mathrm{d}x \right]^{1/2}, \tag{6.18}$$

en donde $w(x)$ una función positiva y continua (evidentemente la norma dos es el caso particular de (6.18) cuando $w(x) = 1$ para todo x).

Resumiendo lo anterior, el problema de aproximación de cuadrados mínimos funcionales consiste en: Encontrar $g \in G$ que minimice,

$$\|f - g\| = \left[\int_a^b w(x)|f(x) - g(x)|^2 \, \mathrm{d}x \right]^{1/2}. \tag{6.19}$$

En el espacio de las funciones continuas en el intervalo $[a, b]$, la norma de la expresión (6.18), es una norma inducida por el producto interno $\langle f, g \rangle : V \times V \to \mathbb{R}$, el cual ya estudiamos en el capítulo 5, y viene definido por:

$$\langle f, g \rangle = \int_a^b w(x)f(x)g(x) \, \mathrm{d}x. \tag{6.20}$$

El trabajar en un espacio con producto interno facilita mucho la resolución del problema, ya que, como veremos luego, puede hacerse uso de la geometría que proporciona el producto y de su linealidad para plantear el problema como un sistema de ecuaciones lineales. Pero, antes de plantear el problema de esta manera y de su construcción, debemos estudiar las condiciones para la existencia y unicidad de la solución.

Existencia y unicidad de la mejor aproximación

El siguiente teorema garantiza la existencia de la mejor aproximación en el problema de cuadrados mínimos funcionales:

Teorema 6.11 (Existencia). *Sea V un espacio vectorial normado, y sea $G \subseteq V$ un subespacio de dimensión finita de V. Entonces, cada vector de V posee al menos una mejor aproximación g en G.*

Demostración. Sea $f \in V$. Cualquier candidato g a mejor aproximación debe competir con el vector $0 \in G$, por tanto:

$$\|f - g\| \leq \|f - 0\| = \|f\|.$$

En consecuencia, podemos limitar nuestra búsqueda de la mejor aproximación al conjunto,

$$K = \{g \in G : \|f - g\| \leq \|f\|\},$$

que es un conjunto cerrado y acotado. Como G es un subespacio de dimensión finita, el conjunto $K \subseteq G$ es un conjunto compacto. La función $g \to \|f - g\|$ es una función real continua sobre un conjunto compacto y las funciones reales continuas sobre un compacto alcanzan su ínfimo; ver por ejemplo [42]. $\qquad\square$

Observe que esta demostración de existencia es válida en cualquier espacio normado. Sin embargo, en general, en espacios normados las mejores aproximaciones no son únicas. Construir una mejor aproximación puede ser una tarea ardua que requiere el planteamiento de sistemas no lineales. Pero, si la norma utilizada en la aproximación es una norma inducida por un producto interno, la solución no solamente existe sino que es única.

El teorema a continuación, caracteriza la mejor aproximación en un espacio con producto interno.

Teorema 6.12 (Unicidad y caracterización de la mejor aproximación). *Sea G un subespacio de un espacio con producto interno V. Entonces, para todo vector $f \in V$ y para todo $g \in G$, las siguientes proposiciones son equivalentes,*

- *g es la mejor aproximación de f en G.*

- *$f - g \perp G$.*

Demostración. Para cualquier $f \in V$, denotamos la norma inducida por el producto interno mediante $\|f\|^2 = \langle f, f \rangle$. Por el teorema de Pitágoras, si $f - g \perp G$, entonces, para todo $h \in G$ se tiene:

$$\|f - h\|^2 = \|(f - g) + (g - h)\|^2 = \|(f - g)\|^2 + \|(g - h)\|^2 \geq \|f - g\|^2,$$

y en consecuencia $\|f - h\| \geq \|f - g\|$. Si además $g \neq h$, la desigualdad es estricta y por ende g sería la única mejor aproximación de f en G.

Por otra parte, sea $g \in G$ la mejor aproximación de f en G, y sean $h \in G$ y $\lambda > 0$. Entonces,

$$
\begin{aligned}
0 &\leq \|f - g + \lambda h\|^2 - \|f - g\|^2 \\
&= \|f - g\|^2 + 2\lambda \langle f - g, h \rangle + \lambda^2 \|h\|^2 - \|f - g\|^2 \\
&= \lambda \left\{ 2 \langle f - g, h \rangle + \lambda \|h\|^2 \right\}.
\end{aligned}
$$

Haciendo tender $\lambda \to 0$, se tiene que $\langle f - g, h \rangle \geq 0$. Como G es un subespacio, el mismo argumento puede ser aplicado a $-h \in G$, para obtener $\langle f - g, h \rangle \leq 0$. Por lo tanto, dado que h fue tomado de manera arbitraria en G, se tiene que:

$$\langle f - g, h \rangle = 0, \quad \forall h \in G$$

es decir,

$$f - g \perp G.$$

$\square$

A esta caracterización se le suele llamar *condición de ortogonalidad*. Note que la condición de ortogonalidad es válida cuando se busca la mejor aproximación de un vector en un subespacio G. Si el conjunto G es, por ejemplo, un conjunto convexo que no es un subespacio, la condición de ortogonalidad no aplica. La condición de ortogonalidad permite plantear el problema de mejor aproximación como un sistema lineal. En la próxima sección se hará una descripción de como se construye la mejor aproximación haciendo uso de esta condición de ortogonalidad.

Sistemas de ecuaciones normales

Si el subespacio G es de dimensión finita, entonces todo vector $p \in G$ puede escribirse en términos de una base $\{g_1, g_2, \ldots, g_m\}$ de G, como:

$$p = \alpha_1 g_1 + \alpha_2 g_2 + \cdots + \alpha_{m-1} g_{m-1} + \alpha_m g_m = \sum_{i=1}^{m} \alpha_i g_i. \tag{6.21}$$

Para determinar la mejor aproximación $p \in G$ de f, basta encontrar los coeficientes α_i con los que se expresa p en términos de esa base. Para ello, podemos utilizar la caracterización vista en el teorema 6.12, la cual nos dice que p debe cumplir con la ecuación,

$$f - p \perp G.$$

Si se escribe p en términos de la base $\{g_1, g_2, \ldots, g_m\}$, debe verificarse entonces que:

$$f - \sum_{i=1}^{m} \alpha_i g_i \perp G,$$

y como los $g_j \in G$, para $j = 1, \ldots, m$, forman una base es necesario que,

$$f - \sum_{i=1}^{m} \alpha_i g_i \perp g_j, \quad \text{para } j = 1, \ldots, m.$$

Es decir,

$$\langle f - \sum_{i=1}^{m} \alpha_i g_i, g_j \rangle = 0, \quad \text{para } j = 1, \ldots, m.$$

Y por la *linealidad del producto interno*,

$$\langle f, g_j \rangle - \sum_{i=1}^{m} \alpha_i \langle g_i, g_j \rangle = 0, \quad \text{para } j = 1, \ldots, m.$$

La expresión anterior es un sistema de ecuaciones lineales $Ax = b$ de $m \times m$, cuyas filas, para $j = 1, \ldots, m$ vienen dadas por la expresión,

$$\sum_{i=1}^{m} \alpha_i \langle g_i, g_j \rangle = \langle f, g_j \rangle. \tag{6.22}$$

En notación matricial, este sistema $Ax = b$ se escribe como:

$$\begin{pmatrix} \langle g_1, g_1 \rangle & \langle g_1, g_2 \rangle & \cdots & \langle g_1, g_m \rangle \\ \langle g_2, g_1 \rangle & \langle g_2, g_2 \rangle & \cdots & \langle g_2, g_m \rangle \\ \vdots & \vdots & \ddots & \vdots \\ \langle g_{m-1}, g_1 \rangle & \langle g_{m-1}, g_2 \rangle & \cdots & \langle g_{m-1}, g_m \rangle \\ \langle g_m, g_1 \rangle & \langle g_m, g_2 \rangle & \cdots & \langle g_m, g_m \rangle \end{pmatrix} \begin{pmatrix} \alpha_1 \\ \alpha_2 \\ \vdots \\ \alpha_{m-1} \\ \alpha_m \end{pmatrix} = \begin{pmatrix} \langle f, g_1 \rangle \\ \langle f, g_2 \rangle \\ \vdots \\ \langle f, g_{m-1} \rangle \\ \langle f, g_m \rangle \end{pmatrix}. \tag{6.23}$$

A la matriz A cuyos elementos vienen dados dados por $a_{ij} = \langle g_i, g_j \rangle$ se le conoce con el nombre de *Matriz de Gram*[1]. Al sistema $Ax = b$, en donde A es la matriz de Gram y la componente i-ésima del vector b del lado derecho viene dada por $b_i = \langle f, g_i \rangle$, se le conoce con el nombre de *Sistema de Ecuaciones Normales*[2].

Ejemplo 6.12. *Vamos a encontrar el polinomio $p_1(x)$ de grado menor o igual a uno, que mejor aproxima a $f(x) = x^2$ en el intervalo $[0, 1]$. El polinomio buscado puede escribirse como $p_1(x) = \alpha_0 + \alpha_1 x$. Nos corresponde hallar los coeficientes α_0 y α_1 para poder determinarlo. Para ello planteamos el sistema de ecuaciones normales:*

$$\begin{pmatrix} \langle 1, 1 \rangle & \langle 1, x \rangle \\ \langle x, 1 \rangle & \langle x, x \rangle \end{pmatrix} \begin{pmatrix} \alpha_0 \\ \alpha_1 \end{pmatrix} = \begin{pmatrix} \langle x^2, 1 \rangle \\ \langle x^2, x \rangle \end{pmatrix}$$

en donde $\langle f, g \rangle = \int\limits_0^1 f(x)g(x)\, \mathrm{d}x$. Calculando tenemos,

$$\langle 1, 1 \rangle = \int_0^1 1\, \mathrm{d}x = 1, \quad \langle 1, x \rangle = \int_0^1 x\, \mathrm{d}x = 1/2, \quad \langle x, x \rangle = \int_0^1 x^2\, \mathrm{d}x = 1/3.$$

Además,

$$\langle x^2, 1 \rangle = \int_0^1 x^2\, \mathrm{d}x = 1/3, \quad \langle x^2, x \rangle = \int_0^1 x^3\, \mathrm{d}x = 1/4.$$

Por lo que el sistema de ecuaciones normales resultante es:

$$\begin{pmatrix} 1 & 1/2 \\ 1/2 & 1/3 \end{pmatrix} \begin{pmatrix} \alpha_0 \\ \alpha_1 \end{pmatrix} = \begin{pmatrix} 1/3 \\ 1/4 \end{pmatrix}.$$

La solución de este sistema es: $\alpha_0 = -1/6$, $\alpha_1 = 1$. Por lo que $p_1(x) = x - 1/6$; ver Figura 6.6.

Ejemplo 6.13. *Vamos a encontrar el polinomio $p_2(x)$ de grado menor o igual a dos, que mejor aproxima a $f(x) = e^x$ en el intervalo $[-1, 1]$. El polinomio*

---

[1]Jørgen Pedersen Gram (1850-1916). Matemático y actuario danés.

[2]En este caso, el sistema con la matriz de Gram se considera una generalización a funciones continuas del problema de cuadrados mínimos discretos.

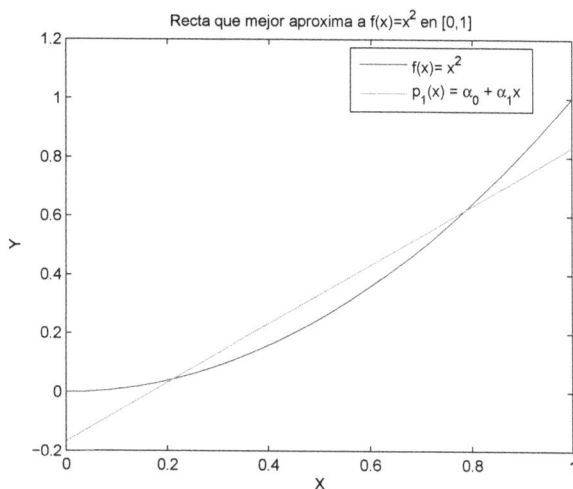

Figura 6.6: Polinomio de grado menor o igual a 1, que mejor aproxima a $f(x) = x^2$ en el sentido de los cuadrados mínimos en el intervalo $[0, 1]$

buscado puede escribirse como $p_2(x) = \alpha_0 + \alpha_1 x + \alpha_2 x^2$. En este ejemplo, el producto interno de interes viene dado por

$$\langle f, g \rangle = \int_{-1}^{1} f(x)g(x) \, \mathrm{d}x.$$

Calculando tenemos,

$$\langle 1, 1 \rangle = \int_{-1}^{1} 1 \, \mathrm{d}x = 2, \quad \langle 1, x \rangle = \int_{-1}^{1} x \, \mathrm{d}x = 0, \quad \langle x, x \rangle = \int_{-1}^{1} x^2 \, \mathrm{d}x = 2/3.$$

Además,

$$\langle x, x^2 \rangle = \int_{-1}^{1} x^3 dx = \left[\frac{x^4}{4} \right]_{-1}^{1} = 0, \quad \langle x^2, x^2 \rangle = \int_{-1}^{1} x^4 dx = \left[\frac{x^5}{5} \right]_{-1}^{1} = \frac{2}{5}.$$

$$\int_{-1}^{1} e^x dx = e - \frac{1}{e} = 2.3504, \quad \int_{-1}^{1} x e^x dx = \frac{2}{e} = 0.7358,$$

$$\int_{-1}^{1} x^2 e^x dx = e - \frac{5}{e} = 0.8789.$$

El sistema de ecuaciones normales resultante es:

$$
\begin{pmatrix} 2 & 0 & \frac{2}{3} \\ 0 & \frac{2}{3} & 0 \\ \frac{2}{3} & 0 & \frac{2}{5} \end{pmatrix} \begin{pmatrix} \alpha_0 \\ \alpha_1 \\ \alpha_2 \end{pmatrix} = \begin{pmatrix} 2.3504 \\ 0.7358 \\ 0.8789 \end{pmatrix}
$$

La solución de este sistema es: $\alpha_0 = 0.9963$, $\alpha_1 = 1.1037$, *y* $\alpha_2 = 0.5368$. *Por lo que* $p_2(x) = 0.9963 + 1.1037x + 0.5368x^2$.

En teoría, la solución del sistema de ecuaciones normales proporciona la solución del problema de mejor aproximación en cuadrados mínimos continuos. Sin embargo, en la práctica, su resolución presenta algunos problemas numéricos. Para empezar, los productos internos necesarios para construir las entradas de la matriz de Gram $a_{ij} = \langle g_i, g_j \rangle$ y el vector del lado derecho $b_i = \langle f, g_i \rangle$ generalmente requieren cálculos que precisan ser realizados mediante técnicas de integración numérica que discutiremos más adelante en este libro, y esas técnicas puede acarrear errores de aproximación. Además, algo muy importante es que la matriz de Gram suele ser mal condicionada, en consecuencia, la base $\{g_1, \ldots, g_m\}$ debe ser elegida cuidadosamente. La elección más frecuente es la de una base ortogonal del subespacio de funciones aproximantes, en el producto interno asociado a la norma en la que se realiza la aproximación.

Mejor aproximación en una base ortogonal

Los conceptos de ortogonalidad y ortonormalidad se pueden definir en cualquier espacio equipado con un producto interno, como es el caso del espacio de las funciones continuas $C[a, b]$ con el producto,

$$
\langle f, g \rangle = \int_a^b w(x) f(x) g(x) \, \mathrm{d}x,
$$

donde $w(x)$ una función positiva y continua en el intervalo $[a, b]$.

Definición 6.6 (Ortogonalidad y ortonormalidad de funciones). *Un conjunto de funciones* $\{f_1, f_2, \ldots, f_m\}$ *en* $C[a, b]$ *se dice ortogonal respecto al producto interno* $\langle ., . \rangle$ *si cumple:*

$$\langle f_i, f_j \rangle = 0 \quad \text{para} \quad i \neq j, \quad i, j = 1, \ldots, m.$$

Si además, para la norma inducida por ese producto interno se cumple que:

$$\|f_i\| = 1, \quad \text{para} \quad i = 1, \ldots, m,$$

entonces se dice que el conjunto de funciones $\{f_1, f_2, \ldots, f_m\}$ *es ortonormal.*

Una estrategia para evitar el mal condicionamiento de la matriz de Gram es construir una base ortogonal $g_1, g_2, \ldots, g_m$ de G. Cuando la base $\{g_1, g_2, \ldots, g_m\}$ es ortogonal de G, el sistema de ecuaciones normales (6.23) se convierte en un sistema con una matriz de Gram diagonal y la mejor aproximación p de f en G toma la forma dada por el siguiente teorema.

Teorema 6.13. *Sea* $\{g_1, g_2, \ldots, g_m\}$ *una base ortogonal de* G. *Entonces, la mejor aproximación* $p \in G$ *de la función* f *viene dada por la expresión,*

$$p = \sum_{i=1}^{m} \frac{\langle f, g_i \rangle}{\|g_i\|^2} g_i.$$

Demostración. Si $\{g_1, g_2, \ldots, g_m\}$ es una base ortogonal de G, entonces la matriz de Gram se reduce a una matriz diagonal con elementos $a_{ii} = \langle g_i, g_i \rangle = \|g_i\|^2$. Resolviendo el sistema de ecuaciones normales para encontrar los coeficientes α_i y sustituyendo estos en (6.21) se obtiene el resultado. □

Corolario 6.14. *Si* $\{g_1, g_2, \ldots, g_m\}$ *es una base ortonormal de* G, *entonces la mejor aproximación* p *de* f *en* G *viene dada por la expresión,*

$$p = \sum_{i=1}^{m} \langle f, g_i \rangle g_i.$$

Demostración. Es inmediata del Teorema 6.13 tomando en cuenta que en un conjunto $g_1, g_2, \ldots, g_m$ ortogonal, se tiene $\|g_i\| = 1$, para todo $i = 1, \ldots, m$. □

El proceso de Gram-Schmidt

El proceso de Gram-Schmidt se utiliza para generar un conjunto de vectores ortogonales (u ortonormales si se normaliza) a partir de un conjunto de vectores linealmente independientes.

Teorema 6.15 (Gram-Schmidt). *Sea V un espacio con producto interno $\langle.,.\rangle$. Sea $\{v_1, v_2, \ldots, v_m\}$ una base de un subespacio G de V. Para $i = 1, \ldots, m$ se definen los vectores g_i de manera recursiva,*

$$g_i = (v_i - \sum_{j=1}^{i-1} \langle v_i, g_j\rangle g_j)/\|v_i - \sum_{j=1}^{i-1} \langle v_i, g_j\rangle g_j\|. \qquad (6.24)$$

Entonces, $\{g_1, g_2, \ldots, g_m\}$ es una base ortonormal de G.

Demostración. Denotemos como V_i al espacio vectorial generado por los vectores $\{v_1, \ldots, v_i\}$. Probaremos por inducción sobre i que:

- $\{g_1, g_2, \ldots, g_i\} \subseteq V_i$.

- $\{g_1, g_2, \ldots, g_i\}$ es un conjunto de vectores ortonormales.

Para $i = 1$, claramente el conjunto $\{g_1\}$, con $g_1 = v_1/\|v_1\|$, es un conjunto ortonormal, que genera al espacio V_1. Por hipótesis inductiva, supondremos entonces que para $i - 1$, $\{g_1, g_2, \ldots, g_{i-1}\} \subseteq V_{i-1}$, y que $\{g_1, g_2, \ldots, g_{i-1}\}$ es un conjunto ortonormal de vectores.

Para demostrar la tesis inductiva razonaremos como sigue. Como el conjunto de vectores $\{v_1, \ldots, v_{i-1}, v_i\}$ es linealmente independiente, el vector $v_i \notin V_{i-1}$. Por hipótesis inductiva, el conjunto $\{g_1, g_2, \ldots, g_{i-1}\} \subseteq V_{i-1}$, por lo que, el denominador en (6.24) para la expresión de g_k es diferente de cero, y g_i está bien definida y pertenece a V_i.

Ahora verificaremos que el conjunto $\{g_1, g_2, \ldots, g_i\}$ es un conjunto ortonormal, y como por hipótesis inductiva $\{g_1, g_2, \ldots, g_{i-1}\}$ ya es un conjunto ortonormal, sólo hay que probar que $g_i \perp g_r$ con $r = 1, \ldots, i-1$ y que $\|g_i\| = 1$.

Llamemos,

$$w_i = v_i - \sum_{j=1}^{i-1} \langle v_i, g_j\rangle g_j,$$

al numerador de g_i en (6.24). Ya que $\{g_1, \ldots g_{i-1}\}$ es un conjunto ortonormal, si hacemos el producto interno $\langle w_i, g_r \rangle$ para $r = 1, \ldots, i - 1$ se tiene,

$$\langle w_i, g_r \rangle = \langle v_i, g_r \rangle - \sum_{j=1}^{i-1} \langle v_i, g_j \rangle \langle g_j, g_r \rangle \tag{6.25}$$

$$= \langle v_i, g_r \rangle - \langle v_i, g_r \rangle = 0. \tag{6.26}$$

Por ende, $w_i \perp g_r$, para $r = 1, \ldots, i - 1$, y como g_i es un múltiplo de w_i, se tiene también que $g_i \perp g_r$ y el conjunto $\{g_1, g_2, \ldots g_i\}$ es ortogonal.

Además, de la definición de $g_i = w_i / \|w_i\|$ en (6.24) se verifica que $\|g_i\| = 1$, por lo que el conjunto $\{g_1, g_2, \ldots g_i\}$ es además un conjunto ortonormal de vectores. Finalmente, es cierta la tesis inductiva y queda demostrado el teorema. $\qquad\square$

6.7 Familias de polinomios ortogonales y ortonormales

Como hemos mencionado en capítulos anteriores, las funciones polinomiales son excelentes candidatos a la hora de aproximar funciones. Consideraremos entonces el caso de aproximar a una función continua $f \in C[a, b]$ con un polinomio $p \in \Pi_m$. La elección de la base del espacio $G = \Pi_m$ de funciones aproximantes juega un rol importante en las características numéricas del sistema de ecuaciones normales asociado al problema de mejor aproximación. Un ejemplo clásico ocurre cuando se toma a la base canónica $\{1, x, x^2, \ldots, x^m\}$, como base del espacio de aproximación Π_m utilizando el producto interno

$$\langle f, g \rangle = \int_0^1 f(x)g(x)\,\mathrm{d}x.$$

En este caso, en el sistema de ecuaciones normales asociado, la matriz de Gram resultante es la *Matriz de Hilbert*[3], una matriz conocida por su mal condicionamiento.

Afortunadamente, las familias de polinomios ortogonales han sido bastante estudiadas y se conocen propiedades que facilitan su construcción y cálculos posteriores. Las familias de polinomios ortogonales más conocidas resultan de aplicar el proceso de ortogonalización de Gram-Schmidt a la base canónica

---

[3]En honor a David Hilbert (1862-1943). Matemático nacido en Königsberg, Prusia Oriental. Sin duda, uno de los matemáticos más influyentes de su tiempo. La matriz de Hilbert tiene elementos $a_{ij} = (1 + i + j)^{-1}$ para $0 \le i, j \le n$.

$\{1, x, x^2, \ldots, x^m\}$. Según el producto interno utilizado, el conjunto generado forma una familia diferente de funciones ortogonal en ese producto. Si trabajamos en el intervalo $[-1, 1]$, y consideramos el producto interno:

$$\langle f, g \rangle = \int\limits_{-1}^{1} w(x) f(x) g(x) \, \mathrm{d}x, \tag{6.27}$$

tenemos las siguientes familias destacadas de polinomios ortogonales: Polinomios de Legendre cuando $w(x) = 1$, y los polinomios de Chebyshev cuando

$$w(x) = \frac{1}{\sqrt{1 - x^2}}.$$

Los polinomios de Chebyshev fueron ampliamente estudiados en el Capítulo 5. Existen otras familias de polinomios, que se pueden obtener usando diferentes funciones $w(x) > 0$, tales como: los polinomios de Hermite, Laguerre, Bessel, entre otros; ver por ejemplo [18, 24, 58].

Relaciones de recurrencia en familias de polinomios ortogonales

Suponga que se aplica el proceso de Gram Schmidt a la base canónica en su orden natural $\{1, x, \ldots, x^m\}$, para obtener una base ortogonal $\{p_0, p_1, \ldots, p_m\}$. Si el producto interno en que se realiza la ortogonalización cumple con la propiedad:
$$\langle fg, h \rangle = \langle f, gh \rangle,$$

ocurren simplificaciones que permiten expresar, en una relación de recurrencia, a cada elemento p_n de la base ortogonal, en términos de los dos elementos anteriores p_{n-1} y p_{n-2} ($n \geq 2$). Nótese que el producto interno (6.27) claramente cumple con esta propiedad. El próximo teorema nos define dicha relación de recurrencia.

Teorema 6.16. *La secuencia de polinomios definida a continuación es ortogonal:*

$$p_n(x) = (x - a_n) p_{n-1}(x) - b_n p_{n-2}(x), \quad \textit{para } n \geq 2,$$

con $p_0(x) = 1$, $p_1(x) = x - a_1$, y donde

$$a_n = \langle x p_{n-1}, p_{n-1} \rangle / \langle p_{n-1}, p_{n-1} \rangle,$$
$$b_n = \langle x p_{n-1}, p_{n-2} \rangle / \langle p_{n-2}, p_{n-2} \rangle.$$

Demostración. De las fórmulas se desprende inmediatamente que los coeficientes asociados al término de mayor grado de los polinomios definidos es siempre igual a 1, por lo que los denominadores en ambas fórmulas son distintos a cero y las fórmulas son consistentes. Ahora, se probará por inducción sobre n que $\langle p_n, p_i \rangle = 0$ para $i = 0, \ldots, n-1$, es decir, que son una familia ortogonal de polinomios. En el caso $n = 0$ no hay nada que probar. Si $n = 1$, por la definición de a_1 se tiene,

$$\langle p_1, p_0 \rangle = \langle (x - a_1)p_0, p_0 \rangle = \langle xp_0, p_0 \rangle - a_1 \langle p_0, p_0 \rangle = 0.$$

Ahora, suponemos cierta la hipótesis inductiva, es decir que para $2 \le k \le n-1$, $0 \le i \le k-1$, se cumple que,

$$\langle p_k, p_i \rangle = 0,$$

y vamos a probar la tesis inductiva. Es decir que la aseveración es cierta para el índice n y para $i = 0, \ldots, n-1$. En efecto,

$$\langle p_n, p_{n-1} \rangle = \langle xp_{n-1}, p_{n-1} \rangle - a_n \langle p_{n-1}, p_{n-1} \rangle - b_n \langle p_{n-2}, p_{n-1} \rangle = 0$$
$$\langle p_n, p_{n-2} \rangle = \langle xp_{n-1}, p_{n-2} \rangle - a_n \langle p_{n-1}, p_{n-2} \rangle - b_n \langle p_{n-2}, p_{n-2} \rangle = 0.$$

Además, para $i = 0, \ldots n-3$, tenemos,

$$\begin{aligned}
\langle p_n, p_i \rangle &= \langle xp_{n-1}, p_i \rangle - a_n \langle p_{n-1}, p_i \rangle - b_n \langle p_{n-2}, p_i \rangle \\
&= \langle p_{n-1}, xp_i \rangle \\
&= \langle p_{n-1}, p_{i+1} + a_{i+1}p_i + b_{i+1}p_{i-1} \rangle.
\end{aligned}$$

En el último paso se utilizó la relación de recurrencia para despejar xp_i y para el caso $i = 0$ se utilizó en su lugar la expresión $xp_0 = p_1 + a_1 p_0$ derivada de la definición de p_0 y de p_1. $\qquad \square$

Por un argumento simple de inducción, podemos observar que los polinomios ortogonales p_n generados en el Teorema 6.16 son polinomios mónicos de grado n. Más aún, p_n es el polinomio mónico que posee norma mínima entre todos los polinomios mónicos de grado n. En efecto, cualquier otro polinomio mónico q_n de grado n puede escribirse como:

$$q_n = p_n - \sum_{i=0}^{n-1} \alpha_i p_i.$$

Ahora bien, claramente la norma $\|q_n\|$ alcanza su mínimo si,

$$q_n = p_n - \sum_{i=0}^{n-1} \alpha_i p_i \perp \Pi_{n-1},$$

y esto se cumple siempre y cuando $\alpha_i = 0$ para $i = 0, \ldots n - 1$. Por lo tanto la norma $\|q_n\|$ alcanza su mínimo si $q_n = p_n$.

El Teorema 6.16 permite el cómputo de manera recursiva de una base ortogonal de Π_m. Este tipo de relaciones permiten un cómputo eficiente de las familias de polinomios ortogonales que se usan como funciones base del espacio de funciones aproximantes, y por lo tanto facilitan la resolución numérica del problema de mejor aproximación.

Ejemplo 6.14. *Vamos a utilizar la relación de recurrencia del Teorema 6.16 con el producto interno (6.27) para obtener la familia de polinomios ortogonales de Legendre[4].*

Tomamos en principio $p_0(x) = 1$ y calculamos,

$$a_1 = \frac{\langle x p_0, p_0 \rangle}{\langle p_0, p_0 \rangle} = \frac{\int\limits_{-1}^{1} x \, \mathrm{d}x}{\int\limits_{-1}^{1} 1 \, \mathrm{d}x} = 0.$$

Por lo tanto,

$$p_1(x) = x - 0 = x.$$

Ahora calculemos los coeficientes a_2 y b_2:

$$a_2 = \frac{\langle x p_1, p_1 \rangle}{\langle p_1, p_1 \rangle} = \frac{\int\limits_{-1}^{1} x^3 \, \mathrm{d}x}{\int\limits_{-1}^{1} x^2 \, \mathrm{d}x} = 0.$$

$$b_2 = \frac{\langle x p_1, p_0 \rangle}{\langle p_0, p_0 \rangle} = \frac{\int\limits_{-1}^{1} x^2 \, \mathrm{d}x}{\int\limits_{-1}^{1} 1 \, \mathrm{d}x} = \frac{1}{3}.$$

---

[4]Adrien-Marie Legendre (1752-1833). Matemático francés que realizó importantes contribuciones al análisis matemático, a la teoría de números, y a la estadística. El término "Método de los cuadrados mínimos" es una traducción directa del término "Méthode des moindres carrés" propuesto por Legendre.

Por lo tanto $p_2(x) = x^2 - \frac{1}{3}$. Si se realizan los cálculos, los siguientes polinomios ortogonales de Legendre son (ver por ejemplo [57]):

$$p_3(x) = x^3 - \frac{3}{5}x.$$

$$p_4(x) = x^4 - \frac{6}{7}x^2 + \frac{3}{35}.$$

$$p_5(x) = x^5 - \frac{10}{9}x^3 + \frac{5}{21}x.$$

Ejemplo 6.15. *Utilizaremos la base de Legendre calculada en el ejemplo anterior, para encontrar el polinomio $p \in \Pi_1$ que mejor aproxima a la función $f(x) = x^2$ en el intervalo $[-1, 1]$. La base ortogonal de Legendre de Π_1 viene dada por: $p_0(x) = 1$, $p_1(x) = x$. Dada esta base ortogonal y por el Teorema 6.13, la mejor aproximación $p \in \Pi_1$ a la función f cualquiera viene dada por:*

$$p = \sum_{i=0}^{1} \frac{\langle f, p_i \rangle}{\|p_i\|^2} p_i = \frac{\langle f, p_0 \rangle}{\langle p_0, p_0 \rangle} p_0 + \frac{\langle f, p_1 \rangle}{\langle p_1, p_1 \rangle} p_1.$$

Sustituimos $f(x) = x^2$, y calculamos los siguientes productos internos:

$$\langle x^2, 1 \rangle = \int_{-1}^{1} x^2 \, dx = \frac{2}{3}, \quad \langle x^2, x \rangle = \int_{-1}^{1} x^3 \, dx = 0.$$

Además de los productos:

$$\langle p_0, p_0 \rangle = \int_{-1}^{1} 1 \, dx = 2, \quad \langle p_1, p_1 \rangle \int_{-1}^{1} x^2 \, dx = \frac{2}{3}.$$

Para obtener finalmente el resultado $p(x) = 1/3$.

Ejemplo 6.16. *Utilizando la familia de polinomios de Legendre y el producto interno (6.27) vamos a encontrar los polinomios de grado 1 y 3 que mejor aproximan en el sentido de los cuadrados mínimos a la función $f(x) = sen(\frac{\pi x}{2})$, en el intervalo $[-1, 1]$. El planteo y los cálculos se proponen como ejercicio al final de este capítulo, sin embargo deseamos mostrar los resultados que se obtienen en forma gráfica. En la Figura 6.7 podemos observar las gráficas de la función a aproximar y de los mejores polinomios de grado 1 y 3, en el sentido de los cuadrados mínimos. Podemos notar que la diferencia entre el polinomio de grado 3 y la función $f(x)$ es imperceptible a la vista humana. En la Figura 6.8 mostramos las gráficas de los errores cometidos por ambos polinomios.*

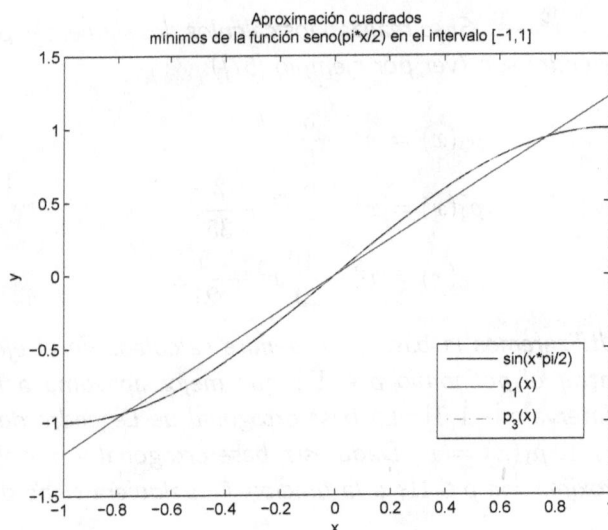

Figura 6.7: Polinomios de grados 1 y 3, que mejor aproximan a $f(x) = sen(\frac{\pi x}{2})$ en el sentido de los cuadrados mínimos en el intervalo $[-1, 1]$, usando polinomios de Legendre

EJERCICIOS del Capítulo 6

6.1 Desarrolle algoritmos apropiados para calcular de forma implícita (i) HA, (ii) AH, (iii) $H_1 H_2 \ldots H_r C$, y (iv) calcular de forma explícita $Q = H_1 H_2 \ldots H_r$, donde las matrices H y $H_i, i = 1, \ldots, r$ son matrices de Householder de orden n, y A y C son matrices arbitrarias rectangulares de tamaño conveniente.

6.2 (a) Usando el comando **svd** de Octave, encuentre la SVD de las siguientes matrices:

$$A = \begin{pmatrix} 2 & 0 \\ 0 & -3 \\ 0 & 0 \end{pmatrix}, \qquad\qquad A = \begin{pmatrix} 1 & 2 & 3 \end{pmatrix}$$

$$A = \begin{pmatrix} 1 \\ 1 \\ 1 \end{pmatrix}, \qquad A = \mathrm{diag}(1, 0, 2, 0, -5),$$

$$A = \begin{pmatrix} 1 & 1 \\ \epsilon & 0 \\ 0 & \epsilon \end{pmatrix}, \qquad\qquad \text{con } \epsilon = 10^{-5}.$$

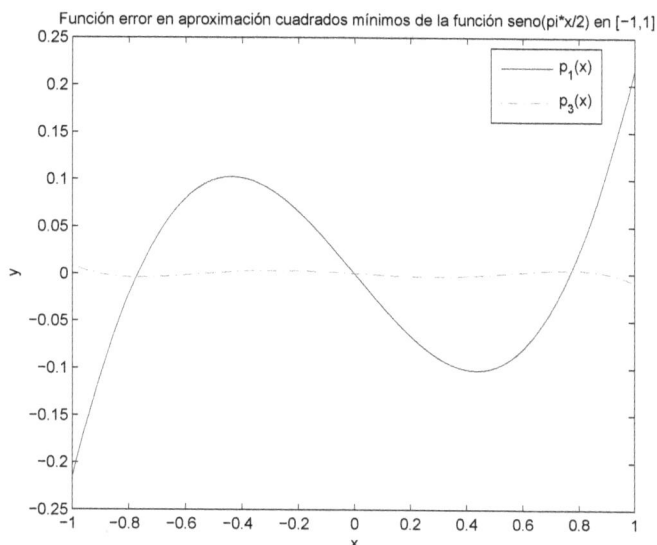

Figura 6.8: Errores cometidos por los polinomios de grados 1 y 3, al aproximar $f(x) = sen(\frac{\pi x}{2})$ en el sentido de los cuadrados mínimos en el intervalo $[-1, 1]$, usando polinomios de Legendre

   (b) Usando lo encontrado en la parte (a), encuentre (i) rango, (ii) $\|\cdot\|_2$ y $\|\cdot\|_F$, (iii) una base ortonormal para $R(A)$ y $N(A)$, y (iv) $\text{Cond}_2(A)$.

6.3 Para una matriz A de dimensión $m \times n$, establezca los siguientes resultados usando la SVD de A:

   (i) $rango(A^T A) = rango(AA^T) = rango(A) = rango(A^T)$.

   (ii) $A^T A$ y AA^T tienen los mismos autovalores no ceros.

   (iii) Demuestre que si u_1 y u_2 autovectores de $A^T A$ son ortogonales, entonces Au_1 y Au_2 son ortogonales.

6.4 Sea A una matriz invertible. Establezca que $\|A\|_2 = 1$ si y sólo si A es un múltiplo de una matriz ortogonal.

6.5 Sea U una matriz ortogonal. Usando la SVD, demuestre que

   (i) $\|AU\|_2 = \|A\|_2$,   (ii) $\|AU\|_F = \|A\|_F$.

6.6 Sea $U\Sigma V^T$ la SVD de A. Demueestre que $\|U^T A V\|_F^2 = \sum_{i=1}^{p} \sigma_i^2$, donde σ_i son los valores singulares de A.

6.7 Demuestre que las siguientes proposiciones son equivalentes:

(a) $A \in \mathbb{R}^{n \times n}$ es simétrica y definida positiva.

(b) Existe un conjunto de vectores $\{x_1, x_2, \ldots, x_n\}$ en $\mathbb{R}^n$ linealmente independiente tal que $A_{ij} = (x_i)^T (x_j)$.

6.8 Sea A una matriz $m \times n$. Usando la SVD de A, demuestre que

(a)   i. $\|A^T A\|_2 = \|A\|_2^2$
      ii. $\text{Cond}_2(A^T A) = (\text{Cond}_2(A))^2$
      iii. $\text{Cond}_2(A) = \text{Cond}_2(U^T A V)$, donde U y V son ortogonales.

(b) Sea $rango(A_{m \times n}) = n$, y sea $B_{m \times r}$ la matriz que se obtiene eliminando $(n - r)$ columnas de A. Establezca que $\text{Cond}_2(B) \leq \text{Cond}_2(A)$.

6.9 (Factorización polar). Sea A una matriz $n \times n$. Establezca que A se puede escribir como $A = QS$, donde Q es ortogonal y S es simétrica y semi-definida positiva. Mas aun, si A es no-singular entonces S es simétrica y definida positiva.

6.10 Deduzca el método de Schulz aplicando el método de Newton multivariable, discutido en el Capítulo 4, a la función $F(X) = X^{-1} - A$.

6.11 Demuestre que la escogencia $M_0 = A^T / \|A\|_2^2$ satisface la condición del Teorema 6.5.

6.12 Sea $f(x) = \frac{1}{2}\|Ax - b\|_2^2$. Establezca usando el truco de cálculo introducido en la demostración del Lema 4.17, que el vector gradiente y la matriz Hessiana de $f(x)$ vienen dados respectivamente por

$$\nabla f(x) = A^T(Ax - b), \quad \text{y} \quad \nabla^2 f(x) = A^T A.$$

6.13 Considere la matriz $P = A(A^T A)^{-1} A^T$, y establezca que es simétrica $(P = P^T)$ e idempotente $(P^2 = P)$. Además, demuestre que toda matriz que posea estas dos propiedades es la matriz de proyección sobre su propio espacio columna.

6.14 Demuestre que la pseudoinversa de A cumple las siguientes propiedades:
$(A^\dagger)^\dagger = A$, $AA^\dagger A = A$, y $A^\dagger AA^\dagger = A^\dagger$.

6.15 Consiga el ajuste lineal y cuadrático de los siguientes datos:

x	0	1	3	5	7	9	12
y	10	12	18	15	20	25	36

Calcule el número de condición de la matriz de Vandermonde en cada caso.

6.16 Escriba las ecuaciones normales asociadas al ajuste de los 3 datos: $(1,2)$, $(2,3)$, $(3,5)$, mediante el modelo $y(t) = x_1 t + x_2 e^t$, en el sentido de los cuadrados mínimos. Consiga x_1 y x_2 usando la factorización de Cholesky. Grafique la función obtenida $y(t)$ en relación a los puntos dados.

6.17 Calcule el número de condición de las siguientes matrices, usando la pseudoinversa y los valores singulares, y compare resultados:

$$A = \begin{pmatrix} 0.0001 & 1 \\ 1 & 1 \end{pmatrix}, \qquad A = \begin{pmatrix} 1 & 1 \\ 0.0001 & 0 \\ 0 & 0.0001 \end{pmatrix}$$

$$A = \begin{pmatrix} 7 & 6.990 \\ 4 & 4 \end{pmatrix}, \qquad A = \begin{pmatrix} 1 & 2 & 3 \\ 3 & 4 & 5 \\ 0 & 7 & 8 \end{pmatrix}.$$

6.18 Considere la siguiente matriz mal condicionada

$$A = \begin{pmatrix} 1 & 1 & 1 \\ \epsilon & 0 & 0 \\ 0 & \epsilon & 0 \\ 0 & 0 & \epsilon \end{pmatrix}, \qquad |\epsilon| \ll 1.$$

(a) Escoger $\epsilon > 0$ tal que $rango(A) = 3$. Calcule $\text{Cond}_2(A)$.

(b) Encuentre la solución cuadrados mínimos de $Ax = \begin{pmatrix} 3 \\ \epsilon \\ \epsilon \\ \epsilon \end{pmatrix}$ usando

(i) el método de las ecuaciones normales,

(ii) el método de la factorización QR,

(iii) el método de la SVD.

6.19 En aplicaciones estadísticas, sólo las entradas diagonales de la matriz de Varianza-Covarianza $X = (A^T A)^{-1}$ son requeridas. Demuestre que estas entradas diagonales son el cuadrado de la norma-2 de las filas de R^{-1}, donde $A^T A = QR$, las cuales se pueden calcular con $\frac{2}{3}n^3$ flops. Illustre el cálculo de X con un ejemplo numérico de orden 5×2.

6.20 Demuestre que el vector gradiente y la matriz Hessiana de la función f definida en (6.15) vienen dados respectivamente por $\nabla f(x) = J(x)^T F(x)$ y $\nabla^2 f(x) = J(x)^T J(x) + T(x)$, donde $T(x) = \sum_{i=1}^{m} F_i(x) \nabla^2 F_i(x)$.

6.21 Verifique que las matrices del método de la secante definidas en (6.17), se obtienen como una actualización de rango dos, son simétricas y satisfacen la ecuación de la secante $A_k s_k = z_k$.

6.22 Considere $F : \mathbb{R}^2 \to \mathbb{R}^4$, donde $F_i(x) = e^{x_1 + t_i x_2} - y_i$, para $1 \leq i \leq 4$, y $f(x) = \frac{1}{2} F(x)^T F(x)$. Suponga que $t_1 = -2$, $t_2 = -1$, $t_3 = 0$, $t_4 = 1$, $y_1 = 0.5$, $y_2 = 1$, $y_3 = 2$, $y_4 = 4$. En este caso, $f(x) = 0$ cuando $x^* = (ln2, ln2)^T$. Calcule una iteración del método de Cauchy, del método de Newton, y del método de Gauss-Newton, empezando en $x_0 = (1, 1)^T$. Cuál produce un mejor iterado?

6.23 Demuestre que la constante C que mejor aproxima en la norma dos a una cierta función real f continua en un intervalo $[a, b]$ viene dada por:

$$C = \frac{\int_a^b f(x)\, dx}{b - a}.$$

6.24 Suponga que queremos aproximar en la norma dos una cierta función continua f con polinomios de grado menor o igual a m. Pruebe que, si se utiliza la base canónica $\{1, x, x^2, \ldots, x^m\}$ de Π_m en la construcción del sistema de ecuaciones normales, la matriz de Gram resultante es la bien conocida matriz de Hilbert $a_{ij} = (1 + i + j)^{-1}$ para $0 \leq i, j \leq n$.

6.25 Demuestre (Teorema de Pitágoras generalizado):

Sea $\{g_1, g_2, \ldots, g_m\}$ un conjunto ortogonal de vectores, y $\alpha_i \in \mathbb{R}$, $i \leq i \leq m$. Entonces,

$$\| \sum_{i=1}^{m} \alpha_i g_i \|^2 = \sum_{i=1}^{m} \alpha_i^2 \|g_i\|^2.$$

Demuestre además que si el conjunto $\{g_1, g_2, \ldots, g_m\}$ es ortonormal entonces,

$$\| \sum_{i=1}^{m} \alpha_i g_i \|^2 = \sum_{i=1}^{m} \alpha_i^2.$$

6.26 Demuestre la siguiente desigualdad (Desigualdad de Bessel):

Sea $\{g_1, g_2, \ldots, g_m\}$ un conjunto ortogonal de vectores, y f un vector arbitrario. Entonces,

$$\sum_{i=1}^{m} |\langle f, g_i \rangle|^2 \leq \|f\|^2.$$

6.27 Utilice el procedimiento de Gram-Schmidt para hallar una base ortogonal de Π_3 en el producto $\langle f, g \rangle = \int\limits_{-1}^{1} f(x)g(x) \, \mathrm{d}x$, a partir de la base canónica $1, x, x^2, x^3$. Compare con el resultado obtenido en el ejemplo 6.14.

6.28 Muestre que la familia de polinomios ortogonales de Chebyshev son un sistema ortogonal en $[-1, 1]$ cuando se utiliza el producto interno,

$$\langle f, g \rangle = \int\limits_{-1}^{1} \frac{1}{\sqrt{1 - x^2}} f(x)g(x) \, \mathrm{d}x,$$

6.29 Utilice la fórmula de recurrencia dada en el Teorema 6.16 para generar los polinomios ortogonales de Chebyshev base de Π_3.

6.30 Resuelva el ejercicio del Ejemplo 6.15 pero ahora buscando la mejor aproximación en el intervalo $[0, 1]$.

6.31 Establezca que si los vectores $g_1, g_2, \ldots, g_m$ son linealmente independientes, entonces la matriz de Gram del sistema de ecuaciones normales 6.23 es no singular.

6.32 Utilizando la familia de polinomios de Legendre y el producto $\langle f, g \rangle = \int\limits_{-1}^{1} f(x)g(x) \, \mathrm{d}x$, encuentre los polinomios de grado menor o igual a 0, 1, 2, 3, que mejor aproximan en el sentido de los cuadrados mínimos a la función,

$$f(x) = sen(\frac{\pi x}{2}),$$

en el intervalo $[-1, 1]$. ¿Qué sucede con las aproximaciones de grado par?. Grafique su respuesta y explique.

6.33 Por medio de los polinomios ortogonales de Legendre en el intervalo $[1, e]$ y el producto $\langle f, g \rangle = \int\limits_{1}^{e} f(x)g(x) \, \mathrm{d}x$, calcule la mejor aproximación en el sentido de los cuadrados mínimos de la función $f(x) = \ln(x)$, en ese intervalo. Grafique su respuesta.

6.34 En la relación de recurrencia de los polinomios ortogonales, suponga que el producto interno es,

$$\langle f, g \rangle = \int\limits_{-a}^{a} w(x)f(x)g(x) \, \mathrm{d}x,$$

y que $w(x)$ es una función par. Pruebe entonces que $a_n = 0$ para todo n. Además, demuestre que en este caso p_n es una función par (impar) si n es par (impar).

6.35 Con el producto interno del ejercicio anterior. ¿La aproximación polinomial de cuadrados mínimos de una función par (impar) será siempre un polinomio par (impar)?

6.36 Considere un sistema ortonormal de vectores $u_1, u_2, \ldots, u_n$ en un espacio con producto interno V, y defina la familia de operadores ortogonales P_n conocidos como proyecciones ortogonales sobre el subespacio generado por $u_1, u_2, \ldots, u_n$:

$$P_n f = \sum_{i=1}^{n} \langle f, u_i \rangle u_i,$$

para $f \in V$. Establezca las siguientes propiedades:

(a) P_n asigna a cada vector en V un vector en el subespacio U_n generado por los vectores $u_1, u_2, \ldots, u_n$.

(b) $P_n f$ es la mejor aproximación de f en U_n.

(c) $f - P_n f \perp U_n$, por lo que puede decirse que P_n es un operador ortogonal.

(d) Cada P_n es una proyección en el sentido que $P_n^2 = P_n$.

(e) Cada operador P_n es autoadjunto, es decir: $\langle P_n f, g \rangle = \langle f, P_n g \rangle$.

7

APROXIMACIÓN NUMÉRICA DE AUTOVALORES Y AUTOVECTORES

Los autovalores y los autovectores de una matriz cuadrada juegan un papel importante en muchas situaciones. Por ejemplo, en la Sección 3.9 vimos el rol fundamental que juegan en el análisis de convergencia de los métodos iterativos (estacionarios o no estacionarios) para resolver sistemas de ecuaciones lineales. Más adelante, en el Capítulo 9, veremos que los autovalores son muy importantes en el análisis de estabilidad de los métodos numéricos que resuelven sistemas de ecuaciones diferenciales. Por estas razones, entre muchas otras, la estimación numérica de autovalores y autovectores es de gran interés.

En este capítulo comenzaremos por revisar las propiedades básicas que permiten analizar los distintos métodos numéricos conocidos para estimar autovalores y autovectores. Nos concentraremos en el caso de matrices simétricas con coeficientes reales. Mostraremos y analizaremos las diversas variantes del método de las potencias, que permiten estimar numéricamente los autovalores extremos (el mayor y el menor en módulo), y sus correspondientes autovectores. Luego discutiremos el método QR y sus variantes, así como el método Divide y Vencerás, para calcular todos los autovalores de una matriz cuadrada dada. Finalmente, discutiremos brevemente las extensiones de algunos de estos métodos en el caso no simétrico.

7.1   Propiedades básicas

Sea $A \in \mathbb{C}^{n \times n}$. Recordemos que un escalar $\lambda \in \mathbb{C}$ y un vector no cero $x \in \mathbb{C}^n$ se llaman, respectivamente, **autovalor** y **autovector** de A si

$$Ax = \lambda x. \tag{7.1}$$

La matriz A posee n autovalores, contando multiplicidad, y n autovectores correspondientes.

Nótese que un autovector de una matriz determina una dirección (un vector) para el cual aplicar la matriz (Ax) tiene el efecto especial de no cambiar la dirección del resultado, apenas lo aumenta o disminuye de tamaño $(Ax = \lambda x)$, y el factor de aumento o disminución es precisamente el autovalor.

El sistema de ecuaciones (7.1) es no lineal, ya que envuelve el producto λx, y en prinicipio se podrían aplicar los métodos para sistemas no lineales estudiados en el Capítulo 4 a $F(x) = Ax - \lambda x$. Sin embargo, existen métodos más efectivos que aprovechan la estructura especial del problema (7.1).

De (7.1) se desprende que $Ax - \lambda x = 0$, y por ende $(A - \lambda I)x = 0$, pero al ser x un vector no cero, podemos concluir que la matriz $(A - \lambda I)$ es singular, es decir $\det(A - \lambda I) = 0$. Este desarrollo teórico establece que los autovalores de A son las raíces del polinomio característico de grado n

$$P_n(\lambda) = \det(A - \lambda I) = \lambda^n + c_1 \lambda^{n-1} + \cdots + c_{n-1}\lambda + c_n.$$

Por tanto, los autovalores son únicos, pero los autovectores no lo son, en el sentido de que cualquier múltiplo de un autovector x también es un autovector. En efecto, nótese que si c es un escalar distinto de cero, entonces

$$A(cx) = cAx = c\lambda x = \lambda(cx),$$

estableciendo que cx también es autovector.

Una idea que puede parecer natural es calcular los autovalores de A construyendo primero el polinomio característico, y luego calculando sus raíces. Esta idea, sin embargo, no es una idea práctica y debe ser rechazada, por dos razones:

- Construir el polinomio característico $P_n(\lambda)$ es computacionalmente muy costoso, y numéricamente inestable, aún para valores pequeños de n.

- Los coeficientes del polinomio característico son altamente sensibles a pequeñas perturbaciones en las entradas de la matriz A.

Ahora bien, como ya se discutió en el Capítulo 4, cualquier método numérico para encontrar los autovalores de una matriz A de grado mayor o igual a 5 debe ser iterativo, ya que ellos están caracterizados como las raíces de un polinomio.

A partir de la próxima sección analizaremos diversos métodos numéricos iterativos para la estimación de autovalores y autovectores en el caso de **matrices simétricas con coeficientes reales**. Vale destacar que aún cuando A sea una matriz con coeficientes reales, sus autovalores pueden ser números complejos por ser raíces de un polinomio a coeficientes reales (por ejemplo, $x^2 + 1$ tiene como raíces a $\pm i$). Sin embargo, si A es simétrica ($A^T = A$) entonces todos sus autovalores son números reales y existe un conjunto de autovectores ortonormales $v_1, v_2 \ldots, v_n$, es decir, un conjunto de autovectores que cumplen: $v_i^T v_i = 1$ para todo i, y $v_i^T v_j = 0$ si $i \neq j$ (ver el anexo de álgebra matricial).

7.2   Método de las potencias y sus variantes

En muchas aplicaciones reales sólo se necesita estimar unos pocos autovalores extremos, es decir, algunos pocos de los autovalores más grandes y algunos pocos de los más pequeños, en módulo. En estos casos, un método apropiado es el método de las potencias y sus variantes. Comenzaremos por analizar la versión más simple que, a partir de un vector inicial dado x_0, genera la sucesión $\{(A^k x_0)/\|A^k x_0\|_2\}$ que bajo hipótesis muy suaves converge al autovector normalizado asociado al autovalor de mayor módulo (dominante), sin calcular de forma explícita las potencias A^k de la matriz A.

Sea $A \in \mathbb{R}^{n \times n}$ una matriz simétrica con autovectores ortonormales $v_1, v_2 \ldots, v_n$, y con sus correspondientes autovalores $\lambda_i \in \mathbb{R}$ tales que

$$|\lambda_1| > |\lambda_2| \geq |\lambda_3| \geq \ldots \geq |\lambda_n|,$$

es decir, $Av_i = \lambda_i v_i$ para todo i, y λ_1 es el autovalor dominante de A.

La función cociente de Rayleigh[1] juega un papel importante a la hora de obtener una aproximación a un autovalor de A a partir de un vector que aproxima el

---

[1] En honor a John W. Strutt, tercer Baron Rayleigh (1842-1919), ganador del premio Nobel de Física en 1904.

autovector correspondiente. En particular, el cociente de Rayleigh jugará un rol clave en la descripción del método de las potencias y sus variantes.

Definición 7.1. *Dada $A \in \mathbb{R}^{n \times n}$, el cociente de Rayleigh de un vector $x \in \mathbb{R}^n$, distinto de cero, es el escalar*

$$\sigma(x) = \frac{x^T A x}{x^T x}.$$

La función $\sigma : \mathbb{R}^n \to \mathbb{R}$ posee propiedades de interés. Nótese que si v_i es un autovector de A, entonces $\sigma(v_i) = \lambda_i$ es el autovalor asociado. De hecho, es la solución via cuadrados mínimos del problema de optimización:

$$\min_{\alpha \in \mathbb{R}} \| A v_i - \alpha v_i \|_2^2.$$

Más aún, por continuidad, si un vector dado x es una buena aproximación a v_i entonces $\sigma(x)$ es una buena aproximación a λ_i.

Algoritmo 7.1 (Método de las potencias).
Entradas: $A \in \mathbb{R}^{n \times n}$ *simétrica, tolerancia $\varepsilon > 0$, y un entero positivo N.*
Salidas: *Aproximaciones a λ_1 y a v_1.*

Paso 1. *Escoger x_0, aproximación inicial a v_1*
Paso 2. *Desde $k = 1, 2, \ldots$, hacer:*
    2.1 *Calcular $y_k = A x_{k-1}$*
    2.2 *Normalizar $x_k = y_k / \|y_k\|_2$*
    2.3 *Calcular $\sigma_k = x_k^T A x_k$*
    2.4 *Parar si $|\sigma_k - \sigma_{k-1}| < \varepsilon$ o si $k > N$.*
Fin

Nótese que $\sigma_k = x_k^T A x_k$ en el Paso 2.3 es en realidad el cociente de Rayleigh evaluado en el vector x_k, ya que ese vector ha sido normalizado en el paso anterior, y por ende el denominador $x_k^T x_k = 1$. Nótese además que lo único que se necesita es un procedimiento que calcule el producto matriz-vector de la forma $A x_k$ en cada iteración. En efecto, no es necesario almacenar la matriz A y esto lo transforma en un método apropiado en el caso de matrices grandes y sparse. Más aún, vale destacar que sólo se necesita un producto de la forma $A x_k$ por iteración. En el paso 2.3, ese producto se puede asignar al vector y_{k+1}, y al iniciar la siguiente iteración ese vector se usa directamente en el paso 2.2.

Teorema 7.2. *Si $v_1^T x_0 \neq 0$, entonces $\sigma_k \to \lambda_1$, y $\{x_k\} \to v_1$, cuando $k \to \infty$.*

Demostración. Del Paso 2 del Algoritmo 7.1, tenemos que

$$x_k = \frac{A^k x_0}{\|A^k x_0\|_2}.$$

Como los autovectores $v_1, v_2 \ldots, v_n$ de A son ortonormales entonces son linealmente independientes. Por tanto, podemos escribir

$$x_0 = \alpha_1 v_1 + \alpha_2 v_2 + \ldots + \alpha_n v_n,$$

donde $\alpha_1 \neq 0$ ya que $\alpha_1 = v_1^T x_0 \neq 0$, y obtenemos

$$A^k x_0 = A^k(\alpha_1 v_1 + \alpha_2 v_2 + \ldots + \alpha_n v_n) = \alpha_1 \lambda_1^k v_1 + \alpha_2 \lambda_2^k v_2 + \ldots + \alpha_n \lambda_n^k v_n$$

$$= \lambda_1^k [\alpha_1 v_1 + \alpha_2 \left(\frac{\lambda_2}{\lambda_1}\right)^k v_2 + \ldots + \alpha_n \left(\frac{\lambda_n}{\lambda_1}\right)^k v_n].$$

Como λ_1 es el autovalor dominante, $\left(\frac{\lambda_i}{\lambda_1}\right)^k \to 0$ cuando $k \to \infty$, $i = 2, 3, \ldots, n$.
En conclusión,

$$x_k = \frac{A^k x_0}{\|A^k x_0\|_2} \to v_1, \text{ y } \sigma_k \to \lambda_1.$$

$\square$

Una demostración alternativa para el Teorema 7.2 (ver [75, pp. 60-62]) estudia
la sucesión de ángulos entre el vector v_1 y los vectores x_k, y establece que
esa sucesión de ángulos converge a 0. La condición $v_1^T x_0 \neq 0$ implica que el
vector x_0 tiene una componente en la dirección del vector v_1. Esa condición
es necesaria para la convergencia del método de las potencias al autovector
dominante v_1, pero claramente no se puede verificar ya que v_1 se desconoce.
Sin embargo, al escoger x_0 de forma aleatoria esa condición se satisface con
probablidad 1. La existencia de un autovalor dominante ($|\lambda_1| > |\lambda_i|$ para todo
$i \neq 1$) es fundamental para la convergencia del método a v_1. Si existen $r > 1$
autovalores dominantes, es decir, si

$$|\lambda_1| = |\lambda_2| \ldots = |\lambda_r| \geq |\lambda_{r+1}| \geq \ldots \geq |\lambda_n|,$$

entonces el método aún converge pero no necesariamente a un autovector, sino
a algún vector en el subespacio expandido por $\{v_1, v_2 \ldots, v_r\}$ (ver [21, 75]).

Ejemplo 7.1.

$$A = \begin{pmatrix} 2 & 4 & -1 \\ 4 & 1 & 4 \\ -1 & 4 & 6 \end{pmatrix}; \quad x_0 = (1, 1, 1)^T.$$

*Los autovalores de A son -3.9337, 4.4812, y 8.4524. El autovector normalizado
asociado al autovalor dominante 8.4524 es $(0.2151, 0.5489, 0.8076)^T$.*

k=1:

$$y_1 = Ax_0 = \begin{pmatrix} 5 \\ 9 \\ 9 \end{pmatrix} \; ; \quad x_1 = \frac{y_1}{\|y_1\|_2} = \begin{pmatrix} 0.3656 \\ 0.6581 \\ 0.6581 \end{pmatrix} \; ; \quad \sigma_1 = 8.2085$$

k=2:

$$y_2 = Ax_1 = \begin{pmatrix} 2.7057 \\ 4.7532 \\ 6.2158 \end{pmatrix} \; ; \quad x_2 = \frac{y_2}{\|y_2\|_2} = \begin{pmatrix} 0.3267 \\ 0.5741 \\ 0.7507 \end{pmatrix} \; ; \quad \sigma_2 = 8.3831$$

k=3:

$$y_3 = Ax_2 = \begin{pmatrix} 2.1992 \\ 4.8842 \\ 6.4740 \end{pmatrix} \; ; \quad x_3 = \frac{y_3}{\|y_3\|_2} = \begin{pmatrix} 0.2617 \\ 0.5812 \\ 0.7704 \end{pmatrix} \; ; \quad \sigma_3 = 8.4331$$

k=4:

$$y_4 = Ax_3 = \begin{pmatrix} 2.0780 \\ 4.7100 \\ 6.6861 \end{pmatrix} \; ; \quad x_4 = \frac{y_4}{\|y_4\|_2} = \begin{pmatrix} 0.2462 \\ 0.5581 \\ 0.7923 \end{pmatrix} \; ; \quad \sigma_4 = 8.4471$$

Se observa que la sucesión $\{\sigma_k\}$ converge al autovalor dominante 8.4524 y que $\{x_k\}$ converge al autovector dominante normalizado.

Como se desprende de la demostración del Teorema 7.2, la velocidad de convergencia del método de las potencias está determinada por la velocidad a la que la sucesión $|\lambda_2/\lambda_1|^k$ converge a cero. Es decir, si el cociente $|\lambda_2/\lambda_1|$ es cercano a 0 la convergencia es rápida, y si es cercano a 1, la convergencia es lenta, e incluso algunas veces tan lenta que puede ser inaceptable.

Método de las potencias inverso y con desplazamiento

Sea $A \in \mathbb{R}^{n \times n}$ una matriz simétrica y no singular. Si $Ax = \lambda x$ entonces $A^{-1}x = (1/\lambda)x$, y se concluye que el autovector asociado al autovalor más pequeño en módulo de A, es el autovector asociado al autovalor dominante de A^{-1}. Por tanto, si aplicamos el método de las potencias a la inversa de A, bajo hipótesis suaves, tenemos convergencia al autovector asociados al autovalor más pequeño en módulo. La hipótesis adicional es que exista un único autovalor más pequeño, es decir, que los autovalores de A cumplan lo siguiente

$$|\lambda_1| \geq |\lambda_2| \geq |\lambda_3| \geq \cdots |\lambda_{n-1}| > |\lambda_n| > 0,$$

en cuyo caso los autovalores de A^{-1} cumplen que

$$\left|\frac{1}{\lambda_n}\right| > \left|\frac{1}{\lambda_{n-1}}\right| \geq \left|\frac{1}{\lambda_{n-2}}\right| \cdots \geq \frac{1}{|\lambda_1|} > 0,$$

es decir, $\dfrac{1}{\lambda_n}$ es el autovalor dominante de A^{-1}, asociado al autovector v_n.

Algoritmo 7.3 (Método de las potencias inverso).
Entradas: $A \in \mathbb{R}^{n \times n}$ *simétrica, tolerancia* $\varepsilon > 0$, *y un entero positivo* N.
Salidas: *Aproximaciones a* λ_n *y a* v_n.

Paso 1. *Escoger* x_0, *aproximación inicial a* v_n
Paso 2. *Desde* $k = 1, 2, \ldots,$ *hacer:*
    2.1 *Resolver* $A y_k = x_{k-1}$
    2.2 *Normalizar* $x_k = y_k / \|y_k\|_2$
    2.3 *Calcular* $\sigma_k = x_k^T A x_k$
    2.4 *Parar si* $|\sigma_k - \sigma_{k-1}| < \varepsilon$ *o si* $k > N$.
Fin

Nótese que en lugar de calcular la inversa de A, el algoritmo resuelve de forma equivalente un sistema lineal por iteración. En este caso, como la matriz A del sistema es la misma en cada iteración, conviene obtener una factorización de A (entre las discutidas en el Capítulo 3) antes de empezar el proceso iterativo. Vale destacar que el método de las potencias inverso es una variante del método de las potencias, y entonces la convergencia establecida en el Teorema 7.2 aplica con los cambios obvios necesarios al Algoritmo 7.3.

Ejemplo 7.2. *Consideremos la matriz A del ejemplo 7.1. La sucesión $\{x_k\}$ generada por el Algoritmo 7.3, desde el vector inicial $x_0 = (1, 1, -1)^T$, converge al autovector $(-0.5627,\ 0.7456,\ -0.3568)^T$, y la sucesión $\{\sigma_k\}$ converge al autovalor dominante de A^{-1}: $1/(-3.9337) = -0.25421$.*

Disutiremos a continuación el uso de desplazamientos en el método de las potencias inverso para acelerar su convergencia, y además para poder aproximar autovalores extremos o intermedios. Sea $\sigma \in \mathbb{R}$. Si $Ax = \lambda x$, entonces

$Ax - \sigma x = \lambda x - \sigma x$, y se cumple que $(A - \sigma I)x = (\lambda - \sigma)x$. Es decir, si λ es autovalor de A, entonces $(\lambda - \sigma)$ es autovalor de $(A - \sigma I)$ con el mismo autovector asociado. Combinando este argumento con el ya usado anteriormente con la matriz inversa, concluimos que si λ es autovalor de A, entonces $(\lambda - \sigma)^{-1}$ es autovalor de $(A - \sigma I)^{-1}$ con el mismo autovector asociado.

Ahora bien, si $\sigma \approx \lambda_j$, para algún autovalor λ_j de A, entonces $(\lambda_j - \sigma)^{-1}$ es mucho más grande en módulo que $(\lambda_i - \sigma)^{-1}$ para $i \neq j$; y por tanto si aplicamos el método de la potencia sobre $(A - \sigma I)^{-1}$ observaremos una convergencia muy rápida a v_j y al autovalor λ_j.

Algoritmo 7.4 (Método de las potencias inverso con desplazamiento).
Entradas: $A \in \mathbb{R}^{n \times n}$ *simétrica, un número real* $\sigma \approx \lambda_j$, *una tolerancia* $\varepsilon > 0$, *y un entero positivo* N.
Salidas: *Aproximaciones a* λ_j *y a* v_j, $1 \leq j \leq n$.

Paso 1. *Escoger* x_0, *aproximación inicial a* v_j
Paso 2. *Desde* $k = 1, 2, \ldots$, *hacer:*
      2.1 *Resolver* $(A - \sigma I)y_k = x_{k-1}$
      2.2 *Normalizar* $x_k = y_k / \|y_k\|_2$
      2.3 *Calcular* $\sigma_k = x_k^T A x_k$
      2.4 *Parar si* $|\sigma_k - \sigma_{k-1}| < \varepsilon$ *o si* $k > N$.
Fin

Nótese que si $\sigma = 0$ el Algoritmo 7.4 se reduce al Algoritmo 7.3. Vale destacar una vez más, que en lugar de calcular la inversa de $(A - \sigma I)^{-1}$, el algoritmo resuelve de forma equivalente un sistema lineal por iteración. En este caso, como la matriz $A - \sigma I$ del sistema es la misma en cada iteración, conviene obtener una factorización de esa matriz desplazada (entre las discutidas en el Capítulo 3) antes de empezar el proceso iterativo. Nótese además que el método de las potencias inverso con desplazamiento es una variante del método de las potencias, y entonces la convergencia establecida en el Teorema 7.2 aplica con los cambios obvios necesarios al Algoritmo 7.4.

A primera vista, podría parecer que el Algoritmo 7.4 genera cálculos peligrosos, ya que si σ es un número muy cercano a λ_j, entonces tanto la matriz $(A - \sigma I)$ como la matriz $(A - \sigma I)^{-1}$ están claramente mal condicionadas, y esto puede producir un error grande en la aproximación al autovector v_j. Sin embargo, para beneficio del método, el vector que representa el error en la aproximación a v_j se alinea casi completamente con la dirección del vector v_j, que es exactamente lo que se desea; ver [40, 75]. Más aún, en la práctica, y_k es muy cercano a la solución del sistema $(A + E - \sigma I)\widehat{y}_k = x_{k-1}$, donde E es una matriz pequeña en el sentido de que $\|E\|/\|A\|$ es de la misma magnitud del épsilon de la máquina; ver [96, pp. 620–621].

Estos efectos positivos producidos por un desplazamiento que aproxima el autovalor buscado, motivan actualizar ese desplazamiento en cada iteración, usando para ello el cociente de Rayleigh que se calcula en el propio algoritmo. Esta variante dinámica se conoce como el método del cociente de Rayleigh.

Algoritmo 7.5 (Método del cociente de Rayleigh).
Entradas: $A \in \mathbb{R}^{n \times n}$ *simétrica, tolerancia* $\varepsilon > 0$, *y un entero positivo* N.
Salidas: *Aproximaciones a* λ_j *y a* v_j, $1 \le j \le n$.

Paso 1. *Escoger* x_0, *aproximación a* v_j, *y asignar* $\sigma_0 = (x_0^T A x_0)/(x_0^T x_0)$
Paso 2. *Desde* $k = 1, 2, \ldots$, *hacer:*
    2.1 *Resolver* $(A - \sigma_{k-1}I)y_k = x_{k-1}$
    2.2 *Normalizar* $x_k = y_k/\|y_k\|_2$
    2.3 *Calcular* $\sigma_k = x_k^T A x_k$
    2.4 *Parar si* $|\sigma_k - \sigma_{k-1}| < \varepsilon$ *o si* $k > N$.
Fin

Nótese que en lugar de calcular la inversa de $(A - \sigma_{k-1}I)^{-1}$, el algoritmo resuelve de forma equivalente un sistema lineal por iteración. En este caso, la matriz $(A - \sigma_{k-1}I)$ cambia en cada iteración y como consecuencia esta variante del método de las potencias es la más costosa computacionalmente de todas ellas. Sin embargo, vale destacar que al usar como desplazamiento dinámico el propio cociente de Rayleigh evaluado en la apoximación dinámica del autovector, la convergencia del método en el caso simétrico es q-cúbica; ver [75]. Esto se traduce en la práctica en muy pocas iteraciones para alcanzar una excelente aproximación del par autovalor y autovector.

Ejemplo 7.3. *Consideremos la matriz* A *del ejemplo 7.1 y apliquemos el Algoritmo 7.5 desde* $x_0 = (1, 1, 1)^T$. *Con esa escogencia de* x_0, *se obtiene* $\sigma_0 = 7.6666$. *Recordemos que con 4 decimales exactos el autovalor dominante de* A *es* 8.4524, *y el el autovector normalizado asociado al autovalor dominante es* $(0.2151, \ 0.5489, \ 0.8076)^T$. *En la primera iteración,* $\sigma_1 = 8.4035$, *en la segunda obtenemos* $\sigma_2 = 8.45246$ *que posee 5 decimales exactos, y en la tercera iteración se obtiene* $\sigma_3 = 8.45246958750776$ *con 14 decimales exactos. De igual manera, cada componente del vector* x_3 *posee 14 decimales exactos en relación al autovector dominante normalizado.*

7.3 Método QR y sus variantes

El método de las potencias y sus variantes aproximan un autovalor y un autovector a la vez. Sin embargo, en algunas aplicaciones prácticas es necesario aproximar todos los autovalores, y ocasionalmente todos los autovectores, de una matriz dada A. En esos casos, el método QR es uno de los más usados por su simplicidad y elegancia. La idea fundamental del método QR es usar de forma iterativa la factorización QR discutida en el Capítulo 3, para generar una sucesión de transformaciones de similaridad que converge a la factorización de Schur de A. En esta sección, al igual que en la anterior, suponemos que $A \in \mathbb{R}^{n \times n}$ es simétrica. Recordemos, del anexo de álgebra lineal que en ese caso, el Teorema de Schur[2] garantiza que existe una matriz $Q \in \mathbb{R}^{n \times n}$ ortogonal y una matriz $D \in \mathbb{R}^{n \times n}$ diagonal tal que:

$$A = QDQ^T,$$

donde las entradas de la diagonal de D son los autovalores de A, y las columnas de Q son los autovectores correspondientes normalizados. En general, además del método QR y sus variantes, la mayoría de los métodos eficientes para estimar todos los autovalores y autovectores pretenden emular la factorización de Schur.

El método QR genera una sucesión de matrices $\{A_k\}$, desde $A_0 = A$, tal que en cada iteración k calcula la factorización QR de A_k,

$$A_k = Q_k R_k,$$

y luego obtiene la siguiente matriz de la sucesión multiplicando las matrices Q_k y R_k en orden inverso:

$$A_{k+1} = R_k Q_k.$$

Algoritmo 7.6 (Método QR).
Entrada: $A \in \mathbb{R}^{n \times n}$ simétrica, tolerancia $\varepsilon > 0$, y un entero positivo N.
Salida: Aproximación a la matriz D de la factorización de Schur.

Paso 1. Asignar $A_0 = A$
Paso 2. Desde $k = 0, 1, 2, \ldots,$ hacer:
    2.1 Factorizar $A_k = Q_k R_k$
    2.2 Asignar $A_{k+1} = R_k Q_k$
    2.3 Parar si $\|A_{k+1} - diag(A_{k+1})\|_F < \varepsilon$ o si $k > N$.
Fin

---

[2]En honor a Issai Schur (1875-1941), matemático alemán.

Las matrices de la sucesión $\{A_k\}$, generadas por el Algoritmo 7.6, poseen una propiedad clave: cada matriz de la sucesión es similar a la matriz anterior, y como la similaridad es una relación de equivalencia (ver anexo de álgebra lineal), entonces cada una de ellas es similar a la matriz inicial A. Por ejemplo, es fácil ver que

$$A_1 = R_0 Q_0 = Q_0^T A_0 Q_0 \text{ (ya que } Q_0^T A_0 = R_0)$$
$$A_2 = R_1 Q_1 = Q_1^T A_1 Q_1.$$

Por tanto, como $Q_k^T Q_k = I$ para todo k, A_1 es similar a $A_0 = A$, y A_2 es similar a A_1. En general, repitiendo este argumento se obtiene que A_{k+1} es similar a A_k, y por inducción todas las matrices en la sucesión son similares entre si y similares a la original A, y por tanto todas ellas tienen los mismos autovalores. Además, claramente se observa que la simetría se preserva de A_0 a A_1 y en general a todas las matrices A_k de la sucesión.

Bajo ciertas hipótesis se puede establecer que la sucesión $\{A_k\}$ converge a la matriz diagonal D de la factorización de Schur de A (ver por ejemplo [96, Capítulo 8] y también [91]), es decir, que en el límite las matrices A_k tienden a mostrar en su diagonal los autovalores de A. En otras palabras, cuando k tiende a infinito, cada uno de los elementos de la parte no diagonal de las matrices A_k debe tender a cero, es decir se debe cumplir que

$$\lim_{k \to \infty} \|A_{k+1} - diag(A_{k+1})\|_F = 0,$$

y esto justifica el criterio de parada del Algoritmo 7.6 en el paso 2.3. Nótese que en realidad, por simetría, es suficiente preguntar en el paso 2.3 si el tamaño del triangulo estricto inferior (o superior) de A_{k+1} es menor que la tolerancia $\varepsilon > 0$ para parar el proceso.

Vale recordar que la factorización QR de una matriz $n \times n$ requiere $O(n^3)$ flops, y por tanto cada iteración del Algoritmo 7.6 tiene un costo computacional de $O(n^3)$ flops, lo cual lo transforma en un proceso que sólo puede ser de uso práctico si n es pequeño. Afortunadamente, se puede hacer algo relativamente simple antes de empezar el proceso iterativo para transformar la matriz simétrica A en una matriz similar simétrica y tridiagonal T, y luego aplicar el método QR a la matriz T (ver Figura 7.1). La ventaja de usar esta versión del método QR en dos etapas es que la factorización QR de una matriz $n \times n$ simétrica y tridiagonal requiere sólo $O(n)$ flops, reduciendo de forma siginificativa el costo por iteración.

La factorización QR usando reflectores de Householder, descrito en el Capítulo 3, se puede extender para obtener $\widehat{Q}$ y T_0, tal que $T_0 = \widehat{Q}^T A \widehat{Q}$ donde T_0 es

Figura 7.1: Método QR en dos etapas

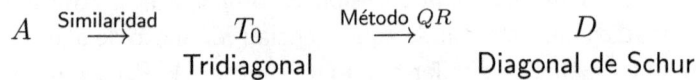

$$A \xrightarrow{\text{Similaridad}} \underset{\text{Tridiagonal}}{T_0} \xrightarrow{\text{Método } QR} \underset{\text{Diagonal de Schur}}{D}$$

simétrica y tridiagonal. Claramente, la matriz T_0 posee los mismos autovalores que la matriz A. La idea es premultiplicar de forma sucesiva la matriz A por transformaciones de Householder apropiadas, seguidas de post-multiplicaciones con las traspuestas de las mismas transformaciones. La matriz $\widehat{Q}$ se construye, de ser necesario, como el producto de $(n-2)$ reflectores de Householder que denotaremos por $\widehat{Q}_i$, $1 \leq i \leq n-2$:

- $\widehat{Q}_1$ se construye para crear ceros en la primera columna de A debajo de la entrada $(2,1)$, produciendo la matriz simétrica $\widehat{Q}_1 A \widehat{Q}_1^T = A^{(1)}$.

- $\widehat{Q}_2$ se construye para crear ceros en la segunda columna de $A^{(1)}$ debajo de la entrada $(3,2)$, produciendo la matriz simétrica $\widehat{Q}_2 A^{(1)} \widehat{Q}_2^T = A^{(2)}$.

- El proceso continua de forma similar por $(n-2)$ pasos.

Una Ilustración

Sea $n = 4$ (Sólo se necesitan dos pasos).

Paso 1.
$$\underset{A}{\begin{pmatrix} \times & \times & \times & \times \\ \times & \times & \times & \times \\ \times & \times & \times & \times \\ \times & \times & \times & \times \end{pmatrix}} \xrightarrow{\widehat{Q}_1} \underset{\widehat{Q}_1 A}{\begin{pmatrix} \times & \times & \times & \times \\ \times & \times & \times & \times \\ 0 & \times & \times & \times \\ 0 & \times & \times & \times \end{pmatrix}} \xrightarrow{\widehat{Q}_1^T} \underset{A^{(1)} = \widehat{Q}_1 A \widehat{Q}_1^T}{\begin{pmatrix} \times & \times & 0 & 0 \\ \times & \times & \times & \times \\ 0 & \times & \times & \times \\ 0 & \times & \times & \times \end{pmatrix}}$$

Paso 2.
$$\underset{A^{(1)}}{\begin{pmatrix} \times & \times & 0 & 0 \\ \times & \times & \times & \times \\ 0 & \times & \times & \times \\ 0 & \times & \times & \times \end{pmatrix}} \xrightarrow{\widehat{Q}_2} \underset{\widehat{Q}_2 A^{(1)}}{\begin{pmatrix} \times & \times & 0 & 0 \\ \times & \times & \times & \times \\ 0 & \times & \times & \times \\ 0 & 0 & \times & \times \end{pmatrix}} \xrightarrow{\widehat{Q}_2^T} \underset{T_0 = \widehat{Q}_2 A^{(1)} \widehat{Q}_2^T}{\begin{pmatrix} \times & \times & 0 & 0 \\ \times & \times & \times & 0 \\ 0 & \times & \times & \times \\ 0 & 0 & \times & \times \end{pmatrix}}$$

Nótese que los ceros creados por $\widehat{Q}_1$ no se destruyen al postmultiplicar por $\widehat{Q}_1^T$, y además se crean ceros de forma simétrica en la primera fila de la matriz resultante a la derecha de la entrada $(1,2)$. Esto se repite en los siguientes pasos del proceso.

La matriz final $\widehat{Q}$ se obtiene como

$$\widehat{Q} = \widehat{Q}_{n-2}\widehat{Q}_{n-3}\cdots\widehat{Q}_2\widehat{Q}_1.$$

La matriz $\widehat{Q}$ es ortogonal ya que es el producto de $(n-2)$ matrices de House-holder, y es fácil ver que

$$\widehat{Q}A\widehat{Q}^T = T_0.$$

Algoritmo 7.7 (Método QR en dos etapas).
Entrada: $A \in \mathbb{R}^{n\times n}$ simétrica, tolerancia $\varepsilon > 0$, y un entero positivo N.
Salida: Aproximación a la matriz D de la factorización de Schur.

Paso 1. Construir $\widehat{Q}$ ortogonal tal que $T_0 = \widehat{Q}^T A\widehat{Q}$ es tridiagonal
Paso 2. Desde $k = 0, 1, 2, \ldots$, hacer:
    2.1 Factorizar $T_k = Q_k R_k$
    2.2 Asignar $T_{k+1} = R_k Q_k$
    2.3 Parar si $\|T_{k+1} - diag(T_{k+1})\|_F < \varepsilon$ o si $k > N$.
Fin

Todas las matrices en la sucesión $\{T_k\}$, generadas por el Algoritmo 7.7, son similares y preservan la forma tridagonal. En el proceso de convergencia, cada elemento de la subdiagonal inferior, así como también de la subdiagonal superior, converge a cero. Sin embargo, la convergencia a cero de las subdiagonales puede ser muy lento, y una vez mas la escogencia apropiada de desplazamientos puede acelerar la convergencia.

Vamos a suponer que ya calculamos la matriz $T_0 = \widehat{Q}^T A\widehat{Q}$ simétrica y tridia-gonal. La idea es iterar ahora de la siguiente forma:

$$\text{Factorizar } T_k - \mu_k I = Q_k R_k,$$

$$\text{y luego asignar } T_{k+1} = R_k Q_k + \mu_k I,$$

donde el escalar μ_k aproxima algún autovalor de T_0. Nótese que esta forma de iterar implica que

$$T_{k+1} = Q_k^T T_k Q_k,$$

y por inducción se cumple que todas las matrices en la sucesión $\{T_k\}$ son similares entre si. El efecto de esta variante es desplazar temporalmente todos los autovalores de T_k por la misma cantidad μ_k, y luego los restablece a su lugar original para construir T_{k+1}. Si μ_k tiende a un autovalor de T_0, entonces pocas iteraciones del método QR con desplazamiento permiten visualizar sobre la diagonal de las matrices T_k ese particular autovalor.

Algoritmo 7.8 (Método QR en dos etapas con desplazamiento).
Entrada: $A \in \mathbb{R}^{n \times n}$ *simétrica, tolerancia* $\varepsilon > 0$, *y un entero positivo* N.
Salida: *Aproximación a la matriz* D *de la factorización de Schur.*

Paso 1. *Construir* $\widehat{Q}$ *ortogonal tal que* $T_0 = \widehat{Q}^T A \widehat{Q}$ *es tridiagonal.*
  Escoger $\mu_0 \in \mathbb{R}$.
Paso 2. *Desde* $k = 0, 1, 2, \ldots$, *hacer:*
  2.1 *Factorizar* $T_k - \mu_k I = Q_k R_k$
  2.2 *Asignar* $T_{k+1} = R_k Q_k + \mu_k I$, *y escoger* $\mu_{k+1} \in \mathbb{R}$
  2.3 *Parar si* $\|T_{k+1} - diag(T_{k+1})\|_F < \varepsilon$ *o si* $k > N$.
Fin

Una buena escogencia de $\mu_k \in \mathbb{R}$ para cada k, en el caso simétrico, es el elemento de la esquina inferior derecha de la matriz T_k. Esta escogencia relaciona el Algoritmo 7.8 con el método del cociente de Rayleigh (Algoritmo 7.5). Como consecuencia de esa relación, salvo muy pocas excepciones, la esquina inferior derecha de las matrices T_k converge q-cúbicamente al autovalor de menor módulo de T_0, que como sabemos coincide con el autovalor de menor módulo de A; ver [75, 91].

Veamos un ejemplo curioso donde la escogencia del desplazamiento descrita arriba no funciona. Consideremos la matriz simétrica

$$T_0 = \begin{pmatrix} 2 & 1 \\ 1 & 2 \end{pmatrix}$$

cuyos autovalores son 3 y 1. Supongamos que escogemos $\mu_0 = 2$, el elemento de la esquina inferior derecha de la matriz T_0. En ese caso,

$$T_0 - 2I = \begin{pmatrix} 0 & 1 \\ 1 & 0 \end{pmatrix}$$

la cual es una matriz ortogonal, y por ende, la factorización QR de $T_0 - 2I$ viene dada por $Q = T_0 - 2I$ y $R = I$. Por tanto, $T_1 = RQ + 2I = T_0$, y se concluye que el Algoritmo 7.8 deja fija a la matriz original T_0 en todas las iteraciones.

Ya que escoger como desplazamiento el elemento de la esquina inferior derecha de la matriz T_k falla en algunas ocasiones, una escogencia diferente, conocida como el desplazamiento de Wilkinson, se usa con frecuencia en la práctica. El desplazamiento de Wilkinson se define como el autovalor de la submatriz 2×2 de la esquina inferior derecha de T_k más cercano al elemento de la esquina inferior derecha de la misma matriz; y en caso de empate se escoge cualquiera de los dos. El cálculo de este desplazamiento es trivial ya que los autovalores de una matriz 2×2 se obtienen con facilidad como las raíces del polinomio característico, que en este caso es un polinomio de grado 2. El desplazamiento de Wilkinson también genera convergencia q-cúbica al autovalor de menor módulo de T_0, pero en la práctica tiende a funcionar mejor que el anterior; ver [75].

Una vez que un autovalor de T_0 ha sido identificado en la esquina inferior derecha de T_k para algún k finito, es decir si en alguna iteración del algoritmo el último elemento de la subdiagonal principal (superior o inferior) de T_k es suficientemente pequeño, entonces se puede continuar el Algoritmo 7.8 con la matriz de un orden menor que contiene las primeras $n-1$ filas y las primeras $n-1$ columnas de T_k. En efecto, para ese iterado k la matriz T_k es numéricamente diagonal en bloques y por ende los $n-1$ autovalores restantes a calcular son los autovalores del bloque superior izquierdo $(n-1) \times (n-1)$ de T_k. A partir de ese iterado, los desplazamientos del Algoritmo 7.8 se escogen observando la esquina inferior derecha de la matriz restante de orden $(n-1) \times (n-1)$. Continuando este proceso, en algún número finito de iteraciones se identifican todos los autovalores de A. En la práctica, la convergencia q-cúbica a cada autovalor por separado y de forma sistemática, implica que en suma se requiere mucho menos trabajo computacional al usar el Algoritmo 7.8 que al aplicar el Algoritmo 7.7 sin desplazamientos.

Ejemplo 7.4. *Consideramos una matriz T_0 simétrica y tridiagonal y aplicamos el Algoritmo 7.8 usando como desplazamiento el elemento de la esquina inferior derecha de la matriz T_k, para cada k. Los autovalores de la matriz T_0, con 4 decimales de precisión, son $3.7321, 2.0,$ y 0.2679.*

$$T = T_0 = \begin{pmatrix} 3 & 1 & 0 \\ 1 & 2 & 1 \\ 0 & 1 & 1 \end{pmatrix}$$

k = 0:

$$T_0 - T_{33}^{(0)} I = \begin{pmatrix} 2 & 1 & 0 \\ 1 & 1 & 1 \\ 0 & 1 & 0 \end{pmatrix} = Q_0 R_0$$

$$Q_0 = \begin{pmatrix} -0.8944 & 0.1826 & 0.4082 \\ -0.4472 & -0.3651 & -0.8165 \\ 0 & -0.9129 & 0.4082 \end{pmatrix}$$

$$R_0 = \begin{pmatrix} -2.2361 & -1.3416 & -0.4472 \\ 0 & -1.0954 & -0.3651 \\ 0 & 0 & -0.8165 \end{pmatrix}$$

$$T_1 = R_0 Q_0 + T_{33}^{(0)} I = \begin{pmatrix} 3.6000 & 0.4899 & 0 \\ 0.4899 & 1.7333 & 0.7454 \\ 0 & 0.7454 & 0.6667 \end{pmatrix}$$

k = 1:

$$T_1 - T_{33}^{(1)} I = Q_1 R_1$$

$$Q_1 = \begin{pmatrix} -0.9863 & 0.1307 & 0.1003 \\ -0.1647 & -0.7825 & -0.6004 \\ 0 & -0.6088 & 0.7934 \end{pmatrix}$$

$$R_1 = \begin{pmatrix} -2.9740 & -0.6589 & -0.1228 \\ 0 & -1.2244 & -0.5833 \\ 0 & 0 & -0.4475 \end{pmatrix}$$

$$T_2 = R_1 Q_1 + T_{33}^{(1)} I = \begin{pmatrix} 3.7085 & 0.2017 & 0 \\ 0.2017 & 1.9798 & 0.2724 \\ 0 & 0.2724 & 0.3116 \end{pmatrix}$$

k = 2:

$$T_2 - T_{33}^{(2)} I = Q_2 R_2$$

$$Q_2 = \begin{pmatrix} -0.9982 & 0.0585 & 0.0096 \\ -0.0593 & -0.9850 & -0.1623 \\ 0 & -0.1626 & 0.9867 \end{pmatrix}$$

$$R_2 = \begin{pmatrix} -3.4029 & -0.3002 & -0.0161 \\ 0 & -1.6757 & -0.2683 \\ 0 & 0 & -0.0442 \end{pmatrix}$$

$$T_3 = R_2 Q_2 + T_{33}^{(2)} I = \begin{pmatrix} 3.7263 & 0.0993 & 0 \\ 0.0993 & 2.0057 & 0.0072 \\ 0 & 0.0072 & 0.2680 \end{pmatrix}$$

El elemento $T_{33}^{(3)} = 0.2680$ es una aproximación al menor autovalor en módulo con 3 decimales de precisión. Con una iteración más obtendríamos una aproxi-

mación con 9 decimales de precisión. Más aún, se observa que los restantes elementos de la diagonal de T_3 ya son aproximaciones razonables a los dos restantes autovalores. Por esta razón, al continuar el algoritmo con la submatriz 2×2 superior izquierda, con muy pocas iteraciones el método QR con desplazamiento converge con muy buena precisión a todos los autovalores de T_0.

Vamos a cerrar esta sección con un comentario sobre la estabilidad del método QR con desplazamientos. Como es de esperarse al usar factorizaciones QR en cada iteración, el Algoritmo 7.8 es estable en retroceso. Es decir, usando aritmética punto flotante, el Algoritmo 7.8 produce la solución exacta de un problema levemente perturbado. Para ser más precisos, si la matriz T_0 simétrica y tridiagonal es diagonalizada con el Algoritmo 7.8, y si $\widehat{D}$ y $\widehat{Q}$ son las matrices obtenidas con aritmética punto flotante, entonces existe una matriz E tal que

$$\widehat{Q}\widehat{D}\widehat{Q}^T = T_0 + E,$$

donde $\|E\|/\|T_0\| = O(\mu)$ y μ es el epsilon de la máquina; ver [91].

7.4 Método Divide y Vencerás

El método Divide y Vencerás se fundamenta en una subdivisión recursiva conveniente del problema de autovalores y autovectores, de una matriz simétrica y tridiagonal T, en varios problemas de dimensión menor. El método se propone originalmente en 1981 [20], sin embargo, las implementaciones eficientes se desarrollan varios años más tarde [43], en especial cuando se ejecuta en arquitecturas paralelas [31]. Para problemas de dimensión intermedia es el método más rápido conocido si se desean calcular todos los autovalores y todos los autovectores de la matriz T.

Comenzamos por ilustrar el primer nivel de recursividad. Sea

$$T = \begin{pmatrix} a_1 & b_1 & & & & & \\ b_1 & \ddots & \ddots & & & 0 & \\ & \ddots & a_{k-1} & b_{k-1} & & & \\ & & b_{k-1} & a_k & b_k & & \\ - & - & - & - & - & - & - \\ & & & b_k & a_{k+1} & b_{k+1} & \\ & 0 & & & b_{k+1} & \ddots & \ddots \\ & & & & & \ddots & b_{n-1} \\ & & & & & b_{n-1} & a_n \end{pmatrix}. \tag{7.2}$$

Nótese que si

$$\widehat{T} = \left(\begin{array}{ccccccc} a_1 & b_1 & & & | & & \\ b_1 & \ddots & \ddots & & | & & \\ & \ddots & a_{k-1} & b_{k-1} & | & & \\ & & b_{k-1} & a_k - b_k & | & 0 & \\ \hline & & & 0 & | a_{k+1} - b_k & b_{k+1} & \\ & & & & | b_{k+1} & \ddots & \ddots \\ & & & & | & \ddots & b_{n-1} \\ & & & & | & b_{n-1} & a_n \end{array}\right),$$

entonces T se puede escribir como

$$T = \widehat{T} + \rho v v^T = \left(\begin{array}{cc} T_1 & 0 \\ 0 & T_2 \end{array}\right) + \rho v v^T$$

donde $v = e_k + e_{k+1}$, $\rho = b_k$, e_j representa en general el j-ésimo vector canónico, y se definen

$$T_1 = \left(\begin{array}{ccccc} a_1 & b_1 & & & 0 \\ b_1 & \ddots & \ddots & & \\ & \ddots & a_{k-1} & b_{k-1} & \\ 0 & & b_{k-1} & a_k - b_k \end{array}\right) \qquad (7.3)$$

$$T_2 = \left(\begin{array}{ccccc} a_{k+1} - b_k & b_{k+1} & & & 0 \\ b_{k+1} & \ddots & \ddots & & \\ & \ddots & \ddots & b_{n-1} \\ 0 & & b_{n-1} & a_n \end{array}\right). \qquad (7.4)$$

Como T_1 y T_2 son matrices simétricas y tridiagonales, podemos obtener matrices ortogonales Q_1 y Q_2 tales que

$T_1 = Q_1 D_1 Q_1^T$, y $T_2 = Q_2 D_2 Q_2^T$, donde D_1 y D_2 son matrices diagonales.

Por tanto

$$T = \left(\begin{array}{cc} Q_1 & 0 \\ 0 & Q_2 \end{array}\right) \left[\left(\begin{array}{cc} D_1 & 0 \\ 0 & D_2 \end{array}\right) + b_k u u^T\right] \left(\begin{array}{cc} Q_1^T & 0 \\ 0 & Q_2^T \end{array}\right)$$

donde

$$u = \begin{pmatrix} Q_1^T & 0 \\ 0 & Q_2^T \end{pmatrix} v. \tag{7.5}$$

Como la matriz diagonal en bloques con bloques diagonales Q_1 y Q_2 es claramente ortogonal, se deduce entonces que los autovalores de T coinciden con los autovalores de

$$\hat{D} = D + \rho u u^T, \tag{7.6}$$

donde D viene dada por

$$D = \begin{pmatrix} D_1 & 0 \\ 0 & D_2 \end{pmatrix},$$

y $\rho = b_k$. La recursividad del proceso radica en que la diagonalización de las matrices T_1 y T_2 se puede obtener simultáneamente y en paralelo, usando a su vez la misma idea aplicada a la original matriz T.

Nos concentramos ahora en cómo obtener los autovalores y autovectores de la perturbación de rango uno de una matriz diagonal: $\hat{D} = D + \rho u u^T$. Comenzamos por observar que para cualesquiera vectores x y z, $\det(I + xz^T) = 1 + z^T x$. En efecto, los autovalores de la matriz $I + xz^T$ son los números $1 + z^T x$ y el 1, este último repetido $(n-1)$ veces. Supongamos ahora que la matriz $D - \lambda I$ es no singular, y escribamos el polinomio característico de interés:

$$\det(\hat{D} - \lambda I) = \det(D + \rho u u^T - \lambda I) = \det[(D - \lambda I)(I + \rho(D - \lambda I)^{-1} u u^T)].$$

Como $D - \lambda I$ es no singular, queremos que $\det(I + \rho(D - \lambda I)^{-1} u u^T) = 0$. Ahora bien, usando la observación anterior

$$\det(I + \rho(D - \lambda I)^{-1} u u^T) = 1 + \rho u^T (D - \lambda I)^{-1} u = 1 + \rho \sum_{i=1}^{n} \frac{u_i^2}{d_i - \lambda},$$

y obtenemos que los autovalores de $(D + \rho u u^T)$ son las raíces de (7.7)

$$f(\lambda) = 1 + \rho \sum_{i=1}^{n} \frac{u_i^2}{d_i - \lambda}, \tag{7.7}$$

que se conoce como la ecuación secular.

Nótese que los polos (denominador igual a cero) de $f(\lambda)$ son los autovalores de D, y las raíces de $f(\lambda)$ son los autovalores de $D + \rho u u^T$. Si graficamos $f(\lambda)$ observaríamos que en los polos, $\lambda = d_i$, tendríamos asíntotas verticales. Por otro lado,

$$f'(\lambda) = -\rho \sum_{i=1}^{n} \frac{u_i^2}{(d_i - \lambda)^2},$$

y por tanto la función $f(\lambda)$ es estrictamente monótona entre cada dos polos consecutivos. Concluímos entonces que existe una raíz en cada intervalo (d_i, d_{i+1}). Más aún, $f(\lambda) \to 1$ cuando $\lambda \to \pm\infty$, y entonces existe otra raíz mayor que d_n si $\rho > 0$, y menor que d_1 si $\rho < 0$. Esto completa las n raíces.

Al conocer explícitamente la derivada de la función secular, es muy conveniente usar el Método de Newton (en paralelo) para calcular esas n raíces; para los detalles ver [26]. Para estimar los autovectores basta considerar el siguiente resultado, cuya demostración queda como ejercicio.

Lema 7.9. *Si γ es un autovalor de $D + \rho uu^T$, entonces*

$$(D - \gamma I)^{-1}u \tag{7.8}$$

es su correspondiente autovector.

Algoritmo 7.10 (Divide y Vencerás).
Entrada: *Los vectores a y b de la matriz T como en (7.2).*
Salida: *Autovalores y autovectores aproximados de T.*
Paso 1. *Construir*

$$T = \begin{pmatrix} T_1 & 0 \\ 0 & T_2 \end{pmatrix} + b_k vv^T$$

donde T_1 y T_2 están definidas en (7.3) y (7.4).
Paso 2. *Encontrar matrices ortogonales Q_1 y Q_2 tales que $Q_1^T T_1 Q_1 = D_1$ y $Q_2^T T_2 Q_2 = D_2$, donde D_1 y D_2 son matrices diagonales.*
Paso 3. *Construir*
$D = \mathrm{diag}(D_1, D_2) = \mathrm{diag}(d_1 \ldots d_n)$ *y* $u = \mathrm{diag}(Q_1^T, Q_2^T)v$.
Paso 4. *Calcular los autovalores de T resolviendo la ecuación secular (7.7):*

$$f(\lambda) = 1 + \rho \sum_{j=i}^{n} \frac{u_j^2}{d_j - \lambda} = 0$$

y calcular los autovectores de $D + \rho uu^T$ mediante (7.5).
Paso 4. *Obtener los autovectores de T: Si Q' es la matriz de autovectores de $D + \rho uu^T$, entonces los autovectores de T vienen dados por*

$$\begin{pmatrix} Q_1 & 0 \\ 0 & Q_2 \end{pmatrix} Q'$$

7.5 Extensiones al caso no simétrico

En esta sección estudiaremos brevemente las extensiones de algunos de los métodos vistos hasta ahora para estimar autovalores y autovectores, cuando la matriz dada $A \in \mathbb{R}^{n \times n}$ es no simétrica. Dos de las diferencias importantes son que en el caso no simétrico los autovalores pueden ser números complejos, y que en general los autovectores no se pueden escoger ortogonales entre si.

Método de las potencias

Sea $A \in \mathbb{R}^{n \times n}$ con autovectores linealmente independientes $v_1, v_2 \dots, v_n$ todos ellos en $\mathbb{C}^n$, y con sus correspondientes autovalores $\lambda_i \in \mathbb{C}$ tales que

$$|\lambda_1| > |\lambda_2| \geq |\lambda_3| \geq \dots \geq |\lambda_n|,$$

es decir, $Av_i = \lambda_i v_i$ para todo i, y λ_1 es el autovalor dominante de A.

El método de las potencias (Algoritmo 7.1), el método de las potencias inverso (Algoritmo 7.3), el método de las potencias inverso y con desplazamiento (Algoritmo 7.4), y el método del cociente de Rayleigh (Algoritmo 7.5) permanecen igual que en el caso simétrico, salvo que la función cociente de Rayleigh $\sigma : \mathbb{C}^n \to \mathbb{C}$, en estos casos, se define como

$$\sigma(x) = \frac{x^* A x}{x^* x},$$

donde x^* representa la traspuesta conjugada del vector $x \in \mathbb{C}^n$. Vale destacar que la función $\sigma(x)$ conserva las propiedades mencionadas arriba para el caso simétrico; ver anexo de álgebra lineal. Como consecuencia, el **Paso 2.3** en los 4 algoritmos arriba mencionados se sustituye por **2.3:** Calcular $\sigma_k = x_k^* A x_k$.

En relación a los posibles desplazamientos (estáticos o dinámicos), si se escogen como números reales entonces acelerarán la convergencia a autovalores reales. Si usamos aritmética punto flotante compleja, y se escogen desplazamientos complejos, entonces se puede acelerar la convergencia a cualquier autovalor de A. El Teorema 7.2 sigue siendo válido en el caso no simétrico, ya que se puede observar que su demostración no usa la ortogonalidad de los autovectores, sino apenas que ellos forman un conjunto linealmente independiente. Por propiedades de la función cociente de Rayleigh, la convergencia del método del cociente de Rayleigh (Algoritmo 7.5) a algún autovalor particular, en el caso no simétrico, es q-cuadrática en lugar de q-cúbica como en el caso simétrico; ver [75].

Método QR

Recordemos del caso simétrico que la idea fundamental del método QR es usar de forma iterativa la factorización QR discutida en el Capítulo 3, para generar una sucesión de transformaciones de similaridad que converge a la factorización de Schur de A. Ahora bien, en el caso no simétrico, el Teorema de Schur garantiza que existe una matriz unitaria U y una matriz T triangular superior tal que:

$$A = UTU^*,$$

donde las entradas de la diagonal de T son los autovalores de A, y las columnas de U son los autovectores correspondientes normalizados; ver anexo de álgebra lineal.

Vale destacar que aún cuando A tiene entradas reales, puede tener autovalores complejos en pares conjugados y la matriz U posee entradas complejas. Sin embargo, cuando A posee entradas reales siempre se puede llevar a través de operaciones ortogonales de similaridad a una matriz casi-triangular, de donde se pueden obtener con facilidad sus autovalores. Este resultado es de importancia, desde un punto de vista práctico, ya que permite trabajar con aritmética punto flotante real.

Teorema 7.11 (Teorema de Schur real). *Sea $A \in \mathbb{R}^{n \times n}$. Entonces existen $Q \in \mathbb{R}^{n \times n}$ ortogonal y $T \in \mathbb{R}^{n \times n}$ triangular superior en bloques tal que*

$$Q^T A Q = T = \begin{pmatrix} T_{11} & T_{12} & \cdots & T_{1k} \\ 0 & T_{22} & \cdots & T_{2k} \\ \vdots & & \ddots & \vdots \\ 0 & 0 & \cdots & T_{kk} \end{pmatrix}$$

donde cada T_{ii} es o un escalar (autovalor de A) o una matriz 2×2, cuyos autovalores son un par conjugado de autovalores de A.

La aplicación del método QR (Algoritmo 7.6) al caso no simétrico, produce una sucesión de matrices que converge a la factorización de Schur real. Para ser precisos, bajo ciertas hipótesis se puede establecer que la sucesión $\{A_k\}$ generada por el método QR converge a la matriz triangular en bloques T de la factorización de Schur real de A; ver [26, 91, 96]. Una diferencia clave es el criterio de parada que en el caso no simétrico debe detectar cuando la norma del triángulo inferior en bloques de las matrices A_k (descrito en el Teorema 7.11) es suficientemente pequeño.

Para reducir el costo computacional del método QR, se puede transformar primero la matriz A en una matriz similar H_0 que posea forma de Hessenberg superior (una matriz con ceros debajo de la primera subdiagonal principal, es decir, con entradas cero en la posición i, j si $i > j + 1$), y luego aplicar el método QR a la matriz H_0. La ventaja de usar esta versión del método QR en dos etapas es que la factorización QR de una matriz $n \times n$ con forma de Hessenberg requiere sólo $O(n^2)$ flops, reduciendo el costo por iteración.

Al igual que en el caso simétrico, la factorización QR usando reflectores de Householder, descrito en el Capítulo 3, se puede extender para obtener $\widehat{Q}$ y H_0, tal que $H_0 = \widehat{Q}^T A \widehat{Q}$ donde H_0 posea forma de Hessenberg superior. Claramente, la matriz H_0 posee los mismos autovalores que la matriz A. La idea es premultiplicar de forma sucesiva la matriz A por transformaciones de Householder apropiadas, seguidas de post-multiplicaciones con las traspuestas de las mismas transformaciones. La matriz $\widehat{Q}$ se construye, de ser necesario, como el producto de $(n - 2)$ reflectores de Householder que denotaremos por $\widehat{Q}_i$, $1 \le i \le n - 2$. Veamos una ilustración para $n = 4$, en cuyo caso sólo se necesitan dos pasos.

Paso 1. $\begin{pmatrix} \times & \times & \times & \times \\ \times & \times & \times & \times \\ \times & \times & \times & \times \\ \times & \times & \times & \times \end{pmatrix} \xrightarrow{\widehat{Q}_1} \begin{pmatrix} \times & \times & \times & \times \\ \times & \times & \times & \times \\ 0 & \times & \times & \times \\ 0 & \times & \times & \times \end{pmatrix} \xrightarrow{\widehat{Q}_1^T} \begin{pmatrix} \times & \times & \times & \times \\ \times & \times & \times & \times \\ 0 & \times & \times & \times \\ 0 & \times & \times & \times \end{pmatrix}$

$\qquad\qquad\qquad A \qquad\qquad\qquad\qquad \widehat{Q}_1 A \qquad\qquad\qquad A^{(1)} = \widehat{Q}_1 A \widehat{Q}_1^T$

Paso 2. $\begin{pmatrix} \times & \times & \times & \times \\ \times & \times & \times & \times \\ 0 & \times & \times & \times \\ 0 & \times & \times & \times \end{pmatrix} \xrightarrow{\widehat{Q}_2} \begin{pmatrix} \times & \times & \times & \times \\ \times & \times & \times & \times \\ 0 & \times & \times & \times \\ 0 & 0 & \times & \times \end{pmatrix} \xrightarrow{\widehat{Q}_2^T} \begin{pmatrix} \times & \times & \times & \times \\ \times & \times & \times & \times \\ 0 & \times & \times & \times \\ 0 & 0 & \times & \times \end{pmatrix}$

$\qquad\qquad\qquad A^{(1)} \qquad\qquad\qquad\qquad \widehat{Q}_2 A^{(1)} \qquad\qquad\qquad H_0 = \widehat{Q}_2 A^{(1)} \widehat{Q}_2^T$

Nótese que los ceros creados por $\widehat{Q}_1$ no se destruyen al postmultiplicar por $\widehat{Q}_1^T$. Esto se repite en los siguientes pasos del proceso. La matriz final $\widehat{Q}$ se obtiene como

$$\widehat{Q} = \widehat{Q}_{n-2} \widehat{Q}_{n-3} \cdots \widehat{Q}_2 \widehat{Q}_1.$$

La matriz $\widehat{Q}$ es ortogonal ya que es el producto de $(n - 2)$ matrices de Householder, y es fácil ver que

$$\widehat{Q} A \widehat{Q}^T = H_0.$$

Algoritmo 7.12 (Método QR en dos etapas).
Entrada: $A \in \mathbb{R}^{n \times n}$ *y un entero positivo* N.
Salida: *Aproximación a la matriz* T *de la factorización de Schur real.*

Paso 1. *Construir* $\widehat{Q}$ *ortogonal tal que* $H_0 = \widehat{Q}^T A \widehat{Q}$ *es de Hessenberg*

Paso 2. *Desde* $k = 0, 1, 2, \ldots$, *hacer:*
    2.1 *Factorizar* $\quad H_k = Q_k R_k$
    2.2 *Asignar* $\quad H_{k+1} = R_k Q_k$
    2.3 *Parar si se cumple algún criterio de convergencia o si* $k > N$.
Fin

El criterio de parada natural del método QR en el caso no simétrico (**Paso 2.3** del Algoritmo 7.12) es que la norma del triángulo inferior en bloques de la matriz H_{k+1}, descrito en el Teorema 7.11, sea menor que una cierta tolerancia dada, sin embargo otros criterios especializados se pueden considerar en las variantes con desplazamientos que discutiremos ahora. En efecto, como se discutió en el caso simétrico, también en el caso no simétrico la escogencia apropiada de desplazamientos, que aproximen algún autovalor en especial, puede acelerar la convergencia del método QR.

Algoritmo 7.13 (Método QR en dos etapas con desplazamiento).
Entrada: $A \in \mathbb{R}^{n \times n}$ *y un entero positivo* N.
Salida: *Aproximación a la matriz* T *de la factorización de Schur real.*

Paso 1. *Construir* $\widehat{Q}$ *ortogonal tal que* $H_0 = \widehat{Q}^T A \widehat{Q}$ *es de Hessenberg*
    Escoger $\mu_0 \in \mathbb{R}$.
Paso 2. *Desde* $k = 0, 1, 2, \ldots$, *hacer:*
    2.1 *Factorizar* $\quad H_k - \mu_k I = Q_k R_k$
    2.2 *Asignar* $\quad H_{k+1} = R_k Q_k + \mu_k I$, *y escoger* $\mu_{k+1} \in \mathbb{R}$
    2.3 *Parar si se cumple algún criterio de convergencia o si* $k > N$.
Fin

Como en el caso simétrico, una escogencia válida de $\mu_k \in \mathbb{R}$ para cada k es el elemento de la esquina inferior derecha de la matriz H_k. Ahora bien, como los elementos $H_{nn}^{(k)}$ son siempre números reales, esta escogencia del desplazamiento sólo es útil para aproximar autovalores reales. En el caso no simétrico la matriz A tiene autovalores complejos en pares conjugados. Así que para aproximar un par de autovalores complejos conjugados, esta escogencia se puede modificar como sigue, lo cual se conoce con el nombre de doble desplazamiento. Sean μ_k y $\overline{\mu_k}$ dos desplazamientos dados (pares conjugados). Entonces una iteración típica del método QR con doble desplazamiento viende dada por

$$H_k - \mu_k I = Q_k R_k, \qquad H_{k+1} = R_k Q_k + \mu_k I$$
$$H_{k+1} - \overline{\mu_k} I = Q_{k+1} R_{k+1}, \quad H_{k+2} = R_{k+1} Q_{k+1} + \overline{\mu_k} I$$

Ejemplo 7.5. *Consideremos una matriz H_0 con forma de Hessenberg superior:*

$$H_0 = H = \begin{pmatrix} 1 & 2 & 2 \\ 0 & 0 & 1 \\ 0 & -1 & 0 \end{pmatrix}$$
$$\mu_0 = i, \quad \overline{\mu_0} = -i$$

$H_0 - \mu_0 I = Q_0 R_0$:

$$Q_0 = \begin{pmatrix} -1 & 0 & 0 \\ 0 & -0.7071 & -0.7071i \\ 0 & 0.7071i & 0.7071 \end{pmatrix}$$

$$R_0 = \begin{pmatrix} -1+i & -2 & -2 \\ 0 & 1.4142i & -1.4142 \\ 0 & 0 & 0 \end{pmatrix}$$

$$H_1 = R_0 Q_0 + \mu_0 I = \begin{pmatrix} 1 & 1.4142 - 1.4142i & -1.4142 + 1.4142i \\ 0 & -i & 0 \\ 0 & 0 & i \end{pmatrix}$$

$H_1 - \overline{\mu_0} I = Q_1 R_1$:

$$Q_1 = \begin{pmatrix} -0.7071 - 0.7071i & 0 & 0 \\ 0 & -i & 0 \\ 0 & 0 & -i \end{pmatrix}$$

$$R_1 = \begin{pmatrix} -1.4142 & 2i & -2i \\ 0 & 0 & 0 \\ 0 & 0 & -2 \end{pmatrix}$$

$$H_2 = R_1 Q_1 + \overline{\mu_0} I = \begin{pmatrix} 1 & 2 & -2 \\ 0 & -i & 0 \\ 0 & 0 & i \end{pmatrix}$$

Por tanto, los autovalores de H_2, y por ende de H_0, son $1, i$ y $-i$.

EJERCICIOS del Capítulo 7

7.1 Suponga que la suma por filas de una matriz $n \times n$ tiene el mismo valor, digamos β. Demuestre que β es un autovalor de A, y consiga su autovector asociado.

7.2 Sea A una matriz cuadrada $n \times n$, m un entero positivo, y λ_i los autovalores de A, $1 \leq i \leq n$. Demuestre que

$$tr(A^m) = \lambda_1^m + \lambda_2^m + \cdots + \lambda_n^m$$

7.3 Establezca que si A o B es no singular, entonces $I - AB$ tiene los mismos autovalores que $I - BA$.

7.4 Sea A una matriz cuadrada $n \times n$. Establezca que si λ es autovalor de A y P es un polinomio, entonces $P(\lambda)$ es autovalor de $P(A)$.

7.5 Explique la velocidad lenta de convergencia del método de las potencias con las siguientes matrices:

(a) $A = \begin{pmatrix} 3 & 2 & 3 \\ 0 & 2.9 & 1 \\ 0 & 0 & 1 \end{pmatrix}$,   (b) $A = \begin{pmatrix} 1 & 0 & 0 \\ 1 & 10 & 0 \\ 1 & 1 & 9.8 \end{pmatrix}$

Seleccione un desplazamiento apropiado μ, y aplique el método de las potencias inverso con desplazamiento para observar mejoría en la velocidad de convergencia.

7.6 Aplique 3 iteraciones del método QR con desplazamiento simple (esquina inferior derecha) a cada una de las siguientes matrices y observe la forma de converger, o de no converger, de la subdiagonal principal.

(i) $A = \begin{pmatrix} 1 & 2 & 0 \\ 2 & 3 & 4 \\ 0 & 4 & 1 \end{pmatrix}$,   (ii) $A = \begin{pmatrix} 4 & 5 & 6 \\ 1 & 0 & 1 \\ 0 & -2 & 2 \end{pmatrix}$

7.7 Sea $A \in \mathbb{R}^{3 \times 3}$ una matriz simétrica con autovalores $\lambda_1 > \lambda_2 > \lambda_3 > 0$, y sean v_1, v_2, v_3 los correspondientes autovectores ortonormales de A. Defina el vector $z_0 = (v_2 + v_3)/\|v_2 + v_3\|_2$, y considere la sucesión $\{z_k\}$ generada por

$$z_{k+1} = \frac{(A - \sigma I)z_k}{\|(A - \sigma I)z_k\|_2} .$$

a) ¿A qué vector en $\mathbb{R}^3$ converge la sucesión $\{z_k\}$ si $\sigma = 0$?
b) ¿A qué vector converge la sucesión $\{z_k\}$ si $\sigma = 0.2\lambda_3 + 0.8\lambda_2$?
Justifique su respuesta en ambos casos.

7.8 En la factorización QR de una matriz simétrica y tridiagonal A, ¿Qué entradas de R son en general no cero?, ¿Cuáles de la matriz Q? Demuestre que la estructura tridiagonal se recupera cuando efectuamos el producto RQ. Comente la relación de este hecho con el método QR.

7.9 Demuestre que si A es una matriz de Hessenberg y T es triangular superior, entonces AT y TA son matrices de Hessenberg. Comente la importancia de este resultado en el método QR.

7.10 Establezca el Lema 7.9.

7.11 Sea $A = D + \rho ee^t$ donde $D = diag(d_i)$ es diagonal, y e es un vector de ceros menos en $e_k = e_{k+1} = 1$. Si $d_k = d_{k+1}$ establezca que $d_k + 2\rho$ es autovalor de A. Explique como sacar ventaja de este resultado al usar el método Divide y Vencerás.

CAPÍTULO

8

DIFERENCIACIÓN E INTEGRACIÓN NUMÉRICA

En este capítulo presentaremos y analizaremos algoritmos para resolver dos problemas clásicos del análisis numérico como son la diferenciación y la integración aproximadas. En ambos casos, las técnicas de interpolación polinomial, discutidas en el Capítulo 5, serán muy útiles. Para el problema de integración, la idea básica será aproximar la integral de la función en un intervalo, mediante la integral del polinomio de interpolación en dicho intervalo.

8.1 Diferenciación numérica

Nos interesa aproximar en un punto las derivadas de una función para la cual sólo conocemos sus valores en un número finito de puntos.

Problema de diferenciación numérica

Dados los valores funcionales $f(x_0)$, $f(x_1)$, ..., $f(x_n)$, en los puntos x_0, x_1, ..., x_n en $[a, b]$, de una función suficientemente suave $f(x)$ la cual no conocemos de forma explícita, encontrar valores aproximados de $f'(x)$, $f''(x)$, y derivadas de mayor orden para $a < x < b$.

La derivada de f en x se define como:

$$f'(x) = \lim_{h \to 0} \frac{f(x+h) - f(x)}{h}.$$

Por tanto, un primer intento de aproximar a $f'(x)$ es

$$f'(x) \approx \frac{f(x+h) - f(x)}{h}, \tag{8.1}$$

para algún $h > 0$ razonablemente pequeño. Nótese que esta aproximación es la pendiente de la recta secante (polinomio de grado uno) que pasa por los puntos $(x, f(x))$ y $(x+h, f(x+h))$. Otra forma de obtener esta aproximación es mediante el uso del desarrollo polinomial de Taylor de segundo orden:

$$f(x+h) = f(x) + hf'(x) + \frac{h^2}{2} f''(\xi), \tag{8.2}$$

donde ξ es un punto en el intervalo abierto $(x, x+h)$. La igualdad (8.2) determina

$$\frac{f(x+h) - f(x)}{h} = f'(x) + \frac{h}{2} f''(\xi),$$

y obtenemos que la fórmula (8.1) aproxima la primera derivada de f en x con un error $O(h)$ que viene acotado por

$$\left| \frac{h}{2} f''(\xi) \right| \leq \frac{C_2}{2} h,$$

donde introducimos la notación

$$C_j = \max_{a \leq x \leq b} |f^{(j)}(x)|,$$

para $j \in \mathbb{N}$. Nótese que el error involucra el término $f''(\xi)$ y entonces la fórmula (8.1) es exacta para polinomios de grado menor o igual a uno (rectas).

Podemos conseguir fórmulas más precisas si además conocemos el valor de f en el punto $(x - h)$. En efecto, supongamos que f es tres veces continuamente diferenciable en un entorno de x y consideremos los desarrollos polinomiales de Taylor

$$f(x+h) = f(x) + hf'(x) + \frac{h^2}{2}f''(x) + \frac{h^3}{6}f'''(\xi) \qquad (8.3)$$

y

$$f(x-h) = f(x) - hf'(x) + \frac{h^2}{2}f''(x) - \frac{h^3}{6}f'''(\psi). \qquad (8.4)$$

Restando (8.3) y (8.4), y dividiendo por $2h$ se obtiene

$$\frac{f(x+h) - f(x-h)}{2h} = f'(x) + \frac{h^2}{12}(f'''(\xi) + f'''(\psi)) = f'(x) + \frac{h^2}{6}f'''(\eta),$$

donde estamos aplicando el Teorema de los valores intermedios, que mostramos más abajo; ver [2]. De la expresión anterior obtenemos que la fórmula

$$f'(x) \approx \frac{f(x+h) - f(x-h)}{2h}, \qquad (8.5)$$

aproxima la primera derivada de f en x con un error $O(h^2)$ que viene acotado por

$$\left| \frac{h^2}{6}f'''(\eta) \right| \leq \frac{C_3}{6}h^2.$$

En este caso, el error involucra el término $f'''(\eta)$ y entonces la fórmula (8.5) es exacta para polinomios de grado menor o igual a dos.

Teorema 8.1 (Teorema de los valores intermedios). *Sea*
(i) $f(x)$ una función continua en $[a,b]$,
(ii) $x_1, x_2, \ldots, x_n$, n puntos en $[a,b]$,
(iii) $c_1, c_2, \ldots, c_n$, n números reales todos con el mismo signo.
Entonces

$$\sum_{i=1}^{n} f(x_i)c_i = f(c) \sum_{i=1}^{n} c_i, \qquad \text{para algún } c \in [a,b].$$

Ejemplo 8.1. *Dada la siguiente tabla de valores de f, donde $f(x) = x \ln x$:*

x	$f(x)$
1	0
2	1.3863
3	3.2958

aproximemos $f'(2)$ mediante las fórmulas (8.1) y (8.5). Nótese que $f'(x) = 1 + \ln x$ y $f'(2) = 1 + \ln 2 = 1.6931$. En este ejemplo, $x = 2, h = 1, x + h = 3$.

Usando (8.1), $f'(x) \approx \frac{f(x+h)-f(x)}{h} = \frac{f(3)-f(2)}{1} = 1.9095$.

Error absoluto: $|(1 + \ln 2) - 1.9095| = |1.6931 - 1.9095| = 0.2164$.

Usando (8.5), $\frac{f(x+h)-f(x-h)}{2h} = \frac{f(3)-f(1)}{2} = \frac{3.2958}{2} = 1.6479$.

Error absoluto: $|1.6931 - 1.6479| = 0.0452$.

De forma similar, se pueden encontrar fórmulas de aproximación para las derivadas de orden mayor. Por ejemplo, consideremos los desarrollos de Taylor

$$f(x + h) = f(x) + hf'(x) + \frac{h^2}{2}f''(x) + \frac{h^3}{6}f'''(x) + \frac{h^4}{24}f^{(iv)}(\xi) \qquad (8.6)$$

y

$$f(x - h) = f(x) - hf'(x) + \frac{h^2}{2}f''(x) - \frac{h^3}{6}f'''(x) + \frac{h^4}{24}f^{(iv)}(\psi). \qquad (8.7)$$

Sumando (8.6) y (8.7), y dividiendo por h^2 se obtiene

$$\frac{f(x + h) - 2f(x) + f(x - h)}{h^2} = f''(x) + \frac{h^2}{24}(f^{(iv)}(\xi) + f^{(iv)}(\psi))$$
$$= f''(x) + \frac{h^2}{12}f^{(iv)}(\eta),$$

donde de nuevo estamos aplicando el Teorema de los valores intermedios. De la expresión anterior obtenemos que la fórmula

$$f''(x) \approx \frac{f(x + h) - 2f(x) + f(x - h)}{h^2}, \qquad (8.8)$$

aproxima la segunda derivada de f en x con un error $O(h^2)$ que viene acotado por

$$\left| \frac{h^2}{12}f^{(iv)}(\eta) \right| \leq \frac{C_4}{12}h^2.$$

En este caso, el error involucra el término $f^{(iv)}(\eta)$ y entonces la fórmula (8.8) es exacta para polinomios de grado menor o igual a tres.

Fórmulas que involucren tres o más puntos cuyos valores de f sean conocidos, así como su cota del error, se pueden conseguir repitiendo el procedimiento indicado hasta ahora, basado en los desarrollos de Taylor hasta un término conveniente. Presentamos, sin mostrar los detalles, dos ejemplos de interés:

$$f'(x) = \frac{-3f(x) + 4f(x+h) - f(x+2h)}{2h} + \frac{h^2}{3}f'''(\eta),$$

$$f'(x) = \frac{f(x-2h) - 8f(x-h) + 8f(x+h) - f(x+2h)}{12h} + \frac{h^4}{30}f^{(v)}(\eta).$$

Extrapolación de Richardson para aproximar derivadas

La técnica de extrapolación de Richardson[1] es una excelente idea general para obtener aproximaciones de mayor precisión, combinando dos aproximaciones de menor precisión. En el caso de diferenciación numérica, la idea consiste en combinar dos esquemas de aproximación con el mismo orden de error, para obtener una fórmula de aproximación con un error de orden superior. Vamos a ilustrar esta técnica general para obtener una aproximación a la primera derivada en un punto con un error $O(h^4)$, combinando dos fórmulas de aproximación que poseen ambas un error $O(h^2)$.

La fórmula (8.5) de diferencia centrada para aproximar $f'(x)$ se puede obtener combinando desarrollos de Tayor del tipo (8.6) y (8.7) pero agregando en ambas expansiones un término mas, y en ese caso tenemos

$$f'(x) = \left[\frac{f(x+h) - f(x-h)}{2h} \right] - \frac{f'''(x)}{3!}h^2 + O(h^4). \tag{8.9}$$

Ahora bien, si aproximamos $f'(x)$ con esta misma fórmula pero usando $\frac{h}{2}$ en lugar de h, obtenemos

$$f'(x) = \left[\frac{f(x+\frac{h}{2}) - f(x-\frac{h}{2})}{h} \right] - \frac{f'''(x)}{4 \cdot 3!}h^2 + O(h^4). \tag{8.10}$$

Nótese que ambas fórmulas de aproximación, (8.9) y (8.10), poseen un error $O(h^2)$. Sin embargo, estas dos aproximaciones se pueden combinar con

---

[1]En honor a Lewis Fry Richardson (1881-1953) matemático, físico y meteorólogo inglés. Fue pionero en las técnicas de modelación matemática de la predicción del tiempo atmosférico.

un costo adicional insignificante para obtener una mejor fórmula. En efecto, multiplicando (8.10) por 4, y luego restando (8.9) y dividiendo por 3, se obtiene

$$f'(x) = \frac{1}{3}\left[4\frac{f(x+\frac{h}{2}) - f(x-\frac{h}{2})}{h} - \frac{f(x+h) - f(x-h)}{2h}\right] + O(h^4).$$

Esta nueva aproximación a $f'(x)$ tiene un error $O(h^4)$. Remplazando h por $2h$ en esta nueva fórmula, obtenemos

$$f'(x) \approx \frac{8f(x+h) - 8f(x-h) - f(x+2h) + f(x-2h)}{12h}, \qquad (8.11)$$

que ya ha sido presentada arrriba, y cuyo error en efecto es $O(h^4)$.

Caso general: de $O(h^{2k})$ a $O(h^{2k+2})$. Consideraremos el caso general de obtener fórmulas $O(h^{2k+2})$ que aproximen $f'(x)$, a partir de dos fórmulas $O(h^{2k})$.

Caso $k = 1$: de $O(h^2)$ a $O(h^4)$. Sean $D_0(h)$ y $D_0(\frac{h}{2})$ dos fórmulas de aproximación $O(h^2)$, usando h y $\frac{h}{2}$, respectivamente:

$$f'(x) = D_0(h) + A_1 h^2 + A_2 h^4 + A_3 h^6 + \cdots \qquad (8.12)$$

$$f'(x) = D_0\left(\frac{h}{2}\right) + A_1\left(\frac{h}{2}\right)^2 + A_2\left(\frac{h}{2}\right)^4 + A_3\left(\frac{h}{2}\right)^6 + \cdots, \qquad (8.13)$$

donde $A_1, A_2, A_3, \ldots$ son constantes que no dependen de h. Una fórmula $O(h^4)$ se puede obtener eliminando los términos que involucran a h^2 de las dos fórmulas anteriores. A tal efecto, restamos (8.12) de $4\times$(8.13) y se obtiene

$$3f'(x) = 4D_0(\tfrac{h}{2}) - D_0(h) - \tfrac{3}{4}A_2 h^4 + \cdots$$

$$f'(x) = \tfrac{4}{3}D_0(\tfrac{h}{2}) - \tfrac{1}{3}D_0(h) - \tfrac{1}{4}A_2 h^4 + \cdots$$

$$f'(x) = D_0(\tfrac{h}{2}) + \frac{D_0(\frac{h}{2}) - D_0(h)}{3} - \tfrac{1}{4}A_2 h^4 + \cdots \qquad (8.14)$$

Si definimos
$$\boxed{D_1(h) = D_0(\tfrac{h}{2}) + \frac{D_0(\frac{h}{2}) - D_0(h)}{3}}$$

se cumple que, $D_1(h)$ es una aproximación $O(h^4)$ de $f'(x)$.

Caso $k = 2$: de $O(h^4)$ a $O(h^6)$. Suponemos en este caso que ya tenemos $f'(x) = D_1(h) - \tfrac{1}{4}A_2 h^4 + \cdots$. Remplazamos h por $\frac{h}{2}$ y obtenemos

$$f'(x) = D_1\left(\frac{h}{2}\right) - \frac{1}{4}A_2\left(\frac{h}{2}\right)^4 + \cdots \qquad (8.15)$$

Luego, para obtener una fórmula $O(h^6)$, restamos $f'(x) = D_1(h) - \frac{1}{4}A_2h^4 + \cdots$ de $16 \times (8.15)$:

$$15f'(x) \;= 16D_1(\tfrac{h}{2}) - D_1(h) + O(h^6)$$

$$f'(x) \;= \tfrac{16}{15}D_1(\tfrac{h}{2}) - \tfrac{1}{15}D_1(h) + O(h^6)$$

$$= D_1(\tfrac{h}{2}) + \frac{D_1(\tfrac{h}{2}) - D_1(h)}{15} + O(h^6). \qquad (8.16)$$

Si definimos

$$\boxed{D_2(h) = D_1(\tfrac{h}{2}) + \frac{D_1(\tfrac{h}{2}) - D_1(h)}{15}}$$

se cumple que $f'(x) = D_2(h) + O(h^6)$.

Caso general: de $O(h^{2k})$ a $O(h^{2k+2})$. El patrón a seguir viene expresado en el siguiente teorema.

Teorema 8.2 (Extrapolación de Richardson de orden par). *Sean $D_{k-1}(h)$ y $D_{k-1}(\tfrac{h}{2})$ dos aproximaciones $O(h^{2k})$ de $f'(x)$, las cuales satisfacen:*

$$\begin{cases} f'(x) \;= D_{k-1}(h) + A_1 h^{2k} + A_2 h^{2k+2} + \cdots \\ y \\ f'(x) \;= D_{k-1}\left(\tfrac{h}{2}\right) + A_1(\tfrac{h}{2})^{2k} + A_2(\tfrac{h}{2})^{2k+2} + \cdots \end{cases}$$

Entonces

$$D_k(h) = D_{k-1}\left(\frac{h}{2}\right) + \frac{D_{k-1}(\tfrac{h}{2}) - D_{k-1}(h)}{4^k - 1} \qquad (8.17)$$

es una aproximación $O(h^{2k+2})$ de $f'(x)$.

Los cálculos recursivos indicados en (8.17) se pueden organizar de forma sistemática en una tabla que ilustramos a continuación. Las flechas $\rangle$ que apuntan a una entrada de la tabla, indican la dependencia de esa entrada en relación a las dos entradas de la columna anterior.

Tabla de la extrapolación de Richardson

$O(h^2)$	$O(h^4)$	$O(h^6)$
$D_0(h)$		
$\rangle$	$D_1(h)$	
$D_0(\tfrac{h}{2})$		$D_2(h)$
$\rangle$	$D_1(\tfrac{h}{2})$	
$D_0(\tfrac{h}{4})$		

Ejemplo 8.2. *Dados* $f(x) = x \ln x, h = 0.5$, *calcular una aproximación* $O(h^6)$
de $f'(1)$, *empezando con la fórmula (8.5) con* h *y* $\dfrac{h}{2}$.

$$(i) \quad \begin{cases} D_0(h) &= \frac{f(x+h)-f(x-h)}{2h} = \frac{f(1.05)-f(0.5)}{1} \\[2mm] &= 1.05 \, \ln(1.05) - 0.5 \, \ln(0.5) = 0.9548 \end{cases}$$

$$(ii) \quad \begin{cases} D_0(\frac{h}{2}) &= \frac{f(x+\frac{h}{2})-f(x-\frac{h}{2})}{h} = \frac{f(1.25)-f(0.75)}{0.5} \\[2mm] &= \frac{1.25 \, \ln(1.25)-0.75 \, \ln(0.75)}{0.5} = 0.9894 \end{cases}$$

k=1: *aproximación* $O(h^4)$

$$\begin{matrix} D_0(h) & \\ & \rangle \quad D_1(h) \\ D_0(\frac{h}{2}) & \end{matrix}$$

Calcular $D_1(h)$ *usando extrapolación de Richardson (asignar* $k = 1$ *en (8.17)).*

$$D_1(h) \quad = D_0(\tfrac{h}{2}) + \frac{D_0(\frac{h}{2})-D_0(h)}{3}$$

$$= 0.9894 + \frac{0.9894-0.9548}{3} = 1.0009$$

k=2: *aproximación* $O(h^6)$

$$\begin{matrix} D_1(h) & \\ & \rangle \quad D_2(h) \\ D_1(\frac{h}{2}) & \end{matrix}$$

Calcular $D_0(\frac{h}{4})$ *remplazando* h *por* $\frac{h}{4}$ *en la fórmula de* $D_0(h)$.

$$D_0(\tfrac{h}{4}) \quad = \frac{f(x+\frac{h}{4})-f(x-\frac{h}{4})}{\frac{h}{2}} = \frac{f(1.125)-f(0.8750)}{0.25}$$

$$= \frac{1.25 \, \ln(1.25)-0.8750 \, \ln(0.8750)}{0.25} = 0.9974$$

Calcular $D_1(\frac{h}{2})$ *remplazando* h *por* $\frac{h}{2}$ *en la fórmula de* $D_1(h)$.

$$D_1(\tfrac{h}{2}) \quad = D_0(\tfrac{h}{4}) + \frac{D_0(\frac{h}{4})-D_0(\frac{h}{2})}{3}$$

$$= 0.9974 + \frac{0.9974-0.9894}{3} = 1.0001$$

Calcular $D_2(h)$ *usando extrapolación de Richardson (asignar* $k = 2$ *en (8.17)).*

$$D_2(h) \quad = D_1(\tfrac{h}{2}) + \frac{D_1(\frac{h}{2})-D_1(h)}{15} = 1.0000$$

8.2   Integración numérica

Nos interesa aproximar la integral de una función en un intervalo, para la cual o sólo conocemos el valor de la función en un conjunto finito de puntos en el intervalo, o la función se puede evaluar pero el costo de esas evaluaciones es muy elevado, y por ende deben reducirse tanto como se pueda. En las ideas numéricas que vamos a discutir juegan un papel fundamental las técnicas de aproximación polinomial discutidas en los Capítulos 5 y 6.

Problema de integración numérica

Dados los valores funcionales $f_0, f_1, \ldots, f_n$, de la función $f(x)$, en los nodos $x_0, x_1, \ldots, x_n$, donde $a = x_0 < x_1 < x_2 \ldots < x_{n-1} < x_n = b$, o la capacidad de evaluar $f(x)$ en el intervalo $[a, b]$

Calcular un valor aproximado de $I = \int_a^b f(x)dx$.

8.2.1   Rectángulo, Trapecio y Simpson

Estimar el valor de $I = \int_a^b f(x)dx$ es lo mismo que estimar el área debajo de la curva $f(x)$ entre los puntos a y b. En ese sentido las ideas básicas para estimar I se fundamentan en la aproximación del área debajo de la curva por figuras geométricas simples.

Regla del Rectángulo

Una de las maneras más simples de aproximar I es usando el área del rectángulo de base $b-a$ y de altura $f(c)$ donde $c = (a+b)/2$ es el punto medio del intervalo. El área de ese rectángulo, que denotaremos I_R, viene dada por

$$I_R = (b - a)f(c) = (b - a)f\left(\frac{a + b}{2}\right).$$

Ahora bien, I_R sólo produce una aproximación simple de I, y por tanto necesitamos estimar el error. Para ello usaremos la expansión de Taylor de la función f alrededor del punto medio c. Sea x un punto arbitrario en $[a, b]$, y consideremos

$$f(x) = f(c) + (x - c)f'(c) + \frac{1}{2}(x - c)^2 f''(c) + \frac{1}{6}(x - c)^3 f'''(c) + \cdots \quad (8.18)$$

Si ahora integramos entre a y b en ambos lados de (8.18), y denotamos $h = b-a$ se obtiene

$$\int_a^b f(x)dx = hf(c) + f'(c)\int_a^b (x-c)dx + \frac{1}{2}f''(c)\int_a^b (x-c)^2 dx + \cdots$$

$$= hf(c) + f'(c)(h/8 - h/8) + \frac{1}{2}f''(c)(h/24 + h/24) + \cdots$$

Por tanto,

$$I = hf(c) + \frac{1}{24}h^3 f''(c) + \cdots = I_R + \frac{1}{24}h^3 f''(c) + \cdots \tag{8.19}$$

La presencia de $f''(c)$ en el primer término de la expansión del error en (8.19), indica que la Regla del Rectángulo es exacta para la integración de polinomios hasta grado uno.

Regla del Trapecio

Otra forma simple de aproximar I es usando el área del trapecio formado por $a, f(a), b, f(b)$. El área de ese trapecio, que denotaremos I_T, es igual al producto de la base por el promedio de las dos alturas, es decir,

$$I_T = (b-a) \cdot \frac{1}{2}(f_0 + f_1) = \frac{b-a}{2}(f_0 + f_1) = \frac{b-a}{2}[f(a) + f(b)].$$

Para estimar el error en la Regla del Trapecio, usaremos de nuevo la expansión (8.18). Sustituyendo x por a y luego por b en (8.18), sumando ambas expresiones y dividiendo entre 2, se tiene que

$$\frac{f(a) + f(b)}{2} = f(c) + \frac{1}{8}h^2 f''(c) + \cdots$$

Despejando $f(c)$ obtenemos

$$f(c) = \frac{f(a) + f(b)}{2} - \frac{1}{8}h^2 f''(c) + \cdots$$

Si ahora sustituimos esta expresión de $f(c)$ en (8.19) conseguimos que

$$I = h\frac{(f(a) + f(b))}{2} - \frac{1}{8}h^3 f''(c) + \frac{1}{24}h^3 f''(c) + \cdots$$

Y concluimos que

$$I = I_T - \frac{1}{12}h^3 f''(c) + \cdots \tag{8.20}$$

Al comparar (8.19) con (8.20) se observa que la Regla del Rectángulo es aproximadamente dos veces más precisa que la Regla del Trapecio.

Ejemplo 8.3. *Consideremos la integral de* $f(x) = x^3$ *en el intervalo* $[0, 1]$. *El valor exacto es* $I = 0.25$. *En este caso la base es* $h = 1$.

Usando la Regla del Trapecio:

$$I_T = (f(0) + f(1))/2 = 0.5,$$

y se comete un error de 0.25.

Usando la Regla del Rectángulo:

$$I_R = f(0.5) = 1/8 = 0.125,$$

y se comete un error de 0.125.

El error que se comete al estimar I con I_T se puede lograr de otra forma, que será de interés en el resto del capítulo. Nótese que I_T es el área del polinomio de grado uno (poligonal) que interpola los puntos $(a, f(a))$ y $(b, f(b))$. Recordemos del Teorema 5.6 que el error del polinomio de interpolación de grado a lo sumo n, en un punto dado x, viene dado por

$$E_n(x) = \frac{f^{(n+1)}(\xi)\psi_{n+1}(x)}{(n+1)!}, \tag{8.21}$$

donde $\psi_{n+1}(x) = (x - x_0)(x - x_1) \ldots (x - x_n)$, y $\xi \in \text{Cap}[x, x_0, \ldots, x_n]$.

En el caso de la Regla del Trapecio, $n = 1$, el error de la interpolación es:

$$E_1(x) = \frac{f''(\xi)\psi_2(x)}{2!},$$

donde $\psi_2(x) = (x - x_0)(x - x_1)$. Integrando esta fórmula obtenemos el error cometido con la Regla del Trapecio, que denotamos $E_T(x)$:

$$E_T(x) = \int_{x_0}^{x_1} \frac{f''(\xi)}{2!}(x - x_0)(x - x_1)dx = \int_{x_0}^{x_1} \frac{f''(\xi)}{2!}\psi_2(x)dx. \tag{8.22}$$

Esta fórmula del error se puede simplificar usando el **Teorema del valor medio con pesos**; ver [2].

Teorema 8.3 (Teorema del valor medio con pesos (TVMP)). *Sean* $f(x)$ *una función continua en* $[a, b]$ *y* $g(x)$ *una función que no cambia de signo en* $[a, b]$. *Entonces existe un punto* η *en* (a, b) *tal que*

$$\int_a^b f(x)g(x)dx = f(\eta) \int_a^b g(x)dx$$

Para aplicar el TVMP a (8.22), observemos que

(i) $f''(x)$ es continua en $[x_0, x_1]$ por las hipótesis del Teorema 5.6.

(ii) $\psi_2(x) = (x - x_0)(x - x_1)$ no cambia de signo en $[x_0, x_1]$, ya que para cualquier x en (x_0, x_1), $(x - x_0) > 0$ y $(x - x_1) < 0$.

Por tanto, aplicando el TVMP a $E_T(x)$, con $g(x) = \psi_2(x)$ y definiendo $h = b - a$, donde $b = x_1$ y $a = x_0$, obtenemos

$$E_T = \frac{f''(\eta)}{2!} \int_a^b (x - a)(x - b)dx = \frac{-h^3}{12} f''(\eta)$$

$$= \frac{-(b-a)^3}{12} f''(\eta) = \frac{-(b-a)}{12} h^2 f''(\eta) \tag{8.23}$$

donde $a < \eta < b$. Nótese, de la fórmula del error E_T, que la Regla del Trapecio es exacta para la integración de polinomios hasta grado uno.

Regla de Simpson

Si consideramos las expansiones (8.19) y (8.20) para la Regla del Rectángulo y del Trapecio, respectivamente, pero agregando unos pocos términos adicionales (esto queda como ejercicio al lector), luce tentador combinarlos para obtener una aproximación de un orden mayor a I. En efecto, sabemos que

$$I = I_R + \frac{1}{24} h^3 f''(c) + \frac{1}{1920} h^5 f^{(iv)}(c) + \cdots$$

$$I = I_T - \frac{1}{12} h^3 f''(c) - \frac{1}{480} h^5 f^{(iv)}(c) - \cdots$$

Si denotamos $E_1 = (1/24) h^3 f''(c)$ y $E_2 = (1/1920) h^5 f^{(iv)}(c)$ entonces estas igualdades se pueden escribir de forma compacta como $I = I_R + E_1 + E_2 + \cdots$, e $I = I_T - 2E_1 - 4E_2 - \cdots$

Multiplicando por 2 la Regla del Rectángulo, sumandole la Regla del Trapecio, y luego dividiendo entre 3, obtenemos una mejor aproximación, que denotaremos convenientemente como I_S, en honor a Simpson[2] :

$$I_S = \frac{2}{3} I_R + \frac{1}{3} I_T = \frac{(b - a)}{6} \left[f(a) + 4f \left(\frac{a + b}{2} \right) + f(b) \right].$$

En este caso, usando las formas compactas anteriores, se obtiene:

$$I = I_S - \frac{1}{2880} h^5 f^{(iv)}(c) + \cdots \tag{8.24}$$

---

[2] Thomas Simpson (1710-1761), inventor y matemático autodidacta inglés.

La presencia de $f^{(iv)}(c)$ en el primer término de la expansión del error en (8.24), indica que la Regla de Simpson es exacta para la integración de polinomios hasta grado tres.

La Regla de Simpson también se puede obtener calculando la integral del polinomio de grado 2 que interpola los pares: $(a, f(a))$, $(c, f(c))$, y $(b, f(b))$, donde recordemos que $c = (a+b)/2$. En cualquier base el polinomio interpolante es el mismo, pero en este caso conviene usar el polinomio interpolante de Lagrange:

$$P_2(x) = L_0(x)f(a) + L_1(x)f(c) + L_2(x)f(b).$$

Por tanto,

$$I = \int_a^b f(x)dx \approx \int_a^b [L_0(x)f(a) + L_1(x)f(c) + L_2(x)f(b)]dx. \qquad (8.25)$$

Ahora bien,

$$L_0(x) = \frac{(x-c)(x-b)}{(a-c)(a-b)}, L_1(x) = \frac{(x-a)(x-b)}{(c-a)(c-b)}, \text{ y } L_2(x) = \frac{(x-a)(x-c)}{(b-a)(b-c)}.$$

Sea h la distancia entre dos puntos consecutivos, es decir, $c - a = h = b - c$.

Sustituyendo las expresiones de $L_0(x)$, $L_1(x)$ y $L_2(x)$ en (8.25) e integrando, obtenemos (queda como ejercicio)

$$I_S = \frac{h}{3}(f(a) + 4f(c) + f(b)). \qquad (8.26)$$

Vale destacar que en (8.26), $h = (b-a)/2$, y por ende I_S en (8.26) coincide con la expresión de I_S obtenida arriba.

El error en la Regla de Simpson también se puede obtener usando este enfoque de interpolación. Como $n = 2$, la fórmula del error en (8.21) se reduce a

$$\begin{aligned} E_2(x) &= \tfrac{1}{3!}f^3(\xi)\psi_3(x)dx, \\ \text{donde } \psi_3(x) &= (x-a)(x-c)(x-b) \end{aligned}$$

Ahora bien, $\psi_3(x)$ cambia de signo en $[a, b]$, y por ende en esta ocasión no podemos usar el TVMP. Sin embargo, podemos usar la siguiente variante que se establece usando herramientas básicas del cálculo.

Teorema 8.4. *Sean*

(i) $\psi_{n+1}(x) = (x - x_0)(x - x_1) \cdots (x - x_n)$ *una función que cambia de signo en* (a, b), *pero tal que*

$$\int_a^b \psi_{n+1}(x)dx = 0.$$

(ii) x_{n+1} *un punto tal que* $\psi_{n+2}(x) = (x - x_{n+1})\psi_{n+1}(x)$ *no cambia de signo en* $[a, b]$.

(iii) $f(x)$ *es* $(n + 2)$ *veces continuamente diferenciable.*

Entonces aplicando el Teorema del valor medio para integrales se obtiene:

$$E_{n+1}(x) = \frac{1}{(n + 2)!} f^{(n+2)}(\eta) \int_a^b \psi_{n+2}(x)dx \qquad (8.27)$$

donde $a < \eta < b$.

Para obtener la expresión del error de la Regla de Simpson, usando el Teorema 8.4, debemos suponer que $f(x)$ es 4 veces continuamente diferenciable, y además es necesario observar lo siguiente:

(i) $\int_a^b \psi_3(x)dx = \int_a^b (x - a)(x - c)(x - b)dx = 0$.

(ii) Si escogemos $x_3 = c$, entonces

$$\psi_4(x) = (x - x_3)\psi_3(x) = (x - c)(x - a)(x - c)(x - b) = (x - c)^2(x - a)(x - b),$$

tiene el mismo signo en $[a, b]$.

Usando (8.27) se obtiene

$$
\begin{aligned}
E_S &= \frac{1}{4!} f^{(4)}(\eta) \int_a^b \psi_4(x) \\[2mm]
&= \frac{1}{24} f^{(4)}(\eta) \int_a^b (x - c)^2(x - a)(x - b)dx \\[2mm]
&= \frac{1}{24} f^{(4)}(\eta) \left(\frac{-4}{15} \right) h^5 = -\frac{h^5}{90} f^{(4)}(\eta) \qquad a < \eta < b.
\end{aligned}
$$

Substituyendo $h = \frac{b-a}{2}$, finalmente tenemos que

$$E_S = -\frac{(\frac{b-a}{2})^5}{90} f^{(4)}(\eta) = -\frac{(b-a)^5}{2880} f^{(4)}(\eta), \quad \text{donde} \quad a < \eta < b.$$

Ejemplo 8.4. *Aproximar $\int_0^1 \cos x \, dx$ usando la Regla del Trapecio y la Regla de Simpson. En cada caso, calcule el máximo error usando las fórmulas E_T y E_S, y compárelos con el error analítico.*

Regla del Trapecio:

$$I_T = \frac{b-a}{2}[f(a) + f(b)] = \frac{1}{2}[\cos(0) + \cos(1)] = \frac{1}{2}(1 + 0.5403) = 0.7702.$$

Regla de Simpson:

$$I_S = \frac{b-a}{6}[f(a) + 4f\left(\frac{a+b}{2}\right) + f(b)] = \frac{1}{6}[\cos(0) + 4\cos(\frac{1}{2}) + \cos(1)]$$

$$= \frac{1}{6}[1 + 4 \times 0.8776 + 0.5403] = 0.8418.$$

Para la segunda parte necesitamos observar que

(i) $f''(x) = -\cos x; \max_{0 \leq x \leq 1} |f''(x)| = 1$ (Regla del trapecio)

(ii) $f^{(iv)}(x) = \cos x; \max_{0 \leq x \leq 1} |f^{(iv)}(x)| = 1$ (Regla de Simpson)

(iii) $I = \int_0^1 \cos x \, dx = [sen\,(1) - sen\,(0)] = 0.8415$ (valor exacto)

- **Regla del Trapecio** $\begin{cases} \text{Fórmula del Error}: E_T = \frac{(b-a)^3}{12} f''(\eta) \\ \text{Máximo error}: \frac{1}{12} \max_{0 \leq x \leq 1} |f''(x)| = \frac{1}{12} = 0.0833 \\ \text{Error exacto}: |I - I_T| = 0.0713 \end{cases}$

- **Regla de Simpson** $\begin{cases} \text{Fórmula del Error}: E_S = -\frac{(b-a)^5}{2880} f^{(iv)}(\eta) \\ \text{Máximo error}: \frac{1}{2880} \max_{0 \leq x \leq 1} |f^{(4)}(x)| = 3.4 \times 10^{-4} \\ \text{Error exacto}: |I - I_S| = 3 \times 10^{-4} \end{cases}$

Se puede observar que los errores estimados con las fórmulas E_T y E_S, en efecto son muy similares a los errores exactos; y que claramente la Regla de Simpson es mucho más precisa que la Regla del Trapecio.

Fórmulas de Newton-Cotes

La Regla del Trapecio y la Regla de Simpson son casos especiales de una familia más general conocida como las fórmulas de Newton-Cotes[3]. Una fórmula de Newton-Cotes de n puntos, sobre $[a, b]$, usa los $(n+1)$ nodos igualmente espaciados: $x_i = a + i \dfrac{(b-a)}{n}$, $i = 0, 1, \cdots, n$. Por ejemplo,

- **n = 1** $\Rightarrow$ Regla del Trapecio (dos nodos: $x_0 = a$, $x_1 = b$)

- **n = 2** $\Rightarrow$ Regla de Simpson (tres nodos: $x_0 = a, x_1 = \dfrac{a+b}{2}, x_2 = b$)

- **n = 3** $\Rightarrow$ Regla de los $\frac{3}{8}$ (ejercicio)

$$\int_{x_0}^{x_3} f(x)dx \approx \frac{3h}{8}[f_0 + 3f_1 + 3f_2 + f_3].$$

- **n = 4** $\Rightarrow$ Regla de Boole (ejercicio)

$$\int_{x_0}^{x_4} f(x)dx \approx \frac{2h}{45}[7f_0 + 32f_1 + 12f_2 + 32f_3 + 7f_4].$$

- **n = 8**

$$\int_{x_0}^{x_8} f(x)dx \approx \frac{4h}{14175}[989(f_0 + f_8) + 5888(f_1 + f_7) - 928(f_2 + f_6)$$
$$+ \ 10496(f_3 + f_5) - 4540f_4].$$

Se puede observar para $1 \leq n \leq 4$ que estas fórmulas son conocidas y efectivas en la práctica. Sin embargo, a partir de $n = 8$ las fórmulas de Newton-Cotes requieren coeficientes muy grandes, algunos con signos positivos y otros con signos negativos, y esto trae problemas de representación punto flotante y de cancelación catastrófica, discutidos en el Capítulo 1.

8.2.2 Reglas compuestas

Para obtener aproximaciones más precisas, una buena idea es subdividir el intervalo $[a, b]$ en intervalos más pequeños, aplicar las cuadraturas conocidas y efectivas en cada uno de esos subintervalos, y luego sumar los resultados obtenidos

---

[3]En honor a Roger Cotes (1682-1716), matemático y físico inglés quien desde muy joven fue un colaborador cercano de Issac Newton.

sobre todos los subintervalos. Estas cuadraturas se conocen como **reglas compuestas**. Para ser precisos: dividimos $[a, b]$ en n subintervalos iguales con nodos

$$a = x_0 < x_1 < x_2 \ldots < x_{n-1} < x_n = b.$$

Sea $h = \dfrac{b-a}{n}$ la longitud constante de cada uno de los subintervalos. Es decir, $x_0 = a$, $x_1 = a + h$, $x_2 = a + 2h$, $\ldots$, $x_n = b = a + nh$. Aplicamos una cuadratura simple en cada subintervalo y sumamos los resultados obtenidos.

Regla compuesta del Trapecio

$$\int_a^b f(x)dx = \int_a^{x_1} f(x)dx + \int_{x_1}^{x_2} f(x)dx + \ldots + \int_{x_{n-1}}^b f(x)dx.$$

Si aplicamos la Regla simple del Trapecio a cada uno de las integrales del lado de la derecha y sumamos los resultados, obtenemos la Regla compuesta del Trapecio I_{CT} .

$$\int_a^b f(x)dx \approx I_{CT} = \frac{h}{2}(f_0 + f_1) + \frac{h}{2}(f_1 + f_2) + \ldots + \frac{h}{2}(f_{n-1} + f_n)$$

$$= h\left(\frac{f_0}{2} + f_1 + f_2 + \ldots + f_{n-1} + \frac{f_n}{2}\right).$$

Observando que

$$\begin{cases} f_0 = f(x_0) = f(a) \\ f_1 = f(x_1) = f(a + h) \\ \vdots \\ f_{n-1} = f(x_{n-1}) = f(x + (n-1)h) \\ f_n = f(x_n) = f(b), \end{cases}$$

también podemos escribir I_{CT} como

$$I_{CT} = \frac{h}{2}\left[f(a) + 2\sum_{i=1}^{n-1} f(a + ih) + f(b)\right].$$

La expresión del error para I_{CT} se obtiene sumando los errores individuales de cada subintervalo. Por tanto, el error compuesto, E_{CT}, viene dado por:

$$E_{CT} = \frac{-h^3}{12}[f''(\eta_1) + f''(\eta_2) + \ldots + f''(\eta_n)]$$

donde, $x_{i-1} < \eta_i < x_i$, $i = 2, 3, \ldots, n$.

Esta expresión se puede simplificar, supponiendo que $f''(x)$ es continua en $[a, b]$. En ese caso, usando el Teorema del valor intermedio, obtenemos

$$f''(\eta_1) + \ldots + f''(\eta_n) = nf''(\eta), \text{ donde } \eta_1 < \eta < \eta_n.$$

Así, usando que $h = (b - a)/n$, la fórmula anterior de E_{CT} se reduce a:

$$E_{CT} = -\frac{nh^3}{12}f''(\eta), \text{ donde } \eta_1 < \eta < \eta_n.$$

$$= -n\frac{(b-a)}{n} \cdot \frac{h^2}{12}f''(\eta) = -\frac{(b-a)}{12}h^2 f''(\eta).$$

Regla compuesta de Simpson

La Regla simple de Simpson se obtiene considerando dos subintervalos, que involucran tres nodos consecutivos, así que para derivar la fórmula compuesta, dividimos el intervalo $[a, b]$ en un número par de subintervalos, digamos $n = 2m$, donde m es un entero positivo; y luego aplicamos la Regla de Simpson sobre cada par de subintervalos consecutivos, y finalmente sumamos los resultados obtenidos.

Para ser precisos, dividimos $[a, b]$ en un número par n de subintervalos iguales: $[x_0, x_2], [x_2, x_4] \ldots, [x_{n-2}, x_n]$. Asignamos $h = \frac{b-a}{n}$. Se cumple que

$$\int_a^b f(x)dx = \int_{x_0}^{x_2} f(x)dx + \int_{x_2}^{x_4} f(x)dx + \cdots + \int_{x_{n-2}}^{x_n} f(x)dx.$$

Aplicamos la Regla de Simpson a cada integral del lado de la derecha, y sumamos los resultados para obtener la Regla compuesta de Simpson

$$I_{CS} = \frac{h}{3}\left[(f_0 + 4f_1 + f_2) + (f_2 + 4f_3 + f_4) + \ldots + (f_{n-2} + 4f_{n-1} + f_n)\right]$$

$$= \frac{h}{3}\left[(f(a) + f(b) + 4(f_1 + f_3 + \ldots + f_{n-1}) + 2(f_2 + f_4 + \ldots + f_{n-2})\right].$$

$$(8.28)$$

Nótese que $f_0 = f(x_0) = f(a)$ y $f_n = f(x_n) = f(b)$.

La expresión del error para I_{CS}, que denotamos por E_{CS}, viene dada por

$$E_{CS} = \frac{-h^5}{90}\left[f^{(iv)}(\eta_1) + f^{(iv)}(\eta_2) + \ldots + f^{(iv)}(\eta_{\frac{n}{2}})\right],$$

donde $x_{2i-2} < \eta_i < x_{2i}$, $i = 1, \ldots, \dfrac{n}{2}$.

Una vez más, suponiendo que $f^{(iv)}(x)$ es continua en $[a, b]$, podemos usar el Teorema del valor intermedio para simplificar la expresión

$$f^{(iv)}(\eta_1) + f^{(iv)}(\eta_2) + \ldots + f^{(iv)}(\eta_{\frac{n}{2}}) = n f^{(iv)}(\eta),$$

donde $\eta_1 < \eta < \eta_{\frac{n}{2}}$. Por tanto, concluimos que E_{CS} se reduce a

$$E_{CS} = \frac{-h^5}{90} \frac{n}{2} f^{(iv)}(\eta)$$

$$= \frac{-h^5}{180} \frac{(b-a)}{h} f^{(iv)}(\eta) = \frac{-h^4}{180}(b-a) f^{(iv)}(\eta).$$

Ejemplo 8.5. Sea $f(x) = \begin{cases} x & si\ 0 \leq x \leq \frac{1}{2} \\ 1-x & si\ \frac{1}{2} \leq x \leq 1 \end{cases}$

(a) **Regla del Trapecio en** $[0, 1]$ **con** $h = 1$

$$I_T = \frac{1}{2}(f(0) + f(1)) = \frac{1}{2}(0 + 0) = 0.$$

(b) **Regla compuesta del Trapecio con** $h = \frac{1}{2}$

$$I_{CT} = \frac{1}{4}\left(f(0) + f(\tfrac{1}{2})\right) + \frac{1}{4}\left(f(\tfrac{1}{2}) + f(1)\right) = \frac{1}{4}\left(\frac{1}{2} + \frac{1}{2}\right) = \frac{1}{4}.$$

(c) **Regla de Simpson en** $[0, 1]$

$$I_S = \frac{1}{6}\left[f(0) + 4f\left(\frac{1}{2}\right) + f(1)\right] = \frac{1}{6}\left(0 + 4\left(\frac{1}{2}\right) + 0\right) = \frac{1}{6} \times 2 = \frac{1}{3}.$$

Ejemplo 8.6. Determinar h para aproximar

$$I = \int_{0.1}^{10} \frac{1}{t\,e^t}\,dt$$

con una precisión de 10^{-3} usando la Regla compuesta del Trapecio.

Entradas: $f(t) = \frac{1}{te^t}$; $a = 0.1$, $b = 10$.

Fórmula a ser usada: $E_{CT} = -\dfrac{(b-a)}{12} h^2 f''(\eta)$.

Paso 1. *Encontrar el valor máximo en magnitud de E_{CT} en $[0.1, 10]$. Para eso necesitamos $f''(\eta)$. En este caso, $f(t) = \dfrac{1}{t\,e^t}$, por tanto*

$$f''(t) = \frac{1}{t\,e^t}\left(\frac{2}{t^2} + \frac{2}{t} + 1\right).$$

Claramente, $f''(t)$ adquiere su valor maximo en $[0.1, 10]$ cuando $t = 0.1$; y

$$\max |f''(t)| \;\; = \;\; \frac{1}{0.1 \times e^{0.1}}(200 + 20 + 1) = 1999.69$$

Finalmente, el valor máximo de $E_{CT} = \left(\dfrac{9.9}{12}\right) h^2 \times 1999.69$.

Paso 2. *Necesitamos h tal que el valor máximo de E_{CT} sea menor o igual a 10^{-3}. Es decir,*

$$\left(\frac{9.9}{12}\right) h^2 \times 1999.69 \leq 10^{-3}.$$

Despejando h^2 tenemos que

$$h^2 \leq 12 \cdot 10^{-3} \times \frac{1}{9.9 \times 1999.69},$$

de donde se desprende que

$$h \leq 7.7856 \times 10^{-4}.$$

8.2.3   Esquema de Romberg

El Esquema de integración de Romberg está basado en la extrapolación de Richardson. La idea consiste en empezar con dos aproximaciones del mismo orden, usando alguna cuadratura básica con paso h y con paso $h/2$; para luego generar sucesivamente aproximaciones de mayor orden.

Comenzaremos con la Regla compuesta del Trapecio que es una aproximación $O(h^2)$, y mostraremos como al aplicar la extrapolación de Richardson podemos obtener una sucesión de aproximaciones $O(h^4), O(h^6), \ldots$. La Regla compuesta del Trapecio es ideal para este esquema ya que, como discutimos anteriormente, su expansión del error sólo envuelve potencias pares de h. Más aún, al subdividir los intervalos a la mitad, los puntos anteriores forman parte de la nueva aproximación del trapecio, reduciendo de esta forma las evaluaciones necesarias de la función a integrar.

Repitiendo el mismo tipo de argumentos usados para la diferenciación numérica en el Teorema 8.2, se puede establecer el siguiente resultado (ejercicio).

Teorema 8.5 (Teorema de Richardson para integración numérica). *Sea $h_k = (b-a)/2^{k-1}$, y sean $R_{k,j-1}$ y $R_{k-1,j-1}$ $(k = 2, 3, \ldots, h; j = 2, 3, \ldots, k)$ dos aproximaciones de la Regla del Trapecio de $I = \int_a^b f(x)dx$, respectivamente con pasos h_k y h_{k-1}; las cuales satisfacen*

$$I = R_{k,j-1} + A_1 h_k^2 + A_2 h_k^4 + \ldots$$
$$I = R_{k-1,j-1} + A_1 h_{k-1}^2 + A_2 h_{k-1}^4 + \ldots$$

Entonces, $R_{k-1,j-1}$ y $R_{k,j-1}$ se pueden combinar para obtener una aproximación mejorada R_{kj} de $O(h_k^{2j})$:

$$R_{k,j} = R_{k,j-1} + \frac{R_{k,j-1} - R_{k-1,j-1}}{4^{j-1} - 1}. \qquad (8.29)$$

Tabla de Romberg. Los números $\{R_{kj}\}$ provenientes de (8.29) se pueden arreglar apropiadamente en la siguiente tabla:

$O(h^2)$	$O(h^4)$	$O(h^6)$	$\ldots$	$O(h^{2n})$
R_{11}				
$\rangle$	R_{22}			
R_{21}	$\rangle$	R_{33}		
$\rangle$	R_{32}			
R_{31}	$\rangle$	R_{43}		
$\rangle$	R_{42}	$\vdots$	$\ddots$	
R_{41}	$\cdots$	$\vdots$	$\ddots$	$\rangle$ R_{nn}
$\vdots$	$\vdots$ $\rangle$	R_{n3}		
$\rangle$	R_{n2}			
R_{n1}				

Relación recursiva para la primera columna de la Tabla de Romberg

Las entradas $R_{11}, R_{21}, \ldots, R_{n1}$ de la primera columna de la Tabla de Romberg son aproximaciones del trapecio con pasos $h_1, h_2, \ldots, h_n$. Estos números se pueden obtener usando la fórmula compuesta del trapecio, pero existe una forma conveniente recursiva que evita una gran cantidad de evaluaciones de la función f.

R_{11} = Regla del Trapecio con un solo intervalo:

$$R_{11} = \frac{h_1}{2}[f(a) + f(b)] = \frac{b-a}{2}[f(a) + f(b)].$$

R_{21} = Regla del Trapecio con dos intervalos:

$$\begin{aligned} R_{21} &= \tfrac{h_2}{2}[f(a) + f(b) + 2f(a + h_2)] \\ &= \tfrac{b-a}{4}[f(a) + f(b) + 2f(a + h_2)]. \end{aligned}$$

Se observa que R_{21} se puede escribir en términos de R_{11} como sigue:

$$R_{21} = \frac{1}{2}[R_{11} + h_1 f(a + h_2)].$$

Similarmente, $R_{31} = \frac{1}{2}[R_{21} + h_2[f(a + h_3) + f(a + 3h_3)]$.

El patrón es evidente; y en general podemos escribir (ejercicio):

$$R_{k1} = \frac{1}{2}\left[R_{k-1,1} + h_{k-1} \sum_{i=1}^{2^{k-2}} f(a + (2i - 1)h_k) \right]. \tag{8.30}$$

Construcción de la Tabla de Romberg

La Tabla de Romberg se puede generar fila a fila:

Primera fila:

$$R_{11} = \frac{1}{2}[(b - a)(f(a) + f(b))].$$

Segunda fila:

(i) Calcular R_{21} asignando $k = 1$ in (8.30):

$$R_{21} = \frac{1}{2}[R_{11} + h_1 f(a + h_2)].$$

(ii) Calcular R_{22} combinando R_{11} y R_{21} mediante (8.29):

$$R_{22} = R_{21} + \frac{R_{21} - R_{11}}{3}.$$

Tercera fila:

(i) Calcular R_{31} asignando $k = 3$ en (8.30):

$$R_{31} = \frac{1}{2}[R_{21} + h_2(f(a + h_3) + f(a + 3h_3))].$$

(ii) Calcular R_{32} combinando R_{21} y R_{31} mediante (8.29):

$$R_{32} = R_{31} + \frac{R_{31} - R_{21}}{3}.$$

(iii) Calcular R_{33} combinando R_{22} y R_{32} mediante (8.29):

$$R_{33} = R_{32} + \frac{R_{32} - R_{22}}{15}.$$

En general, para calcular la fila k:

(i) Calcular R_{k1} de $R_{k-1,1}$ usando (8.30):

$$R_{k1} = \frac{1}{2}\left[R_{k-1,1} + h_{k-1} \sum_{i=1}^{2^{k-2}} f(a + (2i - 1)h_k)\right].$$

(ii) Calcular $R_{k2}, R_{k3}, \ldots, R_{kk}$ mediante (8.29):

$$R_{kj} = R_{k,j-1} + \frac{R_{k,j-1} - R_{k-1,j-1}}{4^{k-1} - 1}, \quad j = 2, 3, \ldots, k.$$

Ejemplo 8.7. *Calcular* $I = \int_1^{1.5} x^2 \ln x \, dx$ *con* $n = 3$.

Entradas: $\begin{cases} f(x) = x^2 \ln x; a = 1, \ b = 1.5 \\ n = 3; h = 1.5 - 1 = 0.5 \end{cases}$

Paso 1. *Calcular la primera fila de la Tabla de Romberg.*

$R_{11} = \frac{1}{2}(1.5 - 1)[f(1) + f(1.5)] = 0.2280741$

Paso 2. *Calcular la segunda fila.*

2.1 $R_{21} = \frac{1}{2}(R_{11} + (1.5 - 1)\left(f\left(1 + \frac{1.5 - 1}{2}\right)\right) = 0.2012025$

2.2 $R_{22} = R_{21} + \frac{R_{21} - R_{11}}{r^1 - 1} = 0.1922453$

Paso 3. *Calcular la tercera fila.*

3.1 $R_{31} = 0.1944945$

3.2 $R_{32} = 0.1922585$

3.3 $R_{33} = 0.192259$

Tabla de Romberg

$$
\begin{array}{l|l|l}
R_{11} = 0.2280741 & & \\
R_{21} = 0.2012025 & R_{22} = 0.1922453 & \\
R_{31} = 0.1944945 & R_{32} = 0.1922585 & R_{33} = 0.1922593
\end{array}
$$

Valor Exacto *de I con 6 decimales* $= 0.192259$

8.2.4 Cuadraturas adaptativas

Si la función a integrar, en un intervalo dado, cambia de forma suave en algunas partes del intervalo y cambia bruscamente en otras, entonces usar una cuadratura con un paso fijo h en todo el intervalo puede producir un trabajo adicional innecesario. Las cuadraturas adaptativas representan una forma de ajustar de forma dinámica el paso h para lograr que se cometa un error en todo el intervalo menor que una tolerancia prestablecida (digamos $\epsilon > 0$).

A continuación presentamos un procedimiento genérico de cuadratura adaptativa:

Paso 1. escoger una regla de integración numérica: F.

Paso 2. Calcular I_F^h, una aproximación a $I = \int_a^b f(x)dx$ con paso h aplicando la regla F.

Paso 3. Calcular la estimación del error:

$$E_F^h = |I - I_F^h|.$$

Si $E_F^h < \epsilon$, la tolerancia dada, entonces parar el proceso y aceptar I_F^h como la aproximación deseada.

Paso 4. Si $E_F^h \geq \epsilon$, entonces calcular $I_F^{\frac{h}{2}}$ como sigue:

Dividir el intervalo en dos intervalos iguales, y aplicar la regla de integración F a cada subintervalo. Sumar ambos resultados para obtener $I_F^{\frac{h}{2}}$.

Si el valor aproximado en cada subintervalo es menor que $\dfrac{\epsilon}{2}$, entonces se acepta $I_F^{\frac{h}{2}}$ como la aproximación deseada.

Caso contrario, se continua el proceso de subdividir los intervalos donde el error no cumple la proporción correspondiente, hasta que la suma total de errores sea menor o igual a ϵ.

Regla de Simpson adaptativa

A continuación desarrollaremos un criterio de parada, e ilustraremos la idea de cuadraturas adaptativas, cuando la regla a escoger es la Regla de Simpson (ver (8.26)). Usando un paso de longitud h, es decir, usando los nodos a, $a + h$, y b, tenemos la aproximación de la Regla de Simpson:

$$I_S^h = \frac{h}{3}\left[f(a) + 4f(a+h) + f(b)\right]$$

con Error $= E_S^h = -\dfrac{h^5}{90}f^{(iv)}(\eta)$, donde $a < \eta < b$.

Ahora, usemos 4 intervalos; es decir, usemos los nodos: a, $a + h/2$, $a + h$, $a + 3h/2$, b. En este caso, usando la Regla compuesta de Simpson (ver (8.28)) con $n = 4$ y paso $\dfrac{h}{2}$, obtenemos

$$I_S^{\frac{h}{2}} = \frac{h}{6}\left[f(a) + 4f\left(a + \frac{h}{2}\right) + 2f(a+h) + 4f\left(a + \frac{3h}{2}\right) + f(b)\right],$$

cuyo error es $E_S^{\frac{h}{2}} = -\frac{1}{16}\left(\frac{h^5}{90}\right)f^{(4)}(\overline{\eta})$, donde $a < \overline{\eta} < b$. Por tanto,

$$I - I_S^{\frac{h}{2}} = -\frac{1}{16}\left(\frac{h^5}{90}\right)f^{(4)}(\overline{\eta}).$$

Nos interesa saber que tan buena es la aproximación obtenida con $I_S^{\frac{h}{2}}$ cuando se compara con I_S^h. Supongamos que $\eta \approx \overline{\eta}$. En ese caso,

$$I_{h/2}^S - \frac{1}{16}\left(\frac{h^5}{90}\right)f^{(4)}(\eta) \approx I_h^S - \frac{h^5}{90}f^{(4)}(\eta)$$

lo cual implica que

$$\frac{h^5}{90}f^{(4)}(\eta) \approx \frac{16}{15}[I_S^h - I_s^{h/2}].$$

Por tanto,

$$|I - I_s^{h/2}| \approx \frac{1}{15}|I_S^h - I_S^{h/2}| \tag{8.31}$$

La aproximación que ofrece (8.31) es muy conveniente ya que $\left|I_S^h - I_S^{\frac{h}{2}}\right|$ se puede calcular en la práctica. Supongamos que esa cantidad la denotamos por δ. Entonces, si escogemos h tal que $\delta = 15\epsilon$, obtenemos que $\left|E_S^{\frac{h}{2}}\right| < \epsilon$. Esto establece un criterio apropiado de parada para la Regla adaptativa de Simpson:

Detener el proceso de subdividir intervalos cuando se cumpla que para algún h,

$$\frac{1}{15}\left|I_S^h - I_S^{\frac{h}{2}}\right| < \epsilon. \tag{8.32}$$

Ejemplo 8.8. *Aproximar $\int_0^{\frac{\pi}{2}} \cos x\, dx$ usando la cuadratura adaptativa de Simpson con $\epsilon = 10^{-3}$.*

Paso 1. *Regla de Simpson con dos intervalos.*

Entradas: $f(x) = \cos x; a = 0, b = \frac{\pi}{2}; h = \frac{\pi}{4}$.

$$x_0 = a = 0, x_1 = \frac{\pi}{4}, x_2 = b = \frac{\pi}{2}.$$

Fórmula a usar: $I_S^h = \frac{h}{3}\left[f(a) + 4f\left(\frac{a+b}{2}\right) + f(b)\right]$.

$$I_S^h = \frac{\pi}{12}\left[f(0) + 4f\left(\frac{\pi}{4}\right) + f\left(\frac{\pi}{2}\right)\right] \quad \left(Aquí\ h = \frac{\pi}{4}\right).$$

$$= \frac{\pi}{12}\left[\cos(0) + 4\cos\left(\frac{\pi}{4}\right) + \cos\left(\frac{\pi}{2}\right)\right] = 1.0023$$

Paso 2. *Regla de Simpson con cuatro intervalos.*

Entradas: $f(x) = \cos x; a = 0, b = \frac{\pi}{2}$.

$$x_0 = a = 0, x_1 = \frac{\pi}{8}, x_2 = \frac{\pi}{4}, x_3 = \frac{3\pi}{8}, x_4 = b = \frac{\pi}{2}.$$

Fórmula a usar:

$$
\begin{aligned}
I_S^{\frac{h}{2}} &= \frac{\frac{\pi}{4}}{6}\left[f(0) + 4f\left(\frac{\pi}{8}\right) + 2f\left(\frac{\pi}{4}\right) + 4f\left(\frac{3\pi}{8}\right) + f\left(\frac{\pi}{2}\right)\right] \\
&= \frac{\pi}{24}\left[\cos(0) + 4\cos\left(\frac{\pi}{8}\right) + 2\cos\left(\frac{\pi}{4}\right) + 4\cos\left(\frac{3\pi}{8}\right) + \cos\left(\frac{\pi}{2}\right)\right] = 1.0001
\end{aligned}
$$

Ahora bien $\dfrac{1}{15}\left|I_S^h - I_S^{\frac{h}{2}}\right| = 1.4667 \times 10^{-4}$. *Como* $\epsilon = 10^{-3}$, *paramos el proceso. Nótese que el error exacto es*

$$\left|\int_a^b f(x)dx - I_S^{\frac{h}{2}}\right| = 10^{-4}.$$

8.2.5   Cuadraturas Gaussianas

Hasta ahora, todas las cuadraturas que hemos discutido son de la forma:

$$\int_a^b f(x)dx \approx w_0 f(x_0) + w_1 f(x_1) \ldots + w_{n-1}f(x_{n-1}), \tag{8.33}$$

donde los nodos $x_0, x_1, \ldots, x_{n-1}$ ya están dados (prefijados), y los coeficientes o pesos $w_0, \ldots, w_{n-1}$ se determinan mediante la cuadratura escogida.

Por ejemplo, en

• **La Regla del Trapecio**: $\int_a^b f(x)dx \approx \frac{h}{2}[f(x_1) + f(x_2)] = \frac{h}{2}f(x_0) + \frac{h}{2}f(x_1)$, los pesos $w_0 = w_1 = \frac{h}{2}$.

De hecho, recordemos que en este caso usando el polinomio interpolante de Lagrange, como se uso por ejemplo en (8.25), $w_0 = w_1 = \frac{h}{2}$ se pueden determinar como sigue:

$$
\begin{aligned}
w_0 &= \int_{x_0}^{x_1}(x - x_1)/(x_0 - x_1)dx &= \frac{x_1 - x_0}{2} = \frac{h}{2} \\
w_1 &= \int_{x_0}^{x_1}(x - x_0)/(x_1 - x_0)dx &= \frac{x_1 - x_0}{2} = \frac{h}{2}
\end{aligned}
$$

• **La Regla de Simpson**:

$\int_a^b f(x)dx \approx \frac{h}{3}[f(x_1) + 4f(x_1) + f(x_2)] = \frac{h}{3}f(x_0) + \frac{4h}{3}f(x_1) + \frac{h}{3}f(x_2)$.

Los pesos $w_1 = w_3 = \frac{h}{3}$ and $w_2 = \frac{4h}{3}$ son los asociados a la Regla de Simpson, y también se pueden determinar usando el polinomio interpolante de Lagrange; ver (8.25).

Es natural preguntarse si se pueden desarrollar cuadraturas más precisas si tanto los coeficientes como los nodos se dejan como variables libres a ser determinadas. Claro, para responder esta pregunta debemos primero suponer que podemos evaluar la función a integrar en puntos arbitrarios del intervalo de interés. La idea es obtener una cuadratura, de ser posible, que sea exacta para polinomios de grado menor o igual a $2n-1$, el cual es el máximo grado posible de polinomio que se puede obtener imponiendo $2n$ condiciones con $2n$ variables a determinar. Este procedimiento se conoce como cuadratura Gaussiana.

Derivación de las cuadraturas Gaussianas en el intervalo $[-1, 1]$

Primero vamos a derivar este tipo de cuadratura en casos simples cuando $n = 2$ y $n = 3$ sobre el intervalo $[-1, 1]$.

Caso n=2. En este caso podemos determinar los nodos x_0 y x_1, y los pesos w_0 y w_1, forzando que la regla de integración sea exacta para todos los polinomios de grado menor o igual a 3. Podemos usar la base canónica polinomial: $1, x, x^2$, y x^3 en la fórmula (8.33).

• $f(x) = 1$: $\int_{-1}^1 1 \, dx = w_0 f(x_0) + w_1 f(x_1) \rightarrow 2 = w_0 + w_1$.

• $f(x) = x$: $\int_{-1}^1 x \, dx = w_0 f(x_0) + w_1 f(x_1) \rightarrow 0 = w_0 x_0 + w_1 x_1$.

• $f(x) = x^2$: $\int_{-1}^1 x^2 \, dx = w_0 f(x_0) + w_1 f(x_1) \rightarrow \frac{2}{3} = w_0 x_0^2 + w_1 x_1^2$.

• $f(x) = x^3$: $\int_{-1}^1 x^3 \, dx = w_0 f(x_0) + w_1 f(x_1) \rightarrow 0 = w_0 x_1^3 + w_1 x_1^3$.

Por tanto, obtenemos el siguiente sistema de ecuaciones no lineales:

$$\begin{aligned} w_0 + w_1 &= 2 \\ w_0 x_0 + w_1 x_1 &= 0 \\ w_0 x_0^2 + w_1 x_1^2 &= \frac{2}{3} \\ w_0 x_0^3 + w_1 x_1^3 &= 0. \end{aligned} \qquad (8.34)$$

Una solución de este sistema viene dada por

$$w_0 = w_1 = 1; x_0 = -\frac{1}{\sqrt{3}}, x_1 = \frac{1}{\sqrt{3}},$$

y se tiene la **cuadratura Gaussiana de dos puntos**:

$$\int_{-1}^{1} f(x)dx \approx f\left(-\frac{1}{\sqrt{3}}\right) + f\left(\frac{1}{\sqrt{3}}\right).$$

Caso n=3. En este caso podemos determinar los nodos x_0, x_1, y x_2, y los pesos w_0, w_1, y w_2, forzando que la regla de integración sea exacta para todos los polinomios de grado menor o igual a 5 (nótese que $2n - 1 = 5$). Usando de nuevo la base canónica se obtiene el siguiente sistema de ecuaciones no lineales (ejercicio):

$$
\begin{aligned}
w_0 + w_1 + w_2 &= 2 \\
w_0 x_0 + w_1 x_1 + w_2 x_2 &= 0 \\
w_0 x_0^2 + w_1 x_1^2 + w_2 x_2^2 &= \frac{2}{3} \\
w_0 x_0^3 + w_1 x_1^3 + w_2 x_2^3 &= 0 \\
w_0 x_0^4 + w_1 x_1^4 + w_2 x_2^4 &= \frac{2}{5} \\
w_0 x_0^5 + w_1 x_1^5 + w_2 x_2^5 &= 0.
\end{aligned}
\tag{8.35}
$$

Este sistema no lineal es dificil de resolver, sin embargo, como discutiremos más abajo, este sistema se puede resolver con facilidad cuando los nodos x_0, x_1, y x_2 se escogen como las raíces del polinomio ortogonal, conocido como el polinomio de Legendre de grado 3, y una vez conocidas esas raíces, los pesos se calculan de la forma tradicional

$$w_i = \int_{-1}^{1} L_i(x)dx, \quad i = 0, 1, 2$$

donde $L_i(x)$ es el i-ésimo polinomio de Lagrange de grado 3. Este mecanismo es válido, como veremos más adelante, para cualquier valor de n.

Al igual que los polinomios de Chebyshev, los polinomios de Legendre se pueden generar de forma recursiva. Sean $P_0(x) = 1$, $P_1(x) = x$. Entonces, los polinomios de Legendre $\{P_k(x)\}$ se pueden obtener mediante la fórmula:

$$P_{k+1}(x) = \frac{(2k + 1)x P_k(x) - k P_{k-1}(x)}{k + 1}, \quad k = 1, 2, 3, \ldots, n.$$

Por ejemplo, el polinomio de Legendre de grado 2 viene dado por $P_2(x) = \frac{3}{2}x^2 - \frac{1}{2}$, y el polinomio de Legendre de grado 3 se escribe como $P_3(x) = \frac{5}{2}\left(x^3 - \frac{3}{5}x\right)$.

Como discutimos en el Capítulo 7 para diferentes familias de polinomios ortogonales, se cumple que el polinomio de Legendre, de grado n, tiene n raíces reales distintas en el intervalo abierto $(-1, 1)$.

Obtención de nodos y pesos usando polinomios ortogonales

En el Capítulo 5 jugaron un papel importante las raíces de los polinomios ortogonales de Chebyshev (ver definición 5.1), en el contexto de ubicar los nodos de interpolación para minimizar la norma infinito del error. Aquí vamos a mostrar que las raíces de los polinomios ortogonales juegan un papel clave en las cuadraturas Gaussianas. Comenzamos por recordar la definición de polinomios ortogonales en un contexto más general, incluyendo una función de peso positiva fija $w(x)$ en el intervalo de interés. Los polinomios ortogonales y sus propiedades se discutieron ampliamente en el Capítulo 7.

Un polinomio $P_n(x)$ de grado n es un polinomio ortogonal, con respecto a la función de peso $w(x) > 0$ en $[a, b]$, si para todo polinomio $Q(x) \in \Pi_{n-1}$ (subespacio de los polinomios de grado menor o igual a $n - 1$),

$$\int_a^b w(x)P_n(x)Q(x)dx = 0.$$

Para diferentes funciones de peso $w(x)$ se usarán diferentes familias de polinomios ortogonales para obtener las cuadraturas Gaussianas. Cuando $w(x) = 1$ para todo x, los polinomios ortogonales a usar son los polinomios de Legendre descritos anteriormente.

El siguiente teorema establece, en un contexto general, como escoger los nodos $x_0, x_1, \ldots, x_{n-1}$ y los pesos $w_0, w_1, \ldots, w_{n-1}$ tal que la cuadratura

$$\sum_{i=0}^{n-1} w_i f(x_i) \approx \int_a^b w(x)f(x)dx$$

sea exacta para toda función f en Π_{2n-1}.

Teorema 8.6. *Sea $w(x) > 0$ una función positiva fija en $[a, b]$, y sea $P_n(x)$ un polinomio no cero de grado n que es ortogonal al subespacio Π_{n-1}. Supongamos que*

(i) *los nodos $x_0, x_1, \ldots, x_{n-1}$ se escogen como las n raíces del polinomio $P_n(x)$*

(ii) *los pesos $w_0, w_1, \ldots, w_{n-1}$ se definen como*

$$w_i = \int_a^b w(x)L_i(x)dx, \quad i = 0, \ldots, n-1$$

donde $L_i(x)$ es el i-ésimo polinomio de Lagrange, todos de grado $(n-1)$:

$$L_i(x) = \prod_{j=0}^{n-1} \frac{(x - x_j)}{(x_i - x_j)}, \quad j \neq i. \tag{8.36}$$

Entonces, para cualquier polinomio $f(x)$ en Π_{2n-1}, se cumple que

$$\int_a^b w(x)f(x)dx = \sum_{i=0}^{n-1} w_i f(x_i). \tag{8.37}$$

Demostración. Supongamos primero que $f(x)$ es un polinomio de grado menor o igual a $n - 1$; es decir, supongamos que $f(x)$ se puede escribir usando la base de Lagrange como:

$$f(x) = L_0(x)f(x_0) + L_1(x)f(x_1) + \cdots + L_{n-1}(x)f(x_{n-1}), \tag{8.38}$$

donde $x_0, x_1, \ldots, x_{n-1}$ son las raíces del polinomio $P_n(x)$. Integrando (8.38) entre a y b, obtenemos que

$$\int_a^b w(x)f(x)dx = \sum_{i=0}^{n-1} f(x_i) \int_a^b w(x)L_i(x)dx = \sum_{i=0}^{n-1} w_i f(x_i). \tag{8.39}$$

Supongamos ahora que el grado de $f(x)$ es a lo sumo $2n - 1$, pero como mínimo es n. Entonces, dividiendo por $P_n(x)$, $f(x)$ se puede escribir como:

$$f(x) = P_n(x)Q_{n-1}(x) + R_{n-1}(x), \tag{8.40}$$

donde $Q_{n-1}(x)$ y $R_{n-1}(x)$ son polinomios de grado a lo sumo $n-1$. Sustituyendo $x = x_i$ en (8.40), tenemos que

$$f(x_i) = P_n(x_i)Q_{n-1}(x_i) + R_{n-1}(x_i).$$

Como los x_i son las raíces de $P_n(x)$, $P_n(x_i) = 0$. En consecuencia, para todo i,

$$f(x_i) = R_{n-1}(x_i).$$

Más aún, de (8.40) se desprende que

$$\int_a^b w(x)f(x)dx = \int_a^b w(x)P_n(x)Q_{n-1}(x)dx + \int_a^b w(x)R_{n-1}(x)dx.$$

Usando las propiedades de ortogonalidad del polinomio $P_n(x)$,

$$\int_a^b w(x)P_n(x)Q_{n-1}(x)dx = 0.$$

Por tanto, $\int_a^b w(x)f(x)dx = \int_a^b w(x)R_{n-1}(x)dx$.

Ahora bien, como $R_{n-1}(x)$ es un polinomio de grado a lo sumo $n-1$, usando (8.39) obtenemos

$$\int_a^b w(x)R_{n-1}(x)dx = \sum_{i=0}^{n-1} w_i R_{n-1}(x_i).$$

Finalmente,

$$\int_a^b w(x)f(x)dx = \sum_{i=0}^{n-1} w_i R_{n-1}(x_i) = \sum_{i=0}^{n-1} w_i f(x_i).$$

$\square$

Vale destacar que la exactitud de las fórmulas Gaussianas, que establece el Teorema 8.6, para cualquier polinomio en Π_{2n-1} es lo mejor que se puede conseguir. En otras palabras, no puede existir una fórmula Gaussiana con n nodos que sea exacta en Π_{2n}. Para establecer esto basta considerar el polinomio de grado $2n$,

$$P_{2n} = \left(\prod_{i=0}^{n-1} (x - x_i) \right)^2.$$

En efecto, para cualesquiera pesos w_i, se cumple que $\sum_{i=0}^{n-1} w_i P_{2n}(x_i) = 0$; y por otro lado claramente

$$\int_a^b w(x) P_{2n}(x) dx > 0.$$

El próximo lema establece dos propiedades claves de los pesos w_i que aparecen en las cuadraturas Gaussianas.

Lema 8.7. *En las cuadraturas Gaussianas los pesos $w_i > 0$ para todo i, y además se cumple que*

$$\sum_{i=0}^{n-1} w_i = \int_a^b w(x) dx < \infty.$$

Demostración. Sea $P_n(x)$ un polinomio no cero de grado n que es ortogonal al subespacio Π_{n-1}, y sean $x_0, x_1, \ldots, x_{n-1}$ las n raíces de $P_n(x)$. Sea k fijo $(0 \le k \le n-1)$ y definamos

$$q(x) = \frac{P_n(x)}{(x - x_k)},$$

un polinomio de grado $n-1$. Usando el Teorema 8.6, se sigue que la cuadratura Gaussiana será exacta para el polinomio $(q(x))^2$ ya que pertenece al subespacio $\Pi_{2n-2} \subset \Pi_{2n-1}$. Es decir,

$$w_k \left(q(x_k)\right)^2 = \sum_{i=0}^{n-1} w_i (q(x_i))^2 = \int_a^b w(x)(q(x))^2 dx > 0.$$

Por tanto, $w_k > 0$ para todo k. Para establecer la segunda parte basta considerar el polinomio $q(x) = 1$ para todo x, para el cual claramente la cuadratura será exacta, es decir,

$$\int_a^b w(x)\, 1\, dx = \sum_{i=0}^{n-1} w_i < \infty.$$

$\square$

Nuestro próximo resultado establece la convergencia de las cuadraturas Gaussianas al valor exacto de la integral cuando el número de nodos n tiende a infinito, en el caso de funciones continuas sobre un intervalo fijo $[a, b]$. Esta propiedad de convergencia no se satisface, en general, para las fórmulas Newton-Cotes.

Teorema 8.8. *Sea* $w(x) > 0$ *una función positiva fija en* $[a, b]$, *y sea* $f(x)$ *una función continua en* $[a, b]$. *Para* $n \geq 1$, *consideremos la fórmula de cuadratura Gaussiana*

$$\int_a^b w(x)f(x)dx \approx \sum_{i=0}^{n-1} w_i^n f(x_i^n), \qquad (8.41)$$

donde los $w_i^n > 0$ *y los* x_i^n *representan respectivamente los pesos y los nodos de la fórmula Gaussiana para ese valor de* n. *Entonces, se cumple que la aproximación en (8.41) converge al valor exacto de la integral cuando* $n \to \infty$.

Demostración. Sea $\varepsilon > 0$ dado, y definamos $\widehat{\varepsilon} = \varepsilon/(2\int_a^b w(x)dx)$. Por el Teorema de Weierstrass (Teorema 5.1), existe un polinomio $P(x)$ (de algún grado, digamos q) tal que para todo $x \in [a, b]$,

$$|f(x) - P(x)| < \widehat{\varepsilon}.$$

Tomemos un entero positivo n tal que $2n > q$. Se cumple entonces, por el Teorema 8.6 que la cuadratura Gaussiana (8.41) integra de forma exacta a $P(x)$. Por tanto, usando el Lema 8.7 obtenemos que

$$\left| \int_a^b w(x)f(x)dx - \sum_{i=0}^{n-1} w_i^n f(x_i^n) \right|$$

$$\leq \left| \int_a^b w(x)f(x)dx - \int_a^b w(x)P(x)dx \right|$$

$$+ \left| \sum_{i=0}^{n-1} w_i^n P(x_i^n) - \sum_{i=0}^{n-1} w_i^n f(x_i^n) \right|$$

$$\leq \int_a^b w(x)|f(x) - P(x)|dx + \sum_{i=0}^{n-1} w_i^n |P(x_i^n) - f(x_i^n)|$$

$$\leq \widehat{\varepsilon} \int_a^b w(x)dx + \widehat{\varepsilon} \sum_{i=0}^{n-1} w_i^n = 2\widehat{\varepsilon} \int_a^b w(x)dx = \varepsilon > 0,$$

lo cual establece el resultado. □

Nota: Las raíces de diversas familias de polinomios ortogonales en el intervalo $[-1, 1]$, y sus correspondientes pesos w_i, se han calculado para diferentes valores de n y se pueden conseguir en tablas; ver por ejemplo [4, p. 238] y [89]. Estos valores ya conocidos para el intervalo $[-1, 1]$ se pueden utilizar al aproximar integrales mediante cuadraturas Gaussianas sobre un intervalo arbitrario $[a, b]$. Para ello transformamos el intervalo $[a, b]$ en $[-1, 1]$ sustituyendo

$$x = \frac{1}{2}[(b-a)t + a + b],$$

de donde se obtiene que

$$dx = \frac{b-a}{2}dt,$$

y por tanto

$$\int_a^b w(x)f(x)dx = \frac{(b-a)}{2}\int_{-1}^1 w\left(\frac{(b-a)t+a+b}{2}\right)f\left(\frac{(b-a)t+a+b}{2}\right)dt.$$

Ejemplo 8.9. *Aplicar la fórmula de cuadratura Gaussiana de 3 nodos para aproximar $\int_1^2 e^{-x}dx$.*

Entradas: $\begin{cases} f(x) & = e^{-x}; w(x) \equiv 1; a = 1, b = 2 \\ n & = 3. \end{cases}$

Paso 1. *Transformar la integral para trabajar en el intervalo $[-1, 1]$*

$$\int_1^2 f(x)dx = \int_1^2 e^{-x}dx = \frac{1}{2}\int_{-1}^1 f\left(\frac{t+3}{2}\right)dt = \frac{1}{2}\int_{-1}^1 e^{-\left(\frac{t+3}{2}\right)}dt$$

Paso 2. *Aproximar $\int_{-1}^1 e^{-\left(\frac{t+3}{2}\right)}dt$ usando la cuadratura Gaussiana con $n = 3$.*

Las 3 raíces del polinomio de Legendre son:

$$t_0 = -\sqrt{\frac{3}{5}}, t_1 = 0, t_2 = \sqrt{\frac{3}{5}},$$

y sus correspondientes pesos son (con 4 decimales exactos):
$w_0 = 0.5555, w_1 = 0.8889, w_2 = 0.5555.$

Por tanto tenemos que

$$\int_{-1}^{1} e^{-(\frac{t+3}{2})} dt = w_0 e^{-(\frac{t_0+3}{2})} + w_1 e^{-(\frac{t_1+3}{2})} + w_2 e^{-(\frac{t_2+3}{2})} = 0.4652$$

Paso 3. *Calcular* $\int_{1}^{2} f(x)dx = \frac{0.4652}{2} = 0.2326.$

Solución exacta: $\int_{1}^{2} e^{-x}dx = 0.2325$ *(con 4 decimales exactos).*

Error relativo: $\dfrac{|0.2325 - 0.2326|}{|0.2325|} = 4.3011 \times 10^{-4}.$

EJERCICIOS del Capítulo 8

8.1 Dada la siguiente tabla de valores:

x	$f(x) = \operatorname{sen} x$	$f(x) = \cos x$	$f(x) = xe^x$
0	0	1	0
0.5	0.4794	0.8776	0.8249
1	0.8415	0.5403	2.7183
1.5	0.9975	0.0707	6.7225
2	0.9093	−0.4161	14.7781
2.5	0.5985	−0.811	30.4562
3	0.1411	−0.9900	60.2566

Para cada función, aproxime el valor de la derivada y compare con los valores reales.

(a) $f''(2)$ usando la fórmula (8.8),

(b) $f'(0.5)$ usando la fórmula (8.1),

(c) $f'(1.5)$ usando la fórmula (8.5),

(d) $f'(2)$ usando la fórmula (8.11).

8.2 Dada la tabla de valores de las funciones indicadas:

(a)

x	$f(x) = \sqrt{x}\,\operatorname{sen} x$
0	0
$\frac{\pi}{4}$	0.6267
$\frac{\pi}{2}$	1.2533
$\frac{3\pi}{4}$	1.0856
π	0

(b)

x	$f(x) = sen(sen(sen(x)))$
0	0
$\frac{\pi}{4}$	0.6049
$\frac{\pi}{2}$	0.7456
$\frac{3\pi}{4}$	0.6049
π	0

(c)

x	$f(x) = \sqrt{x + \sqrt{x + \sqrt{x}}}$
0	0
0.5	1.2644
1	1.5538
1.5	1.7750
2	1.9616

(d)

x	$f(x) = x \ln x + x^2$	$f'(x)$
0.1	-0.2168	
0.5	0.7738	
0.8	6.8763	
1	20.0855	

A. Para las funciones (a) y (b), haga lo siguiente:

   (i) Aproxime $f'(0)$ usando las fórmulas (8.1), (8.5), y (8.11), y compare los resultados con su valor analítico.

   (ii) Aproxime $f'(\frac{\pi}{2})$ usando las fórmulas (8.1), (8.5), y (8.11), y compare los resultados con su valor analítico.

B. Para la función en (c), repita la parte A con $x = 0$ en (i) y $x = 1$ en (ii).

C. Llene la entradas faltantes, con la mayor precisión posible, en la Tabla (d), usando las fórmulas convenientes.

8.3 Derive las siguientes fórmulas y su término del error:

(a) $f'(x) \approx \frac{-3f(x)+4f(x+h)-f(x+2h)}{2h}$.

(b) $f'(x) \approx \frac{f(x-2h)-8f(x-h)+8f(x+h)}{12h}$

8.4 (Aplicación) La cantidad de fuerza F necesaria para mover un objeto a través de un plano horizontal viene dado por

$$F(\theta) = \frac{\mu W}{\mu sen\,\theta + \cos\theta},$$

donde

W = peso del objeto

μ = constante de fricción

θ = ángulo que forma la cuerda de halar el objeto con el plano.

La siguiente tabla muestra F versus θ:

θ (radianes)	F (kilos)
0.5	12.8521
1	14.3515
1.5	22.4137
2	116.1223

Dados $\mu = 0.6$, y $W = 25$ kilos. Encuentre usando las fórmulas (8.1) y (8.5):

(a) velocidad de cambio de la fuerza cuando $\theta = 1.5$

(b) velocidad de cambio de la fuerza cuando $\theta = 1.75$

(c) ángulo para el cual la velocidad de cambio es cero.

8.5 (Aplicación) La siguiente tabla nos ofrece un estimado de la población mundial (en millones) para distintos años:

Año	Población
1960	2,982
1970	3,692
1980	4,435
1990	5,263
2000	6,070
2010	6,092

Estime la velocidad de crecimiento poblacional en 1980, 2010, y 1985; usando fórmulas apropiadas para que esa estimación sea tan precisa como se pueda.

8.6 (Aplicación) Conducción del calor a través de un material

La ley de Fourier para la conducción del calor afirma que la velocidad de transferencia del calor a través de un material es proporcional al gradiente negativo de la temperatura. En su forma más simple, se puede escribir como sigue:

$$Q_x = -k\frac{dT}{dx},$$

donde

$x =$ distancia ($metros$, m) a través del camino del flujo de calor
$T =$ temperatura (grados centígrados, C)
$Q_x =$ flujo del calor en Watts sobre metro cuadrado (W/m^2)
$k =$ constante de conductividad térmica ($W/(m\,C)$)

Dada la siguiente tabla:

x	0	0.1	0.2	0.3
T	15	10	5	3

Calcule k si Q_x para $x = 0$ es 40 W/m^2.

8.7 Dados $f(x) = x + e^x$ y $h = 0.5$.

(a) Comenzando con dos fórmulas de diferencias centradas, calcule una aproximación $O(h^6)$ de $f'(x)$ usando la técnica de extrapolación de Richardson.

(b) Presente sus resultados usando la tabla de la técnica de Richardson.

8.8 Dados $f(x) = xe^x$ y $h = 0.1$.

(a) Comenzando con dos versiones de la fórmula (8.1), deduzca y calcule una aproximación $O(h^3)$ de $f'(0.5)$ usando la técnica de extrapolación de Richardson.

(b) Presente sus resultados usando la tabla de la técnica de Richardson.

8.9 Los siguientes datos proporcionan aproximaciones a la integral

$$M = \int_0^\pi \operatorname{sen}(x)\,dx$$

$N1(h) = 1.570796$, $N1(h/2) = 1.896119$, $N1(h/4) = 1.974232$, $N1(h/8) = 1.99357$. Suponiendo que

$$M = N1(h) + k_1 h^2 + k_2 h^4 + k_3 h^6 + k_4 h^8 + O(h^{10}),$$

construya una tabla de Romberg para determinar $N4(h)$ con orden $O(h^8)$.

8.10 Establezca el Teorema 8.5.

8.11 Considere los nodos $x_0 = 0$, $x_1 = 1$, y $x_2 = 2$, y obtenga una cuadratura de la forma $\int_0^2 f(x)dx = w_0 f(0) + w_1 f(1) + w_2 f(2)$ que sea exacta para polinomios de grado menor o igual a 2. ¿Cuáles son los valores de w_0, w_1 y w_2?

8.12 Considere una cuadratura de la forma $\int_0^1 f(x)dx = w_0 f(0) + f(x_1)$, que sea exacta para polinomios de grado menor o igual a 1. ¿Cuáles son los valores de x_1 y w_0?

8.13 Considere una cuadratura de la forma $\int_1^{20} f(x)dx = w_0 f(1) + w_1 f(2) + w_2 f(3) + \cdots + w_{19} f(20)$ que sea exacta para polinomios del máximo grado posible. Explique porque calcular los pesos resolviendo un sistema lineal no es computacionalmente recomendable.

8.14 ¿Para qué valor de $\beta \in (0,2)$ la siguiente fórmula es exacta en Π_3?

$$\int_0^2 f(x)dx \approx f(\beta) + f(2-\beta).$$

8.15 Determinar los valores de las constantes α, β y δ que hacen que la fórmula de integración

$$\int_0^3 f(x)dx \approx \alpha f(0) + \beta f(1) + \delta f(3)$$

sea exacta para polinomios del mayor grado posible. ¿Cuál es éste grado? Justifique.

8.16 Considere la siguiente fórmula de integración

$$\int_0^1 f(x)dx \approx A[f(x_0) + f(x_1)].$$

Encontrar A, x_0 y x_1 para que la fórmula sea exacta para polinomios del mayor grado posible. ¿Cuál es éste grado? Justifique.

8.17 Use los datos del **Ejercicio 1** y aproxime las integrales

    (i) $\int_0^3 sen\, x dx$

    (ii) $\int_0^3 \cos x dx$

    (iii) $\int_0^3 x e^x dx$

usando las siguientes cuadraturas:

    (a) Regla del Trapecio con $h = 3$.

    (b) Regla de Simpson con $h = 1.5$.

    (c) Regla de los $\frac{3}{8}$ con $h = 1$.

8.18 Use los datos del **Ejercicio 2** y aproxime las integrales

(a) $\int_0^\pi \sqrt{x}\,\text{sen}\,x\,dx$

(b) $\int_0^\pi \text{sen}\,(\text{sen}\,(\text{sen}(x)))dx$

(c) $\int_0^2 \left[\sqrt{x} + \sqrt{x + \sqrt{x}}\right] dx$

usando las siguientes cuadraturas:

(i) Regla del Trapecio con $h = \pi$.

(ii) Regla de Simpson con $h = \frac{h}{2}$.

(iii) Regla de Boole con $h = \frac{\pi}{4}$.

8.19 (a) Derive la Regla de Boole.

(b) Demuestre que la Regla de Boole tiene orden de precisión 5.

8.20 Derive la Regla de los $\frac{3}{8}$ con su fórmula del error.

8.21 Determine h y N para aproximar la integral $\int_0^1 e^{-t^2} dt$ con una precisión de 10^{-5} usando

(i) la Regla compuesta del Trapecio

(ii) la Regla compuesta de Simpson.

¿Cuál es mejor? Justifique.

8.22 (a) Demuestre que la Regla de Simpson es exacta para aproximar la integral $\int_0^{2\pi} \text{sen}\,x\,dx$.

(b) Demuestre que la Regla de Simpson es exacta para aproximar la integral $\int_0^{\frac{\pi}{2}} \cos^2 x\,dx$.

8.23 Establezca que la fórmula de cuadratura $\int_1^3 f(x)dx \approx w_0 f(1) + w_1 f(2) + w_2 f(3)$ que sea exacta para polinomios del máximo grado posible es la Regla de Simpson.

8.24 (Estimación de π)

Considere el siguiente resultado

$$\pi = \int_0^1 \frac{4}{1+x^2}dx.$$

Use las Reglas del Rectángulo y del Trapecio con $h = 1/n$, $n = 8, 32, 128$. Observe que el error es proporcional a h^2. Luego use la Regla de Simpson con los mismos valores de n, y observe que el error es proporcional a h^4. Compare estos resultados con el uso de cuadraturas Gaussianas para $n = 2$, $n = 3$ y $n = 4$.

8.25 Resuelva la siguiente ecuación

$$\int_0^x \left(\frac{t^9}{9} + 10t + 5 \right) dt = 11$$

mediante el método de Newton, desde $x_0 = 1/2$. Use la Regla de Simpson para aproximar la integral en las iteraciones de Newton.

8.26 Encuentre el área entre las curvas $y = 2 - x$ y $y = x^2\sqrt{4 - x^2}$, usando la Regla compuesta de Simpson con 5 y 10 subintervalos. Consiga las puntos de intersección de las curvas con algún método para encontrar ceros de funciones.

8.27 (Aplicación: movimiento del péndulo)

Usando la segunda ley de Newton se puede probar que el período T de un péndulo de longitud L viene dado por

$$T = 4\sqrt{\frac{L}{g}} \int_0^{\pi 2} \frac{dx}{1 - k^2 sen\, x},$$

donde g = aceleración de la gravedad $(9.8\, m/s^2)$, y $k = sen\left(\dfrac{\theta}{2}\right)$, donde θ es el máximo ángulo que el péndulo forma con la vertical. Use la Regla compuesta de Simpson con $n = 10$ para encontrar el período cuando $L = 2m$ (2 metros) y $\theta = 45°$.

9

ECUACIONES DIFERENCIALES ORDINARIAS CON VALOR INICIAL

Gran cantidad de problemas de la física, la química, y la ingeniería se pueden modelar con ecuaciones diferenciales ordinarias, es decir, ecuaciones que involucran derivadas de la solución. En capítulos previos estudiamos ecuaciones o sistemas de ecuaciones lineales o no lineales, cuya solución es un vector en un espacio de dimensión finita. En el caso de ecuaciones diferenciales en general, la solución deseada es una función en un espacio apropiado de dimensión infinita.

En este capítulo discutiremos en particular los métodos numéricos más comunes que se usan para resolver ecuaciones diferenciales ordinarias, para las cuales se conoce el valor de la solución en un punto dado. Ese valor conocido de la función solución se conoce como el valor inicial. Los métodos numéricos que vamos a considerar no aproximan la solución como tal en un espacio funcional apropiado. A partir del valor inicial, los métodos numéricos que vamos a estudiar generan dinámicamente un conjunto de números, o vectores de números, que aproximan los valores de la solución en un conjunto discreto de puntos que representan una discretización del espacio. Nos centraremos en el caso escalar, es decir en la solución numérica de una sola ecuación diferencial ordinaria. Sin embargo, muchos de los métodos a discutir se extienden de forma natural al problema de resolver un sistema de ecuaciones diferenciales ordinarias con valor inicial.

9.1 Notación y conceptos básicos

Consideramos el sistema de ecuaciones diferenciales ordinarias

$$y'(t) \equiv \frac{dy(t)}{dt} = f(t, y(t)),$$

donde t es una variable real, $f : \mathbb{R}^{n+1} \to \mathbb{R}$, la función $y : \mathbb{R} \to \mathbb{R}^n$, y el vector $y'(t)$ tiene componentes $(dy(t)/dt)_i = dy_i(t)/dt$ para $1 \leq i \leq n$. El problema de interés consiste en, dada la función $f(t, y(t))$, encontrar la función $y(t)$ tal que $y'(t) = f(t, y(t))$. Por simplicidad en la presentación, y por ser además un problema de interés en si mismo, consideraremos con frecuencia el caso escalar ($n = 1$). Si la función f es lineal en y se dice que la ecuación diferencial ordinaria es lineal, y se dice que es no lineal cuando f es no lineal en y. Por ejemplo, $y'(t) = (t^2 + sen(t))y(t)$ es lineal, mientras que $y'(t) = -y(t)^2$ es no lineal.

Ahora bien, bajo condiciones estandar sobre la función $f(t, y(t))$, existen infinitas funciones $y(t)$ tal que $y'(t) = f(t, y(t))$. Por ejemplo, $y(t) = ce^{-t}$ es solución de $y'(t) = -y(t)$ para todo $c \in \mathbb{R}$. Sin embargo, sólo una de las infinitas soluciones de $y'(t) = f(t, y(t))$ pasa por un punto determinado en el cual conocemos el valor de la solución. En el ejemplo, sólo la solución $y(t) = \alpha e^{-t}$ satisface $y(0) = \alpha$.

Con el deseo de plantear un problema con solución única, consideramos entonces la siguiente ecuación diferencial ordinaria con valor inicial (PVI)

$$y'(t) = f(t, y(t)), \quad y(t_0) = y_0,$$

donde $t_0 \in \mathbb{R}$, y el vector y_0 es conocido. Usualmente estamos intereados en resolver el problema en un intervalo $[t_0, T]$, para un valor finito $T > t_0$. Un resultado teórico clásico afirma que si $f \in C(\mathbb{R}^n \times [t_0, T])$ y satisface la condición de Lipschitz en la segunda variable

$$|f(t, v) - f(t, w)| \leq L\|v - w\|_\infty \text{ para todo } v, w \in \mathbb{R}^n, t \in [t_0, T], \text{ y } L > 0, \tag{9.1}$$

entonces el problema PVI tiene una única solucion $y(t)$ tal que $y'(t)$ es continua en $[t_0, T]$; ver por ejemplo [3].

Otro aspecto importante a considerar, además de la existencia y unicidad de soluciones, es la estabilidad de un problema PVI.

> **Definición 9.1.** *Un PVI es estable si pequeñas perturbaciones de la función $f(t, y(t))$, o de las condiciones iniciales, producen pequeños cambios en la solución.*

Consideremos, a modo de ejemplo, el siguiente PVI inestable donde una pequeña perturbación en el dato inicial cambia bruscamente la solución exacta

$$\begin{cases} y'(t) = 100y(t) - 101e^{-t} \\ y(0) = 1. \end{cases}$$

En este caso la solución exacta es $y(t) = e^{-t}$. Sin embargo, si el dato inicial es $y(0) = 1 + \delta$ donde $0 < \delta \ll 1$, entonces la solución exacta cambia bruscamente a $y(t) = e^{-t} + \delta e^{100t}$.

Claramente, sólo nos interesa considerar métodos numéricos para resolver PVI que sean estables. Afortunadamente, la misma condición de Lipschitz (9.1) que garantiza existencia y unicidad de solución del PVI, también es suficiente para que el PVI sea estable; ver por ejemplo [3].

Salvo contadas excepciones, como los ejemplos mencionados arriba, no se puede obtener la solución exacta analítica de los problemas PVI, y se deben usar técnicas numéricas para aproximar la solución en el intervalo de interés $[t_0, T]$. Ahora bien, como comentamos en la introducción del capítulo, a partir de t_0 los métodos numéricos que vamos a estudiar generan aproximaciones de la solución $y(t)$ en un conjunto finito de valores de t en el intervalo $[t_0, T]$. Una de las estrategias numéricas más comunes es la siguiente:

- Dividir $[t_0, T]$ en N subintervalos iguales

$$t_0 < t_1 < t_2 \cdots < t_N = T,$$

  cada uno de longitud $h = \dfrac{T - t_0}{N}$.

- A partir del valor inicial dado $y(t_0) = y_0$, calcular con alguna fórmula recursiva, $y_1, y_2, \ldots, y_N$, donde para cada i, y_i es una aproximación de $y(t_i)$.

9.2 El método de Euler

Uno de los métodos más antiguos y más simples para resolver PVI es el método de Euler, el cual se deriva a partir de la siguiente expansión de Taylor aplicada a la función $y(t)$ alrededor de t_i:

$$y(t_{i+1}) = y(t_i) + hy'(t_i) + \frac{h^2}{2!}y''(t_i) + \cdots + \frac{h^m}{m!}y^{(m)}(t_i) + \frac{h^{m+1}}{(m+1)!}y^{(m+1)}(\xi_i),$$

donde $h = t_{i+1} - t_i$ y $\xi_i \in (t_i, t_{i+1})$. Para $m = 1$ la expansión de Taylor se reduce a

$$y(t_{i+1}) = y(t_i) + hy'(t_i) + \frac{h^2}{2!}y''(\xi_i).$$

Considerando sólo los dos primeros términos de esta ecuación obtenemos

$$y(t_{i+1}) \approx y(t_i) + hy'(t_i) = y(t_i) + hf(t_i, y(t_i)).$$

Basado en esta aproximación, el método de Euler[1] consiste en usar la siguiente fórmula recursiva:

$$y_{i+1} = y_i + hf(t_i, y_i).$$

El término $\frac{h^2}{2!}y''(\xi_i)$ se conoce como el primer término del error local de truncamiento del método de Euler.

Con la fórmula anterior se generan entonces de forma recursiva las siguientes aproximaciones a la solución $y(t)$ en un conjunto finito de valores de t en el intervalo $[t_0, T]$ (recordemos que la función $f(t, y)$ es dada):

$$\begin{cases} y_0 & \text{(dado)} \\ y_1 & = y_0 + hf(t_0, y_0) \\ y_2 & = y_1 + hf(t_1, y_1) \\ \vdots & \\ y_N & = y_{N-1} + hf(t_{N-1}, y_{N-1}) \end{cases}$$

Desde el punto de vista geométrico, tenemos que el método de Euler obtiene $y_{i+1} \approx y(t_{i+1})$ evaluando en t_{i+1} la recta tangente a $y(t)$ que pasa por el punto (t_i, y_i). Claramente, la aproximación será tanto peor cuanto mayor sea el número de pasos ya calculados, es decir, cuanto más lejos nos encontremos del punto inicial (t_0, y_0). Por otro lado, el error será evidentemente tanto mayor cuanto más grande sea el paso h.

---

[1]En honor a Leonhard Euler (1707 - 1783), matemático y físico suizo. Euler es considerado uno de los más grandes y prolíficos científicos de todos los tiempos.

Ejemplo 9.1. *Usando el método de Euler, resolver numéricamente* $y' = t^2 + 5$, $0 \leq t \leq 0.75$, *con* $h = 0.25$.

Entrada:

$$\begin{cases} f(t, y) = t^2 + 5 \\ t_0 = 0, \quad t_1 = t_0 + h = 0.25, \quad t_2 = t_1 + h = 0.50 \\ t_3 = t_2 + h = 0.75, \quad y_0 = y(t_0) = y(0) = 0. \end{cases}$$

En este ejemplo se conoce la solución exacta:

$$y(t) = \frac{t^3}{3} + 5t.$$

$i = 0$: *Calcular* y_1 *desde* y_0

$$\begin{aligned} y_1 &= y_0 + hf(t_0, y_0) = 0 + 0.25(5) \\ &= 1.25 \; (\textbf{Valor exacto } y(0.25) = 1.2552) \end{aligned}$$

$i = 1$: *Calcular* y_2 *desde* y_1

$$\begin{aligned} y_2 &= y_1 + hf(t_1, y_1) \\ &= 1.25 + 0.25(t_1^2 + 5) = 1.25 + 0.25((0.25)^2 + 5) \\ &= 2.5156 \; (\textbf{Valor exacto } y(0.5) = 2.5417) \end{aligned}$$

$i = 2$: *Calcular* y_3 *desde* y_2

$$\begin{aligned} y_3 &= y_2 + hf(t_2, y_2) \\ &= 2.5156 + 0.25((0.5)^2 + 5) \\ &= 3.8281 \; (\textbf{Valor exacto } y(0.75) = 3.8696) \end{aligned}$$

Calidad de aproximación del método de Euler

En general, la calidad de aproximación obtenida por un método numérico para resolver PVI está afectada por dos tipos de errores: error local de truncamiento y error global de truncamiento.

> **Definición 9.2.** *El error local de truncamiento es el error que se comete al pasar de y_i a y_{i+1} (un solo paso) debido al truncamiento de la serie que se usa para tal fin.*

Recordemos que el método de Euler se obtiene truncando la serie de Taylor luego de dos términos, y así el error local de truncamiento viene dado por

$$E_E^L = \frac{h^2}{2} y''(\xi_i), \quad \text{donde} \quad \xi_i \in (t_i, t_{i+1}).$$

Se dice en este caso que el error local de truncamiento es orden h^2 ($O(h^2)$).

> **Definición 9.3.** *El* **errror global de truncamiento** *es la diferencia entre la solución exacta $y(t_i)$ y la aproximación y_i en $t = t_i$, Es decir, es igual a $y(t_i) - y_i$.*

El siguiente teorema establece que el error global de truncamiento para el método de Euler, E_E^G, es orden h.

> **Teorema 9.1.**   *(i) Sea $y(t)$ la solución del PVI: $y' = f(t, y)$; $y(t_0) = y_0$, donde*
>
> $$t_0 \leq t \leq T, \quad -\infty < y < \infty.$$
>
> *(ii) Sean L y M dos números tales que*
>
> $$\left| \frac{\partial f(t, y)}{\partial y} \right| \leq L, \text{ y } |y''(t)| \leq M \text{ en } [t_0, T].$$
>
> *Entonces el error global de truncamiento E_E^G en $t = t_i$ satisface la desigualdad:*
>
> $$|E_E^G| = |y(t_i) - y_i| \leq \frac{hM}{2L}(e^{L(t_i - t_0)} - 1).$$

Nótese que el error global de truncamiento para el método de Euler es $O(h)$, mientras que el error local de truncamiento es $O(h^2)$. Una demostración de este teorema se puede conseguir en el libro de R. L. Scott [85]. Si las constantes L y M en el Teorema 9.1 se pueden calcular entonces podemos determinar que longitud de paso h se necesita para obtener una cierta precisión, como se ilustra en el siguiente ejemplo.

Ejemplo 9.2. *Consideremos el PVI:*

$$\frac{dy}{dt} = \frac{t^2 + y^2}{2}, \quad y(0) = 0$$

$$0 \leq t \leq 1, \quad -1 \leq y(t) \leq 1.$$

Determinemos el tamaño de h para garantizar que al usar el método de Euler el error global sea menor o igual a 10^{-4}.

Entrada:

$$\begin{cases} f(t,y) = \frac{t^2+y^2}{2} \\ y(0) = y_0 = 0 \\ a = 0, b = 1, y(t) \in [-1,1], t \in [0,1]. \end{cases}$$

Calcular L:

$$f(t,y) = \frac{t^2 + y^2}{2},$$

tenemos que

$$\frac{\partial f}{\partial y} = y.$$

Por tanto

$$\left| \frac{\partial f}{\partial y} \right| \leq 1 \text{ para todo } y \in [-1,1], \text{ obtenemos } L = 1.$$

Calcular M:

Para encontrar M, calculamos la segunda derivada de $y(t)$ como sigue:

$$y' = \frac{dy}{dt} = f(t,y) \text{ (dada)}$$

usando diferenciación implícita, $y'' = \frac{\partial f}{\partial t} + f \frac{\partial f}{\partial y}$

$$= t + \left(\frac{t^2 + y^2}{2} \right) y = t + \frac{y}{2}(t^2 + y^2).$$

Así, $|y''(t)| = \left| t + \frac{y}{2}(t^2 + y^2) \right| \leq 2$, para $-1 \leq y \leq 1$. Por tanto, $M = 2$.

Una cota para el error global:

$$|E_E^G| = |y(t_i) - y_i| \leq \frac{2h}{2L}(e^{(t_i)} - 1) = h(e^{(t_i)} - 1).$$

De nuevo, $|e^{(t_i)}| \leq e$ para $0 \leq t \leq 1$. Por tanto, $|E_E^G| \leq h(e - 1)$.

Calcular h: Para que el error global no exceda 10^{-4}, se debe cumplir que:

$$h(e - 1) < 10^{-4} \text{ o que } h < \frac{10^{-4}}{e - 1} \approx 5.8198 \times 10^{-5}.$$

9.3   Métodos basados en series de Taylor

El Método de Euler que acabamos de describir y analizar es un caso particular de los métodos basados en series de Taylor, que consisten de manera general en aproximar la solución por su polinomio de Taylor de un orden determinado. El método de Euler se obtiene al truncar la serie de Taylor de $y(t_{i+1})$ alrededor de t_i usando apenas los dos primeros términos. Métodos de orden superior se pueden obtener usando más términos de la serie de Taylor.

Ahora bien, estos métodos de orden superior serán más precisos que el método de Euler, pero también es cierto que requerirán más trabajo computacional, y además requerirán el cálculo de las derivadas de orden superior. El cálculo de estas derivadas de $y(t)$ requiere el uso de diferenciación implícita. Recordemos que la serie de Taylor de orden n viene dada por

$$y(t_{i+1}) = y(t_i) + hy'(t_i) + \frac{h^2}{2}y''(t_i) + \cdots + \frac{h^n}{n!}y^{(n)}(t_i) + \frac{h^{n+1}}{(n+1)!}y^{(n+1)}(\xi_i).$$

Para desarrollar métodos computacionales que resuelvan el PVI, debemos escribir varias derivadas de $y(t)$ expresadas en términos de las derivadas de $f(t, y)$:

(i) $y'(t) = f(t, y(t))$ (dada).

(ii) $y''(t) = f'(t, y(t))$.

En general,

(iii) $y^{(i)}(t) = f^{(i-1)}(t, y(t))$, $i = 1, 2, \ldots, n$.

Usando estas expresiones, podemos ahora escribir

$$y(t_{i+1}) = y(t_i) + hf(t_i, y(t_i)) + \frac{h^2}{2}f'(t_i, y(t_i)) + \cdots + \frac{h^{n-1}}{(n-1)!}f^{(n-2)}(t_i, y(t_i))$$

$$+ \frac{h^n}{n!}f^{(n-1)}(t_i, y(t_i)) + \frac{h^{n+1}}{(n+1)!}f^{(n)}(\xi_i, y(\xi_i)) \text{ (\textbf{Término Residual})}$$

$$= y(t_i) + h\left[f(t_i, y(t_i)) + \frac{h}{2}f'(t_i, y(t_i)) + \cdots \right.$$

$$\left. + \frac{h^{n-1}}{n!}f^{n-1}(t_i, y(t_i))\right] + \textbf{Término Residual}$$

Si olvidamos el término residual y nos quedamos con los primeros k términos, la fórmula se puede escribir como:

$$y_{i+1} = y_i + hT_k(t_i, y_i), \quad i = 0, 1, \ldots, N-1,$$

donde $T_k(t_i, y_i)$ se define mediante:

$$T_k(t_i, y_1) = f(t_i, y_i) + \frac{h}{2}f'(t_i, y_i) + \cdots + \frac{h^{k-1}}{k!}f^{(k-1)}(t_i, y_i)$$
$$(f^{(0)}(t_i, y_i) = f(t_i, y_i)).$$

Por tanto, si truncamos la serie de Taylor a k términos y usamos y_{i+1} para aproximar $y(t_{i+1})$, obtenemos el siguiente esquema para avanzar desde $i = 0, \ldots, N-1$:

- Calcular $T_k(t_i, y_i) = f(t_i, y_i) + \frac{h}{2}f'(t_i, y_i) + \cdots + \frac{h^{k-1}}{k!}f^{(k-1)}(t_i, y_i)$

- Calcular $y_{i+1} = y_i + hT_k(t_i, y_i)$.

Ejemplo 9.3. *Usando el método de serie de Taylor de orden 2, approximar* $y(0.2)$ *y* $y(0.4)$ *para el siguiente PVI:*

$y'(t) = y - t^2 + 1,\ 0 \le t \le 2,\ y(0) = 0.5,\ h = 0.2.$

Entradas:

$$\begin{cases} f(t, y) = y - t^2 + 1 \\ t_0 = 0, t_1 = 0.2, t_2 = 0.4 \end{cases}$$

Calculamos $f'(t, y(t))$ y $f''(t, y(t))$, las cuales son necesarias para calcular y_1 y y_2.

$$f(t, y(t)) = y - t^2 + 1 \text{ (dado)}.$$
$$f'(t, y(t)) = \frac{d}{dt}(y - t^2 + 1) = y' - 2t$$
$$= y - t^2 + 1 - 2t$$
$$f''(t, y(t)) = \frac{d}{dt}(y - t^2 + 1 - 2t) = \frac{dy}{dt} - \frac{d}{dt}(t^2 - 1 + 2t))$$
$$= f(t, y) - (2t + 2) = y - t^2 + 1 - 2t - 2 = y - t^2 - 2t - 1.$$

Calcular y_1 desde y_0:

$$y_1 = y_0 + hf(t_0, y(t_0)) + \frac{h^2}{2} f'(t_0, y(t_0))$$

$$= 0.5 + (0.2)(1.5) + \frac{(0.2)^2}{2}(0.5 + 1) = 0.8300$$

(valor aproximado de $y(0.2)$).

Calcular y_2 desde y_1:

$$y_2 = 1.215800 \text{ (valor aproximado de } y(0.4)).$$

Observación: Ya que $y^{(k+1)}(t) = f^{(k)}(t, y(t))$, el término residual de la serie de Taylor de orden k es:

$$\frac{h^{k+1}}{(k+1)!} f^{(k)}(\xi, y(\xi)).$$

Por tanto, el error local de truncamiento del método de la serie de Taylor de orden k, E_{T_k}, es $O(h^{k+1})$; y por tanto el error global lo será $O(h^k)$.

9.4 Métodos de Runge-Kutta

La dificultad con los métodos de serie de Taylor de orden grande es la necesidad de calcular las derivadas de $f(t, y)$, las cuales son frecuentemente muy difíciles de obtener; más aún, en muchas aplicaciones reales la función $f(t, y)$ no se conoce de forma explícita.

Los métodos de Runge-Kutta[2] resuelven esa dificultad obteniendo la misma precisión que los métodos de serie de Taylor sin necesidad de calcular esas derivada, con el costo adicional de requerir más evaluaciones de la función $f(t, y)$ por cada paso. Empezaremos por desarrollar los casos más simples de orden 2.

Los métodos de Runge-Kutta de orden 2

Supongamos que queremos una fórmula para aproximar y_{i+1} de la forma:

$$y_{i+1} = y_i + \alpha_1 k_1 + \alpha_2 k_2, \tag{9.2}$$

---

[2]Martin Wilhelm Kutta (1867 - 1944), físico y matemático alemán. Información acerca de Runge se consigue en la Sección 5.5 relativa al error de interpolación polinomial.

donde

$$k_1 = hf(t_i, y_i), \tag{9.3}$$

y

$$k_2 = hf(t_i + \alpha h, \ y_i + \beta k_1). \tag{9.4}$$

Las constantes α_1, α_2, α, y β se escogen de forma tal que la fórmula sea tan precisa como el método de serie de Taylor del orden tan alto como sea posible. Antes de proceder a conseguir fórmulas de este tipo, necesitamos recordar un teorema importante del cálculo multivariable; ver por ejemplo [2].

Teorema de Taylor para funciones en dos variables

Sean $f(t, y)$ y sus derivadas parciales hasta orden $(n + 1)$ continuas en el dominio $D = \{(t, y) | a \leq t \leq b, \ c \leq y \leq d\}$.
Entonces

$$f(t, y) = f(t_0, y_0) + \left[(t - t_0) \frac{\partial f}{\partial t}(t_0, y_0) + (y - y_0) \frac{\partial f}{\partial y}(t_0, y_0) \right] + \cdots$$

$$+ \left[\frac{1}{n!} \sum_{h=0}^{n} \binom{n}{i} (t - t_0)^{n-i} (y - y_0)^i \frac{\partial^n f}{\partial t^{n-1} \partial y^i}(t_0, y_0) \right] + R_n(t, y),$$

donde $R_n(t, y)$ es el término residual que envuelve las derivadas parciales de orden $n + 1$.

Sustituyendo los valores de k_1 y k_2, respectivamente de (9.3) y (9.4) en (9.2), obtenemos:

$$y_{i+1} = y_i + \alpha_1 hf(t_i, y_i) + \alpha_2 hf(t_i + \alpha h, y_i + \beta k_1) \tag{9.5}$$

Usando ahora el Teorema de Taylor en dos variables de orden $n = 1$, se tiene que

$$f(t_i + \alpha h, \ y_i + \beta k_1) = f(t_i, y_i) + \alpha h \frac{\partial f}{\partial t}(t_i, y_i) + \beta k_1 \frac{\partial f}{\partial y}(t_i, y_i) \tag{9.6}$$

Por tanto,

$$y_{i+1} = y_i + \alpha_1 hf(t_i, y_i) + \alpha_2 h \left[f(t_i, y_i) + \alpha h \frac{\partial f}{\partial t}(t_i, y_i) + \beta hf(t_i, y_i) \frac{\partial f}{\partial y}(t_i, y_i) \right]$$

$$= y_i + (\alpha_1 + \alpha_2) hf(t_i, y_i) + \alpha_2 h^2 \left[\alpha \frac{\partial f}{\partial t}(t_i, y_i) + \beta f(t_i, y_i) \frac{\partial f}{\partial y}(t_i, y_i) \right]$$

$$\tag{9.7}$$

Recordemos que $y(t_{i+1}) = y(t_i) + hf(t_i, y_i) + \frac{h^2}{2} \left(\frac{\partial f}{\partial t}(t_i, y_i) + f(t_i, y_i) \frac{\partial f}{\partial y}(t_i, y_i) \right)$
más términos de orden superior. Descartando ahora los términos de orden superior se obtiene

$$y_{i+1} = y_i + hf(t_i, y_i) + \frac{h^2}{2} \left(\frac{\partial f}{\partial t}(t_i, y_i) + f \frac{\partial f}{\partial y}(t_i, y_i) \right). \qquad (9.8)$$

Si deseamos que (9.7) y (9.8) coincidan para obtener una buena aproximación, entonces los coeficientes deben ser iguales, es decir

- $\alpha_1 + \alpha_2 = 1$ (comparando los coeficientes de $hf(t_i, y_i)$).

- $\alpha_2 \alpha = \frac{1}{2}$ (comparando los coeficientes de $h^2 \frac{\partial f}{\partial t}(t_i, y_i)$).

- $\alpha_2 \beta = \frac{1}{2}$ (comparando los coeficientes de $h^2 f(t_i, y_i) \frac{\partial f}{\partial y}(t_i y_i)$).

Como el número de incógnitas excede el número de ecuaciones, existen infinitas posibles soluciones. La combinación mas simple es:

$$\boxed{\alpha_1 = \alpha_2 = \tfrac{1}{2}, \ \alpha = \beta = 1.}$$

Usando estos valores podemos calcular y_{i+1} desde y_i mediante el siguiente esquema, el cual se conoce como el **método de Euler modificado**:

- Calcular $k_1 = hf(t_i, y_i)$.

- Calcular $k_2 = hf(t_i + h, y_i + k_1)$.

- Calcular
$$y_{i+1} = y_i + \frac{1}{2} [k_1 + k_2], \quad i = 0, 1, \dots, N - 1.$$

Ejemplo 9.4. *Resolver el PVI:* $y'(t) = e^t$, $y(0) = 1$, *con* $h = 0.5$, $0 \le t \le 1$.

Entrada: $\begin{cases} f(t, y) = e^t, \\ y_0 = y(t_0) = y(0) = 1. \\ h = 0.5 \end{cases}$

Calcular y_1 *desde* y_0:

$$\begin{aligned} k_1 &= hf(t_0, y_0) = 0.5e^{t_0} = 0.5 \\ k_2 &= hf(t_0 + h, y_0 + k_1) = 0.5(e^{t_0+h}) = 0.5e^{0.5} = 0.8244 \\ y_1 &= y_0 + \tfrac{1}{2}(k_1 + k_2) = 1 + 0.5(0.5 + 0.8244) = 1.6622 \end{aligned}$$

Nótese que: $\qquad y(0.5) = e^{0.5} = 1.6487$ **(dos cifras significativas exactas)**.

Calcular y_2 desde y_1:

$$k_1 = hf(t_1, y_1) = 0.5e^{t_1} = 0.5e^{0.5} = 0.8244$$

$$k_2 = hf(t_1 + h, y_1 + k_1) = 0.5e^{0.5+0.5} = 0.5e = 1.3591$$

$$y_2 = y_1 + \tfrac{1}{2}(k_1 + k_2) = 1.6622 + \tfrac{1}{2}(0.8244 + 1.3591) = 2.7539$$

Nótese que: $y(1) = 2.7183$ **(dos cifras significativas exactas)**

Ejemplo 9.5. *Dados:* $y'(t) = t + y$, $y(0) = 1$, *calcular* y_1 *(aproximación a* $y(0.01)$*) y* y_2 *(aproximación a* $y(0.02)$*) usando el método de Euler modificado.*

Entrada: $\begin{cases} f(t, y) = t + y \\ t_0 = 0, \ y(0) = 1 \\ h = 0.01 \end{cases}$

$y_1 = y_0 + \tfrac{1}{2}(k_1 + k_2)$
$k_1 = hf(t_0, y_0) = 0.01(0 + 1) = 0.01$
$k_2 = hf(t_0 + h, \ y_0 + k_1) = 0.01 \times f(0.01, \ 1 + 0.01)$
$\qquad = 0.01 \times (0.01 + 1.01) = 0.01 \times 1.02 = 0.0102$

Por tanto $y_1 = 1 + \tfrac{1}{2}(0.01 + 0.0102) = 1.0101$ **(valor aproximado** *de* $y(0.01)$**)**

$y_2 = y_1 + \tfrac{1}{2}(k_1 + k_2)$
$k_1 = hf(t_1, y_1)$
$\qquad = 0.01 \times f(0.01, 1.0101) = 0.01 \times (0.01 + 1.0101)$
$\qquad = 0.0102$

$k_2 = hf(t_1 + h, \ y_1 + k_1)$
$\qquad = 0.01 \times f(0.02, \ 1.0101 + 0.0102) = 0.01 \times (0.02 + 1.0203)$
$\qquad = -0.0104$

$y_2 = 1.0101 + \tfrac{1}{2}(0.0102 + 0.0104) = 1.0204$ **(valor aproximado** *de* $y(0.02)$**)**.

Al derivar el método de Euler modificado se truncan los términos que envuelven a h^3 y de orden superior, y así el error local de truncamiento es $O(h^3)$; y por tanto el error global lo será $O(h^2)$.

El método de punto medio y el método de Heun

Al derivar el método de Euler modificado, sólo consideramos una combinación posible de valores para $\alpha_1, \alpha_2, \alpha$ y β. Ahora consideraremos dos nuevas posibles

combinaciones de valores, que de igual forma satisfacen las igualdades:
$\alpha_1 + \alpha_2 = 1$, $\alpha_2 \alpha = \frac{1}{2}$, y $\alpha_2 \beta = \frac{1}{2}$.

Método de punto medio: $\alpha_1 = 0$, $\alpha_2 = 1$, $\alpha = \beta = \frac{1}{2}$. En este caso el esquema numérico viene dado por

- Calcular $k_1 = h f(t_i, y_i)$.

- Calcular $k_2 = h f\left(t_i + \frac{h}{2}, y_i + \frac{k_1}{2}\right)$

- Calcular $y_{i+1} = y_i + k_2$ para $i = 0, 1, \ldots, N - 1$.

Ejemplo 9.6. *Consideremos el PVI:*

$y' = e^t$, $y(0) = 1$, $h = 0.5$, $0 \le t \le 1$, *aproximar* $y(0.5)$ *y* $y(1)$.

Entradas:

$$\begin{cases} f(t, y) = e^t \\ y_0 = y(0) = 1 \\ h = 0.5 \\ t_0 = 0, \ t_1 = 0.5 \end{cases}$$

Calcular y_1, *una aproximación a* $y(0.5)$.

$$\begin{aligned} k_1 &= h f(t_0, y_0) = 0.5 e^{t_0} = 0.5 e^0 = 0.5 \\ k_2 &= h f(t_0 + \tfrac{h}{2}, y_0 + \tfrac{k_1}{2}) = 0.5 e^{\frac{0.5}{2}} = 0.6420 \\ y_1 &= y_0 + k_2 = 1 + 0.6420 = 1.6420 \end{aligned}$$

Nótese que: $y(0.5) = 1.6487$

Calcular y_2, *una aproximación a* $y(1)$:

$$\begin{aligned} k_1 &= h f(t_1, y_1) = 0.5 e^{0.5} = 0.8244 \\ k_2 &= h f(t_1 + \tfrac{h}{2}, y_1 + \tfrac{k_1}{2}) = 1.0585 \\ y_2 &= y_1 + k_2 = 1.6420 + 1.0585 = 2.7005 \end{aligned}$$

Nótese que: $y(1) = e = 2.7183$

Método de Heun: $\alpha_1 = \frac{1}{4}$, $\alpha_2 = \frac{3}{4}$, $\alpha = \beta = \frac{2}{3}$. En este caso el esquema numérico viene dado por

- Calcular $k_1 = hf(t_i, y_i)$.

- Calcular $k_2 = hf\left(t_i + \frac{2}{3}h, y_i + \frac{2}{3}k_1\right)$

- Calcular $y_{i+1} = y_i + \frac{1}{4}k_1 + \frac{3}{4}k_2$ para $i = 0, 1, \ldots, N-1$.

Tanto el método de punto medio como el método de Heun[3] se clasifican como métodos de Runge-Kutta de orden 2, es decir, ambos tienen un error local de truncamiento es $O(h^3)$; y por tanto en ambos casos el error global lo será $O(h^2)$.

El método de Runge-Kutta de orden 4

Uno de los métodos de Runge-Kutta más usados en la práctica es de orden 4. El desarrollo del esquema numérico sigue la misma idea del resto de los métodos de Runge-Kutta: reproducir los términos de la serie de Taylor en este caso hasta orden 4, sin requerir las derivadas de la función $f(t, y)$, y así obtener un error local de truncamiento $O(h^5)$. Los detalles son tediosos y por tanto presentamos ahora el esquema numérico sin el desarrollo formal:

Calcular los coeficientes:

- $k_1 = hf(t_i, y_i)$

- $k_2 = hf(t_i + \frac{h}{2}, \ y_i + \frac{1}{2}k_1)$

- $k_3 = hf(t_i + \frac{h}{2}, \ y_i + \frac{1}{2}k_2)$

- $k_4 = hf(t_i + h, \ y_i + k_3)$

- Calcular $y_{i+1} = y_i + \frac{1}{6}(k_1 + 2k_2 + 2k_3 + k_4)$.

Ejemplo 9.7. *Aplicar el metodo de Runge-Kutta de orden 4 al siguiente PVI:*

$$y' = t + y, \quad 0 \le t \le 0.05$$
$$y(0) = 1$$
$$h = 0.01$$

Entradas:

$$\begin{cases} f(t, y) = t + y \\ t_0 = 0, \quad t_1 = t_0 + h = 0.01, \quad t_2 = t_1 + h = 0.02, \qquad t_3 = 0.03, \\ t_4 = 0.04, \qquad t_5 = 0.05. \end{cases}$$

---

[3]Karl Heun (1859 - 1929), matemático alemán.

Calcular y_1 desde y_0:

$$y_1 = y_0 + \frac{1}{6}(k_1 + 2k_2 + 2k_3 + k_4)$$

Calcular los coeficientes:

$k_1 = hf(t_0, y_0) = 0.01f(0, 1) = (0.01)(1) = 0.01.$
$k_2 = hf(t_0 + \frac{h}{2}, \; y_0 + \frac{k_1}{2}) = 0.01f\left(\frac{0.01}{2}, 1 + \frac{0.01}{2}\right) = 0.0101.$

$k_3 = hf\left(t_0 + \frac{h}{2}, \; y_0 + \frac{k_2}{2}\right) = h\left(t_0 + \frac{h}{2} + y_0 + \frac{k_2}{2}\right) = 0.0101005.$

$k_4 = hf(t_0 + h, y_0 + k_3) = h(t_0 + h + y_0 + k_3) = 0.01020100$

Calcular y_1 desde y_0:

$$y_1 = y_0 + \frac{1}{6}(k_1 + 2k_2 + 2k_3 + k_4) = 1.010100334$$

El proceso se repite igual para aproximar $y(t)$ en los siguientes t_i para $2 \leq i \leq 5$.

Métodos de Runge-Kutta usando fórmulas de integración

Una forma alternativa de deducir los métodos de Runge-Kutta es usando fórmulas de integración numérica. Para eso basta partir de la definición del PVI

$$y'(t) = f(t, y(t)), \quad y(t_0) = y_0.$$

Integrando esta fórmula obtenemos

$$y(t) - y_0 = \int_{t_0}^{t} y'(t)dt = \int_{t_0}^{t} f(t, y(t))dt.$$

Así, si queremos obtener $y_{i+1} \approx y(t_{i+1})$, cuando ya conocemos $y_i \approx y(t_i)$, podemos calcular

$$y(t_{i+1}) = y(t_i) + \int_{t_i}^{t_{i+1}} f(t, y(t))dt \approx y_i + \int_{t_i}^{t_{i+1}} f(t, y(t))dt.$$

Para obtener una buena aproximación a $\int_{t_i}^{t_{i+1}} f(t, y(t))dt$ podemos usar cualquiera de las fórmulas de integración numérica que estudiamos en el Capítulo 8. Por ejemplo, usando la fórmula simple del trapecio, obtenemos

$$\int_{t_i}^{t_{i+1}} f(t, y(t))dt \approx \frac{h}{2}(f(t_i, y_i) + f(t_{i+1}, y_{i+1})),$$

que a su vez genera el siguiente esquema numérico

$$y_{i+1} = y_i + \frac{h}{2}(f(t_i, y_i) + f(t_{i+1}, y_{i+1})).$$

Nótese que en este esquema numérico el valor desconocido y_{i+1} aparece en los dos lados de la igualdad, y en el lado derecho aparece de forma no lineal. De forma tal que en cada paso del método para resolver el PVI, se debe resolver una ecuación no lineal para obtener y_{i+1}, por ejemplo usando los métodos estudiandos en el Capítulo 4 (método de Newton o método de la secante entre otros). Este tipo de métodos se conocen como **métodos implícitos**.

Podemos evitar la dificultad de los métodos implícitos por ejemplo estimando primero y_{i+1} con un paso del método de Euler, y luego sustituir esta aproximación en el lado derecho de la ecuación obtenida con el método del trapecio, y así se obtiene una vez más el ya conocido método de Euler modificado:

$$y_{i+1} = y_i + \frac{h}{2}(f(t_i, y_i) + f(t_{i+1}, y_i + hf(t_i, y_i))).$$

Continuando con la idea de usar métodos de integración numérica para aproximar $\int_{t_i}^{t_{i+1}} f(t, y(t))dt$, también se puede usar el método de Simpson y obtener un esquema de mayor orden de aproximación.

$$\int_{t_i}^{t_{i+1}} f(t, y(t))dt \approx \frac{h}{6}\left(f(t_i, y_i) + 4f(t_{i+1/2}, \bar{y}_{i+1/2}) + f(t_{i+1}, \bar{y}_{i+1})\right),$$

donde $\bar{y}_{i+1/2}$ y $\bar{y}_{i+1}$ son estimaciones, puesto que $y_{i+1/2}$ y y_{i+1} no son conocidos. La estimación de $\bar{y}_{i+1/2}$ se hace por el método de Euler:

$$\bar{y}_{i+1/2} = y_i + \frac{h}{2}f(t_i, y_i),$$

mientras que para la estimación de $\bar{y}_{i+1}$ se pueden considerar varias opciones, por ejemplo $\bar{y}_{i+1} = y_i + hf(t_i, y_i)$, es decir el método de Euler de nuevo, o por ejemplo una variante del método de Euler:

$$\bar{y}_{i+1} = y_i + hf(t_{i+1/2}, \bar{y}_{i+1/2}),$$

que consiste en tomar la pendiente de la recta tangente en el punto medio. Finalmente, lo más usual es tomar una combinación de las dos opciones

$$\bar{y}_{i+1} = y_i + h(2f(t_{i+1/2}, \bar{y}_{i+1/2}) - f(t_i, y_i)),$$

que se obtiene al considerar una combinación genérica

$$\bar{y}_{i+1} = y_i + h((1-\theta)f(t_{i+1/2}, \bar{y}_{i+1/2}) + \theta f(t_i, y_i)),$$

y optimizar el valor de θ imponiendo exactitud en la fórmula de Taylor al tercer orden, ello lleva a que necesariamente $\theta = -1$. Podemos entonces resumir el Método de Runge-Kutta de orden 3 en la forma:

- $k_1 = hf(t_i, y_i)$

- $k_2 = hf(t_i + \frac{h}{2},\ \ y_i + \frac{1}{2}k_1)$

- $k_3 = hf(t_i + h,\ \ y_i - k_1 + 2k_2)$

- $y_{i+1} = y_i + \frac{1}{6}(k_1 + 4k_2 + k_3).$

Solo resta añadir que el error local en el método de Runge-Kutta de orden 3 es proporcional a h^4 y en consecuencia el global lo es a h^3.

Los Métodos de Runge-Kutta de orden 4 se deducen de una manera similar a la expuesta en el caso de orden 3. La novedad es que se introduce un nuevo paso intermedio en la evaluación de la derivada. Una vez más se presentan varias opciones en la evaluación y es posible ajustar de tal manera que se garantice el error local de manera proporcional a h^5 (es decir garantizando exactitud en el cuarto orden en el polinomio de Taylor), lo cual lleva a un error global proporcional a h^4.

9.5   Métodos Multi-Paso

Los métodos discutidos hasta ahora para resolver PVI son **métodos de un paso**; ya que desde el dato inicial $y(t_0) = y_0$, y_{i+1} se obtiene a partir de y_i. Sin embargo, si conociéramos la función $f(t, y)$ en $m + 1$ puntos adicionales, es decir, si $f(t_k, y_k)$, $k = i, i - 1, \ldots, i - m$ son valores conocidos, entonces podemos desarrollar métodos de orden superior para calcular y_{i+1}.

Una familia amplia de estos métodos se basa en el uso de las técnicas de integración numérica como discutiremos a continuación. Consideramos $y' = f(t, y)$ e integramos esta expresión desde t_i a t_{i+1}:

$$y_{i+1} = y_i + \int_{t_i}^{t_{i+1}} f(t, y)dt.$$

Tomando en cuenta que m valores de $f(t, y)$ se conocen en m puntos anteriores a t_i; digamos en $t = t_{i-1}, \ldots, t_{i-m}$, una opción natural es hacer lo siguiente:

- Encontrar el polinomio $P_m(t)$ que interpola a $t_i, t_{i-1}, \ldots, t_{i-m}$ usando la fórmula de diferencias divididas del método de Newton con espaciamiento uniforme (ver (9.5) y (9.5) de la Sección 5.4):

- Integrar $\int_{t_i}^{t_{i+1}} P_m(t)dt$

Si sustituimos la expresión $P_m(t)$ y calculamos la integral, obtenemos una fórmula para calcular y_{i+1} desde y_i que utiliza los $(m+1)$ valores de $f(t,y)$ en los puntos t_i, t_{i-1}, $t_{i-2}, \cdots, t_{i-m}$, que denotaremos como $f_i, f_{i-1}, \ldots, f_{i-m}$. Esta fórmula se conoce como la fórmula explícita de $(m+1)$ pasos, o también como el *método Adams-Bashforth*[4] de $(m+1)$ pasos.

Casos especiales:

- $\boldsymbol{m = 0}$: Método Adams-Bashforth de un paso equivale al método de Euler.

- $\boldsymbol{m = 2}$: Método Adams-Bashforth de 3 pasos:

$$\begin{cases} \textbf{Dados } f_i, f_{i-1}, f_{i-2}. \\ \textbf{Calcular: } y_{i+1} = y_i + \dfrac{h}{12}[23f_i, -16f_{i-1} + 5f_{i-2}]. \end{cases}$$

- $\boldsymbol{m = 3}$: Método Adams-Bashforth de 4 pasos:

$$\begin{cases} \textbf{Dados: } f_i, f_{i-1}, f_{i-2}, f_{i-3} \\ \textbf{Calcular: } y_{i+1} = y_i + \dfrac{h}{24}[55f_i - 59f_{i-1} + 37f_{i-2} - 9f_{i-3}]. \end{cases}$$

El error local de truncamiento del método Adams-Bashforth de 4 pasos es $O(h^5)$. Para ser precisos, viene dado por $\frac{251}{320}h^5 y^5(\xi)$, donde $t_{i-3} < \xi < t_i$, lo cual lleva a un error global $O(h^4)$.

Métodos multi-paso implícitos

Consideremos ahora la integración numérica de $\int_{t_i}^{t_{i+1}} f(t,y)dt$ usando el polinomio $P_{m+1}(t)$ de grado $m+1$ que interpola en los $(m+2)$ puntos (en lugar de $(m+1)$ puntos como en los métodos Adams-Bashforth): $t_{i+1}, t_i, t_{i-1}, \ldots, t_{i-m}$.

Si sustituimos la expresión $P_{m+1}(t)$ y calculamos la integral, obtenemos una fórmula para calcular y_{i+1} desde y_i que utiliza los $(m+2)$ valores de $f(t,y)$ en

---

[4] John Couch Adams (1819 - 1892), matemático y astrónomo inglés, especialmente conocido por haber predicho la existencia y la posición del planeta Neptuno, utilizando únicamente las matemáticas. Francis Bashforth (1819 - 1912) matemático aplicado inglés.

los puntos t_{i+1}, t_i, $t_{i-1}, \cdots, t_{i-m}$. Esta fórmula se conoce como la fórmula implícita de $(m+1)$ pasos, o también como el *método Adams-Moulton*[5] de $(m+1)$ pasos.

Para el caso $m = 2$, obtenemos el Método Adams-Moulton de 3 pasos:

$$y_{i+1} = y_i + \frac{h}{24}(9f_{i+1} + 19f_i - 5f_{i-1} + f_{i-2}).$$

Nótese que estas fórmulas en efecto son implícitas ya que el cálculo de y_{i+1} requiere conocer $y(t_{i+1})$. Vale destacar que el error local de truncamiento del método Adams-Moulton de 3 pasos es $O(h^5)$. Para ser precisos, viene dado por $-\frac{19}{720}h^5 y^5(\xi)$, donde $t_{i-2} < \xi < t_{i+1}$, lo cual lleva a un error global $O(h^4)$.

Análisis de los métodos multi-paso

Además de las familias de métodos Adams-Bashforth y Adams-Moulton, se pueden generar otros esquemas numéricos multi-paso (k pasos) para resolver el problema PVI. Todos ellos, en general, se pueden escribir de la forma:

$$a_k y_i + a_{k-1} y_{i-1} + \ldots a_0 y_{i-k} = h\left(c_k f_i + c_{k-1} f_{i-1} + \cdots + c_0 f_{i-k}\right), \quad (9.9)$$

donde suponemos que $a_k \neq 0$ ya que estamos interesados en aproximar y_i, y ademas que $a_0^2 + c_0^2 \neq 0$ para garantizar que es un método de k pasos. Si $c_k = 0$ es un método explícito, y si $c_k \neq 0$ es implícito.

Para analizar estos métodos definamos el operador lineal:

$$L_h(y) = \sum_{j=0}^{k}(a_j y(ih) - h c_j y'(ih)), \qquad (9.10)$$

y por simplicidad, sin perder generalidad, supongamos que $i = k$ y que empezamos en $t = 0$. Podemos representar a $L_h(y)$ por su serie de Taylor alrededor de $t = 0$:

$$L_h(y) = d_0 y_0 + h d_1 y'(0) + h^2 d_2 y''(0) + \cdots$$

Para calcular los d_i expandemos $y(t)$ e $y'(t)$:

$$y(ih) = y(0) + ih y'(0) + \cdots = \sum_{j=0}^{\infty} \frac{(ih)^j}{j!} y^{(j)}(0). \qquad (9.11)$$

---

[5]Forest Ray Moulton (1872 - 1952), matemático y astrónomo norteamericano (Michigan), pupilo de Hubble.

$$y'(ih) = \sum_{j=0}^{\infty} \frac{(ih)^j}{j!} y^{(j+1)}(0).$$

(9.12)

Sustituyendo (9.11) y (9.12) en (9.10), e igualando en potencias de h, obtenemos $d_0 = \sum_{j=0}^{k} a_j$, $d_1 = \sum_{j=0}^{k}(ja_j - c_j)$, y en general

$$d_i = \sum_{j=0}^{k} \left(\frac{j^i}{i!} a_j - \frac{j^{(i-1)}}{(i-1)!} c_j \right), \quad \text{para} \quad i = 1, 2, \ldots$$

Teorema 9.2. *Las siguientes proposiciones son equivalentes*
(i) $d_0 = d_1 = \cdots = d_r = 0$,
(ii) $L_h(P) = 0$, *para todo polinomio de grado menor o igual a* r,
(iii) $L_h(y) = O(h^{(r+1)})$, *para todo* $y \in C^{r+1}$.

Demostración. Si (i) es cierto, entonces

$$L_h(y) = d_{r+1} h^{r+1} y^{(r+1)}(0) + \ldots$$

Si y es un polinomio de grado menor o igual a r entonces claramente $y^{(j)}(t) = 0$ para todo $j > r$, lo cual implica que $L_h(y) = 0$ y se establece (ii).

Si (ii) es cierto, entonces dado t existen $\beta \in \mathbb{R}$ tal que $t = wh$ y $0 < \xi < t$, y se cumple que

$$y(t) = y(wh) = y(0) + (wh)y'(0) + \cdots + \frac{(wh)^r}{r!} y^{(r)}(0) + \frac{(wh)^{r+1}}{(r+1)!} y^{(r+1)}(\xi).$$

Como $y(0) + (wh)y'(0) + \cdots + \frac{(wh)^r}{r!} y^{(r)}(0)$ es un polinomio de grado menor o igual a r, entonces

$$L_h(y(t)) = \frac{(w)^{r+1}}{(r+1)!} h^{r+1} L_h(y^{(m+1)}(\xi)) = O(h^{r+1}),$$

y se establece (iii).

Supongamos que (iii) es cierto. Como

$$L_h(y) = d_0 y_0 + h d_1 y'(0) + h^2 d_2 y''(0) + \cdots = O(h^{(r+1)})$$

entonces $d_0 y_0 + h d_1 y'(0) + h^2 d_2 y''(0) + \cdots + h d_r y^{(r)}(0) = 0$, lo cual implica que $d_0 = d_1 = d_2 = \cdots = d_r = 0$, ya que es cierto para toda $y \in C^{r+1}$, y se establece (i). $\square$

Usando el Teorema 9.2 es posible analizar el orden del error local (y por ende del global) de métodos tan simples como el método de Euler, que ya fueron analizados mediante el uso de otras herramientas.

Ejemplo 9.8. *Consideremos el método de Euler, usando la notación introducida en (9.9):*

$$y_n - y_{n-1} = h f_{n-1}.$$

En este caso, $a_1 = 1$, $a_0 = -1$, y $c_0 = 1$. Por tanto, usando la definición de los d_i, tenemos que $d_0 = a_0 + a_1 = 0$, $d_1 = -c_0 + a_1 = 0$, y $d_2 = 0.5a_1 = 0.5 \neq 0$. Se concluye entonces del Teorema 9.2 que el error local de truncamiento del método de Euler es $O(h^2)$ y por ende el global es $O(h)$.

Definición 9.4. *Un método multi-paso definido por (9.9) se dice que es* **convergente** *cuando para cualquier valor t fijo en el intervalo $[t_0, T]$, la solución obtenida digamos $y_h(t)$ tiende a la solución exacta del PVI $y(t)$ cuando h tiende a cero.*

Análogamente, se dice que un esquema numérico es estable si pequeñas perturbaciones del esquema o de las condiciones iniciales afectan poco a la solución aproximada $y_h(t)$. Además, se dice que un esquema numérico es consistente si el error local tiende a cero cuando el tamaño del paso h tiende a cero. Sin embargo, asociados a los métodos multi-pasos del tipo (9.9) definimos dos polinomios que permiten caracterizar la estabilidad, así como la consistencia de los métodos multi-pasos, de forma más precisa:

$$P(z) = a_k z^k + a_{k-1} z^{k-1} + \cdots + a_0,$$

$$Q(z) = c_k z^k + c_{k-1} z^{k-1} + \cdots + c_0.$$

Definición 9.5. *Un método multi-paso del tipo (9.9) es* **estable** *si todas las raíces de $P(z)$ están en $\{z : |z| \leq 1\}$, y cada raíz de módulo igual a 1 es simple. Más aún, el método es* **consistente** *si $P(1) = 0$ y $P'(1) = Q(1)$.*

Para una descripción de la conexión entre los conceptos clásicos de estabilidad y consistencia con los polinomios P y Q, así como la demostración del próximo teorema, se recomienda ver [47, 59].

Teorema 9.3. *Un método multi-paso del tipo (9.9) es convergente si y sólo si es estable y consistente.*

Ejemplo 9.9. *Consideremos el método de Euler, usando la notación introducida en (9.9):*

$$y_n - y_{n-1} = h f_{n-1}.$$

Se cumple que $P(z) = z - 1$ y claramente su única raíz es $z = 1$ y por tanto el método es estable. Más aún, $Q(z) = z$ y se cumple que $P'(1) = 1 = Q(1)$, y por tanto el método es consistente. En conclusión el método es convergente.

9.6 Métodos Predictor-Corrector

Los métodos **Predictor-Corrector**, se basan en el siguiente principio:

- **Predecir** el valor inicial de $y_{i+1}^{(0)}$ usando un esquema explícito

- **Corregir el valor de** $y_{i+1}^{(0)}$ obteniendo de forma iterativa

$$y_{i+1}^{(1)}, \quad y_{i+1}^{(2)}, \dots, y_{i+1}^{(k)},$$

  mediante un esquema implícito, hasta que dos iteraciones sucesivas coincidan hasta una tolerancia prestablecida.

Discutiremos a continuación algunos esquemas Predictor-Corrector de uso frecuente.

Método Euler-Trapecio

Este esquema predictor-corrector usa el método de Euler como predictor y luego la fórmula correctora se obtiene al calcular la integral $\int_{t_i}^{t_{i+1}} f(t, y) \, dt$ usando la regla del trapecio.

- Predicción mediante el método de Euler:

$$y_{i+1}^{(0)} = y_i + h f(t_i, y_i)$$

- Regla del trapecio aplicado a $\int_{y_i}^{y_{i+1}} y' \, dt$

$$y_{i+1} = y_i + \frac{h}{2}[f(t_i, y_i) + f(t_{i+1}, y(t_{i+1}))].$$

El método de corrección es implícito ya que el valor de $y(t_{i+1})$ aparece en el lado de la derecha para calcular y_{i+1}. Sin embargo, una vez que se tiene el estimado inicial $y_{i+1}^{(0)}$ (predicción), podemos corregir ese valor de forma iterativa usando el esquema implícito:

$$y_{i+1}^{(k)} = y_i + \frac{h}{2}[f(t_i, y_i) + f(t_{i+1}, y_{i+1}^{(k-1)})], \quad k = 1, 2, 3, \ldots.$$

Este proceso iterativo usualmente para cuando el cambio relativo es menor a un cierto $\epsilon > 0$ dado:

$$\frac{|y_{i+1}^{(k)} - y_{i+1}^{(k-1)}|}{|y_{i+1}^{(k)}|} < \epsilon.$$

Ejemplo 9.10. *Dado el PVI:*

$$y' = t + y, \quad y(0) = 1, \quad h = 0.01$$

Calcular una aproximación a $y(0.01)$, usando el método predictor-corrector Euler-trapecio.

Solución Analítica: $y = \dfrac{t^2}{2} + t + 1$.

Paso 1. Predicción: y_1^0 *usando el método de Euler:*

$$\begin{aligned} y_1^{(0)} &= y_0 + hf(t_0, y_0) \\ &= 1 + 0.01\, f(t_0, y_0) \\ &= 1 + 0.01(1) = 1.01 \end{aligned}$$

Paso 2. Corrección: $y_1^{(0)}$ *usando la fórmula del trapecio:*

$$\begin{aligned} y_1^{(1)} &= y_0 + \frac{h}{2}[f(t_0, y_0) + f(t_1, y_1^{(0)})] \\ &= 1 + \frac{0.01}{2}[(t_0 + y_0) + (t_1 + y_1^{(0)})] \\ &= 1.0101 \end{aligned}$$

$$\begin{aligned} y_1^{(2)} &= y_0 + \frac{h}{2}[f(t_0, y_0) + f(t_1, y_1^{(1)})] \\ &= 1 + \frac{0.01}{2}[1 + 0.01 + 1.0101] \\ &= 1.0101 \end{aligned}$$

Finalmente, $y_1^{(2)}$ es aceptado como y_1, para aproximar el valor de $y(0.01)$.
Error $|y(0.1) - y_1| = |1.0100 - 1.0101| = 5 \times 10^{-5}$.

Se puede establecer (ver la lista de ejercicios) que si $f(t,y)$ y $\frac{\partial f}{\partial y}$ son continuas en $[a,b]$, entonces las iteraciones del método predictor-corrector Euler-trapecio convergen si h se escoge tal que $\left|\frac{\partial f}{\partial y}\right| h < 2$. Nótese que en el ejemplo anterior $\frac{\partial f}{\partial y} = 1$, y por tanto las iteraciones convergen si $h < 2$. En ese ejemplo, se fija $h = 0.01 < 2$, y la convergencia está garantizada.

Método Adams-Bashforth-Moulton

Se pueden obtener métodos predictor-corrector de mucho mayor orden combinando esquemas explícitos con implícitos que posean el mismo orden en el error local de truncamiento. Por ejemplo, se puede combinar el método Adams-Bashforth explícito de 4 pasos, con el método Adams-Moulton implícito de 3 pasos, y así obtener lo que se conoce como el método predictor-corrector Adams-Bashforth-Moulton, que requiere conocer al inicio el valor de $f(t,y)$ en cuatro puntos iniciales t_0, t_1, t_2, y t_3. Este método posee los dos siguientes pasos por cada $i = 0, 1, 2, \ldots, N-1$:

Paso 1. Calcular (predecir) $y_{i+1}^{(0)}$ usando el método Adams-Bashforth explícito de 4 pasos:
$$y_{i+1}^{(0)} = y_i + \frac{h}{24}[55f_i - 59f_{i-1} + 37f_{i-2} - 9f_{i-3}]$$

Paso 2. Calcular (corregir) $y_{i+1}^{(1)}, y_{i+1}^{(2)} \ldots$ usando el método Adams-Moulton implícito de 3 pasos , para $k = 1, 2, \ldots$, calcular

$$y_{i+1}^{(k)} = y_i + \frac{h}{24}[9f(t_{i+1}, y_{i+1}^{(k-1)}) + 19f_i - 5f_{i-1} + f_{i-2}]$$

Detener las correcciones si $\dfrac{|y_{i+1}^{(k)} - y_{i+1}^{(k-1)}|}{|y_{i+1}^{(k)}|} < \epsilon$.

Método predictor-corrector de Milne

El Método predictor-corrector de Milne[6] se obtiene usando dos fórmulas distintas basadas en la regla de integración de Simpson:

Predictor: $y_{i+1}^{(0)} = y_{i-3} + \frac{4h}{3}(2f_i - f_{i-1} + 2f_{i-2})$

Corrector: $y_{i+1}^{(k)} = y_i + \frac{h}{3}(f_{i+1}^{(k-1)} + 4f_i + f_{i-1})$ $\quad k = 1, 2, \ldots$

El error local del esquema predictor viene dado por $\frac{28}{90}h^5 y^v(\xi)$ y el del corrector por $-\frac{1}{90}h^5 y^v(\eta)$ donde $t_i < \xi < t_{i-2}$, y $t_{i+1} < \eta < t_{i-1}$.

---

[6]Edward Arthur Milne (1896 - 1950), matemático y astrofísico Inglés, mejor conocido por desarrollar la relatividad cinemática.

EJERCICIOS del Capítulo 9

9.1 Resolver el PVI: $y'(t) = t\sqrt{y}$, $y(1) = 4$, por el método de Euler con $h = 0.1$ para los puntos $t = 1.1, 1.2, 1.3, 1.4$ y 1.5.

9.2 Aplicar el método de series de Taylor de orden 2 al PVI: $y'(t) = cos(ty)$, $y(0) = 1$ usando $h = 0.5$ para $t = 0.5$ y $t = 1$.

9.3 Aplicar el método de series de Taylor de orden 3 al PVI: $y'(t) = y^2 + e^t y$, $y(0) = 1$ usando un solo paso para estimar $y(0.01)$.

9.4 Resolver por el método de Runge-Kutta de orden 4 el PVI: $y'(t) = t^2 - 3y$, $y(0) = 1$ usando $h = 0.1$ en el intervalo $[0, 0.4]$.

9.5 Establezca formalmente la escogencia del parámetro $\theta = -1$ en el método de Runge-Kutta de orden 3.

9.6 Deduzca el método de Runge-Kutta de orden 4 que se presenta arriba, pero basado en la fórmula de integración de Simpson, de forma similar a como se obtuvo el método de Runge-Kutta de orden 3.

9.7 Considere el método implícito de Milne:

$$y_n - y_{n-2} = \frac{1}{3}h(f_n + 4f_{n-1} + f_{n-2}).$$

Estudie usando el Teorema 9.2 el orden del error local de truncamiento.

9.8 Establezca formalmente el esquema presentado para el método Adams-Bashforth de 3 pasos $(m = 2)$, y de 4 pasos $(m = 3)$.

9.9 Establezca formalmente el esquema presentado para el método implícito Adams-Moulton de 3 pasos $(m = 2)$.

9.10 Estudie la estabilidad, consistencia y convergencia del método implícito de Milne.

9.11 Estudie la estabilidad, consistencia y convergencia del siguiente método:

$$y_{n+2} + 4y_{n+1} - 5y_n = h(4f_{n+1} + 2f_n).$$

9.12 Estudie la estabilidad, consistencia y convergencia del siguiente método:

$$y_n - 2y_{n-1} + y_{n-2} = h(f_n - f_{n-1}).$$

9.13 Demuestre que si $f(t,y)$ y $\frac{\partial f}{\partial y}$ son continuas en $[a,b]$, entonces las iteraciones del método predictor-corrector Euler-trapecio convergen si h se escoge tal que $\left|\frac{\partial f}{\partial y}\right| h < 2$.

9.14 Establezca que en el método predictor-corrector de Milne el error local del esquema predictor viene dado por $\frac{28}{90}h^5 y^v(\xi)$ y el del corrector por $-\frac{1}{90}h^5 y^v(\eta)$ donde $t_i < \xi < t_{i-2}$, y $t_{i+1} < \eta < t_{i-1}$. Estudie las condiciones de convergencia para este esquema iterativo.

9.15 (Aplicación) Un tanque esférico de radio R se encuentra inicialmente lleno de agua. En el fondo del tanque hay un agujero circular de radio r a través del cual se escapa el agua bajo la influencia de la gravedad. La ecuación diferencial que expresa la altura del agua en el tanque, en función del tiempo, viene dada por:

$$y'(t) = \frac{r^2\sqrt{2g}}{\sqrt{y^3 - 2R\sqrt{y}}},$$

donde $g = 9.8m/s^2$. Considere los valores $R = 3m$ y $r = 0.02m$. La condición inicial es que para $t = 0$, $y = 0$. Encuentre la relación entre y y t usando el método numérico de su preferencia, e intente con diferentes tamaños de paso h.

10

ANEXO: ÁLGEBRA MATRICIAL

En este capítulo se presentan diversos conceptos básicos del álgebra matricial necesarios para entender y analizar la mayoría de los temas que se desarrollan en el libro.

Únicamente comentaremos resultados fundamentales y por tanto, hemos evitado demostraciones así como resultados muy particulares. El motivo es doble: por un lado escapa a los objetivos de este libro y por otro, ya existen excelentes libros en este sentido, entre los cuales destacamos [21, 40, 52, 54, 67, 88, 99]. En casi todos ellos se pueden encontrar las demostraciones de los resultados que se mencionan en el resto del capítulo.

La estructura del mismo es la siguiente: comenzamos recordando las operaciones básicas entre vectores y matrices como el producto matriz-vector, y matriz-matriz. Luego revisamos todas las opciones de existencia y unicidad de soluciones de sistemas de ecuaciones lineales. Posteriormente introducimos la noción de norma, indicando cuáles son las más usuales tanto en vectores como en matrices. Finalmente, enunciamos algunas propiedades de autovalores y autovectores, definimos y comentamos el producto interno entre vectores y entre matrices, la noción de ángulo en ambos espacios, introducimos las matrices ortogonales y definidas positivas, y enunciaremos algunas desigualdades claves.

10.1 Matrices y vectores

En todo lo que sigue $\mathbb{F}$ denota el cuerpo $\mathbb{R}$ de los números reales o el cuerpo $\mathbb{C}$ de los números complejos. Recordemos que si $z = a + bi$ es un número complejo entonces $\overline{z}$, el conjugado de z, se define como $\overline{z} = a - bi$.

Definición 10.1 (Matrices). *El conjunto $\mathbb{F}^{m \times n}$ es el conjunto de los arreglos de $m \times n$ elementos en el cuerpo $\mathbb{F}$. Una Matriz $A \in \mathbb{F}^{m \times n}$ se define, por sus entradas, elemento a elemento:*

$$a_{ij} \in \mathbb{F}, \quad i = 1, \dots m, \; j = 1, \dots, n.$$

El elemento a_{ij}, que ocupa la fila i y la columna j del arreglo, también suele denotarse como A_{ij}. Las matrices $A \in \mathbb{F}^{m \times n}$ suelen representarse de la siguiente manera:

$$A = \begin{pmatrix} a_{11} & a_{12} & \cdots & a_{1n} \\ a_{21} & a_{22} & \cdots & a_{2n} \\ \vdots & \vdots & \ddots & \vdots \\ a_{m1} & a_{m2} & \cdots & a_{mn}. \end{pmatrix}$$

Ejemplo 10.1. *Un ejemplo de matriz podría ser la matriz $A \in \mathbb{R}^{3 \times 4}$ definida por:*

$$A = \begin{pmatrix} 1 & 3 & -1 & \pi \\ 3/2 & -4 & 0 & 3 \\ 0 & 0 & 1 & -1 \end{pmatrix}.$$

Definición 10.2 (Vectores columna y fila). *Al conjunto de las matrices $\mathbb{F}^{n \times 1}$ se le denomina conjunto de vectores columna y se le denota como $\mathbb{F}^n$. Igualmente, se define como el conjunto de vectores fila al conjunto de matrices $\mathbb{F}^{1 \times n}$.*

Observación: En este libro, por la definición anterior, $\mathbb{F}^n$ representa el conjunto de los vectores columna.

Un ejemplo de vector columna en $\mathbb{R}^3$, es el vector:

$$a_2 = \begin{pmatrix} 0 \\ \pi \\ 2/5 \end{pmatrix}.$$

Definición 10.3 (Matriz identidad). *La matriz identidad $n \times n$, es la matriz I cuyas entradas I_{ij} se corresponden con la función* Delta de Kroenecker *(δ_{ij}), para $i, j = 1, \dots n$, es decir, con elementos:*

$$I_{ij} = \delta_{ij} = \begin{cases} 1 & si\ i = j \\ 0 & si\ i \neq j, \end{cases}$$

Por ejemplo, la matriz identidad en $\mathbb{R}^{3\times3}$ es la siguiente:

$$A = \begin{pmatrix} 1 & 0 & 0 \\ 0 & 1 & 0 \\ 0 & 0 & 1 \end{pmatrix}.$$

Definición 10.4 (Vectores canónicos). *Para $i = 1, \dots, n$. Se define al i-ésimo vector canónico e_i, como el i-ésimo vector columna de la matriz identidad. Es decir, al vector columna e_i, cuyas componentes verifican $(e_i)_j = \delta_{ij}$.*

Definición 10.5. *Las principales operaciones con matrices son las siguientes:*
Traspuesta de una matriz: *Sea $A \in \mathbb{F}^{m\times n}$. La matriz traspuesta de A, es la matriz $A^T \in \mathbb{F}^{n\times m}$ que tiene como elementos:*

$$a_{ij}^T = a_{ji}, \quad i = 1, \dots m, \ j = 1, \dots, n.$$

Adjunta de una matriz: *Sea $A \in \mathbb{F}^{m\times n}$. La matriz adjunta de A, es la matriz $A^* \in \mathbb{F}^{n\times m}$ que tiene como elementos:*

$$a_{ij}^* = \overline{a_{ji}}, \quad i = 1, \dots m, \ j = 1, \dots, n.$$

Suma de matrices: *Sean $A, B \in \mathbb{F}^{m\times n}$, dos matrices de la misma dimensión. La matriz suma de A y B, es la matriz $A + B \in \mathbb{F}^{m\times n}$ que tiene como elementos:*

$$(A + B)_{ij} = a_{ij} + b_{ij}, \quad i = 1, \dots m, \ j = 1, \dots, n.$$

Multiplicación por un escalar: *Sea $A \in \mathbb{F}^{m\times n}$ una matriz, y sea $\alpha \in \mathbb{F}$ un escalar. La matriz $\alpha A \in \mathbb{F}^{m\times n}$ es la que tiene como elementos:*

$$(\alpha A)_{ij} = \alpha a_{ij}, \quad i = 1, \dots m, \ j = 1, \dots, n.$$

> **Definición 10.6** (Matrices simétricas y hermitianas). *Una matriz simétrica, es una matriz cuadrada $A \in \mathbb{F}^{n \times n}$ que verifica: $A = A^T$. Es decir, si A es simétrica entonces $a_{ij} = a_{ji}$, para $i, j = 1, \ldots, n$.*
> *Una matriz hermitiana, es una matriz cuadrada $A \in \mathbb{F}^{n \times n}$ que verifica: $A = A^*$. Es decir, si A es hermitiana entonces $a_{ij} = \overline{a_{ji}}$ para $i, j = 1, \ldots, n$. Si $A \in \mathbb{R}^{n \times n}$, entonces ambos conceptos coinciden. Es decir, $A^T = A^*$.*

10.2   Espacios vectoriales

> **Definición 10.7** (Espacio vectorial). *Un espacio vectorial (o espacio lineal) es una estructura algebraica que consta de lo siguiente:*
>
> - *Un cuerpo $\mathbb{F}$ de escalares.*
>
> - *Un conjunto V de objetos llamados vectores.*
>
> - *Una operación $+ : V \times V \to V$ llamada suma o adición de vectores, que asocia, a cada par de vectores $x \in V$ e $y \in V$, un vector $x+y \in V$, de tal modo que:*
>
>   - *$\forall x, y \in V : x + y = y + x$ (propiedad conmutativa)*
>   - *$\forall x, y, z \in V : x + (y + z) = (x + y) + z$ (propiedad asociativa)*
>   - *Existe un único vector $0 \in V$, llamado vector nulo, tal que $x + 0 = x$, $\forall x \in V$ (elemento neutro de la adición)*
>   - *Para cada vector $x \in V$, existe un único vector $-x \in V$, tal que: $x + (-x) = 0$ (elemento inverso de la adición)*
>
> - *Una operación $. : \mathbb{F} \times V \to V$, llamada multiplicación por un escalar, que asocia a cada escalar $\alpha \in \mathbb{F}$ y a cada vector $x \in V$, un vector αx, llamado producto de α y x, de tal modo que:*
>
>   - *$1.x = x$, $\forall x \in V$ (elemento neutro multiplicativo)*
>   - *$(\alpha\beta)x = \alpha(\beta x)$, $\forall \alpha, \beta \in \mathbb{F}, \forall x \in V$*
>   - *$\alpha(x + y) = \alpha x + \alpha y$, $\forall \alpha \in \mathbb{F}, \forall x, y \in V$*
>   - *$(\alpha + \beta)x = \alpha x + \beta x$, $\forall \alpha, \beta \in \mathbb{F}, \forall x \in V$*

Observación: En lo que resta se denomina al conjunto V como el espacio vectorial.

Ejemplo 10.2 (El espacio $\mathbb{F}^n$). *Sea $V = \mathbb{F}^n$, con $n \in \mathbb{N}$. Para todo x, denotamos $x_i \in \mathbb{F}$ a la i-ésima componente del vector x. Para $x, y \in V$, se define al vector suma $x + y$, como aquel vector que verifica $(x + y)_i = x_i + y_i$, y para todo $x \in V, \alpha \in \mathbb{F}$, se define al producto por un escalar αx, al vector que verifica $(\alpha x)_i = \alpha x_i$, con $i = 1, \ldots, n$. En este caso, $\mathbb{F}^n$, con las operaciones definidas de suma y multiplicación por un escalar es un espacio vectorial. Casos particulares de $\mathbb{F}^n$ son $\mathbb{R}^n$ y $\mathbb{C}^n$.*

Ejemplo 10.3 (El espacio $\mathbb{F}^{m \times n}$). *Sean $m, n \in \mathbb{N}$. Sea $\mathbb{F}^{m \times n}$, el conjunto de todas las matrices sobre el cuerpo $\mathbb{F}$, con las operaciones de suma de matrices y multiplicación de una matriz por un escalar. Bajo estas operaciones, $\mathbb{F}^{m \times n}$ es un espacio vectorial. Casos particulares son los espacios de las matrices reales de $m \times n$ y también el espacio de las matrices complejas de $m \times n$. Note que en $\mathbb{F}^{m \times n}$ se trata a las matrices como elementos de un espacio vectorial, es decir como vectores.*

Ejemplo 10.4 (El espacio de las funciones de un conjunto en un cuerpo). *Sea S un conjunto no vacío. Sea V el conjunto de todas las funciones de S en $\mathbb{F}$. Para todo $s \in S$, se definen las siguientes operaciones de adición y de multiplicación escalar:*

$$(f + g)(s) = f(s) + g(s), \tag{10.1}$$
$$(\alpha f)(s) = \alpha f(s) + \alpha g(s). \tag{10.2}$$

Con esas operaciones V es un espacio vectorial. En este espacio los vectores son funciones.

Ejemplo 10.5 (El espacio de las funciones polinomios sobre un cuerpo). *Sea V el conjunto de todas las funciones $p : \mathbb{F} \to \mathbb{F}$ definidas de la forma:*

$$p(x) = c_0 + c_1 x + c_2 x^2 + \cdots + c_n x^n, \ c_i \in \mathbb{F},$$

para algún $n \in \mathbb{N}$. El conjunto V, con las operaciones de suma y multiplicación por un escalar típicas, es un espacio vectorial. En este espacio los vectores son polinomios.

10.3   Subespacios vectoriales

Definición 10.8 (Subespacio vectorial). *Sea V un espacio vectorial sobre un cuerpo $\mathbb{F}$. Un subespacio vectorial de V, es un subconjunto $S \subseteq V$ no vacío, que con las propiedades de adición de vectores y de multiplicación por un escalar de V, es por sí mismo un espacio vectorial.*

Teorema 10.1. *Sea $S \subseteq V$ y $S \neq \emptyset$. S es un subespacio vectorial de V si y solo si:*

$$\forall x, y \in S \ y \ \forall \alpha \in \mathbb{F} : \alpha x + y \in S.$$

Es decir, que un conjunto no vacio de un espacio vectorial es un subespacio vectorial si es cerrado para la suma y para la multiplicación por escalares.

Ejemplo 10.6. *Algunos ejemplos de subespacios vectoriales:*

- *Sean $V = \mathbb{R}^n$, y $S = \{x \in V : x_1 = 0\}$ (vectores con la primera componente igual a cero).*

- *Sean $V = \{f : \mathbb{R} \to \mathbb{R} : f$ es continua$\}$, y $S = \{p : \mathbb{R} \to \mathbb{R} : p$ es un polinomio$\}$.*

- *Sean $V = \mathbb{R}^{n \times n}$ (matrices cuadradas) y $S = \{A \in V : A = A^T\}$ (matrices simétricas).*

Lema 10.2. *Sea V un espacio vectorial sobre el cuerpo $\mathbb{F}$. Sean S_1 y S_2 subespacios vectoriales de V. Entonces,*

$$S_1 \cap S_2 \ es \ un \ subespacio \ vectorial \ de \ V.$$

El conjunto $S_1 \cup S_2$ no necesariamente es un subespacio vectorial de V.

10.4 Combinaciones lineales

Definición 10.9 (Combinación lineal). *Sea V un espacio vectorial sobre un cuerpo $\mathbb{F}$. Un vector $b \in V$ se dice* combinación lineal *de los vectores $v_1, v_2, \ldots, v_n$ de V, si existen escalares $\alpha_1, \alpha_2, \ldots, \alpha_n$ en $\mathbb{F}$ tales que:*

$$b = \alpha_1 v_1 + \alpha_2 v_2 + \cdots + \alpha_n v_n = \sum_{i=1}^{n} \alpha_i v_i.$$

Ejemplo 10.7. *Sean los vectores,*

$$v_1 = \begin{bmatrix} 1 \\ 1 \\ 0 \end{bmatrix}, \quad v_2 = \begin{bmatrix} 3 \\ 2 \\ 0 \end{bmatrix}.$$

El vector,

$$b = \begin{bmatrix} 5 \\ 4 \\ 0 \end{bmatrix} = 2 \begin{bmatrix} 1 \\ 1 \\ 0 \end{bmatrix} + 1 \begin{bmatrix} 3 \\ 2 \\ 0 \end{bmatrix} = 2v_1 + v_2.$$

Por lo tanto, b es combinación lineal de los vectores v_1 y v_2.

Definición 10.10 (Espacio generado). *Sea V un espacio vectorial. Sea $S = \{v_1, v_2, \ldots, v_n\}$ un conjunto de vectores de V. Se define como el* espacio generado *por S, al conjunto de todas las combinaciones lineales de los vectores de S, es decir:*

$$\exp\{v_1, v_2, \ldots, v_n\} = \{b \in V : b = \sum_{i=1}^{n} \alpha_i v_i, \ \alpha_i \in \mathbb{F}\}.$$

Lema 10.3. *Sea V un espacio vectorial en un cuerpo $\mathbb{F}$. Sea $S = \{v_1, v_2, \ldots, v_n\}$ un conjunto de vectores de V. El espacio generado por los vectores de S es un subespacio vectorial de V.*

10.5   Independencia lineal, bases y dimensión

Definición 10.11 (Vectores linealmente independientes). *Sea V un espacio vectorial sobre un cuerpo $\mathbb{F}$. Un conjunto $S = \{v_1, v_2, \ldots, v_n\}$ de vectores de V se dice* linealmente independiente, *si para todo $\alpha_i \in \mathbb{F}$, $i = 1, \ldots, n$, se tiene,*

$$\alpha_1 v_1 + \alpha_2 v_2 + \cdots + \alpha_n v_n = 0 \implies \alpha_1 = \alpha_2 = \cdots = \alpha_n = 0.$$

Por el contrario, si existe al menos un $\alpha_i \neq 0$ para el cual,

$$\alpha_1 v_1 + \alpha_2 v_2 + \cdots + \alpha_n v_n = 0,$$

entonces se dice que el conjunto de vectores S es linealmente dependiente.

Ejemplo 10.8. *Algunos ejemplos de conjuntos S de vectores linealmente independientes en V:*

- $V = \mathbb{R}^3$ y $S = \{(1,0,0)^T, (0,1,0)^T, (0,0,1)^T\}$

- $V = \{p : p$ *es un polinomio de grado* $\leq 5\}$ y $S = \{1, x, x^2, x^3, x^4, x^5\}$.

Algunos ejemplos de conjuntos S de vectores linealmente dependientes en V:

- $V = \mathbb{R}^3$ y $S = \{(0,0,0)^T, (1,0,0)^T\}, (0,0,1)^T$.

- $V = \mathbb{R}^3$ y $S = \{(2,4,6)^T, (1,3,5)^T, (3,7,11)^T\}$.

Definición 10.12 (Base de un espacio vectorial). *Sea V un espacio vectorial. Una* base *de V es un conjunto de vectores S linealmente independiente que genera al espacio V.*

Ejemplo 10.9. *Algunos ejemplos de bases son:*

1. $V = \mathbb{R}^3$ y $S = \{(1,0,0)^T, (0,1,0)^T, (0,0,1)^T\}$ *(base canónica de $\mathbb{R}^3$).*

2. $V = \mathbb{R}^3$ y $S = \{(1,0,0)^T, (1,1,0)^T, (1,1,1)^T\}$ *(base triangular de $\mathbb{R}^3$).*

3. $V = \Pi_3 = \{p : p$ *es un polinomio de grado menor o igual a 3$\}$ y $S = \{1, x, x^2\}$ *(base canónica de Π^3).*

4. $V = \{x \in \mathbb{R}^3 : x_1 = 0\}$ *y* $S = \{(0, 1, 0)^T, (0, 1, 2)^T\}$.

Lema 10.4. *Sea V un espacio vectorial, y sea el conjunto $B = \{v_1, v_2, \ldots, v_n\}$ una base de V. Entonces, todo vector $b \in V$ puede expresarse de manera única como combinación lineal de los elementos de B.*

Teorema 10.5. *Sea V un espacio vectorial generado por un conjunto finito de vectores. Entonces, dos bases cualesquiera de V tienen la misma cantidad de elementos.*

Definición 10.13 (Dimensión de un espacio vectorial). *Sea V un espacio vectorial. A la cardinalidad de una base de V se le conoce con el nombre de dimensión de V.*

Corolario 10.6. *Sea V un espacio vectorial de dimensión finita, y sea n la dimensión de V, $n = dim(V)$. Entonces,*

- *Cualquier subconjunto de vectores de V que contenga más de n elementos es linealmente dependiente.*

- *Ningún subconjunto de vectores de V que contenga menos de n elementos puede generar V.*

10.6 Transformaciones lineales

Definición 10.14 (Transformación lineal). *Sean V y W espacios vectoriales sobre el mismo cuerpo $\mathbb{F}$. Una transformación lineal T de V a W, es una función $T : V \to W$ que verifica:*

$$\forall x, y \in V \ \ y \ \forall \alpha \in \mathbb{F} : T(x + \alpha y) = T(x) + \alpha T(y).$$

Ejemplo 10.10. *Sea $A \in \mathbb{F}^{m \times n}$ una matriz fija. Se define la aplicación $T : \mathbb{F}^n \to \mathbb{F}^m$ por:*

$$T(x) = Ax.$$

Entonces T es una transformación lineal.

De manera análoga, la aplicación $U : \mathbb{F}^m \to \mathbb{F}^n$ definida por:

$$U(x) = x^T A,$$

es también un ejemplo de transformación lineal.

Ejemplo 10.11. *Sea V el espacio de funciones $f : \mathbb{R} \to \mathbb{R}$ continuas. Se define la aplicación:*

$$(Tf)(x) = \int\limits_0^x f(x)\, \mathrm{d}x.$$

T es una transformación lineal de V en V.

Definición 10.15. *Sean V y W espacios vectoriales. Sea $T : V \to W$ una transformación lineal.*

- *El Alcance de T, que denotaremos $alc(T)$ o $R(T)$, es el conjunto definido por:*

$$R(T) = \{y \in W \mid \exists x \in V : y = T(x)\}.$$

- *Núcleo de T, que denotaremos $N(T)$, es el conjunto definido por:*

$$N(T) = \{x \in V \mid T(x) = 0\}.$$

Lema 10.7. *Sean V y W espacios vectoriales, y sea $T : V \to W$ una transformación lineal. Entonces,*

- *$R(T)$ es un subespacio vectorial de W.*

- *$N(T)$ es un subespacio vectorial de V.*

Definición 10.16. *Sean V y W espacios vectoriales. Sea $T : V \to W$ una transformación lineal. Se define como:*

- *La nulidad de T $(nul(T))$ a la dimensión del núcleo de T.*

- *El rango de T $(rango(T))$ a la dimensión de la imagen de T.*

A continuación, uno de los teoremas más importantes del Álgebra Lineal:

Teorema 10.8. *Sean V y W espacios vectoriales sobre un cuerpo $\mathbb{F}$. Sea $T : V \to W$ una transformación lineal. Sea $n = \dim(V)$ (dimensión finita). Entonces,*

$$rango(T) + nul(T) = n.$$

Producto matriz-vector

Sea $x \in \mathbb{F}^n$ y sea $A \in \mathbb{F}^{m \times n}$ una matriz con m filas y n columnas. Entonces, recordando que A se puede ver como una transformación lineal, el producto matriz-vector $y = Ax$ produce el vector y como combinación lineal de las columnas de A, que en efecto generan el alcance de A. Para ser precisos, si a_j denota la j-ésima columna de A, que es un vector en $\mathbb{F}^m$, entonces

$$y = Ax = \left(a_1 \mid a_2 \mid \cdots \mid a_n \right) \begin{pmatrix} x_1 \\ \vdots \\ x_n \end{pmatrix} = \sum_{j=1}^{n} x_j a_j. \qquad (10.3)$$

Este producto matriz-vector, por un accidente propio de los espacios de dimensión finita, como es el caso de $\mathbb{F}^n$, se puede obtener de manera equivalente calculando cada componente del vector y mediante la expresión

$$y_i = \sum_{j=1}^{n} a_{ij} x_j.$$

Esta segunda forma de calcular Ax es mucho más conocida aunque es menos natural que la primera, y menos eficiente computacionalmente. Sin embargo, comprobaremos que es útil en algunas ocasiones.

La naturalidad de la primera opción se evidencia al estudiar la matriz A como una transformacion lineal, discutida en el Ejemplo 10.10, que aplica vectores de $\mathbb{F}^n$ en vectores de $\mathbb{F}^m$. Vale destacar que el recíproco también es cierto: toda transformación lineal de $\mathbb{F}^n$ en $\mathbb{F}^m$ se puede representar como el producto matriz-vector con alguna matriz $A \in \mathbb{F}^{m \times n}$.

Producto matriz-matriz

Si $A \in \mathbb{F}^{l \times m}$, $B \in \mathbb{F}^{m \times n}$ y $C \in \mathbb{R}^{l \times n}$, para calcular el producto matriz-matriz $C = AB$, basta observar que ese producto corresponde a obtener la matriz que representa la transformación lineal C, composición de las trasnformaciones lineales representadas por A y por B. En ese sentido, la columna c_j de C se obtiene como el producto matriz-vector Ab_j, donde b_j es la j-ésima columna de B. De esta manera tenemos que cada columna de C es una combinación lineal de las columnas de A :

$$C = A\left(b_1 \mid b_2 \mid \cdots \mid b_m\right) = \left(Ab_1 \mid Ab_2 \mid \cdots \mid Ab_m\right)$$

o bien,

$$c_j = Ab_j = \sum_{k=1}^{m} b_{kj} a_k.$$

10.7   Sistemas de ecuaciones lineales

El producto matriz-vector discutido arriba, permite establecer de forma natural el siguiente lema.

Lema 10.9. *Sea una matriz $A \in \mathbb{F}^{m \times n}$. Denotemos por $a_i \in \mathbb{F}^m$ al i-ésimo vector columna de A. Sea un vector $b \in \mathbb{F}^m$. El sistema de ecuaciones lineales*

$$Ax = b,$$

tiene solución si y solo si,

$$b \in \exp\{a_1, a_2, \ldots a_n\},$$

es decir, si el vector b puede expresarse como combinación lineal de las columnas $a_1, a_2, \ldots, a_n$ de A. La solución x, tendrá, como entradas, escalares $x_i \in \mathbb{F}$ tales que,

$$b = \sum_{i=1}^{n} a_i x_i.$$

Definición 10.17 (Alcance de una matriz). *Sea $A \in \mathbb{F}^{m \times n}$. Se define al alcance de A al conjunto:*

$$R(A) = \{y \in \mathbb{F}^m : y = Ax, \text{ para algún } x \in \mathbb{F}^n\}.$$

Es decir, el alcance de A es el espacio generado por los vectores columna de A. Observe que el alcance de una matriz coincide con el alcance de la transformación $T(x) = Ax$.

Definición 10.18 (Núcleo de una matriz). *Sea $A \in \mathbb{F}^{m \times n}$. Se define el núcleo de A al conjunto:*

$$N(A) = \{x \in \mathbb{F}^n : Ax = 0\}.$$

Observe que el núcleo de una matriz coincide con el núcleo de la transformación $T(x) = Ax$.

Proposición 10.10. *$N(A) = \{0\}$ si y sólo si los vectores columna de la matriz A son linealmente independientes.*

Definición 10.19 (Matrices rango completo). *Si $N(A) = \{0\}$, se dice que la matriz A tiene* rango completo por columnas. *Es decir, una matriz A será de rango completo por columnas si y sólo si todos sus vectores columna son linealmente independientes.*
Una matriz A se dice de rango completo por filas *si A^T es de rango completo por columnas.*

Definición 10.20 (Rango y nulidad de una matriz). *Sea $A \in \mathbb{F}^{m \times n}$ una matriz. El rango de A es la dimensión de su alcance, y la nulidad de A es la dimensión de su núcleo. Es decir,*

$$rango(A) = \dim R(A).$$
$$nul(A) = \dim N(A).$$

El corolario siguiente es consecuencia directa del teorema 10.8.

Corolario 10.11. *Sea $A \in \mathbb{F}^{m \times n}$.*

$$rango(A) + nul(A) = n.$$

Lema 10.12. *Sea $A \in \mathbb{F}^{m \times n}$ una matriz cualquiera. Entonces,*

$$rango(A) = rango(A^T).$$

Existencia y unicidad de soluciones

Teorema 10.13 (Forma de las soluciones). *Sea $A \in \mathbb{F}^{m \times n}$ y $b \in \mathbb{F}^m$. Suponga que $Ax_p = b$, con $x_p \in \mathbb{F}^n$. Entonces, x es solución de $Ax = b$ si y sólo si $x = x_p + y$, con $y \in N(A)$. Es decir, el conjunto de soluciones del sistema lineal $Ax = b$ tiene la forma:*

$$x = x_p + N(A).$$

Corolario 10.14 (Unicidad de las soluciones). *Sea $A \in \mathbb{F}^{m \times n}$ y $b \in \mathbb{F}^m$. Suponga que el sistema lineal tiene una solución $x_p \in \mathbb{F}^n$. Esta solución será única si $N(A) = \{0\}$. Es decir, si $nul(A) = 0$, o también si $rango(A) = n$.*

Definición 10.21. *Se dice que una matriz cuadrada $A \in \mathbb{F}^{n \times n}$ es no singular si sus n columnas son linealmente independientes, es decir si $rango(A) = n$. si una matriz A no es no singular, entonces se dice que es una matriz singular.*

Corolario 10.15. *Una matriz cuadrada $A \in \mathbb{F}^{n \times n}$, no singular, es de rango completo por columnas, e igualmente es de rango completo por filas. Es decir, una matriz no singular tiene columnas y filas linealmente independientes.*

Corolario 10.16. *Sea $A \in \mathbb{F}^{m \times n}$ y $b \in \mathbb{F}^m$. Suponga que el sistema lineal $Ax = b$ tiene dos soluciones distintas $x_1 \in \mathbb{F}^n$ y $x_2 \in \mathbb{F}^n$. Entonces, la matriz A es singular.*

Definición 10.22. *Sea $A \in \mathbb{F}^{m \times n}$ y $b \in \mathbb{F}^m$. Se define como la matriz ampliada $[A|b]$ a la matriz de $\mathbb{F}^{m \times (n+1)}$ resultante de añadir a la matriz A el vector b como columna $n + 1$.*

Algoritmo 10.17 (Existencia y unicidad de soluciones).
Entradas: *Matriz* $A \in \mathbb{F}^{m \times n}$ *y Vector* $b \in \mathbb{F}^m$.
Inicio

- **Si** $rango([A|b]) = rango(A)$: *El sistema* $Ax = b$ *tiene al menos una solución.*

    - **Si** $rango(A) = n$: *La solución es única.*
    - **Sino** *existen infinitas soluciones.*

- **Si** $rango([A|b]) > rango(A)$: *El sistema* $Ax = b$ *no tiene solución.*

Fin

Existencia y unicidad de soluciones en distintos tipos de sistemas lineales

Consideremos el sistema $Ax = b$, con $A \in \mathbb{F}^{m \times n}$. A continuación, realizaremos un análisis para determinar la existencia y unicidad de soluciones en función de la relación entre el número de filas y columnas de la matriz, el $rango(A)$ y $rango([A|b])$.

- **Caso** $m < n$ **(más columnas que filas):**

    Recordemos que $rango(A) = rango(A^T)$, en consecuencia $rango(A) \leq m$ y $nul(A) = n - rango(A) \geq n - m > 0$. Por lo que *el sistema* $Ax = b$ *podría no tener solución, pero si las tiene, entonces tendrá infinitas soluciones.* Ilustremos esto mediante un ejemplo:

    Ejemplo 10.12. *Sea* $A \in \mathbb{R}^{2 \times 3}$ *y el sistema* $Ax = b$ *dado por:*

    $$Ax = \begin{pmatrix} 1 & 2 & 3 \\ 0 & 0 & 0 \end{pmatrix} \begin{pmatrix} x_1 \\ x_2 \\ x_3 \end{pmatrix} = \begin{pmatrix} 6 \\ 0 \end{pmatrix} = b.$$

    En este caso, se puede ver claramente que $rango(A) = 1$ *y* $rango([A|b]) = 1$ *por lo que el sistema* $Ax = b$ *tiene solución. Además,* $rango(A) < 3$, *es decir, el rango de la matriz es menor al número de columnas, por lo que el sistema, al tener soluciones, tiene un número infinito de soluciones (el hiperplano* $x_1 + 2x_2 + 3x_3 = 6$*).*

Existe la creencia errónea de que los sistemas lineales con más columnas que filas siempre tienen infinitas soluciones. Sin embargo, podría suceder que un sistema de este tipo no tenga solución. He aquí un ejemplo:

$$Ax = \begin{pmatrix} 1 & 2 & 3 \\ 0 & 0 & 0 \end{pmatrix} \begin{pmatrix} x_1 \\ x_2 \\ x_3 \end{pmatrix} = \begin{pmatrix} 6 \\ 1 \end{pmatrix} = b.$$

Aquí, $rango(A) = 1$ y $rango([A|b]) = 2$, por lo que el vector b no se puede expresar como combinación lineal de las columnas de A. Entonces, el sistema $Ax = b$ no tiene solución.

- **Caso $m > n$ (más filas que columnas):**

Vamos a mostrar, mediante un ejemplo, que en este caso, podría suceder: tanto que el sistema no tenga solución, como que el sistema tenga solución única o incluso que tenga infinitas soluciones.

Ejemplo 10.13. *Sea el siguiente sistema de ecuaciones lineales $Ax = b$:*

$$Ax = \begin{pmatrix} 1 & 0 \\ 0 & 1 \\ 0 & 0 \end{pmatrix} \begin{pmatrix} x_1 \\ x_2 \end{pmatrix} = \begin{pmatrix} 1 \\ 1 \\ 0 \end{pmatrix} = b.$$

En este caso $rango(A) = 2$ y $rango([A|b]) = 2$ por lo que el sistema tiene solución. Esta solución, además, es única, ya que $rango(A) =$ número de columnas de A. La solución es el vector $x = (1,1)^T$ Cambiando el vector b podría suceder que el sistema no tenga solución. Por ejemplo, el sistema,

$$Ax = \begin{pmatrix} 1 & 0 \\ 0 & 1 \\ 0 & 0 \end{pmatrix} \begin{pmatrix} x_1 \\ x_2 \end{pmatrix} = \begin{pmatrix} 1 \\ 1 \\ 1 \end{pmatrix} = b.$$

no tiene solución, ya que $rango([A|b]) = 2 > rango(A) = 1$. Es decir, el vector b no puede ser expresado como combinación lineal de las columnas de A. Pero incluso, podría darse el caso de un sistema con más filas que columnas con infinitas soluciones. He aquí un ejemplo:

$$Ax = \begin{pmatrix} 1 & 2 \\ 0 & 0 \\ 0 & 0 \end{pmatrix} \begin{pmatrix} x_1 \\ x_2 \end{pmatrix} = \begin{pmatrix} 3 \\ 0 \\ 0 \end{pmatrix} = b.$$

En este caso, $rango([A|b]) = 1 > rango(A) = 1$ y el número de columnas de A es igual a 2. Las soluciones son todos los vectores $x = (x_1, x_2)^T$, que cumplen $x_1 + x_2 = 3$, es decir, hay un hiperplano de soluciones.

- **Caso** $m = n$ **(matrices cuadradas)**

  En este caso, de la misma manera, puede haber sistemas lineales $Ax = b$ con: única, infinitas o ninguna solución. Mostremos las tres posibilidades mediante un ejemplo:

  Ejemplo 10.14.

  $$Ax = \begin{pmatrix} 1 & 0 \\ 0 & 1 \end{pmatrix} \begin{pmatrix} x_1 \\ x_2 \end{pmatrix} = \begin{pmatrix} 1 \\ 1 \end{pmatrix} = b.$$

  Este es el caso de una matriz no singular, es decir, una matriz cuadrada cuyas columnas forman una base de $\mathbb{R}^2$. Por lo tanto, el vector b puede expresarse de manera única como combinación lineal de las columnas de A, y por lo tanto, el sistema $Ax = b$ tiene solución única.

  Si la matriz A es singular, el espacio generado por los vectores columnas de A no cubre $\mathbb{R}^2$ y en consecuencia, si el vector b no está en ese espacio generado, el sistema no tendrá solución. Esto sucede, por ejemplo, en el sistema:

  $$Ax = \begin{pmatrix} 1 & 0 \\ 0 & 0 \end{pmatrix} \begin{pmatrix} x_1 \\ x_2 \end{pmatrix} = \begin{pmatrix} 1 \\ 1 \end{pmatrix} = b.$$

  Si por el contrario, la matriz A es singular, y el vector b es generado por las columnas de A, entonces el sistema $Ax = b$ tendrá solución, y estas serán infinitas ya que $nul(A) = $ Número de Columnas de $A - rango(A) > 0$. Es por ejemplo lo que sucede en el ejemplo siguiente:

  $$Ax = \begin{pmatrix} 1 & 0 \\ 0 & 0 \end{pmatrix} \begin{pmatrix} x_1 \\ x_2 \end{pmatrix} = \begin{pmatrix} 1 \\ 0 \end{pmatrix} = b,$$

  aquí, todos los vectores $x = (x_1, x_2)$ con $x_1 = 1$ son solución del sistema.

Sistemas lineales con matrices no singulares

Definición 10.23 (Inversa de una matriz). *Sea $A \in \mathbb{F}^{n \times n}$ y sea I la matriz identidad. Si existe una matriz A^{-1} tal que,*

$$AA^{-1} = A^{-1}A = I,$$

entonces, se dice que la matriz A es invertible. *A la matriz A^{-1} se le denomina* matriz inversa de A.

Teorema 10.18. *Sea $A \in \mathbb{F}^{n \times n}$ (matriz cuadrada), los siguientes enunciados son equivalentes:*

- *A es invertible o no singular.*

- *$N(A) = \{0\}$ y por ende $nul(A) = 0$.*

- *$rango(A) = rango(A^T) = n$.*

- *A tiene filas y columnas linealmente independientes que forman una base de $\mathbb{F}^n$.*

- *El sistema lineal $Ax = 0$ tiene como solución única a $x = 0$.*

- *Para cualquier $b \in \mathbb{F}^n$, el sistema lineal $Ax = b$ tiene solución única.*

Proposición 10.19. *Sea $A \in \mathbb{F}^{n \times n}$ una matriz cuadrada no singular. Para $i = 1, \ldots n$ planteamos n sistemas de ecuaciones lineales de la forma:*

$$Ax_i = e_i,$$

donde e_i es el i-ésimo vector canónico. Entonces, la matriz $X = [x_1, x_2, \ldots, x_n]$ es la matriz inversa de A.

Lema 10.20. *Sean $A \in \mathbb{F}^{n \times n}$ y $B \in \mathbb{F}^{n \times n}$ matrices invertibles. Entonces,*

- *$(AB)^{-1} = B^{-1} A^{-1}$.*

- *$\left(A^{-1}\right)^T = \left(A^T\right)^{-1}$.*

10.8 Normas y productos internos

En muchos temas del análisis numérico es necesario aprender a medir el tamaño de un vector, o mejor aún la distancia entre vectores. Es claro que si pretendemos estudiar métodos iterativos que intentan producir secuencia de vectores convergentes, este aprendizaje es vital. Esos objetivos los logramos introduciendo el concepto de norma.

Normas vectoriales

Definición 10.24 (Norma vectorial). *Sea V un espacio vectorial sobre el cuerpo $\mathbb{F}$. Una norma, es una aplicación $\|.\| : V \to \mathbb{R}$ que verifica:*

- *$\|x\| \geq 0$, $\forall x \in V$.*

- *$\|x\| = 0$ si y sólo si $x = 0$.*

- *$\|\alpha x\| = |\alpha|\|x\|$, $\forall x \in V$, $\forall \alpha \in \mathbb{F}$.*

- *$\|x + y\| \leq \|x\| + \|y\|$, $\forall x, y \in V$.*

Ejemplo 10.15. *En $\mathbb{R}^n$ se tienen las siguientes normas. Sea $x \in \mathbb{R}^n$:*

- *Norma uno:*

$$\|x\|_1 = \sum_{i=1}^{n} |x_i|.$$

- *Norma Euclídea o Norma dos:*

$$\|x\|_2 = \left(\sum_{i=1}^{n} |x_i|^2 \right)^{1/2}.$$

- *Norma infinito:*

$$\|x\|_\infty = \max_{1 \leq i \leq n} |x_i|.$$

En general:

Norma p:

$$\|x\|_p = \left(\sum_{i=1}^{n} |x_i|^p \right)^{1/p}.$$

Ejemplo 10.16. *Sea $V = C[a, b]$, el espacio de las funciones continuas a valores reales en un intervalo $[a, b]$. Las siguientes aplicaciones son normas para $f \in V$,*

- *Norma uno:*

$$\|f\|_1 = \int_a^b |f(x)| \, \mathrm{d}x.$$

- *Norma dos:*

$$\|f\|_2 = \Big(\int\limits_a^b |f(x)|^2 \, \mathrm{d}x \Big)^{1/2}.$$

- *Norma infinito:*

$$\|f\|_\infty = \max_{x \in [a,b]} |f(x)|.$$

En general:

Norma p:

$$\|f\|_p = \Big(\int\limits_a^b |f(x)|^p \, \mathrm{d}x \Big)^{1/p}.$$

El siguiente es un resultado importante en espacios de dimensión finita.

Teorema 10.21. *Todas las normas en $\mathbb{F}^n$ son equivalentes, es decir, si $\| \cdot \|$ y $\| \cdot \|_*$ son dos normas cualesquiera en $\mathbb{F}^n$, entonces existen constantes positivas c_1 y c_2 tales que para todo $x \in \mathbb{F}^n$,*

$$c_1\|x\| \leq \|x\|_* \leq c_2\|x\|.$$

Por ejemplo, las siguientes desigualdades pueden ser verificadas:

- $\|x\|_2 \leq \|x\|_1 \leq \sqrt{n}\|x\|_2,$

- $\|x\|_\infty \leq \|x\|_2 \leq \sqrt{n}\|x\|_\infty,$

- $\|x\|_\infty \leq \|x\|_1 \leq n\|x\|_\infty.$

Productos internos

> **Definición 10.25** (Producto interno). *Sea V un espacio vectorial sobre $\mathbb{F}$. Un producto interno, es una función $\langle x, y \rangle : V \times V \to \mathbb{F}$, que asigna a cada par ordenado $x, y \in V$, un escalar $\langle x, y \rangle \in \mathbb{F}$, de tal modo que verifica:*
>
> - $\forall x \neq 0, x \in V : \langle x, x \rangle > 0$.
>
> - *Para todo $x \in V$, se cumple que: $\langle x, x \rangle = 0$ si y sólo si $x = 0$.*
>
> - $\forall x, y \, \forall \alpha \in \mathbb{F} : \langle \alpha x, y \rangle = \alpha \langle x, y \rangle$.
>
> - $\forall x, y \in V : \langle x, y \rangle = \overline{\langle y, x \rangle}$. *(El símbolo $\bar{x}$ significa conjugación de $x \in F$).*
>
> - $\forall x, y, z \in V : \langle x + y, z \rangle = \langle x, z \rangle + \langle y, z \rangle$.

Ejemplo 10.17. *Sea $V = \mathbb{C}^n$, la aplicación $\langle x, y \rangle : V \times V \to \mathbb{R}$ definida por:*

$$\langle x, y \rangle = x^* y = \sum_{i=1}^{n} \bar{x}_i y_i,$$

es un producto interno (producto escalar). Si $V = \mathbb{R}^n$, entonces la aplicación $\langle x, y \rangle : V \times V \to \mathbb{R}$ definida por:

$$\langle x, y \rangle = x^T y = \sum_{i=1}^{n} x_i y_i,$$

es un producto interno.

Ejemplo 10.18. *Sea $V = C[a, b]$ el espacio de las funciones continuas a valores reales en el intervalo $[a, b]$. La aplicación $\langle f, g \rangle : V \times V \to \mathbb{R}$ definida por:*

$$\langle f, g \rangle = \int_{a}^{b} f(x) g(x) \, \mathrm{d}x.$$

es un producto interno.

Teorema 10.22. *Sea V un espacio con producto interno $\langle .,. \rangle$. Entonces, la aplicación $\|.\| : V \to \mathbb{R}$, para todo $x \in V$ como:*

$$\|x\| = \langle x, x \rangle^{1/2},$$

es una norma de V. A esta norma se le conoce con el nombre de norma inducida *por el producto interno $\langle .,. \rangle$.*

Teorema 10.23 (Desigualdad de Cauchy-Schwarz). *Sea V un espacio vectorial con producto interno. Entonces,*

$$|\langle x, y \rangle| \leq \|x\|\|y\|, \ \forall x, y \in V.$$

Definición 10.26 (Coseno del ángulo entre vectores). *Sea V un espacio vectorial con producto interno. Se define como el* coseno del ángulo *entre dos vectores $x, y \in V$ al número:*

$$\cos \theta = \frac{\langle x, y \rangle}{\|x\|\|y\|}.$$

Usando la desigualdad de Cauchy-Schwarz, se puede establecer una de las propiedades que debe cumplir la función coseno: $|\cos \theta| \leq 1$.

Definición 10.27 (Vectores ortogonales y ortonormales). *Sea V un espacio vectorial con producto interno. Se dice que dos vectores $x, y \in V$ son* ortogonales *si $\langle x, y \rangle = 0$. La ortogonalidad entre dos vectores se denota $x \perp y$.*
Un conjunto de vectores $\{v_1, v_2, \ldots, v_n\}$ de V se dice ortogonal *si:*

$$v_i \perp v_j, \ \text{para todo } i \neq j, \ i, j = 1, \ldots, n.$$

Un conjunto de vectores ortogonales $\{v_1, v_2, \ldots, v_n\}$ se dice ortonormal *si además $\|v_i\| = 1$ para todo $i = 1, \ldots, n$.*

Ejemplo 10.19. *Sea $V = \mathbb{R}^3$. El conjunto $\{v_1, v_2, v_3\}$ donde:*

$$v_1 = \begin{pmatrix} 1 \\ 0 \\ 0 \end{pmatrix}, \ v_2 = \begin{pmatrix} 0 \\ 1 \\ 0 \end{pmatrix}, \ v_3 = \begin{pmatrix} 0 \\ 0 \\ 1 \end{pmatrix}.$$

es un conjunto ortonormal de vectores de $\mathbb{R}^3$ bajo el producto $\langle x, y \rangle = x^T y$.

> **Teorema 10.24.** *Sea V un espacio vectorial, y sea $\{v_1, v_2, \ldots, v_n\}$ un conjunto de vectores ortogonales de V no nulos. Entonces $\{v_1, v_2, \ldots, v_n\}$ es un conjunto linealmente independiente.*

> **Teorema 10.25** (Teorema de Pitágoras). *Sea V un espacio vectorial con producto interno. Entonces, si x es ortogonal a y ($\langle x, y \rangle = 0$)*
>
> $$\|x + y\|^2 = \|x\|^2 + \|y\|^2.$$

> **Definición 10.28** (Complemento ortogonal). *Sea V un espacio vectorial con producto interno. Sea $S \subseteq V$ un conjunto cualquiera. Se define al complemento ortogonal de S como el conjunto,*
>
> $$S^\perp = \{x \in V \mid \langle x, y \rangle = 0, \ \forall y \in S\}.$$

> **Lema 10.26.** *Sea V un espacio vectorial con producto interno. Sea $S \subseteq V$ un conjunto cualquiera. $S^\perp$ es un subespacio vectorial de V.*

Otro caso interesante del producto entre vectores es el producto externo. El producto externo de un vector real x de dimensión m con un vector real y de dimensión n se expresa xy^T y viene dado por:

$$xy^T = \begin{pmatrix} x_1 \\ \cdots \\ x_m \end{pmatrix} \begin{pmatrix} y_1 & y_2 & \cdots & y_n \end{pmatrix} = \left(xy_1 \mid xy_2 \mid \cdots \mid xy_m \right) = \begin{pmatrix} x_1 y \\ \cdots \\ x_m y \end{pmatrix}.$$

Podemos observar que el resultado es una matriz $m \times n$ de rango 1 (todas las filas o columnas son linealmente dependientes). En efecto, las columnas son todas múltiplos del vector x, y las filas son todas múltiplos del vector y. Más aún, toda matriz de rango 1 se puede escribir como el producto externo xy^T para algún x y algún y.

En particular, si realizamos el producto matriz-vector de la matriz xy^T con un vector arbitrario $z \in \mathbb{R}^n$, obtenemos

$$(xy^T)z = (y^T z)x,$$

lo que indica que cualquier combinación de las columnas de xy^T no es más que un escalar $(y^T z)$ multiplicado por el vector x, que genera el espacio columna de la matriz.

Normas matriciales

Definición 10.29 (Norma matricial). *Una* norma matricial *es una aplicación* $\|.\| : \mathbb{F}^{m \times n} \to \mathbb{R}$*, que verifica las siguientes propiedades:*
Para toda $A, B \in \mathbb{F}^{m \times n}$

- $\|A\| \geq 0$.

- $\|A\| = 0$ *si y sólo si* $A = 0$.

- $\|\alpha A\| = |\alpha| \|A\|$, $\forall \alpha \in \mathbb{F}$.

- $\|A + B\| \leq \|A\| + \|B\|$.

Una de las normas de matrices más usadas son las *normas inducidas*, que se definen en función de su comportamiento como operador lineal entre los espacios de vectores involucrados y sus respectivas normas.

Definición 10.30 (Normas inducidas). *Sea* $A \in \mathbb{F}^{m \times n}$. *La norma matricial inducida* por una norma vectorial $\|.\|_*$ *se define como:*

$$\|A\|_* = \sup_{x \neq 0} \frac{\|Ax\|_*}{\|x\|_*}.$$

Corolario 10.27. *Sean* $A \in \mathbb{F}^{m \times n}$, $B \in \mathbb{F}^{n \times p}$ *matrices, y sea* $x \in \mathbb{F}^n$ *un vector cualquiera. Entonces:*

- $\|Ax\|_* \leq \|A\|_* \|x\|_*$.
- $\|AB\|_* \leq \|A\|_* \|B\|_*$.

Usando la propiedad $\|\alpha A\| = |\alpha| \|A\|$ en la definición de norma matricial, se puede reescribir la norma inducida de manera equivalente en función al efecto del operador A sobre los vectores unitarios

$$\|A\|_* = \max_{\|x\|_*=1} \|Ax\|_*.$$

Nótese que en esta forma de definición, el supremo ha sido sustituido por el máximo. Esto se debe a que toda norma es una función continua, que el conjunto de los vectores en $\mathbb{F}^n$ de norma 1 es cerrado y acotado, y que toda función continua sobre un cerrado y acotado alcanza su valor máximo; ver [2].

Esta segunda forma de definir la norma inducida permite una interpretación geométrica: se le asigna como norma del operador A, el máximo "alargamiento" que logre al ser aplicado sobre todos los posibles vectores unitarios. Lamentablemente, ninguna de las dos versiones anteriores permite calcular el valor de la norma de una matriz A. Por esta razón, para cada norma vectorial de interés, se deberá hacer un estudio detallado previo para producir una fórmula computacional que permita calcular la norma inducida.

Teorema 10.28. *Sea* $A \in \mathbb{F}^{m \times n}$. *Entonces:*

- $\|A\|_1 = \max\limits_{1 \leq j \leq n} \sum\limits_{i=1}^{m} |a_{ij}|$.

- $\|A\|_\infty = \max\limits_{1 \leq i \leq m} \sum\limits_{j=1}^{n} |a_{ij}|$.

- $\|A\|_2 = \rho(A^T A)^{1/2}$. *En donde* $\rho(A)$ *es el radio espectral de la matriz* A *(ver sección 10.9)*

Existen otras normas de matrices que no son inducidas. La más famosa de las normas no inducidas es la norma de Frobenius.

Norma de Frobenius

Definición 10.31 (Norma de Frobenius). *Sea* $A \in \mathbb{F}^{m \times n}$. *La norma de Frobenius de* A, *se define como:*

$$\|A\|_F = \left[\sum_{j=1}^{n} \sum_{i=1}^{n} |a_{ij}|^2 \right]^{1/2} .$$

Definición 10.32 (Traza de una matriz). *Sea $A \in \mathbb{F}^{n \times n}$ una matriz cuadrada. La* traza *de A, se define como:*

$$tr(A) = \sum_{i=1}^{n} a_{ii}.$$

Lema 10.29. *Sea $A \in \mathbb{F}^{m \times n}$. Entonces:*

$$\|A\|_F = tr(A^T A)^{1/2}.$$

En toda norma inducida, $\|I\| = 1$, pero $\|I\|_F = \sqrt{n}$, con lo cual se establece que la norma de Frobenius no puede ser inducida por ninguna norma de vectores. Sin embargo, al igual que en las normas inducidas, se puede usar para acotar el producto de matrices.

Teorema 10.30. *Sean A y B dos matrices rectangulares de dimensiones apropiadas. Entonces,*

$$\|AB\|_F \le \|A\|_F \|B\|_F.$$

10.9 Autovalores y autovectores

Definición 10.33 (Autovalores y autovectores). *Sea $A \in \mathbb{F}^{n \times n}$ una matriz cuadrada. Un escalar $\lambda \in \mathbb{F}$ se dice que es un* autovalor *de A, si existe un vector $x \neq 0$ tal que:*

$$Ax = \lambda x.$$

o equivalentemente,

$$(A - \lambda I)x = 0, \quad x \neq 0.$$

Al vector x que verifica esta relación se le denomina el autovector *asociado a λ.*

Ejemplo 10.20. *La matriz $A \in \mathbb{R}^{2 \times 2}$, verifica la relación:*

$$Ax = \begin{pmatrix} 2 & -1 \\ 0 & 1 \end{pmatrix} \begin{pmatrix} 5 \\ 0 \end{pmatrix} = 2 \begin{pmatrix} 5 \\ 0 \end{pmatrix}$$

Entonces, $\lambda = 2$ es un autovalor de A y $x = [5,0]^T$ es un autovector asociado a ese λ.

Definición 10.34 (Polinomio característico). *Sea $A \in \mathbb{F}^{n \times n}$ una matriz cuadrada. El polinomio característico de A, es el polinomio de grado n dado por:*
$$P_A(\lambda) = \det(A - \lambda I).$$

Ejemplo 10.21. *El polinomio característico de la matriz A del ejemplo 10.20 es:*
$$P_A(\lambda) = \det \begin{pmatrix} 2 - \lambda & -1 \\ 0 & 1 - \lambda \end{pmatrix} = (2 - \lambda)(1 - \lambda).$$

Lema 10.31. *Sea $A \in \mathbb{F}^{n \times n}$ una matriz cuadrada. La matriz A posee n autovalores en $\mathbb{F}$ que se corresponden con las raíces de su polinomio característico $P_A(\lambda)$.*

Corolario 10.32. *Sea $A \in \mathbb{F}^{n \times n}$ una matriz triangular. Entonces, los autovalores λ_i de A, son los valores de su diagonal: $\lambda_i = a_{ii}$, para $i = 1, \ldots, n$.*

Definición 10.35 (Espectro de una matriz). *Sea $A \in \mathbb{F}^{n \times n}$ una matriz cuadrada. Se denomina espectro de A denotado por: $\Lambda(A)$, al conjunto de autovalores de A. Es decir,*

$$\Lambda(A) = \{\lambda \in \mathbb{F}| \ \lambda \text{ es autovalor de } A\}.$$

Definición 10.36 (Radio espectral). *Sea $A \in \mathbb{F}^{n \times n}$ una matriz cuadrada. El radio espectral de A, denotado por $\rho(A)$, se define como,*

$$\rho(A) = \max_{\lambda \in \Lambda(A)} |\lambda|.$$

Lema 10.33. *Sea $A \in \mathbb{F}^{n \times n}$ una matriz cuadrada. Sea λ un autovalor de A y $\|\|.\|\|$ cualquier norma matricial inducida. Entonces,*

$$\rho(A) \leq \|A\|.$$

Definición 10.37 (Multiplicidad algebraica). *Sea $A \in \mathbb{F}^{n \times n}$ una matriz cuadrada. Se denomina multiplicidad algebraica de un autovalor de A, a la multiplicidad de este, como raíz del polinomio característico $P_A(\lambda)$.*

Definición 10.38 (Espacio propio). *Sea $A \in \mathbb{F}^{n \times n}$ una matriz cuadrada. Se denomina* espacio propio *asociado al autovalor λ de A al conjunto:*

$$\mu_\lambda = \{x \in \mathbb{F}^n \mid Ax = \lambda x\}.$$

El espacio propio asociado a un autovalor λ comprende a los autovectores asociados a λ y al vector cero.

Ejemplo 10.22. *Para la matriz identidad, el espacio propio asociado al único autovalor $\lambda = 1$ es $\mathbb{F}^n$.*

Lema 10.34. *Sea $A \in \mathbb{F}^{n \times n}$ una matriz cuadrada. Sea λ un autovalor de A y μ_λ su espacio propio asociado. Entonces μ_λ es un subespacio vectorial de $\mathbb{F}^n$.*

Definición 10.39 (Multiplicidad geométrica). *Sea $A \in \mathbb{F}^{n \times n}$ una matriz cuadrada. Se denomina* multiplicidad geométrica *del autovalor λ de A, a la dimensión de su espacio propio asociado, es decir, $\dim(\mu_\lambda)$.*

Lema 10.35. *Sea $A \in \mathbb{F}^{n \times n}$ una matriz cuadrada. Sean $\lambda_1, \ldots, \lambda_n$ los autovalores de A. Entonces:*

- $tr(A) = \sum\limits_{i=1}^{n} \lambda_i.$

- $\det(A) = \prod\limits_{i=1}^{n} \lambda_i$

Definición 10.40 (Matrices similares). *Sean $A \in \mathbb{F}^{n \times n}$ y $B \in \mathbb{F}^{n \times n}$ dos matrices cuadradas. Se dice que las matrices, A y B son similares, $A \sim B$, si existe una matriz $X \in \mathbb{F}^{n \times n}$ invertible, tal que:*

$$A = XBX^{-1}.$$

(La relación de similaridad es una relación de equivalencia)

Lema 10.36. *Sean $A \in \mathbb{F}^{n \times n}$ y $B \in \mathbb{F}^{n \times n}$ dos matrices cuadradas similares ($A \sim B$). Entonces, A y B tienen el mismo polinomio característico, y por ende, ambas matrices poseen los mismos autovalores.*

Observación: El recíproco no es necesariamente cierto.

Ejemplo 10.23.

$$A = \begin{pmatrix} 1 & 1 \\ 0 & 1 \end{pmatrix}; \quad B = I = \begin{pmatrix} 1 & 0 \\ 0 & 1 \end{pmatrix}$$

Ambas matrices poseen los mismos autovalores, pero no son similares ya que para toda $X \in \mathbb{F}^{n \times n}$ invertible, se cumple: $XBX^{-1} = I \neq A$.

Teorema 10.37. *Autovectores asociados a autovalores distintos son linealmente independientes.*

Definición 10.41 (Matriz no defectiva). *Sea $A \in \mathbb{F}^{n \times n}$. Una matriz A se dice no defectiva, si tiene un conjunto completo de n autovectores linealmente independientes.*

Teorema 10.38. *Sea $A \in \mathbb{F}^{n \times n}$. A es similar a una matriz diagonal, si y solo si, A es no defectiva.*

Nota: Por esta razón, a las matrices no defectivas se les conoce también con el nombre de *matrices diagonalizables*.

Corolario 10.39. *Sea $A \in \mathbb{F}^{n \times n}$. Si A tiene un conjunto de n autovalores distintos, entonces A es no defectiva.*

Observación: El recíproco no es necesariamente cierto. Un contraejemplo sería la matriz identidad.

Teorema 10.40 (Teorema de Schur). *Sea $A \in \mathbb{C}^{n \times n}$. Entonces existe una matriz unitaria U tal que:*

$$T = U^* A U$$

en donde T es una matriz triangular superior. Como T es triangular, y $U^* = U^{-1}$, entonces $T \sim A$, y por lo tanto A y T tienen los mismos autovalores, que son las entradas de la diagonal de T.

Lema 10.41. *Sea $A \in \mathbb{F}^{n \times n}$ una matriz cuadrada. Sea $P(A) \in \mathbb{F}^{n \times n}$ un polinomio en A. Entonces, si λ es un autovalor de A, $P(\lambda)$ es una autovalor de $P(A)$.*

Teorema 10.42. *Sea $A \in \mathbb{C}^{n \times n}$ una matriz cuadrada Hermitiana. Es decir, $A = A^* = (\bar{A}^T)$. Entonces:*

- *Existe una matriz unitaria U tal que:*

$$D = U^* A U,$$

  y $D \in \mathbb{R}^{n \times n}$ es una matriz diagonal.

- *Los autovalores de A son reales.*

- *Existe un conjunto ortonormal $\{v_1, v_2, \ldots, v_n\}$ de autovectores de A.*

Corolario 10.43. *Sea $A \in \mathbb{R}^{n \times n}$ una matriz simétrica con entradas reales. Entonces, existe una matriz $U \in \mathbb{R}^{n \times n}$ ortogonal y una matriz $D \in \mathbb{R}^{n \times n}$ tal que:*

$$D = U^T A U.$$

Los autovalores de A son las entradas de la diagonal de D y son valores reales.

10.10 Matrices normales y hermitianas

Definición 10.42. *Una matriz* $A \in \mathbb{F}^{n \times n}$ *se dice* normal *si verifica,*

$$A^* A = A A^*.$$

Lema 10.44. *Si una matriz normal* $A \in \mathbb{F}^{n \times n}$ *es triangular, entonces es diagonal.*

Teorema 10.45. *Una matriz* $A \in \mathbb{F}^{n \times n}$ *es normal si y sólo si es unitariamente similar a una matriz diagonalizable.*

Lema 10.46. *Una matriz* $A \in \mathbb{F}^{n \times n}$ *es normal, si y sólo si cada uno de sus autovectores es también un autovector de* A^*.

Corolario 10.47. *Una matriz* $A \in \mathbb{F}^{n \times n}$ *normal cuyos autovalores son reales es hermitiana.*

Teorema 10.48. *Los autovalores de una matriz* $A \in \mathbb{F}^{n \times n}$ *hermitiana son reales. Es decir,* $\Lambda(A) \subset \mathbb{R}$.

Teorema 10.49. *Toda matriz* $A \in \mathbb{F}^{n \times n}$ *hermitiana es unitariamente similar a una matriz diagonal real.*

Definición 10.43 (Cociente de Rayleigh)**.** *Sea* $A \in \mathbb{F}^{n \times n}$ *una matriz, y sea* $x \in \mathbb{F}^n$. *El cociente de Rayleigh asociado a* x *se define como:*

$$\sigma(x) = \frac{\langle x, Ax \rangle}{\langle x, x \rangle}.$$

Lema 10.50. Sea $A \in \mathbb{F}^{n \times n}$ una matriz, y sea $x \in \mathbb{F}^n$ un autovector de A asociado al autovalor λ. Entonces,

$$\sigma(x) = \lambda.$$

Teorema 10.51 (Courant-Fisher). Sea $A \in \mathbb{F}^{n \times n}$ una matriz hermitiana con autovalores $\lambda_1 \geq \lambda_2 \geq \cdots \geq \lambda_{n-1} \geq \lambda_n$. Los autovalores λ_k de A se caracterizan por la relación,

$$\lambda_k = \min_{S, \dim(S) = n-k+1} \max_{x \in S, x \neq 0} \sigma(x), \qquad k = 1, \ldots, n.$$

Teorema 10.52. Sea $A \in \mathbb{F}^{n \times n}$ una matriz hermitiana con autovalores $\lambda_1 \geq \lambda_2 \geq \cdots \geq \lambda_{n-1} \geq \lambda_n$. Sea v_i un autovalor asociado al autovalor λ_i. Los autovalores de A verifican,

$$\lambda_1 = \sigma(v_1) = \max_{x \in \mathbb{F}^n, x \neq 0} \sigma(x),$$

y para $k = 2, \ldots, n$,

$$\lambda_k = \sigma(v_k) = \max_{\exp\{v_1, v_2, \ldots, v_{k-1}\}^{\perp}, x \neq 0} \sigma(x).$$

Corolario 10.53. Sea $A \in \mathbb{F}^{n \times n}$ una matriz hermitiana con autovalores $\lambda_1 \geq \lambda_2 \geq \cdots \geq \lambda_{n-1} \geq \lambda_n$. Entonces, para todo $x \in \mathbb{F}^n$,

$$\lambda_1 \geq \sigma(x) \geq \lambda_n,$$

10.11 Matrices definidas positivas

> **Definición 10.44** (Matriz definida positiva). *Una matriz cuadrada simétrica* $A \in \mathbb{R}^{n \times n}$, *se dice* semidefinida positiva *si:*
>
> $$\forall x \neq 0 : x^T A x \geq 0, \quad x \in \mathbb{R}^n.$$
>
> *Si, para todo vector* x *real diferente de cero se tiene que,* $x^T A x > 0$, *entonces se dice que la matriz* A *es* definida positiva.

Observación: Si la matriz $A \in \mathbb{C}^{n \times n}$ se hablaría de matrices *hermitianas definidas positivas*, y se cumple el siguiente resultado.

> **Teorema 10.54.** *Sea* $A \in \mathbb{C}^{n \times n}$ *una matriz cuadrada hermitiana. Entonces, A es positivo definida si y sólo si todos sus autovalores son positivos.*

Decimos que A es *definida negativa* o *semidefinida negativa* si $-A$ es definida positiva o semidefinida positiva, respectivamente. Decimos que A es *indefinida* si no es ni semidefinida positiva ni semidefinida negativa. El siguiente teorema recopila una lista de condiciones equivalentes que se cumplen para una matriz real definida positiva.

> **Teorema 10.55.** *Dada* $A \in \mathbb{R}^{n \times n}$ *simétrica, las siguientes condiciones son equivalentes:*
>
> - $x^T A x > 0$ *para todo vector* $x \neq 0$,
>
> - *todos los autovalores de* A *son números reales positivos,*
>
> - *existe* $W \in \mathbb{R}^{n \times n}$ *no singular tal que* $A = W^T W$,
>
> - *existe* $B \in \mathbb{R}^{n \times n}$ *simétrica y definida positiva tal que* $A = B^2$,
>
> - *para toda matriz* X *no singular,* $X^T A X$ *es definida positiva,*
>
> - *todas las submatrices principales de* A *son definidas positivas.*

BIBLIOGRAFÍA

[1] H. Akaike. On a successive transformation of probability distribution and its application to the analysis of the optimum gradient method. *Ann. Inst. Statist. Math. Tokyo*, 11:1–16, 1959.

[2] T. M. Apostol. *Calculus, Vol. I and II*. John Wiley & Sons, New York, 1967.

[3] V. I. Arnold. *Ordinary Differential Equations*. Springer Verlag, New York, 2006.

[4] K. E. Atkinson. *An Introducion to Numerical Analysis*. John Wiley & Sons, Inc., New York, 1978.

[5] O. Axelsson. *Iterative Solution Methods*. Cambridge University Press, 1994.

[6] J. Barzilai and J. M. Borwein. Two point step size gradient methods. *IMA Journal of Numerical Analysis*, 8:141–148, 1988.

[7] D. P. Bertsekas. *Nonlinear Programming*. Athena Scientific, Belmont, MA, 1999.

423

[8] E. G. Birgin, J. M. Martínez, and M. Raydan. Spectral projected gradient methods: Review and perspectives. *J. Stat. Softw.*, 60(3), 2014.

[9] Å. Björck. *Numerical Methods for Least-Squares Problems.* SIAM, Philadelphia, 1996.

[10] C. Brezinski. *Projection Methods for Systems of Equations.* North-Holland, Amsterdam, 1997.

[11] C. Brezinski and M. Gross-Cholesky. La vie et les travaux d'André-Louis Cholesky. *Bull. Soc. Amis. Bib. Éc. Polytech.*, 39:7–32, 2005.

[12] C. G. Broyden. A class of methods for solving nonlinear simultaneous equations. *Math. Comput.*, 19:577–593, 1965.

[13] C. G. Broyden. Quasi-Newton methods and their application to function minimization. *Mathematics of Computation*, 21:368–381, 1967.

[14] C. G. Broyden. The convergence of a class of double-rank minimization algorithms. *J. Inst. Math. Appl.*, 6:222–231, 1970.

[15] C. G. Broyden, J.E. Dennis Jr., and J. J. Moré. On the local and superlinear convergence of quasi-Newton methods. *J. Inst. Maths. Applics.*, 12:223–245, 1973.

[16] A. Cauchy. Méthodes générales pour la résolution des systèmes d'équations simultanées. *C. R. Acad. Sci. Par.*, 25:536–538, 1847.

[17] Ke Chen. *Matrix Preconditioning Techniques and Applications.* Cambridge University Press, Cambridge, 2005.

[18] E. W. Cheney. *Introducion to Approximation Theory.* Chelsea, New York, 1982.

[19] E. W. Cheney and W. Light. *A Course in Approximation Theory.* Brooks/Cole, Pacific Grove, CA, 2000.

[20] J. J. M. Cuppen. A divide and conquer method for the symmetric eigenproblem. *Numer. Math.*, 36:177–195, 1981.

[21] Biswa N. Datta. *Numerical Linear Algebra and Applications, Second Edition.* SIAM, Philadelphia, 2010.

[22] W. C. Davidon. Variable metric method for minimization. Technical report, Argonne Nat. labs., Report ANL-5990 Rev., 1959.

[23] W. C. Davidon. Variance algorithms for minimization. *Computer J.*, 10:406–410, 1968.

[24] P. J. Davis. *Interpolation and Approximation*. Dover, New York, 1975.

[25] R. S. Dembo, S. C. Eisenstat, and T. Steihaug. Inexact Newton methods. *SIAM J. Numer. Anal.*, 19:400–408, 1982.

[26] J. W. Demmel. *Applied Numerical Linear Algebra*. SIAM, Philadelphia, 1997.

[27] J. E. Dennis Jr., D. M. Gay, and R. E. Welsch. An adaptive nonlinear least-squares algorithm. *ACM Trans. Math. Software*, 7:348–368, 1981.

[28] J.E. Dennis Jr. On the convergence of Broyden's method for nonlinear systems of equations. *Math. Comput.*, 25:559–567, 1971.

[29] J.E. Dennis Jr. and J. J. Moré. Characterization of superlinear convergence and its application to quasi-Newton methods. *Mathematics of Computation*, 28:546–560, 1974.

[30] J.E. Dennis Jr. and R.B. Schnabel. *Numerical Methods for Unconstrained Optimization and Nonlinear Equations*. Prentice-Hall (Republished by SIAM, Philadelphia, PA, in 1996 as volume 16 of Classics in Applied Mathematics), Englewood Cliffs, NJ., 1983.

[31] J. Dongarra and D. Sorensen. A fully parallel algorithm for the symmetric eigenproblem. *SIAM J. Sci. Statist. Comput.*, 8:139–154, 1987.

[32] S. C. Eisenstat and H. F. Walker. Globally convergent inexact Newton methods. *SIAM J. Optim.*, 4:393–422, 1994.

[33] R. Escalante and M. Raydan. *Alternating Projection Methods*. SIAM, Philadelphia, 2011.

[34] A. V. Fiacco and G. P. McCormick. *Nonlinear Programming: Sequential Unconstrained Minimization Techniques*. John Wiley and Sons, New York, 1968.

[35] R. Fletcher. A new approach to variable metric algorithms. *Comput. J.*, 13:317–322, 1970.

[36] R. Fletcher. *Practical Methods of Optimization*. Wiley, New York, 1987.

[37] R. Fletcher and M. J. D. Powell. A rapidly convergent descent method for minimization. *Comput. J.*, 6:163–168, 1963.

[38] A. Friedlander, J. M. Martínez, B. Molina, and M. Raydan. Gradient method with retards and generalizations. *SIAM Journal on Numerical Analysis*, 36:275–289, 1999.

[39] D. Goldfarb. A family of variable metric methods derived by variational means. *SIAM J. Appl. Math.*, 17:739–764, 1970.

[40] G. H. Golub and C. F. Van Loan. *Matrix Computations*. Johns Hopkins U. Press, Baltimore, 1996.

[41] A. Greenbaum. *Iterative Methods for Solving Linear Systems*. SIAM, Philadelphia, 1997.

[42] D. H. Griffel. *Applied functional analysis*. Dover Publications, New York, 2002.

[43] M. Gu and S. C. Eisenstat. A divide-and-conquer algorithm for the symmetric tridiagonal eigenproblem. *SIAM J. Matrix Anal. Appl.*, 16:172–191, 1995.

[44] W. Hager. *Applied Numerical Linear Algebra*. Prentice Hall, Englewood Cliffs, NJ, 1988.

[45] P.C. Hansen, J.G. Nagy, and D.P. O'Leary. *Deblurring Images: Matrices, Spectra, and Filtering*. SIAM, Philadelphia, 2006.

[46] P.C. Hansen, V. Pereyra, and G. Scherer. *Least-Squares Data Fitting with Applications*. The Johns Hopkins University Press, Baltimore, 2013.

[47] P. Henrici. *Discrete Variable Methods in Ordinary Differential Equations*. John Wiley & Sons, New York, 1962.

[48] M. R. Hestenes. *Conjugate Direction Methods in Optimization*. Springer-Verlag, Berlin, 1980.

[49] M. R. Hestenes and E. Stiefel. Methods of conjugate gradient for solving linear systems. *Journal National Research Bureau of Standards*, 45:409–436, 1952.

[50] N. J. Higham. *Accuracy and Stability of Numerical Algorithms*. SIAM, Philadelphia, 2002.

[51] N. J. Higham. *Functions of matrices*. SIAM, Philadelphia, 2008.

[52] R. A. Horn and C. R. Johnson. *Matrix Analysis*. Cambridge University Press, Cambridge, 1985.

[53] A. S. Householder. *The Numerical Treatment of a Single Nonlinear Equation*. McGraw-Hill, New York, 1970.

[54] A. S. Householder. *The Theory of Matrices in Numerical Analysis*. Dover Publications, Inc., New York, 1975.

[55] W. Kahan. *Gauss-Seidel Methods of Solving Large Systems of Linear Equations*. PhD Thesis, University of Toronto, Toronto, Canada, 1958.

[56] C. T. Kelley. *Solving Nonlinear Equations with Newton's Method*. SIAM, Philadelphia, 2003.

[57] D. Kincaid and W. Cheney. *Numerical Analysis*. Brooks/Cole Thomson Learning, Pacific Grove, CA, U.S.A, 2002.

[58] D. Kreider, R. Kuller, D. Ostberg, and F. Perkins. *Introducción al Análisis Lineal*. Fondo Educativo Interamericano, S.A., México D.F., 1971.

[59] J. D. Lambert. *Numerical Methods for Ordinary Differential Systems: The Initial Value Problem*. John Wiley & Sons, New York, 1991.

[60] C. L. Lawson and R. J. Hanson. *Solving Least-Squares Problems*. Classics in Applied Mathematics, SIAM, Philadelphia, 1995.

[61] K. Levenberg. A method for the solution of certain problems in least-squares. *Quart. Appl. Math.*, 2:164–168, 1944.

[62] D. G. Luenberger. *Linear and Nonlinear Programming*. Addison-Wesley, Menlo Park, CA, 1984.

[63] D. Marquardt. An algorithm for least-squares estimation of nonlinear parameters. *SIAM J. Appl. Math.*, 11:431–441, 1963.

[64] J. M. Martínez. A family of quasi-Newton methods with direct secant updates of matrix factorizations. *SIAM J. Numer. Anal.*, 27:1034–1049, 1990.

[65] M. Monsalve and M. Raydan. Newton's method and secant methods: A longstanding relationship from vectors to matrices. *Portugaliae Mathematica*, 68:431–475, 2011.

[66] D. E. Müller. A method for solving algebraic equations using an automatic computer. *MTAC*, 10:208–215, 1956.

[67] B. Noble and J. W. Daniel. *Applied Linear Algebra*. Prentice-Hall, Englewood Cliffs, NJ, 1977.

[68] J. Nocedal and S. J. Wright. *Numerical Optimization*. 2nd Ed., Springer, New York, 2006.

[69] J. M. Ortega. *Introduction to Parallel and Vector Solution of Linear Systems*. Plenum Press, New York, 1988.

[70] J. M. Ortega and W. C. Rheinboldt. *Iterative Solution of Nonlinear Equations in Several Variables*. Academic Press, New York, 1970.

[71] A. M. Ostrowski. On the linear iteration procedures for symmetric matrices. *Rend. Mat. e Appl.*, 14:140–163, 1954.

[72] A. M. Ostrowski. *Solution of Equations and Systems of Equations, 2nd Ed.* Academic Press, New York, 1966.

[73] M. L. Overton. *Computing with IEEE Floating Point Arithmetic*. SIAM, Philadelphia, 2001.

[74] J. M. Papakonstantinou and R. A. Tapia. Origin and evolution of the secant method in one dimension. *The American Mathematical Monthly*, 120:500–518, 2013.

[75] B. N. Parlett. *The Symmetric Eigenvalue Problem*. Prentice-Hall, Englewood Cliffs, NJ, 1980.

[76] F. Potra. On Q-Order and R-Order of convergence. *J. Optim. Theory Appl.*, 63:415–431, 1989.

[77] M.J.D. Powell. A new algorithm for unconstrained optimization. In O. L. Mangasarian J. B. Rosen and K. Ritter, editors, *Nonlinear Programming*, pages 31–65. Academic Press, New York, 1970.

[78] M. Raydan. Exact order of convergence of the secant method. *J. Optim. Theory Appl.*, 78:541–551, 1993.

[79] M. Raydan. On the Barzilai and Borwein choice of steplength for the gradient method. *IMA Journal of Numerical Analysis*, 13:321–326, 1993.

[80] M. Raydan and B. Svaiter. Relaxed steepest descent and Cauchy-Barzilai-Borwein method. *Computational Optimization and Applications*, 21:155–167, 2002.

[81] E. Reich. On the convergence of the classical iterative methods of solving linear simultaneous equations. *Ann. Math. Statist.*, 20:448–451, 1949.

[82] L. F. Richardson. The approximate arithmethical solution by finite differences of physical problems involving differential equations, with application to the stress in a masonry dam. *Philos. Trans. Roy. Soc. London, Series A*, pages 307–357, 1910.

[83] Y. Saad. *Iterative Methods for Sparse Linear Systems*. SIAM, Philadelphia, 2nd edition, 2010.

[84] G. Schulz. Iterative berechnung del reziproken matrix. *Z. Angew. Math. Mech.*, 13:57–59, 1933.

[85] L. R. Scott. *Numerical Analysis*. Princeton University Press, New Jersey, 2011.

[86] D. F. Shanno. Conditioning of quasi-Newton methods for function minimization. *Math. Comput.*, 24:647–656, 1970.

[87] R. D. Skeel. Iterative refinement implies numerical stability for Gaussian elimination. *Math. Comp.*, 35:817–832, 1980.

[88] G. Strang. *Linear Algebra and its Applications*. Academic Press, New York, 1988.

[89] A. Stroud and D. Secrest. *Gaussian Quadrature Formulas*. Prentice-Hall, Englewood Cliffs, NJ, 1966.

[90] J. Traub. *Iterative Methods for the Solution of Equations*. Prentice-Hall, Englewood Cliffs, NJ, 1964.

[91] L. N. Trefethen and D. Bau. *Numerical Linear Algebra*. SIAM, Philadelphia, 1997.

[92] R. S. Varga. *Matrix Iterative Analysis*. Prentice-Hall, New Jersey, 1962.

[93] D. S. Watkins. *Fundamentals of Matrix Computations, Second Edition*. John Wiley & Sons, New York, 2002.

[94] J. H. Wilkinson. Error analysis of floating-point computation. *Numer. Math.*, 2:319–340, 1960.

[95] J. H. Wilkinson. Error analysis of direct methods of matrix inversion. *J. Assoc. Comput. Mach.*, 8:281–330, 1961.

[96] J. H. Wilkinson. *The Algebraic Eigenvalue Problem*. Oxford University Press, 1965.

[97] D. M. Young. *Iterative Solution of Large Linear Systems*. Academic Press, Inc., New York, 1971.

[98] T. J. Ypma. Historical development of the Newton–Raphson method. *SIAM Rev.*, 37:531–551, 1995.

[99] F. Zhang. *Matrix Theory: Basic Results and Techniques*. Springer, New York, 1999.

Indice general

www.ingramcontent.com/pod-product-compliance
Lightning Source LLC
Chambersburg PA
CBHW072009230326
41598CB00082B/6892